卫星导航系统测试与评估系列丛书

U0729644

卫星导航信号
模拟源理论与技术

Theory and Technology of Satellite Navigation Signal Simulator

杨俊 陈建云 明德祥 钟小鹏 著

国防工业出版社

·北京·

内 容 简 介

卫星导航信号模拟源是卫星导航系统的高可信模拟,可为卫星导航系统设计论证、仿真试验、星地对接提供近似真实的卫星导航信号试验测试环境,是卫星导航用户终端与产品研发、生产和使用维护等全过程中不可或缺的仪器设备。本书是国内首部系统全面介绍卫星导航信号模拟源相关理论及其软硬件体系结构的著作,全书共分为8章,内容包括卫星导航系统概述、卫星导航用户终端测试技术概论、卫星导航系统空间段仿真的数学原理、卫星导航系统环境段仿真的数学原理、卫星导航系统用户段仿真的数学原理、卫星导航用户终端测试信号模型、卫星导航测试信号精密信号生成技术、卫星导航信号模拟源校准与溯源技术等。本书内容力求反映近年来在卫星导航测试评估领域最新的技术成果,以推动卫星导航系统建设和产业发展,加强交流合作,不断拓展应用,实现我国卫星导航系统的跨越式发展。

本书可作为从事卫星导航模拟测试系统与用户终端设计、研制、生产和检测的科技工作者和工程师的工具书和参考资料,也可作为高等院校相关专业教师和研究生教学的参考书。

图书在版编目(CIP)数据

卫星导航信号模拟源理论与技术/杨俊等著.—北京:
国防工业出版社,2015.5
ISBN 978 - 7 - 118 - 09923 - 2

Ⅰ.①卫…　Ⅱ.①杨…　Ⅲ.①卫星导航—模拟信号
Ⅳ.①TN967.1

中国版本图书馆 CIP 数据核字(2015)第 086772 号

※

*国防工业出版社*出版发行
(北京市海淀区紫竹院南路23号　邮政编码100048)
北京嘉恒彩色印刷有限责任公司
新华书店经售
*
开本 710×1000　1/16　印张 22¼　字数 520 千字
2015 年 5 月第 1 版第 1 次印刷　印数 1—2000 册　定价 98.00 元

(本书如有印装错误,我社负责调换)

国防书店:(010)88540777　　　　发行邮购:(010)88540776
发行传真:(010)88540755　　　　发行业务:(010)88540717

PREFACE 序

　　卫星导航系统能够为地球表面和近地空间的广大用户提供全天时、全天候、高精度的定位、导航和授时服务，是拓展人类活动、促进社会发展的重要空间基础设施。卫星导航已成为信息社会与信息化战争不可或缺的重要支撑系统和战斗力倍增器，正在使世界政治、经济、军事、科技、文化发生革命性的变化。20 世纪 80 年代初，中国开始积极探索适合国情的卫星导航系统；2000 年，建成北斗卫星导航试验系统，标志着中国成为继美、俄之后世界上第三个拥有自主卫星导航系统的国家；2012 年 12 月，正式向亚太地区提供服务；2020 年左右，将向全球提供服务。北斗卫星导航系统的建设与发展，不仅满足了国家安全、经济建设、科技发展和社会进步等方面的需求，而且提升了国家形象，增强了综合国力。

　　卫星导航信号模拟源是卫星导航系统的高可信模拟，是卫星导航系统论证、建设和各类应用中不可或缺的仪器设备，不仅是卫星导航应用终端研发、生产和使用维护等全过程必须的测试试验与计量检测设备；而且是卫星导航系统设计论证、升级换代、星地对接、运行控制等必须的仿真试验与评估系统。它既涉及卫星轨道、钟差、信号传输与应用场景等各类模型，又涉及数学仿真、信号模拟、计量标校、自动化测试和仿真与评估等多学科理论，集中反映了国家卫星导航系统建设与应用的水平，是国际卫星导航领域争夺的战略制高点之一，能否自主掌握核心关键技术将直接影响我国卫星导航系统的国际核心竞争力。

　　本系列丛书作者所在研究团队是我国卫星导航领域极具创新的团队，具有深厚的理论基础与工程实践经验，在国内率先研制了具有完全自主知识产权的 GNS 8000 系列卫星导航信号模拟器及集成测试系统，六项核心指标领先国际同类产品，打破了国外技术封锁和产品禁运，为我国卫星导航系统建设、应用推广、国际合作发挥了不可替代的作用。产品应用覆盖国家各级计量与检测中心，以及装备检测、靶场定型、原位测试、维修保障等数百家军民单位,作者所在团队牵头制定有关国家标准规范,首次建立了我国卫星导航产品计量检测体系。带动了我国卫星导航终端的技术研发和试验水平,加速了我国卫星导航系统的示范应用和推广普及。

　　本书的出版凝聚了该团队十余年的研究成果,希望借此进一步推动我国卫星导航系统建设和产业发展,加强国际交流合作,不断拓展应用领域和应用水平,满足经济社会日益增长的多样化卫星导航与位置服务产业需求,实现我国卫星导航系统跨越式发展。

　　时空基准一直是国家的重要基础设施,随着全球经济社会发展信息化水平的不断提升,国家安全和经济社会发展对定位导航授时服务提出了更高要求。卫星导航系统具有覆盖范围广、全天时、全天候、精度高、应用便捷、用户数量无限制等优点,已成为世界范围内首选的定位导航授时手段。自美国 GPS 出现以来,卫星导航技术在军民用领域发挥着越来越重要的作用,出于军事安全以及商业利益的考虑,世界主要航天大国和国家集团不惜巨资发展全球卫星导航系统,目前形成了美国 GPS、俄罗斯的 GLONASS、欧盟的 Galileo 和中国北斗(BeiDou/COMPASS)导航四大全球卫星导航系统格局。此外,日本的准天顶卫星导航系统(QZSS)、印度的卫星导航系统(IRNSS)也是正在发展的具有各自特色的区域卫星导航系统。

　　卫星导航系统是当今世界信息技术发展水平的集中体现,展示了国家在科技和经济领域的实力,是衡量国家综合国力的重要标志。伴随我国北斗导航系统的发展,卫星导航应用已在交通运输、测绘、资源勘探等静态定位以及高精度授时、科学研究、武器装备等领域获得了广泛的发展,显示出广阔的产业市场空间和军事应用价值。随着卫星导航设备大量进入各行各业,其应用场景千差万别,卫星导航信号传播不仅有载体动态所引起的多普勒频移,而且不可避免地受到各种误差源和应用环境的影响。卫星导航信号模拟源是真实卫星导航系统的高精度模拟,一直受到军事和工业部门的关注,可在受控实验室环境中为卫星导航接收机及其系统的研制、生产、应用、测试检验、模拟训练等环节提供关键性的测试与验证支持,可为卫星导航接收机及依赖卫星导航接收机的各类定位导航授时系统提供一种真实可信的高效率测试手段。与实际测试不同的是,使用卫星导航信号模拟源测试时,测试者可以实现对卫星信号及其环境条件的完全模拟和控制。利用卫星导航信号模拟源,用户能够针对不同类型的测试需求便捷地生成和运行多种不同的场景,并且对导航系统全链路环节提供完全的控制能力,大大缩短从产品研发到产业化的过程,大幅提高竞争力。

卫星导航信号模拟源作为检测系统的核心关键设备,涉及卫星导航轨道模型、钟差模型、信道传输模型、导航电文结构、导航信号体制、精密信号合成、高精度测量与标校、自动化测试等多学科理论与技术,集中反映了国家卫星导航系统建设与应用的技术水平,是国际卫星导航领域争夺的战略制高点之一,其性能水平将直接影响我国卫星导航设备产品参与国际市场竞争的能力。目前卫星导航产业正以前所未有的速度蓬勃发展,卫星导航设备研制与应用产业领域亟需关于卫星导航信号模拟源相关专著,通过阅读本书可完整掌握卫星导航信号模拟源理论与技术,以便更好地利用卫星导航信号模拟源为通用接收机、RTK 测量接收机、自适应天线抗干扰接收机、高动态接收机、多模接收机等卫星导航高端用户终端测试、生产与验收维护等提供强有力的测试支持与计量保障。

本书作者所在研究团队在导航测试评估领域具有深厚的研究与工程实践基础,在国内率先实现卫星导航信号模拟器产品化和产业化,形成 10 余个型号产品及系列测试系统解决方案,高端型号填补了国内空白,承担和参与卫星导航测试相关标准撰写起草近 20 项,形成了北斗导航测试领域的专业团队和系列成熟产品,在国内数百余家科研院所、高等院校和企业进行了长时间大批量成功应用,大幅提高了我国卫星导航军民用装备的研制和试验水平,为我国卫星导航系统建设、加速应用推广和增强国际合作发挥了极大的支撑作用,取得了显著的政治效益、经济效益、社会效益和军事效益。本书结合作者多年来研究成果,全面详细介绍了卫星导航信号模拟源的概念、理论与方法,反映了近年来在卫星导航测试评估领域最新的技术和成果,是我国首部系统全面介绍卫星导航信号模拟源相关理论及其软/硬件体系结构的著作。本书可作为从事卫星导航模拟测试系统与用户终端设计、研制、生产和检测的科技工作者和工程师的工具书和参考资料,也可作为高等院校相关专业教师和研究生教学的参考书。

全书共分为 8 章:第 1 章"卫星导航系统概述"介绍主要的卫星导航系统的组成、指标和最新概况;第 2 章"卫星导航用户终端测试技术概论"介绍卫星导航信号模拟源的基本概念、优势特点和国内外发展现状和趋势;第 3 章"卫星导航系统空间段仿真的数学原理"全面系统阐述卫星导航信号模拟源系统仿真中的空间段时空、轨道、星座、钟差模型理论及其实现与应用;第 4 章"卫星导航系统环境段仿真的数学原理"全面系统阐述卫星导航信号传输过程中涉及的电离层、对流层、多路径延迟模型理论及其实现与应用;第 5 章"卫星导航系统用户段仿真的数学原理"全面系统阐述卫星导航信号模拟源设计中的导航电文模型、用户观测量仿真模型、用户运动轨迹仿真模型、广域差分与完好性模型、惯导数据仿真模型理论及其实现与应用;第 6 章"卫星导航用户终端测试信号模型"详细阐述卫星导航信号模拟源信号仿真涉及的各大卫星导航系统信号体制;第 7 章"卫星导航测试信号精密生成技术"系统阐述多通道卫星导航射频信号模拟的高精度延迟理论、可重构卫星导航信号模拟源体系结构、卫星导航信号模拟源信号产生误差链路模型与精度分析方法等;第 8 章"卫星导航模拟源校准与溯源技术"论述卫星导航信号模拟源指标体系、关键指标参数标校技术、卫星导航信号模拟源溯源体系及其方法。

本书内容是由研究团队全体成员多年来从事卫星导航信号模拟源及卫星导航测试评估研究取得的成果提炼而成,除作者外,国防科学技术大学机电工程与自动化学院王跃科教授提出了关于信号精密延迟的基础性理论;周永彬、单庆晓、冯旭哲、刘国福、黄文德、张传胜、杨健伟、邢克飞等老师先后参与了相关课题的研究工作;胡梅、胡助理、沈洋老师在成果鉴定、出版事务等方面给予了极大支持,研究团队的硕士研究生、博士研究生及导航仪器湖南省工程研究中心的工程技术人员参与了本书的编写、排版和校对工作;感谢湖南矩阵电子科技有限公司科研与工程技术人员长期以来在数学仿真、时频、射频、测试评估、试验验证等系统研发和推广应用方面提供了强有力的技术支撑和保障。本书部分内容参考了国内外同行专家学者的最新研究成果,在此向他们致以诚挚敬意。在本书的编写过程中,得到各级部门和有关专家的关怀与支持,特别是国家最高科技奖获得者——两院院士、北斗工程总设计师孙家栋院士在相关课题研究中一直给予最直接的关心和指导,在百忙中又对本书进行了审阅并题写了序,在此表示衷心感谢和崇高敬意!

由于卫星导航信号模拟源涉及多门学科前沿,其理论与技术仍在不断发展中,加之作者水平和经验有限,书中错误和纰漏之处在所难免,敬请广大读者批评指正。

作　者

2014 年 12 月于长沙

CONTENTS 目录

第3章　卫星导航系统空间段仿真的数学原理

第4章　卫星导航系统环境段仿真的数学原理

第8章 卫星导航模拟源校准与溯源技术

第1章　卫星导航系统概述

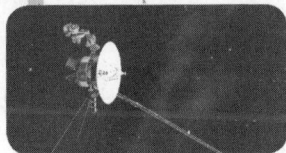

1.1　卫星导航与 PNT 体系

导航定位是利用已知参考点位置确定目标点位置,导航在人类历史发展进程中一直发挥着重要作用。在跨越千年的人类导航史上,主要出现了天文导航、惯性导航、无线电导航以及卫星导航等主要手段[1]。

时空信息是信息化社会的基础资源,随着我国国家利益向全球拓展,经济社会发展信息化水平不断提升,国家安全面临的挑战不断增加,对定位导航授时服务提出了更高要求。卫星导航系统具有覆盖范围广,全天候、全天时,精度高,应用便捷,用户数量无限制等优点,已成为世界范围内首选的定位导航授时手段。卫星导航定位是将卫星作为导航台(站)或测量定位已知点,由卫星发射无线电测距信号进行测距、导航或定位[2]。全球卫星导航系统(Global Navigation Satellite System, GNSS)能够为地球及近地空间的任意地点提供全天候的精密位置和时间信息。卫星导航系统作为能够提供高精度、连续、全天候的无线电导航定位和授时服务的多功能系统[3],可为各种精确打击武器制导,使得武器的命中率大为提高,武器威力显著增长[4]。卫星导航系统可完成需要精确定位与时间信息的战术操作,与通信、计算机和情报监视系统构成多兵种协同作战指挥系统,已成为武装力量的支撑系统和战斗力倍增器[5]。此外,卫星导航系统作为国家重要基础设施,为经济发展提供了强大的动力。随着卫星导航接收机的集成微小型化,卫星导航系统已广泛应用于国民经济各个领域,如图 1-1 所示。

图1-1　卫星导航系统的多领域应用和导航产品普及

　　独立的卫星导航定位系统是建设强大国防、维护国家安全的重要手段,具有重要的战略意义[6]。因此全球卫星导航系统得到迅速而广泛的应用和发展。自美国全球定位系统(GPS)出现以来,卫星导航技术在军用和民用领域发挥着越来越重要的作用。出于军事安全以及商业利益的考虑,世界主要军事大国及经济体都已经或正在发展自己的导航系统[2]。如世界主要航天大国和国家集团不惜巨资发展全球卫星导航系统,目前形成了美国GPS、俄罗斯GLONASS、欧盟Galileo系统和我国北斗卫星导航系统(BDS)的四大全球卫星导航系统的格局[6],如图1-2所示。此外,日本的准天顶卫星导航系统(QZSS)、印度的区域卫星导航系统(IRNSS)也是正在发展的具有各自特色的区域卫星导航系统[8]。

　　单系统GNSS已远不能满足一些特殊行业的要求,例如,民航、铁路等领域不仅要求卫星导航系统的定位精度高,同时对导航信号的可用性、完好性、连续性和稳定性等方面提出了较高要求。到2020年全世界卫星导航应用市场将达3500亿美元的规模。世界各个国家和地区在加紧实施自身的卫星导航计划,2008年4月23日,欧洲议会通过了Galileo计划的最终部署方案,为期6年的Galileo计划基础设施建设阶段正式启动;同时,美国为了确保GPS在军事上、政治上和经济上获得最大的利益,正在加紧实施GPS现代化;俄罗斯正在积极完善GLONASS,在下一代的GLONASS-K卫星增加新的信号体制,地面控制部分也将得到升级,首颗GLONASS-K卫星已在2011年2月发射升空;我国已经建成了覆盖本国及周边区域的"双星"系统,成为世界上第三个拥有卫星导航系统的国家,并正在积极开发建设第二代卫星导航系统;其他国家和地区也在计划建立自己的区域卫星导航系统,如日本的准天顶卫星导航系统设计从2003年开始,目前已经发射第一颗"Michibiki"卫星;印度也在2006年宣布研发独立的印度区域导航卫星系统(IRNSS)[9]。全球卫星系统可用卫星数量急剧增加,随着21世纪前20年内多个卫星导航系统的建成,届时将有超过120颗导航卫星在天空,利用多个 GNSS 进行组合为各类用户提供无缝的全球范围导航定位服务成为现实。

导航信号可用频带有限,越来越多的 GNSS 提供导航信号导致导航信号频谱资源日趋紧张,各卫星导航系统之间出现频谱重叠、共用已成为必然趋势。

随着 GPS 现代化、GLONASS 振兴计划及现代化、Galileo 系统和中国北斗全球系统的建设,用户可以同时利用多个 GNSS 以提高精度和其他指标,多体制兼容已成为未来 GNSS 发展的主要方向[10]。根据统计,GPS 现代化计划包括 L1 上的 C/A 码、P(Y)码和 L2 上的 P(Y)、L1C、L1M、L2C、L2M、L5 等信号,共 8 类 11 种信号分量(公开 7 种,授权 4 种);北斗系统信号体制共 6 类 11 种信号分量(公开 6 种,授权 5 种),Galileo 信号包括 L1F、L1P、E6C、E6P、E5a 和 E5b 共 6 类 10 种信号分量(公开 + 付费 8 种,授权 2 种);GLONASS 播发 L1、L2、L3 共 3 类 3 种信号分量。多导航系统兼容与互操作技术要求未来的多模多体制 GNSS 接收机需要接收多个频点、多种扩频码以及多种信号调制体制的导航信号。

由此可见,多导航系统共存需要未来 GNSS 接收机具备兼容性和互操作能力。兼容性是指各种 GNSS 的定位、导航与授时服务既可独立使用又可共同使用且不相互干扰。互操作是指通过各导航系统在频率、信号体制、时间系统、坐标系统等方面的协调乃至统一设计,使多系统互用接收机以更低的技术复杂度和成本获取更好的使用性能。GNSS 之间的兼容互操作研究与接收、测试技术已经成为国际四大导航系统的争执焦点和研究热点。

目前包括北斗系统在内的全球导航卫星系统及其产业正处在大变化、大转折、大发展时期,GNSS 多系统并存和信息系统间的相互渗透融合成为大趋势,进入大数据智能化和无线革命时代。今后 10～20 年间将经历前所未有的四大转变:从单一的 GPS 时代转变为真正实质性的多星座并存兼容的 GNSS 新时代,开创卫星导航体系全球化和增强多模化的新阶段;从以卫星导航为应用主体转变为定位导航授时(PNT)与移动通信和互联网等信息载体融合的新时期,开创信息融合化和产业一体化[11]。随着 GPS 的成熟和广泛应用,美国获得全球持续有效导航能力的需求日益迫切。为应对欧洲 Galileo、俄罗斯 GLONASS 以及我国北斗系统的挑战,美国提出建设国家 PNT 体系结构概念,从更高层次上研究满足导航、定位、授时需求的系统组成及建设途径,以维护美国在天基 PNT 方面的领先地位。并提出 2025年建成由 GPS、地面无线电、无线网络、伪卫星、天文导航等众多手段组成的 PNT 体系结构(图 1 - 2)。美国 PNT 体系结构的发展愿景是,通过开发和部署能在全球使用的有效 PNT 能力,保持美国在全球 PNT 领域的主导地位[7]。美国 PNT 服务将继续由太空、陆地和自主源提供。2008 年起,美国陆续正式发布了《国家 PNT 体系结构研究最终报告》《国家定位导航授时体系结构实施计划》《2003 年参联会(CJCS)PNT 规划》《PNT 联合能力文档》《国防部体系结构框架 DoDAF》等国家 PNT 结构研究报告。

图1-2 美国2025年目标PNT体系结构(系统中心视角)

　　为此,美国开展多项支撑计划,如美国国防高级研究计划局(DARPA)的"全源导航"项目,旨在探索综合利用卫星导航、激光测距仪、相机和磁力计等来源的信息提供高可靠性的导航定位服务。俄罗斯、日本等国家也正在加紧构建以天基导航系统为核心、多手段互为备份、多系统有机融合的国家定位导航授时体系。目前美国、俄罗斯正在重点推进卫星导航系统现代化。GPS现代化提出的军民频谱分离、更新军码、增加发射功率、区域功率增强等措施将进一步提高抗干扰和反利用能力。俄罗斯GLONASS-K、GLONASS-KM卫星将采用多种先进技术,设计寿命延长至15年。原子钟、抗干扰、星间链路等技术的发展将使卫星导航系统向更高精度、抗毁顽存、功能多样、持续自主导航方向发展,卫星导航系统将持续占据国家定位导航授时体系的核心地位。

1.2　主要卫星导航系统概况

1.2.1　子午卫星导航系统

　　1957年10月苏联成功发射了第一颗人造卫星后,美国霍普金斯大学应用物理实验室的吉尔博士和魏分巴哈博士对卫星遥测信号的多普勒频移产生了浓厚的兴趣,认为利用卫星遥测信号的多普勒效应可对卫星精确定轨;而该实验室的克什纳博士和麦克卢尔博士认为已知卫星轨道,利用卫星信号的多普勒效应可确定观测点的位置。霍普金斯大学应用物理实验室研究人员的工作,为多普勒卫星定位系统的诞生奠定了坚实的基础[13]。子午卫星导航系统(NNSS)是 1958 年由美国海军武器实验室开始研制,1964 年建成的海军导航卫星系统。这是人类历史上诞生的第一代卫星导航系统。

子午卫星导航系统包括以下两个部分:

(1) 卫星星座:子午卫星星座由 6 颗独立轨道的极轨卫星组成。在设计上要求卫星的轨道的偏心率为 0,轨道倾角 $i = 90°$;卫星运行周期 $T = 107\text{min}$;卫星高度 $H = 1075\text{km}$;按理论上的设计,6 颗卫星应均匀分布在相互间隔 30° 轨道平面上。但由于早期卫星入轨精度不高,卫星周期、倾角、偏心率存在不同程度的误差,故各卫星轨道进动的大小和方向也不尽相同,经过一段时间后卫星轨道间距变得疏密不一。因而地面可观测卫星的时间分布变得更加没有规律,中纬度地区的用户平均 1.5h 左右可以观测到一颗卫星,有时在高纬上空可出现多颗卫星造成信号的互相干扰(此时必须将信噪比差的卫星关闭避免干扰);但在低纬度地区最不利时要等待 10h 才能观测到卫星。

(2) 地面系统:地面设有 4 个卫星跟踪站、1 个计算中心、1 个控制中心、2 个注入站、1 个天文台(海军天文台)。

子午卫星导航系统的地面控制系统中设立了 4 个卫星跟踪站,分别位于加利福尼亚州的穆古角、明尼苏达州、夏威夷、缅因州。因为已知地面跟踪站的精确坐标,所以当子午卫星通过跟踪站上空时可以观测记录各卫星信号的多普勒频移,并将测到的数据传送给计算中心。计算中心设在穆古角,根据跟踪站最近 36h 的观测资料计算各卫星的轨道,并外推预报 16h 的卫星位置,然后按一定的编码格式写成导航电文传送到注入站。地面的 2 个注入站分别位于穆古角和明尼苏达州,注入站接收并存储由计算中心送来的导航电文,每 12h 左右向卫星注入 1 次导航电文。在地面系统中美国海军天文台主要负责卫星以及地面计时系统的时间对比,求出卫星钟差改正数和钟频改正数。地面控制中心设在穆古角,主要负责协调和管理整个地面控制系统的工作。

子午卫星定轨精度主要取决于地面跟踪站的数量及其分布:一般来说,跟踪站越多、分布越广计算出的卫星轨道就越精确。子午卫星的广播星历是由美国本土的 4 个卫星跟踪站的观测数据解算的。因测站数量及分布范围都小,故卫星定轨精度不高。广播星历所预报的卫星位置的切向误差为 ±17m、径向误差为 ±26m、法向误差为 ±8m。子午卫星的精密星历是由美国国防制图局根据全球 20 个卫星跟踪站的观测资料解算的,因测站数量多且分布范围广故卫星定轨精度较高,精密星历所预报的卫星位置精度为 ±2m[13]。

子午卫星导航系统用户终端即多普勒定位仪利用广播星历的单机定位精度一般为 10m 左右。如果观测 100 次卫星通过后的测量数据平差解算后,则可获得精度为 3 ~ 5m 地心坐标;如果利用精密星历观测 40 次卫星通过的测量数据平差解算后,则可获得精度为 0.5 ~ 1m 地心坐标。为了消除公共误差提高定位精度,可利用 2 台以上的多普勒定位仪进行联测,联测的定位精度一般为 0.5m[13]。子午卫星导航系统利用的是多普勒定位原理,卫星在 t_1、t_2、t_3、t_4…点上坐标是已知的,而任意两个相邻已知点到待定点 P 的距离差(视向位移)已通过多普勒效应测定。由数学可知,一个动点 P 到两个定点的距离差为定值时,该动点 P 则构成一个旋转双曲面,这两个定点是双曲面的焦点。于是以卫星所在的 t_1、t_2、t_3、t_4…任意两个相邻已知定点作焦点、未知点 P 作动点均构成对应的特定旋转双曲面。其中两个双曲面相交为一曲线(P 点必在该曲线上),曲线与第三个双曲面相交于两点(其中一点必为 P 点),第四个双曲面必与其中一点相交——该点是待定的 $P(X、Y、Z)$ 点。因此,解算 P 点的三维坐标,必须对同一颗卫星有四个积分间隔时段的观测。得出卫星在四段时间间隔的视向位移,从而获得四个旋转双曲面,它们的公共交点是待定点 $P(X、Y、Z)$,如图 1 - 3 所示。

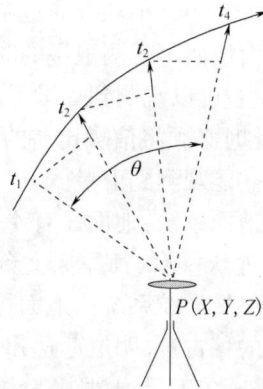

图 1 - 3 子午卫星导航系统定位原理

子午卫星导航系统于 1964 年 1 月正式建成并投入军方使用,直至 1967 年 7 月才由军方解密供民间使用[14]。此后用户数量迅速增长,最多达 9.5 万户。建成运行后存在如下三个主要缺点:

(1)一次定位所需时间过长,无法满足高速用户的需要。这一缺点是由多普勒定位方法的本身决定的,采用距离差交会的各个旋转双曲面的焦点是由同一颗卫星在飞行的过程中逐步形成的。为了保证观测精度,这些焦点的距离不能太小。在一次测量定位的过程中,要求卫星对于测点的起止观测角度 θ 必须在 90°左右。因此一次定位需要连续观测一颗卫星通过的时间为 15 ~ 18min。这样势必带来一系列的问题:

① 该系统只能用于船舶等低动态用户进行辅助导航(如惯性导航间断修正),无法用于飞机、导弹、卫星等高动态用户的实时定位。

② 在一次定位的过程中(15 ~ 18min)导航载体还在运动,其间导航载体的空间位置可能变化 10km 左右。于是解算时必须根据导航载体的运动速度将观测值归算至同一时刻,显然会影响导航定位精度。

③ 为了减少一次定位所需时间,只能采用低轨道的短周期多普勒卫星。而低轨卫星由于受到地球不规则重力场的引力摄动和大气阻力摄动的影响很大,低轨卫星精确定轨的测算难度很大且精度不高[14]。

(2)卫星出现时间间隔过长,无法满足连续导航的需要。由于子午卫星系统没有采用频分、码分、时分等多路接收技术,要求在同一时刻多普勒接收机只能接收一颗子午卫星的信号。但是接收机本身无法识别和屏蔽不同的子午卫星的信号,于是在同一星空如果出现两颗以上的子午卫星,就会导致定位信号的相互干扰。尤其是对于极轨卫星,为了防止在高纬度地区的视场中同时出现多颗卫星造成信号干扰的可能性,子午卫星的数量一般不超过 6 颗。因卫星数量少导致中低纬度地面出现可观测卫星的时间间隔过长,中纬度地区的用户平均 1.5h 左右可以观测到一颗卫星。而考虑到轨道进动的不规则漂移导致轨道间隔分布的不均匀性因素后,在低纬度地区最不利时要等待 10h 才能观测到卫星。这样该系统很难满足用户连续导航的需要。尽管如此,有时在高纬上空还出现多颗卫星造成信号互相干扰的现象,用户只能通过地面控制中心将信噪比差的卫星信号关闭以避免信号的相互干扰。限于当时的技术条件,子午卫星系统没有采用频分、码分、时分等多路接收技术,确定了该系统不能成为连续导航系统[13]。

（3）子午卫星导航系统的定位精度偏低。这是该系统的致命缺陷。究其原因主要有三个方面:

① 卫星轨道低,受到地球不规则重力场的引力摄动和大气阻力摄动的影响很大,低轨卫星精确定轨的测算难度很大且精度不高。由于卫星引力摄动和阻力摄动计算不准导致的定位误差可达 1~2m。

② 卫星信号频率较低受电离层影响大。这是因为电离层是电磁波的弥散介质,对不同频率 f 的信号传播速度影响很大。在电离层延迟改正公式中略去了频率的高次项,频率越低误差越大,在地磁赤道附近太阳活动的中等年份,由此产生的定位误差大于 1m,在太阳活动大年误差就更大。

③ 子午卫星的卫星钟频不够稳定,由于观测时间过长而导致的钟漂引起的定位误差可达 0.8~1m。

由于上述原因,纵使子午卫星导航系统刚服役不久,就迫使美国国防部不得不着手研究第二代的卫星导航系统——全球定位系统[13]。

1.2.2　美国 GPS 卫星导航系统

20 世纪 50 年代末,人造卫星的上天以及随后人造卫星技术的发展和应用,为卫星导航系统的产生和发展奠定了基础[15]。第一代卫星导航系统是 60 年代出现的美国子午卫星系统,其贡献在于开辟了世界卫星导航的历史,回答了高的定位精度和远的作用距离统一的可行性问题。由于覆盖上存在时间间隙,定位时间较长,加之定位精度不尽如人意,1973 年 12 月美国国防部批准陆、海、空三军联合研制第二代的卫星导航系统——全球定位系统。该系统是以卫星为基础的无线电导航系统,具有全能性(陆地、海洋、航空、航天)、全球性、全天候、连续性、实时性的导航、定位和定时等多种功能,能为各类静止或高速运动的用户迅速提供精密的瞬间三维空间坐标、速度矢量和精确授时等多种服务。GPS 计划经历了方案论证(1974—1978 年)、系统论证(1979—1987 年)、试验生产(1988—1993 年)三个阶段,总投资 300 亿美元。整个系统分为卫星星座、地面监测控制系统和用户终端三大部分。论证阶段发射了 11 颗 Block Ⅰ 型 GPS 实验卫星(设计使用寿命为 5 年);在试验生产阶段发射了 28 颗 Block Ⅱ 型和 Block ⅡA 型 GPS 工作卫星(第二代卫星的设计使用寿命为 7.5 年);第三代改善型 GPS 卫星 Block ⅡR 和 Block Ⅲ 型 GPS 工作卫星从 90 年代末开始发射计划发射 20 颗,以逐步取代第二代 GPS 工作卫星,改善全球定位系统。1993 年 12 月 8 日系统达到初始工作能力,1995 年 7 月 17 日达到全运行能力。它能为全球陆海空天各类载体,全天候 24 小时连续提供高精度的三维位置、速度和时间信息。GPS 凭借其优良性能被誉为是导航领域的一场革命,其应用前景仅受人们的想象力限制[15]。

GPS 星座设计目标是保证全球用户任意时刻在地球表面任一点至少能同时观测 4 颗卫星,卫星导航信号采用码分多址模式。按照最初设计,GPS 星座由分布于 6 个轨道面内 24 颗卫星组成,轨道面相对赤道面倾角 55°,轨道高度大约为 20200km,卫星绕地球旋转周期近似为 11h56min。由于 GPS 卫星轨道周期与地球自转周期有接近 2∶1 的共振效应,因此 GPS 卫星轨道半长轴有长期变化。目前 GPS 卫星导航星历精度优于 1.6m,卫星广播钟差精度优于 7ns。GPS 为民用提供标准定位服务(Standard Positioning Service,SPS),为军方提供精密定位服务(Precise Positioning Service,PPS),SPS 用户只能得到调制在 L1 载波上的 C/A 码,水平定位精度为 15 ~ 25m,PPS 用户可以得到调制在 L1 和 L2 两个频率上的 P 码,水平定位精度为 12m[8]。为限制敌方利用 C/A 码对美国构成威胁,美国于 1990 年对 GPS 实施了可用性选择(Selective Availability,SA)政策,降低 C/A 码水平定位精度到 100m。近年来,由于 GPS 应用技术发展和其他卫星导航系统的竞争,美国出台了一系列 GPS 现代化计划,主要包括:①取消 SA。消除 SA 产生的伪距误差,已于 2000 年 5 月 1 日实施。②增发两个新的民用码。一个调制在 L2(1227.6MHz)上,一个调制在新增的 L5(1176.45MHz)上。三频制的形成使得用户能进行更高精度的电离层延迟改正,方便解算载波相位整周模糊度,从而提高定位精度。③增加导航卫星。保证 24 +3 颗在轨卫星,并可能增加到 30 颗卫星,以增加可用性。④改善精度。通过操作控制系统的升级使 PPS 的测距误差提高到 2.5m,强化军用功能,民用精度在取消 SA 和增加第二频率后也将得到改善。⑤增加 30dB 的抗干扰能力[16]。

GPS 卫星地面运控系统由 1 个主控站、3 个信息注入站及分布全球的 5 个卫星监测跟踪站组成。其中 3 个监测跟踪站同时是注入站[17]。5 个监测跟踪站分别位于夏威夷、科罗拉多、阿松森、迭哥伽西亚、卡瓦加兰,主要负责监测卫星的轨道数据、大气数据以及卫星工作状态。通过主控站的遥控指令监测站自动采集各种数据:对可见 GPS 卫星每 6min 进行一次伪距测量和多普勒积分观测、采集气象要素等数据,每 15min 平滑一次观测数据。所有观测资料经计算机初处理后储存和传送到主控站,用以确定卫星的精确轨道。主控站接收监测站 1.5s 采样间隔载波相位及伪距观测数据后,首先利用载波相位数据对伪距数据进行平滑处理,将数据降频为 15min 间隔噪声较小平滑伪距观测量,然后利用卡尔曼滤波解算卫星轨道及钟差并进行轨道预报,最后将预报轨道转换为星历通过注入站上传到卫星。3 个注入站分别位于阿松森、迭哥伽西亚、卡瓦加兰——赤道带附近的美国海外空军基地。注入站主要任务是将主控站推算和编制的卫星星历、导航电文、控制指令注入相应的卫星的存储系统,并监测 GPS 卫星注入信息的正确性[17]。

　　美国 GPS 于 1973 年正式启动系统建设,1995 年实现完全运行能力,1999 年开始实施现代化计划。目前,GPS 采用了数字化星钟、星间链路、军民信号分离、可变功率等先进技术,卫星寿命 12 年,具备 180 天自主运行能力。在军事、测绘、交通、农业、公共安全与灾难救援、娱乐等领域得到广泛应用,占据了全球导航设备近 90% 的份额,民用、商用用户达到 10 亿个。预计 2030 年,GPS 将采用 32 颗 GPSⅢ 卫星构成的 MEO 和 GEO 相结合的新型混合星座,配备激光星间链路,区域功率增强 20dB,增加搜救和空间环境探测等载荷。截至 2009 年 5 月,在轨运行 GPS 卫星有 31 颗,由 14 颗 BLOCK – IIA 卫星及 17 颗 BLOCK – IIR 卫星组成。其中,BLOCK – IIR 卫星搭载星间测距设备,具有星间自主定轨的能力,空间信号用户定位误差已经达 1.6m,是目前定位精度最高的卫星导航系统[2]。至 2025 年左右,主要由 GPS Ⅲ 卫星和新一代地面控制段(OCX)组成的 GPS,空间信号用户定位误差为 0.5m,授时精度达 1.2ns,并具有星上信号功率可调、高速星间星地链路和 20dB 的点波束增强能力。GPS 卫星导航的发展过程如图 1 – 4 所示。

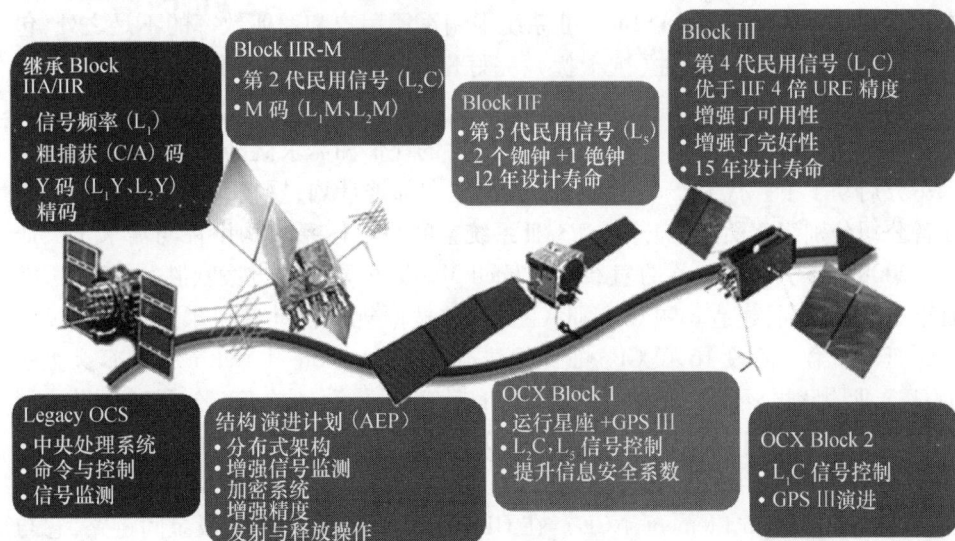

图 1 – 4　GPS 卫星导航的发展过程

　　GPS 的定轨精度改进主要依靠增加地面观测站和改进处理模型,GPS 卫星实时轨道确定由 OCS 的两个主控站(MCS)完成,然后生成广播星历,由 4 个 S 波段的注入站上行注入至卫星。为了完成导航跟踪功能,OCS 拥有一个专用的、全球分布的 L 波段监测站网络,包括 6 个空军监测站和 11 个国家地球空间信息局(NGA)监测站[1]。GPS 建成后,系统经历了多次重大改进措施:

(1) 1994 年,MCS 开展了一项改进 GPS 授时精度和组合钟频率输出稳定性的研究任务,即时钟改进提案(CII)。通过重新调整卡尔曼滤波器中铷钟的状态噪声,SISRE 从 5m 减小为 3.8m[1]。

(2) 1997 年开展了一项星历增强企划(EEE),旨在全面改进 MCS 卡尔曼滤波器对星历、太阳光压以及钟差参数的估计性能。这次改进使得 SISRE 从 2.6m 降到 2.2m[1]。

(3) 1997 年,由 SOPS 牵头的 GPS 精度改进提案(AII)受到 DoD 高度重视,AII 提出了 OCS 的三项重大改造方案方案如下:

① 将 NGA 监测站纳入到 OCS 网络。升级后的监测站网络能够确保任意时刻 GPS 星座中的每一颗卫星信号能同时被 3 个以上监测站跟踪,最初计划改造 6 个 NGA 监测站,后计划增加到 14 个,此措施将零数据龄期的 URE 降低 50%。

② 对 MCS 的分块卡尔曼滤波器进行升级,AII 小组证实整网估计比分块估计将降低 10% ~ 15% 的 SISRE。

③ 提供新的导航电文上载策略以减小星历预报误差[1]。在 AII 升级完成后,SISRE 将低于 1.3m。

GPS 应用获得了极大成功后,有力促进了 GPS 的后续发展和持续改进。美国空军太空司令部研究了 GPSBlock Ⅱ 系统限制军民用户和商业效率的不足之处,包括信号正确性、信号可用性(抗干扰)、完好性、信号监测、星座配置响应速度以及信号安全性等。21 世纪后,美国军方决心重新审视 GPS 体系架构,从系统长远性能、安全性、成本等方面对 GPS 做出了战略性的评估和需求概论。2000 年 8 月,美国军方启动了下一代 GPS——GPS Ⅲ 的论证和部署计划,授权 Lockheed Martin 和波音公司分别组建团队展开了 GPS Ⅲ 系统空间段的体系架构设计与需求定义研究。2008 年 5 月 15 日,军方宣布 Lockheed Martin 公司所提方案获胜,承担了 GPS Ⅲ 第一阶段合同,建造 8 颗 GPS ⅢA 卫星,并按照规则自动获得了第二阶段 8 颗 GPS ⅢB 和第三阶段 16 颗 GPS ⅢC 的建造任务。Lockheed Martin 公司牵头组建的 GPS Ⅲ 团队主要成员包括继续提供导航有效载荷设备的 ITT 公司和提供星间链路设备的 General Dynamics 公司。在 GPS - Ⅲ 中,星间链路设备将采用星间星地一体化设计,名称由星间链路应答机数据单元(CTDU)改变为网络通信单元(Network Communication Element,NCE),在 GPS ⅢA 中保留 UHF 频段星间链路,它与高速 TT&C 子系统一起组成 NCE。

GPS Ⅲ 系统体系架构设计认为星间链路是保证精度和缩短 AoD 的关键所在。Lockheed Martin 公司在 PLANS 2004 年会上介绍了论证得出的 GPS Ⅲ 系统运行概念,指出 GPS Ⅲ 系统将改变现有的运控方式,运控能力将通过新的高速上下行链路和星间链路得到提升。而对星座的持续连通,将使地面运控具备"一星通即整网通"的能力,从而使近实时的导航信息更新和遥测监控变为现实。Aerospace 公司的 KrisMaine 等在 2004 年 IEEE 宇航会议上介绍了论证得出的 GPS Ⅲ 系统通信架构,指出通过高速精确指向星间链路和高速星地链路的配合,可以实现近实时的整网星历更新,从而有效减小整网星历的 AoD,提高系统精度。通过高速精确指向星间链路和高速星地链路的配合,可以获得全星座卫星连续的遥测信息流,和近实时、具有高度安全性的指挥控制链路,实现"一星通即整网通",指向性星间链路在测距精度和减小完好性风险上也具有很大的应用潜力。

1.2.3　俄罗斯 GLONASS 卫星导航系统

GLONASS 是 20 世纪 70 年代由苏联军方针对海军导航和时间广播需求开展的一项重大航天计划。首颗卫星于 1982 年 10 月 12 日发射入轨,在苏联解体前,基本建立起了一个包括 10 ~ 12 颗卫星的试验星座。1993 年,俄罗斯总统叶利钦宣布 GLONASS 是俄罗斯武器库的重要组成部分,也是俄罗斯 PNT 规划的基础。1994—1995 年,俄罗斯首次实现 GLONASS 设计 24 颗卫星星座全部布满,1996 年宣布星座具备全面运行能力。但由于政治经济因素的限制和在 GLONASS 规划设计与卫星寿命上存在的各种欠缺,该系统到 2001 年已经退化到仅剩 6 ~ 8 颗卫星。2001 年俄罗斯开始实施 GLONASS 恢复和现代化计划,2011 年实现满星座运行,俄罗斯下达了联邦政府 587 号令,从政府预算中拨出专项经费计划支持 GLONASS 空间段、地面段、用户段、用户终端制造业、运输应用业以及测地应用业的全面发展。在空间段将补充 10 ~ 12 颗现代化的 GLONASS – M 卫星和 18 ~ 27 颗新的轻量级 GLONASS – K 卫星。GLONASS 卫星导航后发展过程如图 1 – 5 所示。

图 1 – 5　GLONASS 卫星导航的发展过程

GLONASS 导航系统星座由分布于 3 个轨道面内的 24 颗卫星组成,轨道面相对赤道面倾角 64.8°,轨道高度大约 19100km,卫星轨道周期近似为 11h16min。GLONASS 地面运控系统由分布于苏联境内的 1 个主控站、10 个监测站和 1 个遥测遥控站组成[2]。

目前,GLONASS 可同时播发 FDMA 和 CDMA 信号,配备 S 频段和激光通信链路,卫星寿命达到 10 年,定位精度达 2.5m。广泛应用于军事、交通、测绘等领域,45% 的地面军用车辆配备 GLONASS 导航设备,30.7 万辆交通车辆配备 GLO-NASS/GPS 接收机。2030 年,将建成以 GLONASS – KM 为主体的卫星星座,采用激光抽运铷束原子钟、微波及激光星间链路,搭载核爆探测、电子侦察、搜救等载荷,导航信号增至 12 个。截至 2013 年年底,GLONASS 在轨卫星 28 颗,24 颗提供服务,空间信号用户定位误差 2.8m;至 2020 年,GLONASS 将扩展为 30 颗卫星组成的星座,增加 5 个 CDMA 信号与射频 + 激光星间链路,具有自主导航能力,空间信号用户定位误差 0.6m。

1.2.4　中国北斗卫星导航系统

北斗卫星导航系统(BeiDou Navigation Setellite System,BDS)是我国自主建设的卫星导航系统,"独立自主、开放兼容、技术先进、稳定可靠"是该系统建设目标。20 世纪 80 年代初,中国开始积极探索适合国情的卫星导航系统,卫星导航系统建设遵循独立自主和逐步发展的建设思路。为满足我国经济发展及建设需要,陈芳允院士于 1983 年提出了建设中国独立自主卫星导航系统的建议,由此开启了我国自主卫星导航系统的建设进程。北斗卫星导航系统按照三步走的总体规划(图 1-6),"先区域、后全球,先有源、后无源"的总体发展思路分步实施,形成突出区域、面向全球、富有特色的北斗卫星导航系统发展道路,到 2020 年建成全球导航系统[7]。

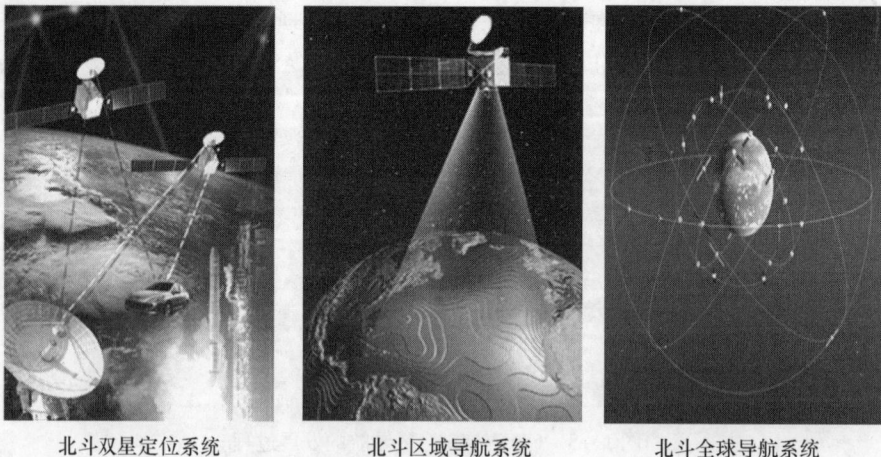

北斗双星定位系统　　　　北斗区域导航系统　　　　北斗全球导航系统

图 1-6　北斗卫星导航系统总体规划

1994 年,中国启动北斗卫星导航试验系统建设;2000 年相继发射 2 颗北斗导航试验卫星,建成北斗卫星导航试验系统,成为世界上第三个拥有自主卫星导航系统的国家;2003 年发射第 3 颗北斗导航试验卫星,进一步增强了北斗卫星导航试验系统性能。北斗卫星导航试验系统由空间星座、地面控制和用户终端三大部分组成。空间星座部分包括 3 颗地球静止轨道(GEO)卫星,分别定点于东经 80°、110.5°和 140°赤道上空。地面控制部分由地面控制中心和若干标校站组成,地面控制中心主要完成卫星轨道确定、电离层校正、用户位置确定及用户短报文信息交换等任务。标校站主要为地面控制中心提供距离观测量和校正参数。用户终端由手持型、车载型和指挥型等类型的终端组成,具有发射定位申请和接收位置坐标信息等功能。北斗卫星导航试验系统采用三球交会原理进行导航定位。该系统可以为中国周边地区及国家提供快速定位服务,同时拥有报文通信和定位授时功能。第一代卫星导航系统采用距离和作为定轨观测量,需要导航用户发送自身信息,属于主动式导航系统,对用户终端要求较高,用户数量受限制[18]。北斗卫星导航试验系统可以完成定位、单双向授时、短报文通信功能。服务区域包括中国及周边地区。定位精度优于 20m。授时精度:单向 100ns;双向 20ns。短报文通信为 120 个汉字每次。

　　2004 年中国启动北斗卫星导航系统工程建设,2012 年年底完成 5 颗 GEO 卫星、5 颗倾斜地球同步轨道(IGSO)卫星和 4 颗中地球轨道(MEO)卫星组网,具备区域服务能力。2012 年 12 月,正式向亚太地区提供服务。截至 2012 年 10 月 25日,北斗卫星导航系统已成功发射 16 颗卫星,并于 2012 年年底组网运行,形成区域服务能力,面向我国及周边大部分地区提供无源定位、导航和授时等服务。北斗卫星导航系统给亚太地区带来了更多的导航卫星资源,通过与其他系统兼容使用,可提供更可靠、稳定的服务。目前,北斗卫星导航系统运行连续、稳定,服务区域内的系统性能满足指标要求,部分地区性能优于指标要求。北斗卫星导航系统区域服务的主要功能包括定位、测速、单双向授时、短报文通信。服务区域包括中国及周边地区。定位精度:平面 10m;高程 10m。测速精度优于 0.2m/s。授时精度:单向 50ns;双向 20ns。短报文通信为 120 个汉字每次。

　　2014 年开始,继续开展后续组网卫星发射,提升区域服务性能,并向全球扩展。2020 年左右,将发射约 40 颗北斗导航卫星,完成覆盖全球的系统建设目标。北斗全球系统建设发展的总体目标是"突破以星座组网、高精度时空基准、星座自主运行为主要特征的关键技术,建成独立自主、开放兼容、技术先进、稳定可靠的卫星导航系统"。北斗全球系统由空间星座、地面控制和用户终端三大部分组成。北斗全球卫星导航系统空间星座部分由 5 颗地球静止轨道卫星和 30 颗非地球静止轨道(Non‑GEO)卫星组成。GEO 卫星分别定点于东经 58.75°、80°、110.5°、140°和 160°。Non‑GEO 卫星由 27 颗中地球轨道卫星和 3 颗倾斜地球同步轨道卫星组成。其中,MEO 卫星轨道高度 21500km,轨道倾角 55°,均匀分布在 3 个轨道面上;IGSO 卫星轨道高度 36000km,均匀分布在 3 个倾斜同步轨道面上,轨道倾角 55°,3 颗 IGSO 卫星星下点轨迹重合,交叉点经度为东经 118°,相位差 120°。地面控制部分由若干主控站、时间同步/注入站和监测站组成。主控站的主要任务是:收集各时间同步/注入站、监测站的观测数据,进行数据处理,生成卫星导航电文,向卫星注入导航电文参数,监测卫星有效载荷,完成任务规划与调度,实现系统运行控制与管理等。时间同步/注入站主要负责在主控站的统一调度下,完成卫星导航电文参数注入、与主控站的数据交换、时间同步测量等任务。监测站对导航卫星进行连续跟踪监测,接收导航信号,发送给主控站,为导航电文生成提供观测数据。用户终端部分是指各类北斗用户终端,包括与其他卫星导航系统兼容的终端,以满足不同领域和行业的应用需求[19]。

北斗全球卫星导航系统的时间基准为北斗时(BDT)。BDT 采用国际单位制(SI),秒为基本单位连续累计,不闰秒,起始历元为 2006 年 1 月 1 日协调世界时(UTC)00 时 00 分 00 秒。BDT 通过中国科学院国家授时中心保持的 UTC,即 UTC(NTSC)与国际 UTC 建立联系,BDT 与 UTC 的偏差保持在 100ns 以内(模 1s)。BDT 与 UTC 之间的闰秒信息在导航电文中播报。北斗卫星导航系统的坐标框架采用中国 2000 大地坐标系统(CGCS 2000)。北斗卫星导航系统建成后将为全球用户提供卫星定位、测速和授时服务,并为我国及周边地区用户提供定位精度优于 1m 的广域差分服务和 120 个汉字每次的短报文通信服务。北斗全球卫星导航系统的主要功能是定位、测速、单双向授时、短报文通信。服务区域为全球。定位精度为 10m。测速精度优于 0.2m/s。授时精度,单向 20ns。短报文通信为 120 个汉字每次[19]。

1.2.5 欧洲 Galileo 卫星导航系统

Galileo 系统是由欧盟委员会和欧洲空间局共同发起并组织实施的欧洲民用卫星导航系统,旨在建立欧洲自主、独立的民用全球卫星导航定位体系。从 1994 年欧盟开始对 Galileo 系统方案实施论证,2000 年欧盟已向世界无线电委员会申请并获准建立 Galileo 系统的 L 频段的频率资源,2002 年 3 月欧盟 15 国交通部长一致同意 Galileo 系统的建设。该系统由欧盟各政府和私营企业共同投资(36 亿欧元),是将来高精度全开放的新一代定位系统[2]。根据 2008 年 10 月 Galileo 系统的专题研讨会,从 2003 年起,以 GPS 星座为研究对象,利用 Galileo 系统测试平台(Galileo System Test Bed,GSTB)开展地面部分的研发测试;从 2005 年起,发射 GIOVE – A 和 GIOVE – B 两颗试验卫星,并利用 GSTB 进行空间部分验证试验[21];到 2012 年已建成 4 颗在轨验证卫星组网的小型星座。2030 年,将建成由 30 颗卫星构成的星座,采用卫星高精度氢钟和铷钟、Ku 频段星间链路、MBOC 信号设计方案,可以在多路径与干扰环境下提供更准确的导航信号和增强室内环境下的导航能力。Galileo 卫星导航的发展过程如图 1 – 7 所示。Galileo 系统的优点主要体现在:作为第一个以民用为主的卫星定位和导航系统,性能更为先进、高效和可靠;数据传送速率高,波段更宽;实现全球完整监控,提供真正意义上的公开服务,并保障服务的不间断性;在设计和论证时充分考虑了与 GPS 的兼容问题[21]。

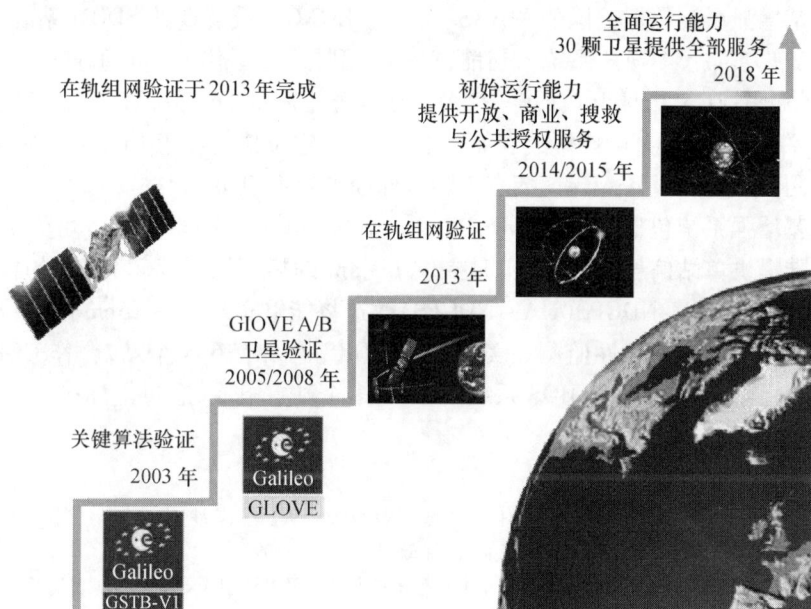

图 1-7　Galileo 卫星导航的发展过程

Galileo 系统由 30 颗中地球轨道卫星组成,其中 3 颗为备份星,卫星平均分布在轨道高度 23222km、倾角 56°、轨道面相互间隔 120°的 3 三个倾斜轨道面上,每个轨道面部署 9 颗卫星和 1 颗在轨备份卫星。Galileo 卫星导航系统设计 UERE 指标为 65cm,星历有效期为 12h,能够为全球 95% 范围内用户提供水平精度 15 ~ 24m、垂直精度 35m 的开放服务。建成后的 Galileo 地面运控系统由 2 个主控站、30 ~ 40 个监测站组成,其中 10 个为地面注入站,5 个为遥测遥控站。第一颗 Galileo 在轨试验卫星已经于 2005 年底发射,组合采用 Galileo 及 GPS L 波段载波和伪距观测数据以及全球激光站观测数据对 Galileo 试验星定轨,初步结果表明轨道位置精度优于 0.6m,卫星钟差精度优于 0.15ns[2]。

1.2.6　其他卫星导航系统

日本 QZSS 于 2006 年开始建设,2010 年发射首颗卫星。当前,GPS + QZSS 水平定位精度 0.46m,垂直定位精度 0.57m。2030 年,日本将以 QZSS 为基础建成由 7 颗卫星组成的区域导航卫星系统。其采用 IGSO 和 GEO 混合星座,可改善城市、峡谷、山区等遮挡严重地区以及南北极地区的导航服务水平,实现导航和增强功能的继承,具备短报文通信能力。

印度区域导航卫星系统于 2006 年启动建设,2013 年发射首颗卫星,计划 2015 年建成。该系统将采用地球静止轨道卫星和大椭圆轨道混合星座,C、S 和 L 三个波段作为载波,为印度本土及邻近国家提供优于 10m 的定位精度。

　　星基增强系统包括美国的 WAAS、欧洲的 EGNOS、俄罗斯的 SDCM 系统、日本的 MSAS、印度的 GAGAN 系统。当前,WAAS 可提供水平优于 1m、垂直优于 1.5m 的定位精度。EGNOS 的开放服务、生命安全服务精度约 1m,数据接入服务精度优于 1m。MSAS 可覆盖日本、澳大利亚等地区,差分定位精度优于 1m。SDCM 包括 2 颗地球同步轨道卫星,GAGAN 拥有 1 颗地球同步轨道卫星。

　　地基增强系统包括 CORS、NDGPS、LAAS 等。其中,美国 NDGPS 可为 92% 的美国大陆提供单站信号覆盖,能实时提供 1 ~ 3m 的精度服务,事后处理的精度可达 2 ~ 5cm。高精度 NDGPS(HA - NDGPS)改造将能够实现 10 ~ 15cm 的定位精度以及全覆盖区域的完好性监测。美国国家 CORS 网络有 688 个站,合作 CORS 网络有 140 个站;日本的 COSMOS 系统由 1200 多个站点组成,遍布全日本。

参考文献

[1] 朱俊. 基于星间链路的导航卫星轨道确定与时间同步方法研究[D]. 长沙:国防科学技术大学,2011.

[2] 宋小勇. COMPASS 导航卫星定轨研究 [D]. 西安:长安大学,2009.

[3] 杨俊,陈建云,钟小鹏,等. 高精度延迟信号产生理论与技术及其在卫星导航系统试验验证中的应用[J]. 第一届中国卫星导航学术年会论文集(中),2010.

[4] 宋传平. 全球卫星定位系统的广泛应用[J]. 创新科技,2003,9:029.

[5] 陈振宇. 基于 BOC 调制的导航信号精密模拟方法研究[D]. 国防科学技术大学,2011.

[6] 杨宇. GNSS 中星间链路分配方法的研究[D]. 长沙:湖南大学,2013.

[7] 方琳. 基于双向星间链路的自主时间同步仿真分析[D]. 西安:中国科学院研究生院(国家授时中心),2013.

[8] 陈倩. 卫星定位应用系统及标准展望[J]. 信息技术与标准化,2004(5):4 - 6.

[9] 刘卫. GNSS 兼容与互操作总体技术研究[D]. 上海交通大学,2011.

[10] 冉一航. 不同调制方式下卫星导航信号的兼容性研究[C]. 第二届中国卫星导航学术年会 CSNC 2011,2011.

[11] 曹冲. 新时空服务体系开拓泛在导航服务[J]. 国际太空,2013(1):14 - 21.

[12] 车晓玲,晓春. 像新鲜空气一样宝贵——浅析美国国家定位导航授时(PNT)体系结构[J]. 太空探索,2012(10):28 - 29.

[13] 杨学猛. 基于匹配滤波原理的卫星干扰源定位分析与实现[D]. 北京:北京邮电大学,2007.

[14] 赵楠. 基于 DSP 的卫星定位信号处理算法的研究[D]. 西安:西北工业大学,2006.

[15] 陈金平. GPS 完善性增强研究[D]. 郑州:解放军信息工程大学测绘学院,2001.

[16] 马云飞. GPS 快速静态及 RTK 技术在物探中的应用研究 [D]. 吉林:吉林大学,2007.

[17] 宁王师. 全球定位系统(GPS)中的广义相对论效应及其对系统静态绝对定位方程的修正[D]. 重庆:重庆大学,2006.

[18] 郑晶茹,郑萍,冯林刚. 北斗卫星导航系统及其应用[J]. 西部资源,2012(6):155 - 157.

[19] 中国卫星导航系统管理办公室"北斗"卫星导航系统发展报告. 2014.

[20] 耿庆龙. 测码伪距 GPS 定位精度优化研究[D]. 乌鲁木齐:新疆师范大学,2008.

[21] 范国清. 高精度实时卫星导航仿真系统关键技术研究 [D]. 长沙:国防科学技术大学,2010.

第 2 章　卫星导航用户终端测试技术概论

2.1　卫星导航用户终端测试的基本原理

卫星导航系统是当今世界信息技术发展水平的集中展示,展示了一个国家在科技和经济领域的实力,是衡量国家综合国力的重要标志。伴随我国北斗卫星导航系统的发展,卫星导航应用已在交通运输、测绘、资源勘探等静态定位,以及高精度授时、科学研究、卫星导航与信息化等领域获得了广泛的发展,显示出广阔的产业市场空间。"卫星导航产业"是由卫星定位导航授时系统和用户终端系统制造、卫星定位系统运营维护和导航信息服务等方面组成的新兴高技术产业。自全球导航卫星系统定位技术于 20 世纪 80 年代引入中国后,广泛应用于大地测量(测绘、勘探)、海上渔业和车辆定位导航等领域。随着高精度 GNSS 接收设备的大量普及,GNSS 接收设备将不断进入各行各业。卫星导航用户终端(用户终端)通过接收导航卫星发射信号测量载体到卫星距离、距离变化率,解算载体位置和速度。接收机接收信号含有载体动态所引起的多普勒频移,同时信号经过空间传播不可避免地受到各种误差源的影响,信号在接收时刻状态已不同于发射时刻状态,这种差别与载体位置、运动状态、卫星空间位置、大气环境等有关[1]。

卫星导航用户终端测试是真实卫星导航系统的高精度模拟,可在受控实验室环境中为 GNSS 接收机及其系统的研制、生产、应用、测试检验、模拟训练等环节提供关键性的测试与验证支持。卫星导航信号模拟源是卫星导航系统和各种接收设备(尤其是高动态接收机)研制的关键仪器,一直备受军事和工业部门关注[1]。卫星导航信号模拟源可以为 GNSS 接收机及依赖 GNSS 接收机的各类系统提供一种真实可信的高效率测试手段。与实际测试不同的是,使用卫星导航信号模拟源测试时,测试者可以实现对卫星信号及其环境条件的完全模拟和控制。利用卫星导航信号模拟源,用户能够针对不同类型的测试需求便捷地生成和运行多种不同的场景,并且对导航系统全链路环节提供完全的控制能力。

卫星导航信号模拟源通过单一设备即可实现对 GNSS 星群和全球(大气)测试环境的控制,从而使测试能够在受控的实验室条件下展开。卫星导航信号模拟源能够生成与 GNSS 卫星发送信号特性一致的信号,GNSS 接收机便能够采用与处理实际卫星信号完全相同的方式进行工作。在多数情况下,卫星导航信号模拟源可以替代在实际环境中使用真实 GNSS 信号的测试。与实际测试不同的是,使用模拟源测试时测试者可以完全控制模拟卫星信号和模拟的环境条件。利用卫星导航信号模拟源,用户能够针对不同类型的测试生成和运行多种不同的场景,并且对项目实施完全的控制。项目如下:

(1)日期、时间和位置。卫星导航信号模拟源可生成任何地点和时间的 GNSS 星群信号。测试人员在实验室中测试全世界任何地点或太空中的场景,且可以使用过去、现在或未来的任意时间。

(2)载体运动。卫星导航信号模拟源建立飞机、船舶或汽车等载具的运动模型。测试人员测试世界上任何地点中涉及不同路径和轨迹的载具动态场景,且不需要移动被测设备。

(3)环境条件。卫星导航信号模拟源建立影响 GNSS 接收机性能的各类效应模型,如大气条件、阻碍、多路径反射、天线特性和干扰信号等。在测试过程中,还可在受控的实验室环境中测试这些效应的各种组合和水平。

(4)信号错误和不精确性。卫星导航信号模拟源用于控制 GNSS 星群信号的内容和特性。通过运行测试,确定设备在 GNSS 星群信号错误发生时会有怎样的表现。

卫星导航信号模拟源具有如下优势:

(1)控制力。卫星导航信号模拟源实现对测试场景的所有方面实施控制,包括 GNSS 星群信号和环境条件。

(2)灵活性。用户针对不同的测试需求定义不同场景。

(3)完整性。在不同的工作条件下对设备进行测试,从额定条件到极端条件,也包括在实际测试中无法或不可能重视的各类条件。

(4)可重复性。测试场景在每次执行时完全相同。

(5)可靠性。测试条件可控,测试结果可靠,而且能根据已知的实际数据对设备的性能做出评价。

(6)低成本。测试完全在实验室中运行,不会发生现场测试和测试载具的额外费用。

(7)高效率。测试在相同的实验室测试平台上进行,无须重新配置或重新安置设备。新的测试场景也可以迅速建立和执行。

（8）扩展性。卫星导航信号模拟源为测试新型和未来 GNSS 功能提供有效的手段，而在现有的实际星群上尚无法支持这些能力，例如 GPS L2C 和 L5 信号，以及 Galileo 系统。

卫星导航信号模拟源产生多种场景下的卫星信号，使得在实验室能够对卫星导航应用产品进行测试、评估，或对设备进行检测，不受外部环境的影响，大大减少了高昂费用和耗费时间的现场测试，极大地提高了卫星导航应用产品的测试效率。卫星导航信号模拟源还可用于操作人员的技术培训和操作控制模拟演练。卫星导航信号模拟源是卫星导航系统和各种接收设备（尤其是高动态接收机）研制的关键仪器，一直受到军事和工业部门的关注[1]。表 2 - 1 对使用卫星导航信号模拟源进行测试所产生的优势进行了总结，并将其与使用实际 GNSS 星群的真实测试进行了对比。

表 2 - 1　卫星导航信号模拟源的优势

采用实际 GNSS 星群的真实测试	采用卫星导航信号模拟源的实验室测试
无法控制星群信号	可完整控制星群信号
对环境条件实施有限的控制	对环境条件实施完全的控制
不可重复（条件总在变化）	完全可重复
受 FM 和雷达等来源的无意干扰	不存在无意的干扰信号
存在不需要的信号多路径和阻碍	不存在不需要的信号效应
无法测试 GNSS 星群错误	可方便地测试有 GNSS 星群错误的场景
现场测试和载具测试的成本高昂	在实验室中实现高效益的测试
受限于 GNSS 星群可提供的信号	可测试当前和未来的各类 GNSS 信号
竞争者可以监视现场测试	测试可在安全的实验室中进行

卫星导航信号模拟源由多个部分组成，如图 2 - 1 所示核心的两个部分是数学仿真系统和射频信号模拟系统。前者主要根据测试任务仿真产生导航卫星星座、星历、导航电文，并按一定更新速率提供待模拟信号的动态参数；后者负责接收来自数学仿真系统计算生成的导航电文和要模拟产生的射频信号的参数（延迟 τ、动态 ω、幅度 A 等），完成射频信号的物理实现[2]。

图 2 - 1　卫星导航信号模拟源的核心单元

卫星导航信号模拟源需要模拟卫星导航用户终端接收到的射频信号,图2-2描述了卫星导航信号模拟源的工作原理:卫星导航信号模拟源对多颗导航卫星组成的星座进行仿真,形成某个逻辑时刻的卫星在世界大地坐标系(World Geodetic System,WGS)中的实时位置,并产生星历数据,用导航电文形式调制到下发信号中;对不同频点的射频信号在电离层、对流层内的传播特性进行建模;对卫星信号传播时的空间路径延迟、幅度衰减、多路径效应以及载体和卫星相对运动引起的多普勒效应进行建模,最后产生能够反映出以上特征的射频信号[2]。

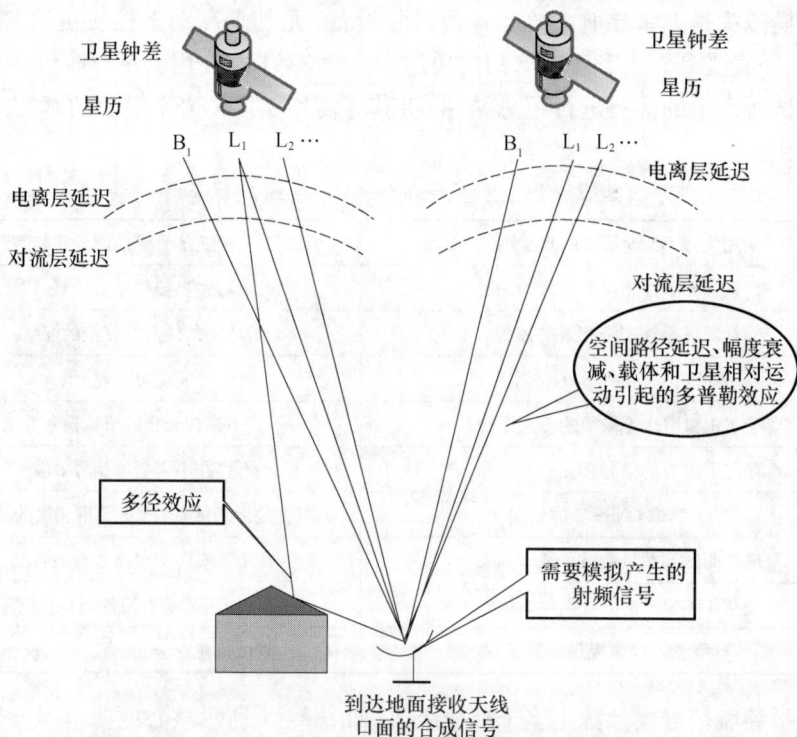

图2-2 卫星导航信号模拟源基本工作原理

卫星导航信号模拟源实际上是一种高精度的多通道专用信号源。与通用信号源相比,卫星导航信号模拟源具有更多的通道数、更高的伪距控制精度、更高的通道一致性和零值稳定性等,以满足不同位置不同状态用户的实时同步仿真要求[2]。卫星导航信号模拟源综合利用电子仪器与测量技术、软件无线电技术精确模拟卫星导航信号(BDS、GPS、GLONASS、Galileo等)格式、不同场景的空间传播过程(包括用户动态特性),以保证在实验室环境和指定测试条件下完成对接收机的联调测试和验证,检验接收机的捕获跟踪和导航定位性能;以及作为比较标准,检验导航接收机的动态测量精度[2]。

2.2　卫星导航用户终端测试的作用和意义

卫星导航信号模拟源是卫星导航系统和各种接收设备研制的关键仪器设备，使用卫星导航信号模拟源已成为研制、测试、验收 GNSS 接收机系统性能公认的最佳方法。使用导航信号模拟源可以覆盖导航研究和产品开发的多个阶段，包括需求分析、设计和开发、集成、生产、维护和支持等。卫星导航信号模拟技术集中反映了国家卫星导航系统建设与应用的技术水平。多模多体制卫星导航信号模拟技术涉及导航卫星轨道高精度仿真、导航信号精密生成、载波相位精确控制和传输误差仿真等许多高精尖技术，是国际卫星导航领域争夺的战略制高点之一，其性能水平将直接影响我国卫星导航终端产品参与国际市场竞争的能力。多模多体制卫星导航信号模拟技术针对我国发展卫星导航产业高端用户终端的研究开发与产业化重大应用需求，突破测量型、高动态型、抗干扰型和导航型等高端用户终端检测系统关键技术瓶颈制约，解决卫星导航信号模拟源多星座兼容仿真，高精度、高动态、多载波射频信号产生以及实时仿真与信号校正等技术难题，加强集成创新，研制能够生成多系统多体制导航信号的多模多体制卫星导航信号模拟源，为 RTK 测量接收机、自适应天线抗干扰接收机、高动态接收机、多模接收机等 GNSS 高端用户终端测试、生产与验收维护等提供强有力的测试支持与计量保障。多模多体制卫星导航信号模拟技术研究具有重要的民族、政治、经济和军事意义，主要表现在如下几个方面：

（1）快速验证导航星座信号性能，有利于推进卫星导航系统的建设与发展。

多模多体制卫星导航信号模拟技术是国际卫星导航领域争夺的战略制高点之一，其性能水平直接关系到一个国家卫星导航系统的建设和应用水平，具有深远的战略意义。卫星导航信号模拟源可以产生多种场景下的卫星信号，使得能够在地面环境下对卫星导航设备进行测试、验证与评估；能够真实再现全球卫星导航系统中的星座构型、误差模型、用户轨迹以及由此形成的多种体制导航信号。通过多模多体制卫星导航信号模拟源的数据仿真与信号仿真，可以为卫星导航系统信号传输体制、抗干扰与兼容互用体制、用户终端等系统体制和关键技术指标的设计与验证提供重要的手段。

（2）打破高端模拟源国外禁运壁垒，为我国卫星导航终端测试提供自主可控解决方案。

国外对涉及卫星导航系统的模拟源关键技术严格保密，公开发表的技术文献很少。我国自主建设的北斗卫星导航系统必将参与国际卫星导航领域的竞争，美国、欧洲等一直对我自主建设全球卫星导航系统加以限制，先是在频率资源上遏制导航系统建设，进而在系统信号体制上试图利用技术优势收取高昂专利费。卫星导航系统是国家重要的信息基础设施，也是武器系统的重要组成部分。卫星导航用户终端是卫星导航系统发挥军事效益、实现战斗力倍增的最直接因素，其性能的优劣直接影响武器的战斗效能。而卫星导航信号模拟源系统的研制不仅为地面用户终端提供良好的试验环境以加速地面应用系统的研制进度,为用户终端研发、生产和验收测试提供复杂、变化的稳定信号环境以加速我国导航系统的产业化进程,而且根据不同武器平台提供不同的场景以满足高动态、抗干扰、实时闭环测试等新的要求。而这些要求的试验场模拟要么耗费巨大,要么无法实现。为了测试接收机在特殊恶劣环境下的性能,必须借助卫星导航信号模拟源模拟复杂、变化的真实环境下的信号,以优化接收机参数,测试用户机性能,提升我国导航系统的整体性能水平。

(3)促进卫星导航应用产业化推广,为结合卫星导航的创新应用提供高可信度的星座模拟测试手段。

卫星导航信号模拟源是卫星导航终端研制、生产、使用和维护不可缺少的检测系统,其性能水平将直接影响我国卫星导航终端产品参与国际市场竞争的能力。卫星导航信号模拟源技术涉及卫星导航系统建设的诸多系统性技术,国外一直将高端 GNSS 用户终端检测系统作为制约我卫星导航系统建设和发展的重要手段,并一直对我国禁运。多模多体制卫星导航信号模拟技术的研究对于我国发展自主的北斗卫星导航产业意义重大。发展和推广自主知识产权的卫星导航研发测试设备,打破国外技术与产品的垄断局面,为我国卫星导航产业提供系列化的高性能、高精度卫星导航信号模拟源,对于促进国民经济发展、推动高技术产业链升级、维护国家利益和重要基础设施安全具有重要作用。同时,多模多体制卫星导航信号模拟源可以产生多种场景下的卫星信号,使得在实验室能够对卫星导航应用产品进行测试、评估或进行设备的检测,这对于北斗卫星应用产业健康有序发展,形成统一的标准规范具有重要意义。

(4)作为涵盖星座、环境、信号、电文等多层面的系统级技术,可以展示出卫星导航系统级技术水平,在国际合作中掌握更多主动权。

积极参与国际合作的同时需要建立独立自主的 GNSS 用户终端检测系统。GNSS 多系统兼容互操作导航终端的研究和生产,对包括北斗、GPS、GLONASS 和Galileo 等系统导航信号模拟源的自主研制提出了迫切需求。多模多体制卫星导航信号模拟装备的自主研发,有助于加速我国导航产品与国际导航产品市场的接轨和兼容,防止陷入受制于人的被动局面。一方面保证我国北斗系统能在建成后更快更好地发挥政治、经济和军事效益;另一方面更好地开发导航产业的国际市场,参与国际竞争,满足国际航空、航海和航天器全球导航的需要。

◢ 2.3　卫星导航用户终端测试的发展与应用

卫星导航系统及应用经过近几十年的发展,其仿真测试技术及装备也经过了长时间的发展和积累,甚至先于导航应用终端的发展,特别是国外在建设导航测试评估系统方面基本与导航系统建设一致,经过长时间的发展积累了大量的技术及

工程经验,对提升导航装备水平作用巨大。目前国际卫星导航模拟测试技术和相关装备发展表现出如下趋势:

(1) 测试系统构建全面化。传统的用户测试系统往往只针对某些预先设定好的测试任务开展针对性的设计,面对未来工程应用中多样且处于不断变化中的测试任务,其已很难适应当前的测试系统任务需求。为满足不断演进的测试评估需求,在系统设计时即面向全面的测试评估任务为需求,以适应复杂多变的场景,从而提升试验系统的服务水平。

(2) 设备组成模块化。为提高系统可靠性、可维修性和灵活性,各设备采用模块化设计。系统在硬件设备设计过程中,广泛采用总线插卡式通用机箱和平台化组态软件,实现软、硬件设备的在线配置与功能升级,方便适应试验系统的信号与协议的变化,以确保系统具有更高的灵活性。系统在架构、总线、协议等设计上为即插即用设备预留接口,并制定完备的连接方式与通信协议。用户在满足特定连接方式与通信协议的基础上,自由地配置即插即用设备的功能,从而提高系统的可扩展能力,成为当前用户终端测试系统向智能化、模块化方向发展的重要趋势。

(3) 管理控制平台化。作为测试评估系统,为更好地实现对系统自身的测试任务的管理与控制,均采用服务平台化设计,即为系统提供标准的、可扩展的、容错的、多层次的服务,使本系统所提供的服务能力实现设备隔离,在未来设备维修、换型、扩展时,最大限度保证全系统的稳定扩展,支持各个层次的系统试验要求。

(4) 测试与评估自动化。随着大型仿真系统体系规模增大、运行速率提高、并行处理增加,各种指令仅靠人工操作已变得不现实,任务管理与运行的自动化成为必然的选择,科学技术进步与自动化工程技术水平提高也为大型测试系统的自动化提供了可行的方案。任务管理与运行自动化的优势体现在:通过减少人工干预提高系统的执行效率,极大地增加了处理信息的吞吐量;在一定情况下自动运行、自动判决可以提高系统的准确性和稳定性;减少人工操作,降低人力成本等。

(5) 测试流程规范化标准化。为保证测试评估的权威性,测试评估系统在流程、方法、评估准则上体现出规范化和标准化的趋势,测试流程实现上表现为脚本化、图形化的特点,形成统一的测试规范及测试流程,并形成权威的测试评估方法及测试评估准则。

(6) 高逼真度、高精度环境模拟。作为测试评估系统其最主要的特点和要求是能够提供高逼真性、完全控制的高精度信号模拟,因此当前测试评估系统以实际测试需求为输入,充分开展信号、环境仿真建模,以提供高逼真度和精确度的仿真建模,保证测试的逼真性及可重复性。

(7) 多系统兼容、可升级可扩展。伴随导航系统的发展,测试评估系统也朝多系统兼容方向发展,从单导航系统到多系统、从单频到多频、从单用户到多用户、系统具备可升级可扩展能力。

2.3.1 卫星导航测试系统

1. GPS 导航测试与评估系统

为全面测试检定美军导航装备性能,美军 746 测试中队在白沙导弹测试场筹建了完备的卫星导航/惯性系统的室内测试环境,专门用于各型卫星导航/惯性导航组合终端测试以及现代导航战概念和方法试验。系统具备有导弹制导与控制系统、惯性导航系统(INS)、嵌入式 GPS/INS 组合导航系统、测点与轨迹系统及联合 UAV 测试的测试与评估等功能,如图 2-3 所示[3]。

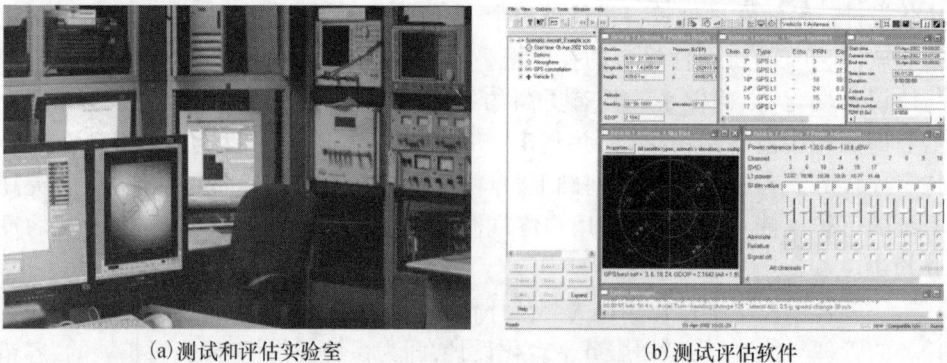

(a)测试和评估实验室　　　　　　　　　(b)测试评估软件

图 2-3　美国 GPS 导航测试与评估系统

系统是以惯性导航、GPS/INS 组合导航、抗干扰、高动态为测试评估目标,对导航终端的性能进行测试的评估系统,主要包括卫星导航/惯性导航等模拟器、管理和测试评估软件、测试转台等(图 2-4)。对于自适应调零、空时二维联合抗干扰等测试

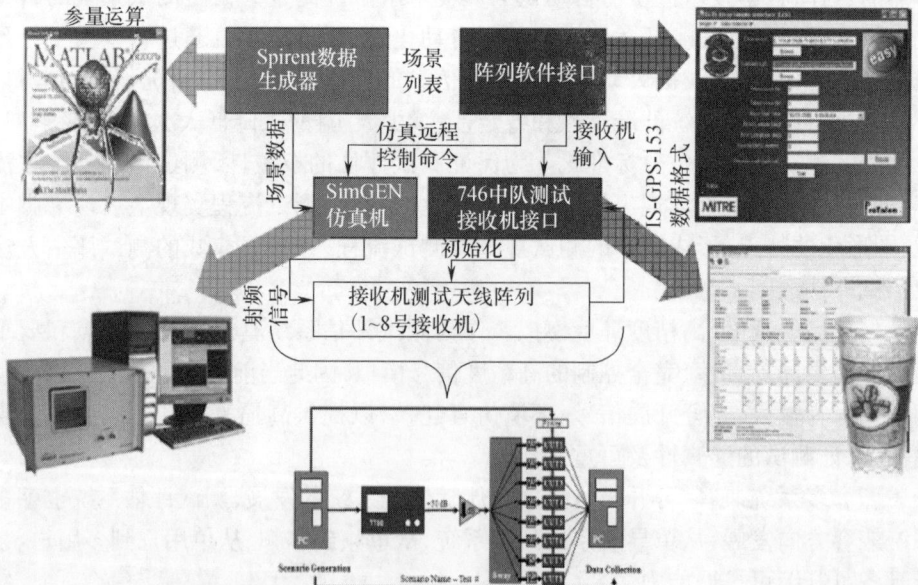

图 2-4　美国 GPS 导航测试与评估系统结构

需求,提供具有空间分布特性的模拟导航信号,并结合其他设备(干扰源等)共同完成接收机的抗干扰性能测试评估。表 2-2 列出了 NavTEL 系统导航模拟器配置。

表 2-2　NavTEL 系统导航模拟器配置

仿真器	质量	卫星数量	特　征
Spirent 4760(L1,L2)	2	12	CA,P,Y,SAASM,差分 GPS
Spirent 7700(L1,L2)	8	16	CA,L2C,P,Y,SAASM,M 噪声,模拟的 M 码,SDS,GLONASS,LAAS,WAAS,EGNOS,WAGE,SBAS 差分 GPS
Spirent 7700(L5)	2	12	L5 I,L5 Q

美国军用 GPS 导航测试与评估系统的特点如下:

(1)具有全面性能的测试评估能力,并能够支持多系统、高动态、抗干扰、组合导航等,基本满足对导航终端的全面高精度测试评估。

(2)具有可扩展性,支持导航信号的不断升级及导航系统的扩展,同时支持有线及无线的扩展,支持自适应调零天线终端的测试评估。

(3)测试过程流程化、脚本化,经过不断发展建立了较为完善的评估方法体系,测试过程标准、可重复、可计量,同时自动给出评估结果,保证了测试评估的客观性和准确性[3]。

2. Galileo 接收机测试系统

Galileo 接收机的测试阶段:①初始开发阶段,利用单信道测试信号生成器进行捕获与跟踪测试;②核心开发阶段,利用 Galileo 空间信号或星座模拟器进行多信道测试;③整机开发阶段,利用软件环境(原始数据生成器,包括生成全部导航或差分电文的能力)对后端导航软件进行测试,利用分析软件进行接收机性能测试(码相位一致性等);④真实环境测试阶段,从天线到后端方案的整个接收机环节的测试。Galileo 计划非常重视接收机测试工具与设施的开发与应用,并采取一系列积极的措施鼓励中小企业在这一领域的拓展。

1)基于 Galileo 试验验证系统

Galileo 系统试验台(Galileo System Test Bed,GSTB)由欧洲空间局(ESA)与 Galileo 工业集团合作开发,是 Galileo 系统设计研制与确认阶段中地面试验系统的重要组成部分。它分为——GSTB-V1 和 GSTB-V2 两个阶段。

(1)GSTB-V1 是基于 GSP 的通过接收和处理 GPS 数据,GSTB 完成对地面系统轨道确定和时间同步(OD&TS)的验证,以及完好性测试。GSTB-V1 的建设由 ESA 于 2003 年完成。其主要任务:Galileo 地面试验系统的设计研制与确认;地面系统轨道确定和时间同步及完好性的验证。GSTB-V1 是集设计研制与验证于一身的综合系统。GSTB-V1 由核心结构和验证检测系统构成。GSTB-V1 是利用 GSP 接收机接收 GSP 导航数据并将导航数据通过有线或无线传输给 GSTB 处理中心。GSTB 处理中心的主要功能:数据收集;数据格式化、存档、分配、管理;网络服务和文件传输；监测及控制 GSTB 核心结构；数据处理（确定轨道、时间同步等）。因此，需将基于 GSP 的结果转换（不同卫星的位置差，卫星原子钟时差、信号规格等）为 Galileo 环境，以验证地面导航业务处理能力。

（2）ESA 于 2005 年、2008 年发射两颗 Galileo 试验卫星 GIOVE - A、GIOVE - B 后，形成第二阶段测试台 GSTB - V2。GSTB - V2 提供 Galileo 试验所需的设备和工具，并提供相关数据。提供的数据包括其自身产生的数据和外部输入的数据，如来自 IGS、IERS、BIPM 和 ILRS 的数据。同时，GIOVE 可提供与 GPS 的互操作试验。GSTB - V2 的主要功能：保障 Galileo 系统的频率占用有效性；测试导航信号在典型环境下的有效性（射频干扰/多路径干扰等）；空间时钟测试；Galileo 中轨辐射环境评估等。GSTB 在运行中存在与 GPS 联合处理的情况，为 GSTB 的测试与验证提供了对比的环境。

2）基于 Galileo 测试和研发环境

德国于 2002 年启动了 Galileo 测试和研发环境（GATE），由德国测地和导航研究所负责建设，用于 Galileo 信号结构的设计及确认，建立 GPS 和 Galileo 系统互用的设备及建立基于各种 Galileo/GPS 的应用系统在陆、海、空各领域的测试环境。事实上，GATE 的建立有信号测试、接收机测试及用户应用三个重要使命。GATE 于 2008 年建成，具有 6 个 GATE 发射塔台（可以模拟 6 颗 Galileo 卫星）和 2 个 GATE 监测站的试验基地。

GATE 工作于基站模式（BM）、扩展基站模式（EBM）、GATE/GSTB - V2 模式和 GATE/GPS 模式。GATE 可处理 GATE 本身形成的观测值以及来自 GSTB - V2 和 GPS 的观测值，从而形成混合模式。在 GATE/GSTB - V2 模式中，GATE 发播的时间信息是与 GSTB - V2 进行时间同步后的时间，从而取代 GATE 自身的系统时间（GAST）。在这一模式中，GATE 通过与 ESA 进行紧密合作获得 GSTB - V2 的导航数据，经过 GATE 发射台发播给用户进行导航定位。

3）GSSF 测试及评估应用

Galileo 系统仿真设施（Galileo System Simulation Facility，GSSF）由 ESA/ESTE 负责组建的，通过仿真模拟 Galileo 系统环境以评估其工作性能。当前的 GSSF 版本（GSSF V2.0）支持 Galileo 系统性能分析和地面试验系统的前期确认。GSSF 也可通过用户的期望进行模块选择来完成一些简单的仿真，它具有强大的服务容量仿真能力和高逼真的原始数据生成能力。在 GSSF 建模时，GSSF V2.0 提供了两种仿真模式：

（1）服务容量仿真，适用于低精度模型仿真，用户根据具体环境及接收机性能进行自主配置仿真模型。

（2）原始数据生成，适用于高精度模型仿真，对试验环境高逼真度仿真并以标准格式存储数据以便 Galileo 试验台进一步的分析。

3. DLR 卫星导航信号模拟源

1）天基高动态 GPS 接收机测试系统

随着空间任务设计对高质量导航和科学数据需求的不断提高，天基 GPS 接收机的用途也越来越广泛。由于任务需求非常具体,而且缺乏统一的制造测试标准,天基 GPS 接收机的选用是非常复杂的问题。为此,德国航天局(DLR)通过模拟一种航天器在低地轨道上接收的信号来评估天基 GPS 接收机的性能[3]。接收机原始测量值和导航解可以与仿真数值进行比较。

系统硬件配置采用 Spirent 公司 STR4760 GPS 信号模拟器,配有 1 个(或多个) R/F 出口以及 16 个信号频率(L1)通道。如果测试双频接收机,仿真器必须配备 1 个 L2 选项并能配置产生相应的 P/Y 码。为了避免实验室环境的杂散辐射,并且实现信号电平的可复制,将接收机通过屏蔽电缆连接到模拟器的 RF 输出。

DLR 与美国德克萨斯大学奥斯丁分校的研究人员定义了一组基准测试集,希望藉此针对各种空间任务需求对接收机进行独立的评估。用于此项研究的接收机包括 Mitel Architect、Zarlink Orion、Goddard 航天飞行中心的 PiVoT、喷气动力实验室的 BlackJack、Trimble Force – 19、约翰逊航天中心的 Ship Channel、Surrey SGR – 20、Asthech G12 以及 NovAtel Millenium。研究希望通过 GPS 星座模拟器描述原始测量精度与跟踪误差。测试类型包括静态、在轨、伪卫星、轨道相对导航、集成等。DLR 测试表如图 2 – 5 所示。实验室仿真设备配置如图 2 – 6 所示。

	静态场景	实时对天	仿真	无误差扰动	在轨场景	探测火箭	仿真器	低轨卫星	极轨卫星	地面站	伪卫星场景	地球静止轨道卫星	有基线	短基线	零基线	流动点	固定点	轨道相对导航场景	误差	无误差	集成测试场景
优先级			2		1						3							4			5
伪码精度		×		×		×	×	×	×	×		×	×			×	×			×	
载波精度		×		×		×	×	×	×	×		×	×			×	×			×	
距离变化率		×		×		×	×	×	×	×		×	×			×	×			×	
跟踪环误差						×	×	×	×	×		×								×	
误差灵敏度				×				×	×	×		×									
伪距性能																		×	×	×	
集成性能																					×

图 2 – 5　DLR 测试表

(a) GSSi GPS 星座仿真器和
DEC Alpha Open VMS 工作站

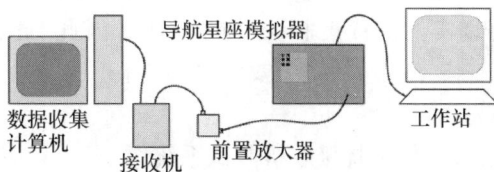

(b) 测试配置

图 2 – 6　实验室仿真设备配置

接收机精度评估结果见表2-3。

表2-3 接收机精度评估结果

接收机名称 / 误差类别		Receiver								
		Architect	Orion	PiVoT	BlackJack	Force-19	Ship Ch.	SGR-20	Ashtech	NovAtel
2-28	伪距误差/m	0.9258	0.9477	1.0368	0.1553	0.0151	0.8145	N/A	0.5390	0.0991
	载波相位误差/mm	0.9323	0.9253	N/A	0.5033	~2.597	1.4337	N/A	3.1626	1.1970
	距离变化率误差/(m/s)	0.1407	0.1414	0.2400	~0.001	0.0110	0.1050	N/A	0.0808	0.0745
14-29	伪距误差/m	0.9037	0.9193	1.1267	0.1025	0.0324	N/A	N/A	0.5244	0.1121
	载波相位误差/mm	0.9227	1.0890	N/A	0.4227	~2.717	N/A	N/A	3.2377	1.2567
	距离变化率误差/(m/s)	0.1382	0.1440	0.2097	~0.001	0.0116	N/A	N/A	0.0787	0.0359
3-15	伪距误差/m	0.9015	0.9559	1.5009	0.1323	0.0145	N/A	1.3810	0.6362	0.1226
	载波相位误差/mm	1.0899	1.0699	N/A	0.4105	~2.923	N/A	N/A	3.5167	1.3715
	距离变化率误差/(m/s)	0.1419	0.1561	0.4381	~0.001	0.0124	N/A	0.1858	0.0876	0.0351
21-28	伪距误差/m	0.9131	0.9029		0.1539	0.0101	0.8244	N/A	0.5996	0.1267
	载波相位误差/mm	1.1566	1.6478	N/A	0.9524	~3.250	2.1160	N/A	3.5311	1.3559
	距离变化率误差/(m/s)	0.1526	0.1512		~0.001	0.0138	0.1136	N/A	0.0869	0.0426
13-22	伪距误差/m	0.8986	0.8960	1.2179	0.1606	0.0100	N/A	1.4248	0.6092	0.1217
	载波相位误差/mm	1.1864	1.7767	N/A	0.6380	~3.102	N/A	N/A	3.5580	1.3480
	距离变化率误差/(m/s)	0.1469	0.1473	0.4074	~0.001	0.0132	N/A	0.1221	0.0890	0.0565
6-17	伪距误差/m	0.9297	0.8942	1.2229	0.1242	0.0129	N/A	1.3693	0.6598	0.1285
	载波相位误差/mm	1.2112	1.5659	N/A	0.2833	~3.399	N/A	N/A	3.8485	1.4228
	距离变化率误差/(m/s)	0.1466	0.1534	0.2799	~0.001	0.0144	N/A	0.1283	0.0997	0.0401
Overall	伪距误差/m	0.9121	0.9193	1.2210	0.1381	0.0158	0.8194	1.3917	0.5947	0.1184
	载波相位误差/mm	1.0831	1.3458	N/A	0.5350	N/A	1.7749	N/A	3.4758	1.3253
	距离变化率误差/(m/s)	0.1445	0.1489	0.3150	N/A	0.0127	0.1093	0.1454	0.0871	0.0475
					P码使能	载波平滑				P码使能

尽管有关研究的最初动机是任务设计者比较接收机的性能,但测试结果对于提高产品性能也很有帮助。实际上,有关研究结果与方法已经在几种接收机的设计中发挥了作用。由于能够观测到原始精度与系统误差,其相对于传统 RMS 噪声方法能够更好地调试接收机。仿真的高多普勒环境能够支持一种更为真实的加速度相关性的评估。因此,此项研究不但提供了重要的接收机调试工具,还为任务规划者提供了独立的原始测量精度和跟踪环性能的评估方法。

2)抗干扰接收机测试系统

德国宇航中心(German Aerospace Center)的 FP6 项目 ANASTASIA 中,搭建了针对航空应用接收机的有线抗干扰测试环境。该环境使用了 Spirent 公司的两台 GSSS7790 多输出星座模拟器通过级联作为 GPS + Galileo 导航卫星星座信号模拟源;使用 Agilent E8267D 信号源通过计算机控制作为干扰信号发生器。

使用数字波形或其他阵列信号处理方法的自适应天线,能够提供对多路径信号、干扰台和与增强型天线增益结合的抗干扰能力。为了测试使用这种用于信号接收和多径/干扰抑制的自适应阵列天线的接收机,需要测试信号产生器。由于在可控辐射阵列(CRPA)接收机中所有的信号处理——特别是数字波形和自适应算法——在基带完成,产生恰当的数字基带信号对于多数测试目的是足够的。通过设置天线和 RF 前端的旁路,再现了来自每一天线振子的下变频变换和取样信号的基带测试信号可以直接注入接收机的基带段。Spirent 公司已经为 DLR 开发出基于 STR4790 的新型卫星信号模拟器。该模拟器能够输出 12 颗独立卫星(或少于 12 颗附加多路信号的卫星)的数字 I/Q 基带信号,可以产生 1 颗卫星的两种不同基带信号,与在两种不同 RF 频带发射的卫星信号兼容,如 GPS L1 和 L2。而且,可以向 1 台信号产生器的输出馈送干扰。

由 DLR 开发的波前矩阵(WFM)的外部子系统可以调制每一独立卫星信号的相移,该相移与它的到达方向(DOA)和阵列内接收天线振子的相对位置对应,并对每一天线振子的延迟信号进行累加,如图 2－7 所示。WFM 的输出是与来自每一独立天线振子的信号兼容的数字基带 I/Q 信号对,最多有 25 个振子。为了测试接收机的 IF 和 RF 部分,提供多达 12 个 L1/L2 基带信号,这些信号由矩阵调制并反馈给用于 RF 的上变频的卫星信号模拟器。模拟器的 RF 输出与从独立天线振子接收到的信号兼容,而不是与独立卫星的信号兼容。

模拟器和 WFM 为在实际条件下遭遇多路径或干扰的 CRPA 接收机的测试提供最佳条件。

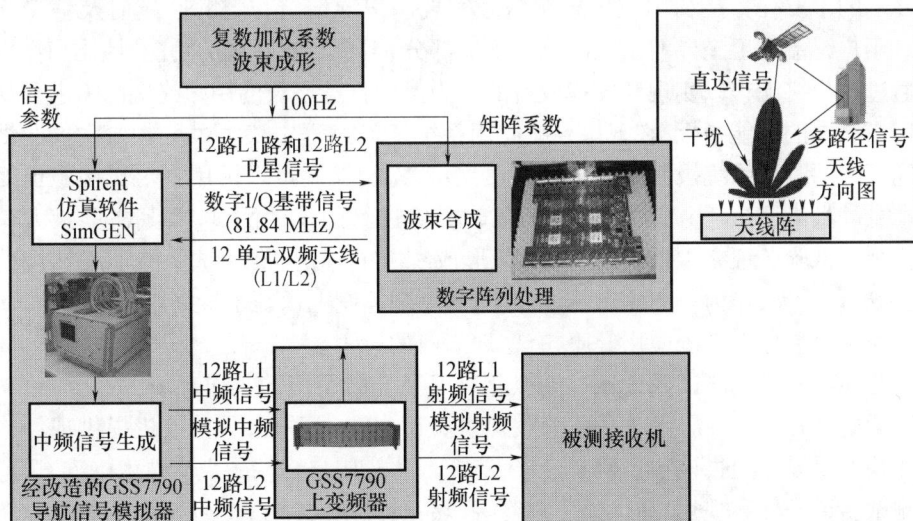

图 2－7　DLR 接收机测试系统示意图

目前模拟器升级到 Galileo 信号(E5/E6/E1)。最终升级在 2006 年 9 月完成,2007 年 1 月提供 24 条独立信号信道(附加多路信号的卫星信号)的进一步升级。DLR 的卫星导航测试系统的主要技术特点如下:

(1)系统主要基于模拟器有线测试开展,利用商用的导航信号模拟器进行针对性的开发。

(2)利用商用信号源等仪器构建复杂电磁环境,实现对终端测试项目的扩展。

(3)注重对测试数据的分析评估,对系统的测试与终端形成闭合[3]。

4. GNSS 仿真和处理框架

德国 IfEN 公司使用和开发的一套完整接收机开发工具——(GNSS 仿真和处理框架,GSPF)。GSPF 是卫星导航算法开发和试验的框架,提供模拟任何类型的处理应用或系统的能力。它可以设定配置参数,甚至配置整个处理流程。通过 API 集成自身的算法模块是可行的。GSPF 由配置工具、独立核心程序和若干动态连接程序库(Orbit、Integrity、EGNOS、GATE、User 等)组成,实现批处理或交互式的任务后或实时处理,应用于原始数据产生器、导航和差分纠错电文产生器、用户导航和完好性算法、接收机性能分析等领域。目前可以利用的算法模块多于 400 种,RF 星座信号产生器频率为 L1、E6、E5ab(也可以配置 GPS L2),基线产品为 24 通道,可扩展为 96 通道。

星座包括 GPS 和 Galileo(未来的升级包括 EGNOS,与两种 RF 输出的差分),所有参数的用户定义(车辆移动、电离层、对流层、多路径等)。

5. 北斗用户终端测试系统

北斗用户导航系统包括服务于陆、海、空、天不同用户的各种类型用户终端,用户终端的主要任务是利用卫星导航信号实现用户导航定位、测速、定时及信息交换。用户终端是卫星导航系统的重要组成部分,卫星导航系统的功能、性能和作用是通过用户终端得以实现和发挥效益的。为保证日益增长的用户终端的需求和规范用户终端的性能指标,在卫星导航应用系统建设过程中,建立标准的、完善的试验验证终端测试系统极其重要。它的建立:首先能够满足军民用户对试验验证终端本身的批量测试任务,解决大量装备时需要进行的规模测试[4];其次能最大程度上规范试验验证终端的性能和指标,形成统一的标准,推动试验验证终端规范化、标准化发展,作为一级测试认证环节,从管理体制上保证了最终用户的权益,促进了我国卫星导航系统应用健康、有序地向前发展[5]。

北斗用户终端测试系统通过模拟北斗卫星导航系统的工作环境:为北斗用户终端的研制开发、产品生产、采购验收提供验证与测试平台;为标校机提供现场检定和校准手段。通过该项目研制建设,统一了北斗用户终端的生产技术标准,规范了测试验证条件和规程,在保证用户终端产品质量中发挥了重要作用,为卫星导航应用保障后续科研工作提供技术储备。该测试系统面向用户机入网测试的应用,负责对北斗用户终端的接收灵敏度、入站信号特性、用户终端的单双向零值等关键技术指标进行测试,对用户终端的功能特性进行考核,自动完成对用户终端的各项功能、性能测试。

北斗用户终端测试系统通过模型仿真,基于伪距变化生成卫星导航信号,能够对各类北斗用户终端实现在暗室内或有线环境指定条件下的性能测试。北斗用户终端测试系统能够模拟北斗卫星 RNSS 信号、RDSS 信号和 GPS、GLONASS、Galileo 频点卫星导航信号,模拟窄带、宽带等干扰信号,以及仿真用户终端的动态特性,接收解析用户终端发射 RDSS 入站信号,对各类用户终端进行测试,检验用户终端功能和性能(其中:RNSS、GPS 项目包括灵敏度、定位精度、测速精度等 11 项;RDSS 项目包括灵敏度、EIRP、定位功能、通信功能等 28 项;高动态、抗干扰项目 6 项等)是否满足系统设计要求。自动完成对用户终端的各项功能、性能测试。通过该系统为北斗各类用户终端的研制开发、产品生产、采购验收提供验证与测试平台,规范了北斗用户终端的生产技术标准、测试验证条件和规程,在保证用户终端产品质量中发挥了重要作用。

2.3.2　卫星导航信号模拟源

卫星导航信号模拟源的研制涉及伪码扩频调制、载波相位精确控制和测量误差仿真等高精尖技术,研制的技术难度很大。国外较早开展了 GPS 卫星信号模拟源技术研究工作,已研制出多种型号的 GPS 卫星信号模拟源并投入使用。美国的 GPS 作为最早开发和使用的卫星导航系统,已经成功运行几十年,在卫星信号模拟源的研制方面拥有大量成熟的技术。

见诸文献最早的卫星导航信号仿真系统是 1977 年报道的 Texas Instruments 公司开发的 GPS 模拟源。从此,伴随着 GPS 卫星星座的建立、GPS 体制的更新、GLO-NASS 系统的出现,卫星导航信号精密模拟源也从单通道到多通道、从模拟合成到数字合成、从中频数字合成到基带数字合成、从单一系统仿真到多系统混合仿真、从专用向通用、从系统仿真向片上仿真发展。

第一代卫星导航信号模拟源以模拟技术为主,采用射频合成的技术方案,即把每颗卫星的信号独立调制到射频后进行合成。随着数字技术的发展,以及对模拟源信号精度和通道一致性要求的提高,导航信号模拟源开始应用数字技术,并在中频进行模拟信号合成。目前国外市场上 GPS 仿真系统均不同程度地采用了大规模 DSP/FPGA 技术,在数字域进行直接信号合成,把多颗卫星的数字合成信号用一个射频通道输出,以提高信号精度和通道间的一致性[6]。由于卫星导航信号模拟源对于 GPS 应用系统开发不可或缺,因此世界上很多国家相继开发了卫星导航信号模拟源。英国、美国、瑞典、挪威、德国等已经有比较成熟的产品。其中,Spirent、Aeroflex 公司等生产的 GPS 模拟源最具代表性。此外,美国著名的军用通信设备制造商 L－3 公司也提供具备 M 码和 P 码仿真功能的全功能 GPS 模拟源,仅提供给具备军码使用许可证的 GPS 设备生产商。

Stanford Telecom 公司研制了 STEL – 9200,3S 公司研制了 S1000,Welnavigate 公司研制了 GS100、GS600、GS1010 系列,CAST 公司研制了 1000、2000、4000 系列卫星模拟工程系统,Spirent 公司研制了 GSS 和 STR 系列卫星信号模拟源等,占据了高端卫星导航信号模拟源的主要市场。高端的模拟源可以模拟 GPSL1、L2 频率上的 C/A 码和 P 码,部分型号还可以模拟 GLONASS 的卫星信号。这些模拟源有单通道和多通道,结构上多采用计算机加独立仪器机箱或计算机加插卡板的形式,具有交互式的图形界面,允许用户对仿真中使用的参数进行设置和修改。有的模拟源还能专门模拟各种环境和人为的干扰信号。经过几代产品更新,国际上 GPS 卫星信号模拟源功能和性能更加先进,甚至可以模拟差分信号、姿态测量信号,具有基于卫星的增强系统(SBAS)仿真功能。其他导航系统的信号模拟源也有一些相关产品,数量不多且不成熟。

Spirent 公司生产的导航信号模拟源型号众多,模拟源的技术指标根据产品的功能和定位而各不相同,产品覆盖从基本的单通道模拟源到多星群模拟源在内的完整系列,适用于从最简单的生产测试到最苛刻的研究及工程应用[1]。Spirent 公司的 GSS4200 多通道 GPS 模拟源、GSS6560 多通道 GPS 灵活仿真系统、GSS8000 系列 Multi – GNSS 星群模拟源代表了当前国际上 GPS 全功能和高端模拟源的开发水平。

GSS4200 是一款全功能的导航信号模拟源,提供完全的导航测试能力。GSS4200 提供了 IEEE488、GPIB、USB 和 RS232 等接口,便于用户将它集成到自己的测试系统中。GSS4200 也支持和其他系统之间通过触发信号、频率基准和秒脉冲(1PPs)的输入/输出进行同步。GSS4200 还支持单通道与多通道模式之间的切换。另外,为了模拟 GPS 的多种应用,只要 GPS 的场景数据符合格式标准,就可以输入 GSS4200 进行模拟[7]。

Sprient 公司从 2000 年开始研制 GSS6560 多信道高灵活性 GNSS 仿真系统,采用领先的数字架构,在 2U 机箱内实现了 12 通道的 GPS/SBAS 仿真。信号动态特性相对速度为 ±15000m/s,相对加速度为 ±450m/s^2,相对加速度率为 ±500m/s^2,伪距不确定性小于 ±2mm,伪距速度不确定性小于 ±1mm。GSS6560 能够完全接受用户的控制来创建测试场景,因此非常适合于接收机的开发和验证环境。GSS6560 预先安装了 Spirent 公司的 SimGEN 软件,该软件提供灵活的模型设置实现对模拟场景的定义。但该型模拟源仅能供一个用户端口使用[1]。

GSS8000 系列 GNSS 卫星信号模拟源设计用于满足从事卫星导航定位系统研发人员的需求。GSS8000 系列称为 Multi – GNSS 星群模拟源,由运行 SimGEN 软件的控制计算机和可按测试要求灵活配置的信号发生器两部分组成。如果需要更多的信号与输出,可以用多个机箱组成一套齐备的信号发生器。系统采用模块化设计,在一个信号发生器的机箱内支持最多 3 种 RF 载波信号,且信号的类型灵活选择,支持 GPS、GLONASS、Galileo 和 SBAS 系统,每个机箱最多 48 个通道加 192 个可编程多路径通道。

2002 年研制成功的 Aeroflex 星座模拟系统是新一代的 GPS 仿真测试设备,将所有的硬件(包括一个计算机工作站)集合在一 4U 的机箱中,全部通道以数字形式在 FPGA 中产生,同时实现了很高的精度指标、可重复性和操作稳定性。基于数字基带信号发生器的星座模拟源的信号精度经校准后,在使用中通道间的电平误差、群延迟和相位延迟稳定度高。由于采用数字技术合成后再转换为射频信号,无须针对每个通道进行电平校准。既消除了卫星通道之间的相互误差,也消除了星间时间误差,确保了高精度。即使长时间不进行校准,也不会增大这种星间误差。但是没有频点间通道一致性保证措施[6]。用户可以根据厂家提供相关文件进行校准。其理论伪距精度为 0.000436m,未给出伪距不确定性等实测数据。动态性能:速度为 15000m/s,加速度为 5000m/s²,加加速度为 10000m/s³,输出功率电平最大为 −60dBmW,电平动态范围为 66dB,步进 0.5dB。

美国 NAVSYS 公司于 2000 年开发了基于 Matlab 的 GPS 数字 IF 信号软件模拟源,2001 年推出了可以产生 L2C 信号和 M 码信号的 GPS 卫星信号模拟源。美国 Data Fusion 公司于 2001 年推出了 Matlab/CToolkits 形式的 GPS 单频 L1C/A 码信号源开发工具。美国 Centerfor Remote Sensing 公司于 2003 年开发了一套具有开放式结构的 GPS 软件接收机开发与测试平台,该平台各个软件模块可以通过图形用户界面进行连接和配置,2004 年又开发了 Galileo 相关模块[1]。

Spirent 公司的 STR4780 是目前市场上一款主流 GLONASS 信号模拟源,既可独立使用也可与 STR4760 等其他 GPS 模拟源联合使用。

2002 年法国空间局开发了一套 GNSS 仿真平台,包含丰富的软件模块如 BOC 信号分析工具和 GPS IIF − L5 软件接收机,已用来研究 GPSL5 与 GalileoE5a 信号的兼容性等问题。欧盟的 Deimos Space 公司于 2004 年开发了一套运行于 Windows PC 上的 Galileo 接收机分析和设计应用软件工具 GRANADA,包含测试台和软件接收机两部分[7]。2005 年 THALES 公司针对 Galileo 系统的测试、评估与验证系统(GSSF)开发了 Galileo 信号模拟源。该模拟源可以模拟 Galileo 系统的 E5、E6、L1 频率信号。信号类型包括 BOC 及 AltBOC 信号。伪距控制精度为 3mm(RMS),码通道间一致性 3mm,载波通道间一致性 0.04mm[28]。

国外对 GPS 信号仿真系统没有统一的架构标准,综合 Spirent、Aeroflex、CAST 等公司产品可以看出,其基本以 19 英寸(1 英寸 = 2.54cm)机架为标准,根据集成规模和年代选用了 VXI 和 CPCI 等不同的结构模拟 L1、L2 频点的 12 颗卫星信道,输出功率约为 −100dBm,功率控制范围小于 60dB,电平精度约 ±0.7dB,最大动态特性可达 60000m/s,相对加速度为几百到十多万米每秒平方,理论伪距精度可达 0.1cm,伪距不确定性小于 ±2cm,伪距速度不确定性小于 ±1mm/s,信号功率步进为 0.1~0.5dB,系统大部分没有频点间一致性保证措施。

2.3.3　组合导航测试设备

GPS/INS 组合导航系统可以克服两种导航方式单独工作的缺点,具有高精度、高可靠性、耐恶劣环境等特点,是目前导航领域的一个热门课题[9]。以往的早期组合导航测试中主要采用跑车试验,虽然能够对组合导航系统软、硬件进行全面的考核,但由于跑车的动态环境和真实载体飞行环境相差甚大,其测试结果的可信度和实用性不高。有的采用部分硬件接入的半实物仿真。该方案能够对组合导航终端的软件和部分硬件进行考核,但由于其 GPS 测试环境的仿真与实际情况差距较大,故其测试结果的可信度并不理想[9]。

目前,国际上生产和研制卫星/惯性组合导航模拟器最著名的公司为 CAST 公司和 Spirent 公司。CAST 公司针对 GPS/INS 组合导航系统,专门研制了一系列测试、半实物仿真系统,其产品已经广泛应用于各类战斗机飞行测试以及 Northrop Grumman 和 Honeywell 公司的诸多产品。图 2-8 为 CAST-3000 组合导航测试设备,主要包括:提供与 GPS 同步的 IMU 输出、支持气压高度计仿真、支持六自由度轨迹等功能,并可选最多 8 个干扰源信号生成等。

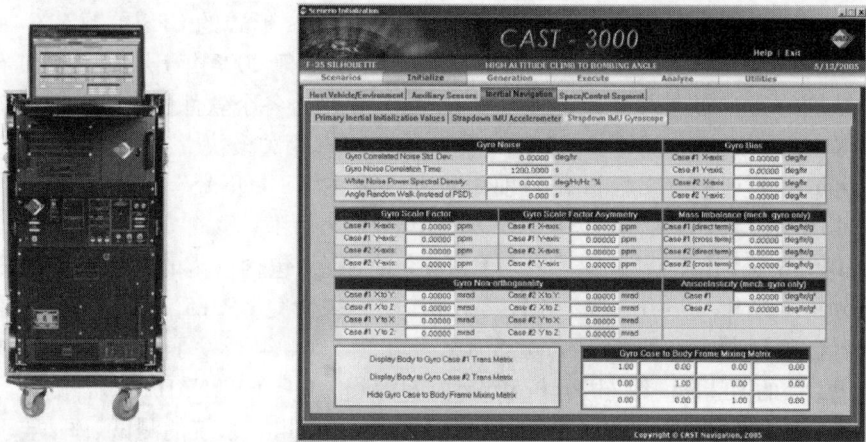

图 2-8 CAST-3000 组合导航测试设备

在此基础上发展的 CAST4000 组合导航测试设备能够进一步测试 GPS/INS 组合导航系统,同时增加了气压高度计、雷达高度计、空气动力学仿真等功能。美国军方已将其用于 F-35 联合攻击战机导航系统的飞行仿真测试。

Spirent 公司研制的 SimInertial 系统能够模拟惯性导航系统,实现对惯性导航系统进行内场的初始对准、惯性导航等模拟测试,完成包含硬件回路的闭环仿真。同时,具有生产惯性原始测量数据(陀螺、加速度计数据)、外接气压高度计等功能。与 GSS8000 GPS 模拟器可以无缝链接成组合导航模拟器,实现对 GPS/INS 组合导航及嵌入式组合导航系统的仿真模拟,以及兼容 Northrop Grumman 公司的 LN100、LN250、LN25 和 LN260 等惯性导航系统产品的闭环在线测试。组合导航测试方案如图 2-9 所示。

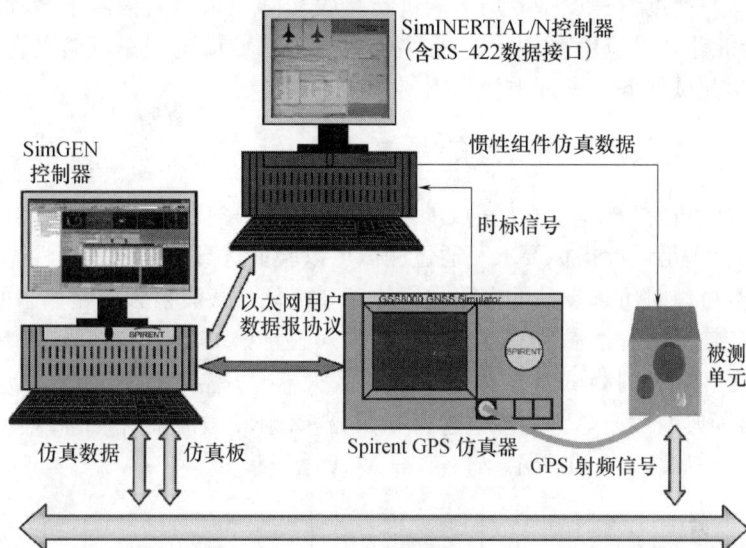

图 2 - 9　组合导航测试方案

2.3.4　差分导航测试设备

国内外在差分定位产品测试方面主要采用室内差分信号模拟器测试、外场基线场测试以及外场动态跑车试验三种方式。

1. 室内差分信号模拟器测试

室内差分信号模拟器的测试主要采用差分卫星导航信号模拟器同时仿真基准站和流动站两路射频信号,或者差分卫星导航信号模拟器按照标准接口协议仿真输出基准站数据和流动站射频信号进行测试。前者输出两路射频信号对基准站接收机和流动站接收机同时进行测试,并完成短基线定向以及中长基线定位测试。此种测试方法的优点是可以在受控条件下重复测试。

2. 外场基线场测试

外场基线场测试依托构建的高精度卫星导航终端产品基线场进行,基线场每一个基准天线按照相应的国家标准进行建设并进行严格标校,通过接收实际卫星导航信号完成差分定位产品的高精度检验和测试。目前,国内测绘领域相关机构部门基本建设了针对 GPS 差分定位产品的基线测试场,为国内 GPS 差分定位产品的检定计量建立了较为完善的平台体系。但是,面向兼容北斗导航系统的基线测试场建设尚处于起步阶段。此种测试方法的缺点是:受实际卫星导航系统限制,不同时间、不同地点测试结果不同。

3. 外场动态跑车试验

外场动态跑车试验是测试差分定位产品实际使用性能的重要方法和手段,通过改装具有高精度参考设备专用车辆进行接收实际卫星导航信号下的动态测试。目前,结合北斗建设应用,国内已经有多家建立了外场动态跑车试验平台,并在多项重大专项测试任务中发挥重要作用。

2.3.5　射频模块测试设备

导航接收机射频模块设计完成的电路需要通过完整的测试来评估各方面性能,判断是否满足设计指标要求。通过测试可以验证仿真设计的正确性,利用测试的性能参数可以对仿真设计的电路进行修正和优化。微波射频电路典型的性能指标为线性传输反射特性参数、非线性指标、噪声性能、功耗等。通用仪表具备很高的测试精度和完整的测试能力,能对低噪声放大器、功率放大器、混频器、频率合成器、滤波器等典型微波电路的参数进行测试分析,射频微波器件、组件典型测试参数及测试仪表如图 2 – 10 所示。

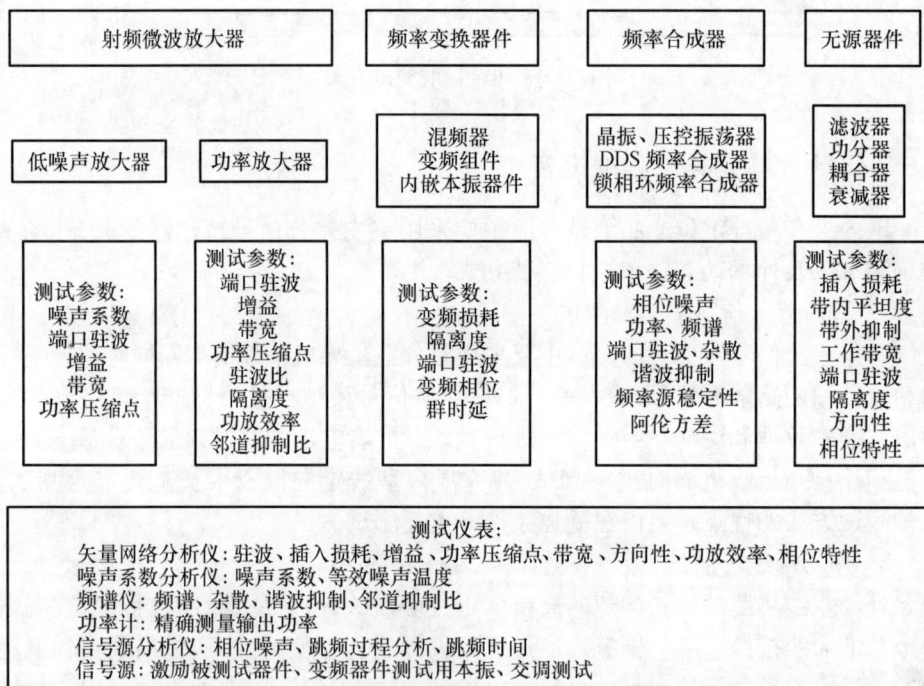

射频微波放大器	频率变换器件	频率合成器	无源器件
低噪声放大器　功率放大器	混频器 变频组件 内嵌本振器件	晶振、压控振荡器 DDS 频率合成器 锁相环频率合成器	滤波器 功分器 耦合器 衰减器

测试参数: 噪声系数 端口驻波 增益 带宽 功率压缩点	测试参数: 端口驻波 增益 带宽 功率压缩点 驻波比 隔离度 功放效率 邻道抑制比	测试参数: 变频损耗 隔离度 端口驻波 变频相位 群时延	测试参数: 相位噪声 功率、频谱 端口驻波、杂散 谐波抑制 频率源稳定性 阿伦方差	测试参数: 插入损耗 带内平坦度 带外抑制 工作带宽 端口驻波 隔离度 方向性 相位特性

测试仪表:
矢量网络分析仪:驻波、插入损耗、增益、功率压缩点、带宽、方向性、功放效率、相位特性
噪声系数分析仪:噪声系数、等效噪声温度
频谱仪:频谱、杂散、谐波抑制、邻道抑制比
功率计:精确测量输出功率
信号源分析仪:相位噪声、跳频过程分析、跳频时间
信号源:激励被测试器件、变频器件测试用本振、交调测试

图 2 – 10　射频微波器件、组件测试技术

1. 微波放大器测试技术

放大器包含低噪声放大器、功率放大器、可变增益放大器等类型。测试系统需要测试放大器的增益、端口驻波、交调失真、功率压缩点、噪声等。针对不同放大器的测试要求,测试仪表需要具有不同技术特点,低噪声放大器、功率放大器及变频器和混频器测试要求见表 2 – 4 ~ 表 2 – 6。

表2-4　低噪声放大器测试要求

线性放大器测试应用要求	测试仪表要求
增益、端口驻波、相位、功率压缩点、交调性能、噪声系数等参数测试	① 提供扫频激励,功率扫描激励和双音激励完成完整线性/非线性参数和噪声系数测试。 ② 支持多通道测试,同时完成多参数测试
被测件指标测试精度要求高	高性能接收机提高仪表测试精度。测试结果轨迹噪声电平为低。保证测试结果的精度
小功率激励,仪表在小功率条件下的校准精度	接收机具有高灵敏度和宽动态范围。保证低功率校准和大增益测试状态的精度

表2-5　功率放大器测试要求

功率放大器测试应用要求	测试仪表要求
端口驻波、增益、输出信号频谱、交调失真、调制质量恶化、波形恶化、效率等测试	① 提供扫频激励,功率扫描激励和双音激励完成被测件的线性参数和非线性参数测试。 ② 方便连接调制信号源、频谱分析仪。通过内置的控制开关将不同测试仪表连接至被测功放。完成单次连接多参数测试
大功率激励	① 输出的激励功率高。 ② 开放的测试座结构。 ③ 支持功率校准保证被测件端口激励功率精度
输出功率高	① 接收机的功率压缩点指标为16dBm,20GHz。 ② 大动态范围接收机对被测件高功率输出信号准确测量,确保测试结果的准确性。 ③ 接收机端口内置步进衰减器,扩展接收机动态范围。 ④ 开放的测试座结构,支持外置的定向耦合器,接收机端口衰减器,扩展测试功率范围
驻波比参数测试	① 双激励源:源1提供被测放大器激励信号;源2提供输出端口反射参数测试激励信号。 ② 利用频偏模式使两个激励信号工作在不同频率。 ③ 完成驻波比参数测试
交调测试	① 网络仪能提供双音激励信号,双音信号工作在点频和扫频状。 ② 接收机工作在频偏模式下完成对交调产物的测试。 ③ 能提供点频和扫频状态下放大器的交调参数测试

表 2-6　变频器和混频器测试要求

混频器测试应用要求	测试仪表要求
完整的传输,反射和隔离参数	可选配 4 个端口,其中,3 个端口分别提供被测混频器的激励、本振和输出信号。单次连接完成混频器的传输、反射和隔离参数测试
混频器的本振驱动	① 网络仪配置双激励源:源 1 提供被测件输入激励;源 2 提供被测件本振信号。 ② 满足被测混频器件本振驱动电平要求。 ③ 采用仪表内置的本振激励信号,提高混频器的测试速度和相位参数测试稳定性
完整的混频器工作模式(固定中频、固定本振、多次混频等)	① 可灵活配置激励源、本振源及接收机的频率关系。 ② 支持固定中频、固定本振、多次变频等测试模式的应用
传输特性相位参数	完成对混频电路变频传输特性的相位参数和延迟参数的测试
多个混频电路的幅相比值测量	包含多个端口激励和多通道接收机,作为本振的第二源可提供两路输出,同时驱动两个被测件。方便完成对多个混频电路的幅相参数的比值测量

2. 频率合成器测试

频率合成器是射频微波部件中的核心部件之一,需要提供对各种频率源完整参数的测试能力,可完成测试的器件种类包含晶体振荡器、VCO、锁相环频率合成器、DDS 频率合成器、捷变频频率合成器、信号源仪表等。对于不同的测试对象,测试仪表需提供一定的测试参数,见表 2-7。

表 2-7　测试仪表测试参数

测试应用	测试仪表测试参数
晶体振荡器	测试参数包括功率、频率、功耗、杂波抑制、阿伦方差等。
VCO 振荡器	测试参数包括功率、频率、功耗、相位噪声、压控灵敏度、压控范围、杂波抑制等
频率合成器	测试参数包括功率、频率、功耗、相位噪声、杂波抑制、谐波抑制、调幅噪声、阿伦方差等

3. 微波电路系统级参数测试

系统级参数测试是指根据应用系统要求为被测器件提供调制激励信号,然后通过信号分析仪对器件输出信号进行完整参数测试,包含功率、频谱、调制精度等。评估被测器件能否满足在工作状态的性能指标。利用矢量信号源和矢量信号分析仪完成射频微波电路的系统级性能参数的测试。矢量信号源根据系统要求提供数字调制、多载波等复杂激励信号。矢量信号分析仪对被测器件输出信号进行完整频域分析、时域分析和解调分析。通过测试综合反映被测器件的功率、频谱和调制等参数的特性,微波电路系统级参数测试项目如图 2 - 11 所示。

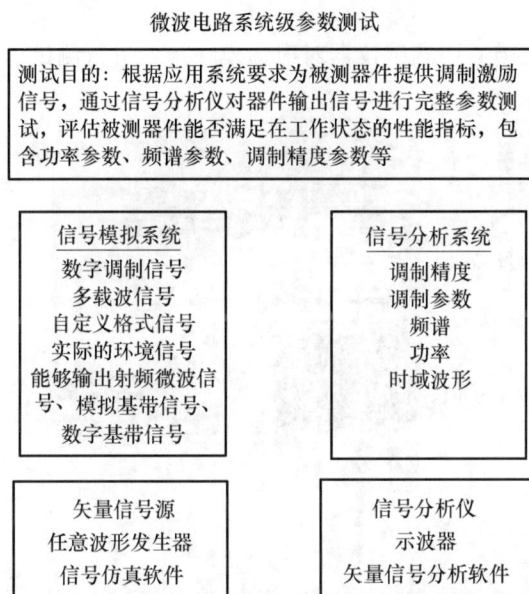

微波电路系统级参数测试

测试目的: 根据应用系统要求为被测器件提供调制激励信号,通过信号分析仪对器件输出信号进行完整参数测试,评估被测器能否满足在工作状态的性能指标,包含功率参数、频谱参数、调制精度参数等

信号模拟系统
数字调制信号
多载波信号
自定义格式信号
实际的环境信号
能够输出射频微波信号、模拟基带信号、数字基带信号

信号分析系统
调制精度
调制参数
频谱
功率
时域波形

矢量信号源
任意波形发生器
信号仿真软件

信号分析仪
示波器
矢量信号分析软件

图 2 - 11　微波电路系统级参数测试参数及测试仪器

信号模拟系统以微波矢量信号源、基带信号发生器和信号仿真软件为基础而构成。信号模拟系统主要包含信号波形数据建立和实际信号建立两部分[10]。信号波形建立主要有两种方法:一种是首先建立信号的模型,然后通过计算得到,用户可借助相应的仿真计算软件完成;另一种是利用分析仪表或其他设备对实际信号进行采集存储的数据,首先通过数/模转换器(DAC) 将信号波形的数据转化为基带信号,然后由 IQ 调制转换为微波射频信号[11]。

在实验室环境下完成系统关键性能指标测试,需具备完整的信号输出接口形式,可输出微波射频信号、模拟 IQ 信号、数字 IQ 信号及数字中频信号,完成对整机、中频电路部分和数字基带部分的独立测试[10]。

信号分析系统采用先进的测试设备和分析软件,具备分析功能强、可测试设备完整、扩展性能好等特点。信号分析系统采用测试仪表硬件及分析软件的构成方案,具备较为完整的测试功能。

在卫星导航系统中,射频模块的性能直接影响接收机对卫星导航信号的发射与接收,所以对其性能指标有着严格的要求。实际应用中,如何对射频模块指标进行快速、有效的测试,成为一个亟需解决的问题[12]。

射频模块测试是利用现有的电子测量仪器(如频谱分析仪、信号发生源、网络分析仪、噪声分析仪等)对模块化产品(如有源模块、无源模块等)进行各项射频参数指标的测试,包括有源/无源模块的功率、增益、增益调节范围、自动电平控制范围(ALC)、驻波比、插入损耗、带内波动、带外抑制、三阶互调、噪声系数、杂散发射等[13]。

目前,国外主要用通用测试仪器对射频模块指标进行测试,如图2－12所示。

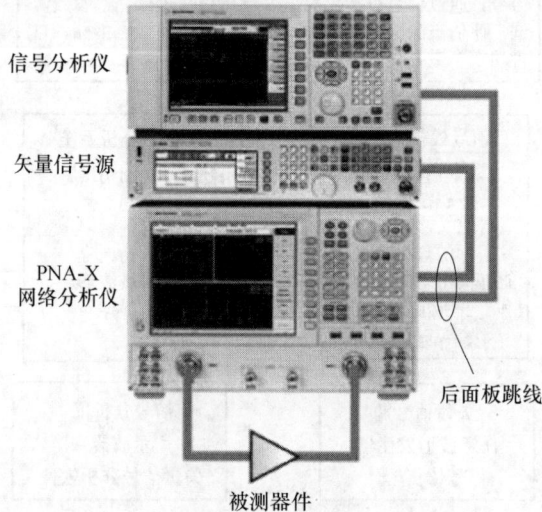

图2－12　基于通用仪器的射频模块测试

为提高测试效率以及减少人为操作引入的测试误差,通常采用,基于通用仪器的自动测试系统进行测试。自动测试系统可在计算机控制下自动进行测量仪器的校准、参数配置、测量、数据处理与显示或结果输出。通常在标准的测控系统或仪表总线的基础上组建而成,整个测试过程在预先编制的测试程序统一控制下自动完成,具有高速度、高精度、多功能、多参数和较宽的测量范围等特点[14]。

2.3.6　A－GNSS导航产品测试

当卫星导航不断地推进个人随身应用时,传统的卫星导航定位方式就出现了瓶颈。采用自主定位的独立式卫星导航设备,必须在信号条件好的开放天空中接收到4颗以上的卫星信号,且GNSS接收机接收GNSS卫星轨道完整信息数据,才能进行定位计算。对于随身导航应用来说,自主定位在开机后的第一次定位时间(Time to First Fix,TTFF)太长,而且用户时常处于建筑物林立的街道中、高架桥下甚至室内环境中,这些地方的信号接收条件很差,用户往往得过长时间才能等到第一次定位,而且不一定成功。在此情况下,通过另一套网络取得卫星信息的辅助定位方式,A－GNSS或A－GPS,已成为GPS发展的必然趋势。

对于不具任何有效定位数据的 GPS 终端来说,重要的是接收 4 颗卫星的星历及卫星时间数据,才能计算定位。由于卫星以速率 50 b/s 发射信号,因此同步接收 4 颗卫星一个完整星历数据的时间至少需要 18s。历书方面,由于每次更新的数据需用到 25 帧传送更新的历书数据,因此完整下载需要 12.5min。对于 GNSS 终端来说,启动开机时本身是否具有有效的卫星信息将决定第一次定位的速度。GNSS 的启动分为,冷启动、温启动和热启动。

(1) GNSS 接收机在完全无任何数据的状况下启动称为冷启动。在信号比较好的情况下,接收信号不中断,最少需要 18s 下载完星历。如果出现最坏的情况,刚好错过了第一个子帧的第一个比特,则需要在下一个周期重新下载该子帧,需要 36s 才能下载完星历。下载完星历数据,GNSS 接收机可计算出定位数据。星历子帧的下载不能间断,如果因信号微弱而间断,就必须从头接收该子帧。这将耗费更长的时间下载星历,需要更长的时间才能定位。

(2) GNSS 接收机在只有有效的历书数据,并且从上次定位后没有发生大距离移动时的启动称为温启动。较典型的例子是:接收机关机超过 2h,仍然保留上次的位置、时间和年历数据,这允许接收机预测当前可见的卫星位置,比较容易捕获卫星。此时如果 GNSS 接收机需要计算定位信息,仍需要如冷启动一样下载 4 颗以上卫星完整的星历数据。

(3) GNSS 接收机启动时仍然拥有有效的星历和年历数据的启动称为热启动。较典型的例子是:接收机关机不超过 2h,并且这段时间内接收机的内部时钟保持工作状态。在热启动时,接收机同样可以预测卫星的位置,能够快速捕获并跟踪卫星信号。由于已经有有效的星历数据,因此没有必要如冷启动和温启动一样重新下载星历数据,可以快速定位。

辅助 GPS(Assisted GPS,A-GPS)技术可以提高 GPS 卫星定位系统的性能。通过移动通信运营基站可以快速定位,广泛用于具有 GPS 功能的手机上。GPS 通过卫星发出的无线电信号来进行定位。在信号很差的条件下,例如在一座城市,信号会被许多不规则的建筑物、墙壁或树木削弱。在这样的条件下,非 A-GPS 无法快速定位,而 A-GPS 可以通过运营商基站信息快速定位。A-GPS 技术是结合网络基站信息和 GPS 信息对移动台进行定位的技术,可以在 GSM/GPRS、WCDMA、CDMA2000 和 TD-SCDMA 网络中使用。与纯 GPS、基地台三角定位比较,A-GPS 能提供更广范围、更省电、更快速度的定位服务,理想误差范围在 10m 以内。该技术需要在手机内增加 GPS 接收机模块并改造手机天线,同时在移动网络上加建位置服务器、差分 GPS 基准站等设备。

一般的 A-GPS 系统由 GPS 参考网络、发布辅助数据的根服务器,以及具 A-GPS 功能的接收机组成。GPS 参考网络必须建立覆盖广泛的监控站,并持续且准确地监控卫星的移动。它会将监控得到的相关卫星数据传送给高效能的定位服务器,此服务器依据这些数据预测卫星未来的移动轨迹。GPS 接收机的运行程序是搜寻卫星信号、接收星历、定位与跟踪。如果预先取得卫星信息或以更快的速度下载星历，就能加速定位的速度。对于这种情况，目前有如下两种不同的 A – GPS 方式获得辅助数据：

（1）在线 A – GPS。具有在线 A – GNSS 功能的终端，可以由两种接口与移动网络通信：一个是控制平面；另一个是用户平面。前者是不同移动系统针对定位辅助功能定义的接口规范，其中 GSM/GPRS 是 RRLP，UMTS 是 RRC，CDMA 是 IS – 801A。除接口规格不同外，不同的系统服务商会建立属于自己的控制平台运作系统，虽然能保证较佳的服务质量，但建设成本较高，用户也受限于系统服务商。用户平台接口系统使用的是由 OMA 组织所定义的一套通用接口规范——SUPL（Secure User Plane Location）。它通过将 RRC、RRLP 等信息打包为一致性的规范后再发送出去，与 TCP/IP 的架构极为接近。由于其通用性高、系统建设成本较低，因此有助于 A – GNSS 在手机等移动设备中的推广。

GSM 网络的 A – GPS 方案基于 OMA 的 SUPL 规范，是一种用户平面的解决方案；CDMA 网络提供的 gpsOne 是 MS – Assisted 方式的 A – GPS 定位方案，也基于用户平面方式。A – GPS 手机操作步骤如下：

① 将本身的基站地址通过网络传输到位置服务器。

② 位置服务器根据该手机的大概位置传输与该位置相关的 GPS 辅助信息（包含 GPS 的星历和方位俯仰角等）到手机。

③ 手机的 AGPS 模块根据辅助信息（提升 GPS 信号的第一锁定时间 TTFF 能力）接收 GPS 原始信号。

④ 手机在接收 GPS 原始信号后解调信号，计算手机到卫星的伪距（受各种 GPS 误差影响的距离），并将有关信息通过网络传输到位置服务器。

⑤ 位置服务器根据传送的 GPS 伪距信息和来自其他定位设备（如差分 GPS 基准站等）的辅助信息完成对 GPS 信息的处理，并估算手机的位置。

⑥ 位置服务器将手机的位置通过网络传输到定位网关或应用平台。

采用在线 A – GNSS，不同的方法影响定位效率。第一个影响因素为连网速度，这与移动运营商的服务质量及用户所在位置息息相关，是不可控因素。CDMA 和 GSM/GPRS 的协议中定义了 A – GNSS 手机的最低运行效果标准：CDMA 的标准定义在 3GPP2 C. S0036 – 0（TIA 916），GSM/GPRS 的标准定义在 3GPP TS 25.171。其中 CDMA 要求最大的启动时间（最长的 TTFF）在 16s 内，GSM 则为 20s。第二个影响的因素与下载的卫星数据内容有关，当所获得的有用资料越多，定位的速度就越快。例如，若能取得 GPS 时间，则可大幅缩短定位时间。这是因为卫星的移动速度很快（800m/s），GPS 时间有助于掌握卫星的确切位置。GPS 时间又分为粗略 GPS 时间和精确 GPS 时间，前者定位时间约为 30s，后者定位时间仅为数秒。

当支持 A – GNSS 的终端启动时，会同时接收来自天空中的卫星信号，并通过用户平台(如 GPRS)连接移动网络的基站,基站通过因特网与取得全球参考网络数据的服务器连接;GNSS 终端通常从服务器端下载包括星历、年历、粗略位置、时间、卫星健康状态等数据(星历是必要的,其他数据为选择性的)。这些数据不需储存在 GNSS 接收机或系统的内存中,而且每次启动连接时数据会更新,Online A – GNSS 的服务架构如图 2 – 13 所示。

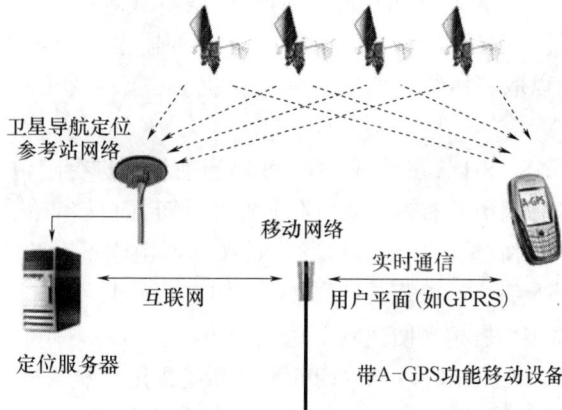

图 2 – 13　在线 A – GNSS 服务架构示意图

(2) 离线 A – GNSS。在使用前,GNSS 终端先通过移动网络或因特网从服务器端中取得辅助数据,这些数据通常是预先推测的年历或星历卫星轨道数据,当它们被储存后与服务器的连接就可以中断。GNSS 接收机下次启动时,储存的数据用来推算当前的轨道数据以帮助导航定位。在此情况下,接收机不需等到所有的数据从卫星下载后才开始计算,很快开始进行导航。辅助数据的有效性与数据提供者有关,可维持 10 天至两周左右,但所提供位置的准确性随着时间下降,下载后前几天准确度最高,时间越久准确度就越低,因此经常维持数据更新。Offline – GNSS 服务架构示意图如图 2 – 14 所示。

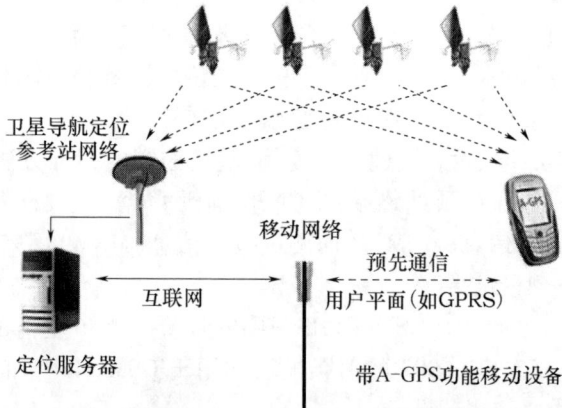

图 2 – 14　离线 A – GNSS 服务架构示意图

卫星轨道预测的准确度与提供者的专业能力密切相关。如果直接提供卫星的年历，由于它只提供所有卫星轨道的概略位置，与实际的卫星轨道之间存在 3～5km 的误差，若直接以此数据进行定位，计算出来的位置产生很大的偏移。因此，专业的数据供应者借助天文学及重力等模式来预测及修正卫星轨道，可以通过差分历书修正数据的做法将卫星轨道的准确度提升到 10～50m。具有离线 A - GNSS 功能的移动终端通过 TCP/IP 协议方式与标准的镜像/代理服务器沟通，以取得复制到此服务器中的辅助卫星数据。此镜像/代理服务器也是通过标准的 HTTP 协议与根服务器通信，以取得压缩过的卫星信息数据。根服务器的数据来自如 IGS 的全球参考网络。

与离线 A - GNSS 相比，在线 A - GNSS 以当前星历进行定位，因此可以得到较高的准确性。不过，星历的有效性短，必须随时更新，而且容易受限于移动通信系统的连网时间及连网质量。相比较，离线 A - GNSS 由于不需花费时间在卫星轨道数据的下载，也不受基站涵盖范围的限制，再加上定位时不需随时保持连机，因此可省下不少上网费用，是相当便捷的一种定位方法。

基于上述 A - GPS 工作原理，A - GPS 测试系统采用导航信号模拟源集成 Agilent 公司相关测试仪器及软件构建 GPS 导航增强信号模拟设备。Agilent 公司提供了采用 8960 和 E4438C 构建 A - GPS 接收机功能测试的解决方案。基于控制的标准方法是不同移动系统针对定位辅助功能定义相应的接口规范，包括 RRLP(Radio Resource Location Services Protocol)、RRC(Radio Resource Control) 或者 UMTS 的 TIA - 801 和 CDMA2000 等。利用 8960 无线通信测试集，根据不同的标准协议进行适当的配置，可以模拟各种网络通信中的协议规范。E6965A 定位服务仿真器（软件）支持 SUPL 功能测试。该软件能提供 SUPL 定位中心（SLP）的各种要素来满足测试终端的需求。将 E6965A 定位服务仿真器（软件）、8960 无线通信测试集和 E4438C 矢量信号发生器构成一个系统，可以提供卫星仿真、蜂窝基站仿真和 A - GNSS 终端设备测试需要的各种信息，从而实现 MSB(Mobile Station Based) 和 MSA(Mobile Station Assisted) 的仿真。

图 2 -15 描述了 A - GNSS 测试系统的基本连接关系。标准测试仪器通过 GPIB 与 PC 控制器相连。PC 控制软件和定位位置服务仿真软件安装在外部 PC 上。被测设备与测试系统通过射频电缆或天线连接。

以 Agilent 公司相关设备购建系统为例，基于控制的标准方法使用 3GPP 指定的信号信息传输网络到测试终端的 GNSS 辅助数据，主要包括辅助数据信息（ADOM）和测量控制信息（MCM）。而测量报告信息（MRM）用来返回测试终端到网络的 A - GNSS 测量结果。

（1）对于测试具有 2G(GSM/GPRS/EGPRS) A - GNSS 功能的用户终端，8960 的配置需要具有 E5515C -002 的射频模块和用于 GSM/GPRS 的 E6710G 模块组成的 E5515C 无线通信测试设备。

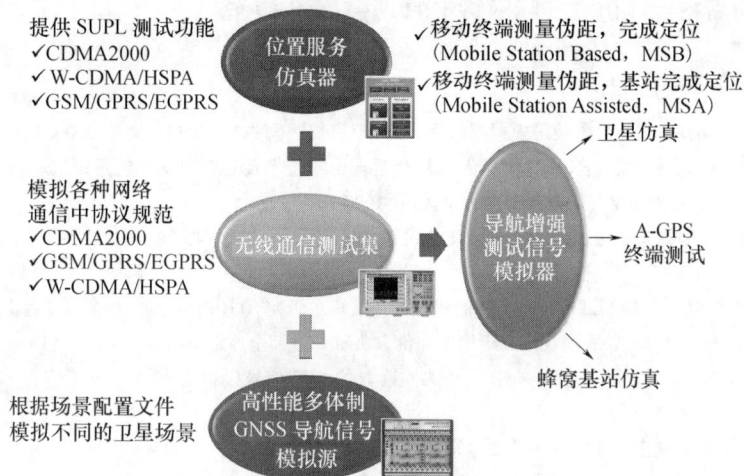

图 2 - 15　A - GNSS 测试系统构成框图

（2）对于测试具有 3G(W - CDMA/HSPA) A - GNSS 功能的用户终端,8960 的配置需要具有 CDMA 基站仿真功能的 E5515C -003 模块和用于 W - CDMA/HSPA 的 E6703F 模块组成的 E5515C 无线通信测试设备。

（3）对于测试具有 2G 或 3G UMTS A - GNSS 功能的用户终端,8960 的配置需要同时具有 E5515C - 002 和 E5515C - 003 模块,用于 W - CDMA/HSPA 的 E6703F 模块和用于 GSM/GPRS/EGPRS 的 E6701G 模块。

（4）对于测试具有 CDMA2000 A - GNSS 功能的用户终端,8960 的配置需要具有 CDMA 基站仿真功能的 E5515C -003 模块和用于 CDMA2000 的 E6702C 模块组成的 E5515C 无线通信测试设备。

多体制 GNSS 导航信号模拟源是一款高性能、通用、支持多系统导航信号格式的信号发生器。多体制 GNSS 导航信号模拟源可以根据场景配置文件模拟不同的卫星场景。多体制 GNSS 导航信号模拟源的功能如下:

（1）多颗导航卫星配置,最大 12 颗。

（2）可配置成各种真实世界的应用场景。

（3）同步于具有多普勒频移和导航数据的真实卫星。

（4）自由调整可见星数量。

E6965A 位置服务仿真器是一款能提供 SUPL 测试功能的 PC 软件程序,通过与 8960 和 E4438C 的有机组合,可完成用户终端 SUPL 的测试。目前,主要支持 W - CDMA/HSPA 和 GSM/GPRS/EGPRS 等技术。

PC 控制软件 GS - 9000 主要实现控制一系列测试设备、产生辅助数据、编码解码协议信息、完成定位和分析测试结果的功能。GS - 9000 是一款可裁剪的软件,可配置成符合某种技术标准的场景,并且能根据特定的测试验证需求配置或修改软件,从而高精度地仿真实际网络中的 A – GNSS 操作。

参考文献

[1] 吕志成. 高动态卫星导航信号模拟器软件研究［D］.长沙：国防科学技术大学,2006.

[2] 杨俊,陈建云,钟小鹏,等. 高精度延迟信号产生理论与技术及其在卫星导航系统试验验证中的应用［C］.第一届中国卫星导航学术年会论文集(中),2010.

[3] 黄建生,王晓玲,王敬艳,等. GPS 导航定位设备测试技术研究[J].电子技术与软件工程,2013,(11):36 – 37.

[4] 陈雷. GPS 用户终端测试系统数据库的建立及评估算法研究[D].郑州：解放军信息工程大学,2008.

[5] 朱新慧,王刃. 卫星导航接收机测距精度评价方法研究[J].全球定位系统,2007(5):14 – 18.

[6] 单庆晓,陈建云,钟小鹏,等. 基于数据文件读取的 GPS 信号模拟技术[J].电子测量与仪器学报,2009,(5):79 – 84.

[7] 李隽. 卫星导航信号模拟器体系结构分析[J].无线电工程,2006(8):30 – 31.

[8] 陈振宇. 基于 BOC 调制的导航信号精密模拟方法研究[D].长沙：国防科学技术大学,2011.

[9] 徐丹,袁洪,廖炳瑜. 一种组合导航终端测试系统的改进设计与仿真[J].计算机仿真,2011,28(8).

[10] 刘文娟. 雷达信号的模拟与仿真[D].北京：北京交通大学,2010.

[11] 吕茂亮. 雷达射频信号的产生及其性能评估方法研究[D].南京：南京航空航天大学,2009.

[12] 王文. 数字收发信机射频模块测试原理及其实现[D].长沙：国防科学技术大学,2003.

[13] 范红,戴敬,于海东,等. 射频模块测试技术及展望[J].机电产品开发与创新,2007(6):168 – 170.

[14] 施庆华. 基于 GPIB 接口总线的分布式自动测试系统开发与应用[D].上海：上海海事大学,2005.

第3章 卫星导航系统空间段仿真的数学原理

3.1 概述

卫星导航是利用接收机观测到的卫星导航信号,确定接收机的位置、速度和时间信息。卫星导航接收机测试需要采用数学仿真技术来完成 BDS、GPS、GLONASS 和 Galileo 导航系统星座和轨道数据仿真,生成全部星座卫星的轨道数据和卫星钟数据;完成用户轨迹数据仿真,按指定的用户轨迹模型生成仿真用户的坐标轨迹数据;进行空间环境参数仿真,能够生成空间环境包括电离层延迟、对流层折射和多路径延迟对信号传播的影响参数。同时,卫星导航系统空间段数学仿真需要根据星座和轨道、空间环境、差分与完好性等信息生成下行导航电文信息;需要根据卫星轨道、空间环境参数、地面站坐标、用户轨迹以及观测模型,实时生成地面站和用户接收机的观测数据以及星地、站间时间同步数据,观测数据包括伪距、伪距变化率、多普勒频移、载波相位等信息。导航卫星射频信号模拟系统根据上述两类信息生成导航信号。

卫星导航系统数学仿真的功能是:在考虑各种摄动因素的基础上对导航卫星轨道和姿态进行仿真,建立星间链路观测模型,仿真生成星间观测数据;综合考虑空间传播链路的影响,建立空间环境模型(包括电离层、对流层、多路径等),以及信号传播衰减模型(包括降雨衰减、云雾衰减、大气闪烁等),结合 RNSS 用户运动状态和卫星运动状态仿真生成星地上行注入链路观测数据和星地下行链路观测数据。观测数据一般包括伪距、伪距变率,多普勒频移和载波相位信号功率等。

卫星导航接收机测试的数学仿真技术包括卫星导航系统信号与信息生成的卫星导航系统空间段数学仿真、传输段数学仿真和用户接收段数学仿真三部分。卫星导航系统空间段数学仿真应对导航卫星星座轨道及其摄动力因素、空间信道传输损耗、用户运动状态及用户端观测数据、星间链路、地面站注入、广域差分与完好性监测过程等进行仿真，模拟全球卫星导航星座系统的运行状态和导航信号的生成与传播过程。

高精度体系化的数学仿真模型库构成了卫星导航接收机测试的数学仿真系统的核心。数学仿真系统应对导航卫星星座轨道及其摄动力因素、空间信道传输损耗、用户运动状态及用户端观测数据等进行仿真，模拟各大导航系统的运行状态和导航信号的生成与传播过程。高精度数学仿真模型库需要提供有关的数学模型和模型应用方案，数学模型及其参数的选择满足先进性和自洽性，在满足精度要求的情况下充分考虑对仿真计算实时性的影响。导航信号模拟源数学仿真系统涉及多个学科专业，包括航天器轨道动力学、航天器姿轨控理论、大气物理学、无线电传播学、数理统计学和系统仿真学等。其关键仿真模型有卫星轨道计算模型、钟差计算模型、电离层延迟计算模型、对流层延迟计算模型、观测数据计算模型和导航电文计算模型等十几类上百个模型。高精度体系化的数学仿真模型库按照星座运行和信号传播环节划分为多个子模型库，每类子模型库包含若干个仿真模型，每个仿真模型的具体应用取决于仿真星座与应用用户。体系化数学模型库组成如图3-1所示。

在体系化数学模型库的支撑下，数学仿真系统接收用户的模型参数配置指令后，根据选定的星座、用户终端运动状态，进行导航卫星的轨道计算、用户轨迹计算、空间环境计算，观测数据生成和广域差分及完好性仿真功能，观测量的计算阶数考虑到三阶加加速度；同时数仿系统提供与测试系统的管控接口，能够接收测试系统的管理与控制指令（仿真模型管理、仿真进程管理），并返回仿真结果。其工作原理如图3-2所示。

3.2　空间段仿真组成与基本原理

卫星导航模拟测试空间段仿真主要包括星座仿真、轨道仿真、导航卫星及载荷仿真以及时空转换模型等基础模块的仿真，如图3-3所示。

常数与参数库模块包含天文常数及地球物理基本参数等，是基础数据提供模块，卫星导航模拟测试系统中所用的天文常数及基本参数等应完全一致。

卫星导航模拟测试空间段是全球卫星导航系统地面与用户段的连接节点，涉及轨道仿真模型、钟差仿真模型、星座仿真模型等模型。在该部分也包含卫星导航模拟测试时所需要的常数与参数库以及常用的时间系统变换模型、空间系统变换模型，完成卫星导航模拟测试时各类不同时间系统、空间坐标系统之间的转换。

体系化数学仿真模型库

- 外部数据接口
- 广域差分模型
- 完好性仿真模型
- 天线相位姿态仿真模型
- 天线特性仿真模型
- 观测数据生成模型
- 用户轨迹计算模型
- 传输损耗仿真模型
- 多路径效应仿真模型
- 对流层仿真模型
- 电离层仿真模型
- 钟差仿真模型
- 姿态轨道仿真模型
- 时空系统模型
- 辅助参数库

观测信号改正模型
- 地球旋转偏心改正
- 天线相对论效应改正
- 相对论效应改正

观测信号计算模型
- 伪距率模型
- 延迟率模型
- 仿距模型
  - 载波相位模型
  - 多普勒模型

用户轨迹测试模型
- 加速度测试模型
- 速度测试模型
- 静态用户模型
  - 载火箭导弹轨迹计算模型
  - 飞机舰船车辆运动描述模型
  - 飞机舰船车辆轨迹计算模型

用户轨迹应用模型
- 卫星轨迹计算模型

自然环境空间衰减
- 水汽吸收衰减模型
- 氧气吸收衰减模型
- 大气层衰减模型
  - 云雾衰减模型
  - 大气吸收衰减模型
  - 雨雪衰减模型
  - 大气层闪烁模型

多路径
- 装饰多路径
- 多项式多路径
- Legendre 多路径
  - 阻地移动多路径
  - 正弦模型
  - 定点偏移多路径
    - 反射模式多路径
    - 地面反射多路径
    - 多普勒偏移多路径

用户轨迹计算模型
- 三维格网模型
- SHAOT 模型
- EGNOS 模型
  - Saastamoinen（实测）模型
  - UNB3m 模型
  - Saastamoinen（标准）模型
  - GNSS 对流层实测资料

- 三维模型
- SHAO-GIM 模型
- SHAOI 模型
  - IGS-GIM 模型
  - Klobuchar 模型
  - Neqiuck 模型
  - GNSS 电离层实测资料

- 广义相对论修正模块
- 随机差仿真模块
- 基于实测数据仿真模块
  - 时间坐标转换模块
  - 系数差数学模型
    - 控制和参数设置模块
    - 输出模块

姿控模型
- 典型运动学模型
- 动力学模型

积分器
- KSG 积分器
- RK 积分器

力模型
- 经验加速度
- 二体引力
  - 机动变轨推力
  - 相对论效应摄动
  - 日月引力摄动
  - 大气阻尼摄动
    - 光压摄动
    - 地球潮汐摄动
    - 地球非球形形摄动

坐标系统
- 坐标系统转换
- RTN 坐标系
  - 地磁坐标系
  - 地站坐标系
  - 地固坐标系
  - J2000 地心惯性坐标系

时间系统
- 时间系统转换
- 导航卫星时 GPST
- 导航卫星时 BDT
  - 世界时 UT
  - 地球动力学时 TT
  - 质心动力学时 TDB
    - 协调世界时 UTC
    - 格林治恒星时 GST
    - 原子时 TAI

天文常数
- 太阳指数
- 太阳辐射流量
- 地球引力位系数
  - 地磁指数
  - 卫星几何物理参数
  - 地球自转参数

环境参数
- 卫星几何物理参数
- 地磁自转参数
- JPL 星历

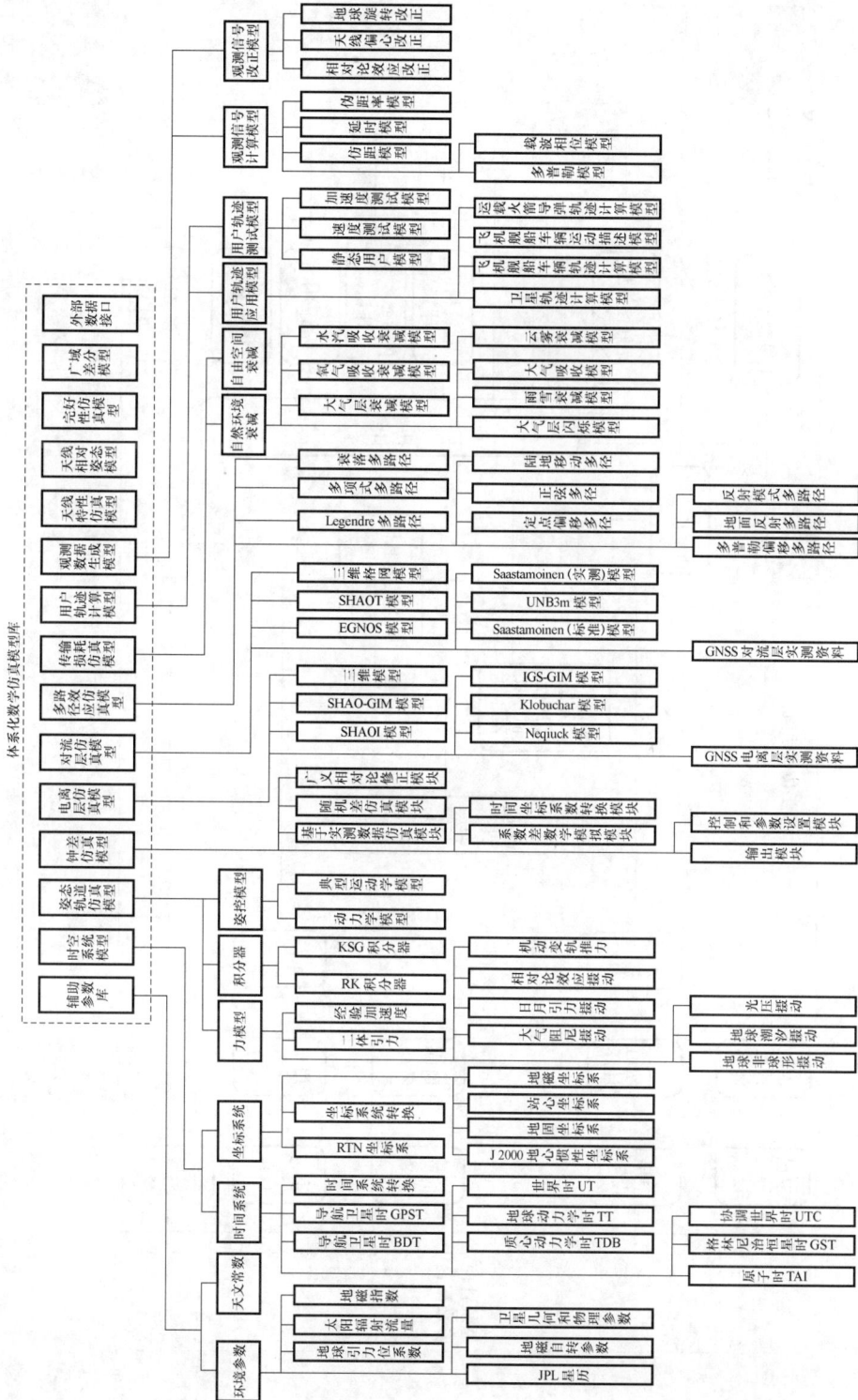

图 3-1　体系化数学模型库组成

49

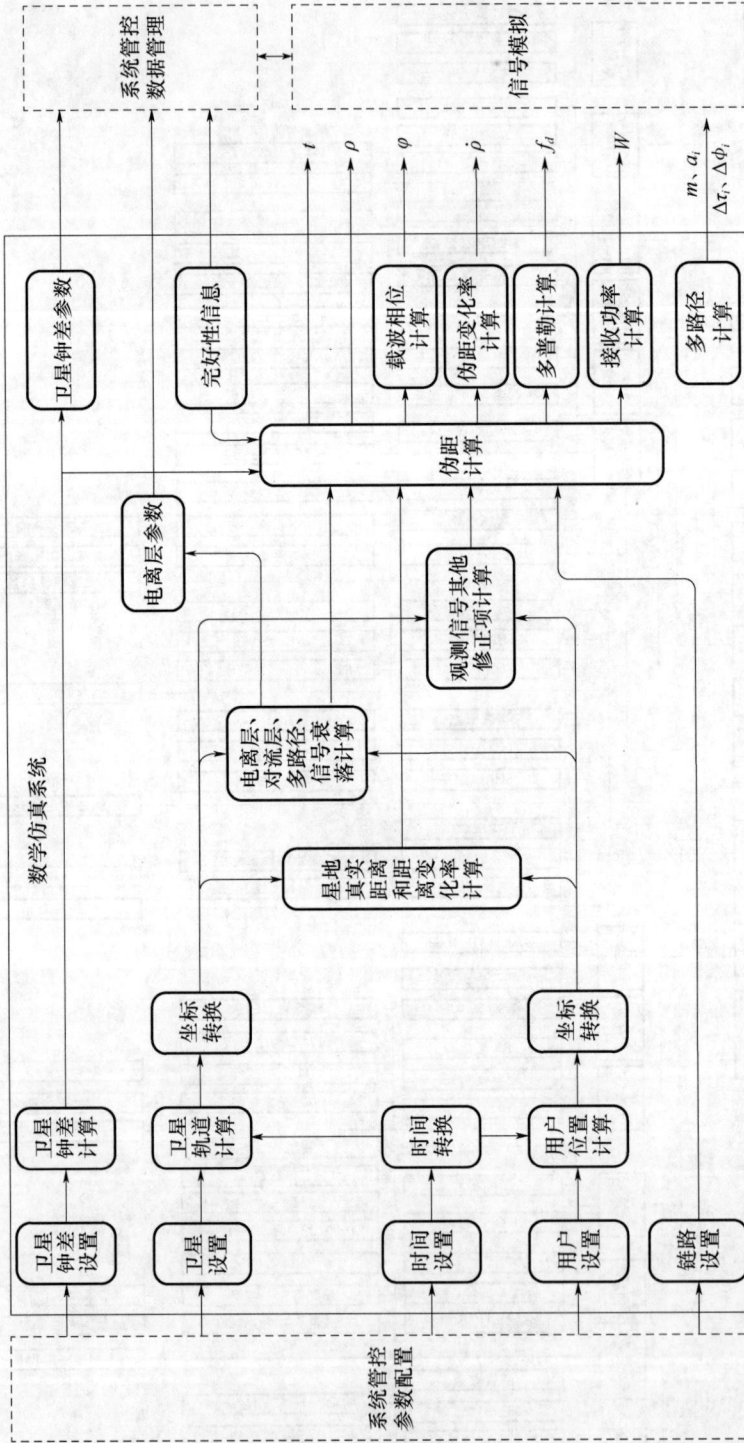

图 3-2 数字仿真系统工作原理

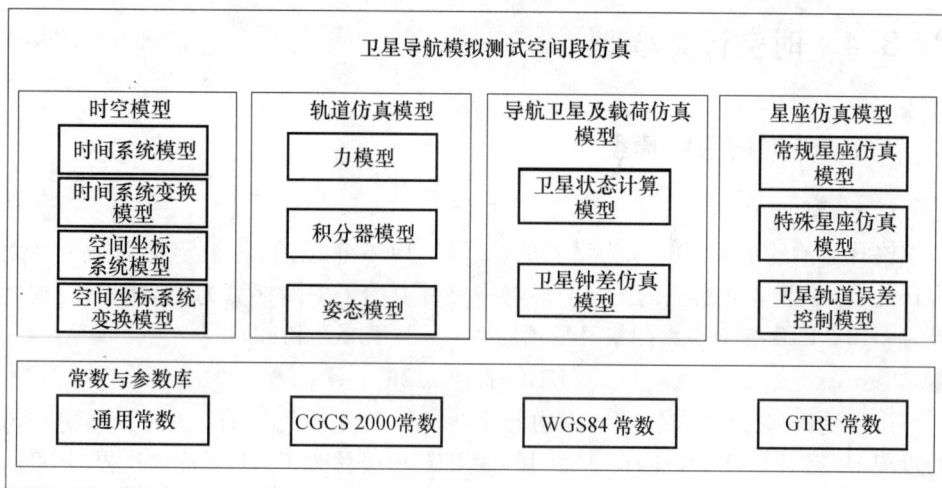

图 3 - 3　卫星导航模拟测试空间段仿真组成

3.3　常数与参数库

该模块主要为卫星轨道和钟差仿真、空间环境延迟仿真、用户轨迹仿真等模块提供天文常数、数学常数和地球物理基本参数等。

1. 通用常数

光速:$c = 299792458\mathrm{m/s}$;

$\pi = 3.1415926535898$;

2. 北斗坐标系 CGCS 2000 常数

地球引力常数:$\mathrm{GM} = 3986004.418 \times 10^8 \mathrm{m}^3/\mathrm{s}^2$

地球旋转角速度:$\omega_e = 7.292115 \times 10 - 5\mathrm{rad/s}$

参考椭球长半径:$a = 6378137.0\mathrm{m}$

参考椭球扁率:$f = 1/298.257222101$

3. GPS 坐标系 WGS84 常数

地球引力常数:$\mathrm{GM} = 3986004.418 \times 108\mathrm{m}^3/\mathrm{s}^2$

地球旋转角速度:$\omega_e = 7.292115 \times 10^{-5}\mathrm{rad/s}$

参考椭球长半径:$a = 6378137.0\mathrm{m}$

参考椭球扁率:$f = 1/298.257839303$

重力位球谐函数二阶带谐系数:$J_2 = 1.082645 \times 10^{-3}$

4. Galileo 坐标系 GTRF 常数

待发布。

3.4 时空计算模型

3.4.1 时间系统模型

1. 世界时[1,2,8]

格林尼治的平太阳时称为世界时（UT）。1956 年以前,秒被定义为一个平太阳日的 1/86400。把实测的恒星时参考平格林尼治子午圈换算为平太阳时得到世界时 UT0。UT0 等于平太阳格林尼治时角 t_{MS_G} 与 12h 之和,即

$$UT0 = t_{MS_G} + 12h$$

由于受极移、地球自转速度不均匀性影响,UT0 是不均匀的。为了获得更均匀的世界时,需对 UT0 进行修正。将世界时 UT0 加极移改正 $\Delta \lambda$ 后称为世界时 UT1。在 UT1 中加入地球自转速度季节性变化的改正 ΔT_s 得到世界时 UT2。UT2 比 UT1 更均匀,但 UT2 仍未消除地球自转的长期变化和不规则变化,因而仍然是不均匀的。

2. 国际原子时

原子时（AT）是基于原子的量子跃迁产生的电磁振荡定义的时间,国际单位制（SI）时间单位秒定义为铯 133 原子基态的两超细级间跃迁辐射 9192631770 周期所经历的时间。国际原子时（TAI）是国际时间局（BIH）于 1972 年 1 月 1 日引入的,原子时的原点由式确定:

$$AT = UT2 - 0.0039(s)$$

3. 协调世界时[1,6]

原子时虽秒长均匀,稳定度高,但它是一物理时而不是天文时,不能确定每天开始的零时刻。由于世界时 UT1 有长期变慢的趋势,其秒长与原子时不等,世界时和国际原子时的差距会越来越大。为避免由此造成的不便,1972 年引入了世界协调时（UTC）。UTC 秒长与原子时相同,通过在 12 月 31 日或 6 月 30 日最后一秒在 UTC 中引入闰秒或跳秒,使 UT1 – UTC 的绝对值小于 0.9s。UTC 是均匀但不连续的时间尺度,被国际科学和商业界广泛地采用为时间和频率标准。

4. 北斗时[9]

北斗时（BDT）是一个连续的时间系统,它的秒长取为 SI 秒,起始点为 2006 年 01 月 01 日 UTC 零点。

北斗时溯源到北京军用时频实验室产生的协调世界时 UTC（MCLT）,与 UTC 之间存在跳秒改正差。BDT 与 UTC 的偏差保持在 1μs 以内。

5. GPS 时[1]

全球定位系统建立了专用的时间系统。GPS 时（GPST）,由主控站的原子钟控制。

GPS 系统时间原点为 1980 年 1 月 6 日零时 UTC,单位为 SI 秒。它与国际原子时相差一常数,即 19s。GPST 是连续且均匀的时间系统,随着时间的积累与 UTC 的差别增大。GPST 与 UTC 的差在 GPS 卫星导航电文中发布。

6. Galileo 系统时 GST

Galileo 系统的时间(GST)相对 TAI 而言是一连续的坐标时间轴,之间将有小于 30ns 的偏移。GST 相对 TAI 的偏移在一年 95% 的时间内限制在 50ns。GST 与 TAI、GST 和 UTC 之差将向用户播发。GST 与 GPS 时之间的偏移由 Galileo 系统的地面部分进行监测并最终播发给用户。

3.4.2　时间系统变换关系

1. UT1 和 UTC 之间的转换[5,20]

$$\Delta UT1 = UT1 - UTC \tag{3-1}$$

$\Delta UT1$ 的绝对值小于 0.9s,$\Delta UT1$ 由观测决定,IERS 负责综合处理全球各种观测资料,对地球自转参数($\Delta UT1$ 和极移量)进行测定。IERS 每周发布一次公报 A,每月发布一次公报 B。公报 A 给出 $\Delta UT1$ 和极移量的近似值和预报值,公报 B 给出它们的事后处理的最终结果。

2. TAI 和 UTC 之间的转换

$$\Delta UTC = TAI - UTC \tag{3-2}$$

式中:ΔUTC 为跳秒调整,由 IERS 提供。

3. GPST 与 UTC 之间的转换

GPST 属原子时系统,其秒长与原子时相同,但与 IAT 的原点不同,两者有一常量偏差(19s),即

$$IAT - GPST = 19s \tag{3-3}$$

UTC 与 GPST 的时刻,规定在 1980 年 1 月 6 日零时相一致,其后随着时间的积累,两者之间的差别为秒整倍数。

$$GPST = UTC + 1s \times n - 19s \tag{3-4}$$

4. 格林尼治恒星时的计算[2,7,18]

在计算中,常需要把改进儒略历(MJD)下的历元转换到格林尼治平恒星时(GMST),步骤如下:

(1)计算到观测时刻的儒略世纪数,即

$$T_u = \frac{T_{MJD} - 51544.50}{36525.0} \tag{3-5}$$

(2)计算历元时刻对应的 GMST,即

$$T_{GMST} = 24110.548410 + 8640184.8128660 \times T_U$$
$$+ 0.093104 \times T_U{}^2 + 6.2 \times 10^{-6} \times T_U{}^3 \tag{3-6}$$
$$UT0 = t_{MS_G} + 12h$$

3.4.3 坐标系统模型

卫星导航系统涉及的主要坐标系定义见表3-1。

表3-1 坐标系定义

坐标系	原点	参考平面	x轴指向	位置矢量 速度矢量
J 2000 地心惯性 坐标系	地心	J 2000 平赤道	J 2000 平春分点	$\boldsymbol{r}$ $\dot{\boldsymbol{r}}$
瞬时平赤道 坐标系	地心	瞬时平赤道	瞬时真春分点	$\boldsymbol{r}_M$ $\dot{\boldsymbol{r}}_M$
瞬时真赤道 坐标系	地心	瞬时真赤道	瞬时真春分点	$\boldsymbol{r}_T$ $\dot{\boldsymbol{r}}_T$
准地固 坐标系	地心	瞬时真赤道	参考平面与格林尼治子 午面的交线方向	$\boldsymbol{r}'_b$ $\dot{\boldsymbol{r}}'_b$
地固 坐标系	地心	赤道面	参考平面与格林尼治子 午面的交线方向	$\boldsymbol{r}_b$ $\dot{\boldsymbol{r}}_b$
站心 坐标系	站心	过测站观测点与地球参考 椭球体相切的平面	参考平面中 朝东的方向	$\boldsymbol{\rho}$ $\dot{\boldsymbol{\rho}}$
RTN 坐标系	卫星 质心	卫星轨道平面	垂直于径向且与 速度方向一致	$\boldsymbol{r}_{RTN}$ $\dot{\boldsymbol{r}}_{RTN}$

需要注意,上面给出的是理想坐标系的定义,但在实际的实现中,由于测量手段和观测精度的不同,同样的一类坐标系在不同国家和组织实现时会存在一定的差异,需要通过转换才能等价。比如:GPS 使用的 WGS84 坐标系和我国建立的 1988 年地心坐标系,两者都是地心地固坐标系,但 WGS84 的 Z 轴指向 BIH 的 1984CIO,X 轴指向 BIH1984 0°子午线,而 1988 年地心坐标系 Z 轴则指向 BIH 的 1968CIO,X 轴指向 BIH1968 0°度子午线,两者存在着显著的差异,特别是在 X 轴方向。对这些实现的差异在使用时需加以小心,特别是在高精度要求的情况下。此外,地固坐标系的选取必须与站坐标、卫星运动模型所选取的一套参数(如地球引力场模型参数等)相自洽,否则将引入额外的坐标系附加摄动。因此,在本系统中,地固坐标系采用国际地球自转服务(IERS)组织提供的 ITRF96,相应的一套地球物理参数取 ITRF96 所定义的参数和相应的 EGM96 地球引力场系数。站心坐标系建议在 ITRF96 中给出或者在 WGS84 中给出(WGS84 和 ITRF96 在厘米量级上是一致的)。

1. CGCS 2000 坐标系[9,24]

CGCS 2000 属于地心地固坐标系,其定义为:

（1）坐标原点位于地球质心。

（2）Z 轴指向 IERS 组织定义的参考极（IRP）方向。

（3）X 轴为 IERS 组织定义的参考子午面（IRM）与通过原点且同 Z 轴正交的赤道面的交线。

（4）Y 轴满足右手直角坐标系。

CGCS 2000 原点也用作 CGCS 2000 椭球的几何中心，Z 轴用作该旋转椭球的旋转轴。

2. WGS84 坐标系[10,14,25]

GPS 采用的坐标系为 WGS84。根据 ICD – GPS – 200 对 WGS84 坐标系的定义为：

（1）坐标原点位于地球质心。

（2）Z 轴平行于指向 BIH 定义的国际协议原点（Conventional International Origin,CIO）。

（3）X 轴指向 WGS84 参考子午面与平均天文赤道面的交点，WGS84 参考子午面平行于 BIH 定义的零子午面。

（4）Y 轴满足右手坐标系。

实际上，WGS84、ITRF 之间的差异很小，在 10cm 以内可以认为是等同的。

3. Galileo 系统的坐标参考框架[22]

Galileo 系统的坐标参考框架是 IERS 建立的 ITRF 的一个实际的、独立的应用。ITRF 的建立基于来自 VLBI、LLR、SLR、GPS 和 DORIS 的一组站坐标和速度。Galileo 系统的坐标参考框架需要用与 GPS 类似的基于地球重力模型来建立。

4. 大地坐标系[12]

以大地经度、纬度和高程表示地面点的位置，以大地方位角表示方向的坐标系统称大地坐标系。大地经度、纬度和高程通常用 L、B、h 表示。过地面或空间任一点 P 作该点的椭球大地子午面，则该子午面与格林尼治参考子午面的夹角称为该点的大地经度。大地纬度是过该点的椭球面法线与椭球赤道面的夹角。大地高程是该点沿椭球面法线至椭球面的距离。

5. 当地地理坐标系

坐标原点 O 位于目标的质心，XG 轴、YG 轴和 ZG 轴的指向与测量系规定相同。该坐标系一般在导航领域应用较多。

3.4.4　坐标系统变换关系

1. J 2000 地心惯性坐标系与地固坐标系的转换

$$\mathbf{HG} = \mathbf{EP} \cdot \mathbf{ER} \cdot \mathbf{NR} \cdot \mathbf{PR} \qquad (3-7)$$

式中：**PR**、**NR**、**ER** 和 **EP** 分别为岁差矩阵、章动矩阵、自转矩阵和极移矩阵。

计算如下：

岁差矩阵为

$$\mathbf{PR} = R_Z(-Z_A) \cdot R_Y(\theta_A) \cdot R_Z(-\zeta_A) \tag{3-8}$$

式中：ζ_A、θ_A、Z_A 为赤道岁差角。根据 IERS 规范其计算式分别为[5]

$$\begin{cases} \zeta_A = 2306''.2181T + 0''.30188T^2 + 0''.017998T^3 \\ \theta_A = 2004''.3109T - 0''.42665T^2 - 0''.041833T^3 \\ Z_A = 2306''.2181T + 1''.09468T^2 + 0''.018203T^3 \end{cases} \tag{3-9}$$

式中

$$T = \frac{\mathrm{JD(TDB)} - 2451545.0}{36525.0} \tag{3-10}$$

式中：JD 为儒略日；JD(TDB) 为儒略日形式的 TDB。

章动矩阵为

$$\mathbf{NR} = R_X(-\varepsilon_A - \Delta\varepsilon)R_Z(-\Delta\psi)R_X(\varepsilon_S) \tag{3-11}$$

式中：$\Delta\psi$、$\Delta\varepsilon$ 分别为黄经章动和交角章动，由 JPL 行星/月球历表计算；ε_S 为平黄赤交角，可表示成

$$\varepsilon_S = 84381''.448 - 46''.8150T - 0''.00059T^2 + 0''.001813T^3 \tag{3-12}$$

自转矩阵为

$$\mathbf{ER} = R_Z(\theta_g) \tag{3-13}$$

式中：θ_g 为格林尼治视恒星时，可表示成

$$\theta_g = \overline{\theta}_g + \Delta\psi\cos\varepsilon_S \tag{3-14}$$

其中

$$\overline{\theta}_g = 2\pi \left[\begin{array}{c} \dfrac{67310.54841}{86400.0} + \left(\dfrac{876600}{24} + \dfrac{8640184.812866}{86400.0} \right)T_U \\ + \dfrac{0.093104}{86400.0}T_U^2 - \dfrac{6.2 \times 10^{-6}}{86400.0}T_U^3 \end{array} \right] \tag{3-15}$$

这是

$$T_U = \frac{\mathrm{JD(UT1)} - 2451545.0}{36525.0} \tag{3-16}$$

JD(UT1) 为儒略日形式的 UT1。

极移矩阵为

$$\mathbf{EP} = R_Y(-x_p)R_X(-y_p) \tag{3-17}$$

式中：x_p、y_p 为极移量，由 IERS 提供。

2. 地固坐标系与站心坐标系的转换

$$\mathbf{FH} = R_X(90° - \varphi)R_Z(\lambda + 90°) \tag{3-18}$$

式中：λ、φ 分别为站心的经度和纬度。

3. J 2000 地心惯性坐标系与 RTN 坐标系的转换

$$\mathbf{RG} = R_Z(u)R_X(i)R_Z(\Omega)R_Y(-90°)R_X(-90°) \tag{3-19}$$

式中:Ω、i、u 分别为卫星的升交点赤经、倾角和升交点角距。

4. RTN 坐标系与星体坐标系的转换

$$\mathbf{BR} = R_Y(\theta)R_X(\phi)R_Z(\psi) \tag{3-20}$$

式中:θ、ϕ、ψ 为卫星的姿态角。星体坐标系的定义为 x 轴为切向、z 轴垂直于纵平面朝上、y 轴构成右手坐标系。

5. 空间直角坐标系之间的坐标变换

两个空间直角坐标系之间的坐标转换一般采用七参数 Bursa 模型:

$$\begin{bmatrix} X \\ Y \\ Z \end{bmatrix} = \begin{bmatrix} dX_0 \\ dY_0 \\ dZ_0 \end{bmatrix} + (1+m)\begin{bmatrix} 1 & \beta_Z & -\beta_Y \\ -\beta_Z & 1 & \beta_X \\ \beta_Y & -\beta_X & 1 \end{bmatrix}\begin{bmatrix} U \\ V \\ W \end{bmatrix} \tag{3-21}$$

式中:(U,V,W) 为空间点在第一个空间直角坐标系中的坐标;(X,Y,Z) 为空间点在第二个空间直角坐标系中的坐标;$[dX_0 \quad dY_0 \quad dZ_0]^T$ 为第一个坐标系的原点 O_{UVW} 在第二个坐标系中的坐标;β_X、β_Y、β_Z 为两个坐标系间的旋转角;m 为尺度因子。

6. 大地坐标与地心直角坐标的转换

已知目标的大地经度、纬度、高程为 L、B、h,计算目标在地球固连坐标系 ECEF 的坐标 (x,y,z),公式如下:

$$\begin{bmatrix} x \\ y \\ z \end{bmatrix} = \begin{bmatrix} (N+h)\cos B\cos L \\ (N+h)\cos B\sin L \\ [N(1-e^2)+h]\sin B \end{bmatrix} \tag{3-22}$$

式中:N 为参考椭球卯酉圈曲率半径,有

$$N = \frac{a}{\sqrt{1-e^2\sin^2 B}} \tag{3-23}$$

其中:a 为参考椭球半长轴;e^2 参考椭球第一偏心率的平方,有

$$e^2 = \frac{a^2-b^2}{a^2} = 2f - f^2$$

若已知 (x,y,z),可反算 (L,B,h)。考虑到 L、B 的取值范围分别为 $(-\pi,\pi)$、$(-\pi/2,\pi/2)$,反算公式如下:

$$L = \begin{cases} \arccos\dfrac{y}{\sqrt{x^2+y^2}}, & y \geq 0 \\[3mm] -\arccos\dfrac{y}{\sqrt{x^2+y^2}}, & y < 0 \end{cases}$$

$$B = \arctan\left[\frac{z}{\sqrt{x^2+y^2}}\left(1-\frac{e^2 N}{N+h}\right)^{-1}\right]$$

$$h = \frac{\sqrt{x^2+y^2}}{\cos B} - N \tag{3-24}$$

B 和 h 需通过迭代求解。叠代开始时,令

$$\begin{cases} N_0 = a \\ H_0 = \sqrt{x^2 + y^2 + z^2} - a(1 - e^2)^{1/4} \\ B_0 = \arctan\left[\dfrac{z}{\sqrt{x^2 + y^2}}\left(1 - \dfrac{e^2 N_0}{N_0 + H_0}\right)^{-1}\right] \end{cases} \tag{3-25}$$

每次迭代按下列公式进行:

$$\begin{cases} N_i = \dfrac{a}{\sqrt{1 - e^2 \sin^2 B_{i-1}}} \\ H_i = \dfrac{\sqrt{x^2 + y^2}}{\cos B_{i-1}} - N_i \\ B_i = \arctan\left[\dfrac{z}{\sqrt{x^2 + y^2}}\left(1 - \dfrac{e^2 N_i}{N_i + H_i}\right)^{-1}\right] \end{cases} \tag{3-26}$$

直至

$$\begin{cases} |H_i - H_{i-1}| < \varepsilon_1 \\ |B_i - B_{i-1}| < \varepsilon_2 \end{cases}$$

式中:ε_1 和 ε_2 根据要求的精度决定。

3.4.5 时空系统的应用方案

为使用方便:时间系统统一采用 BDT,根据需要转化到其他时间系统;坐标系统统一采用 CGCS 2000 参数,根据需求利用不同的坐标转换模型将卫星位置转换到 WGS84、Galileo 等坐标系。

在地球坐标系中:北斗卫星采用 CGCS 2000 坐标系;GPS 卫星位置采用 WGS84 坐标系;Galileo 卫星位置采用 Galileo 的坐标系;GPS 卫星和 Galileo 卫星坐标通过用户设置的七参数坐标转换模型转换到 CGCS 2000。

对于时间系统:北斗采用 BD 时间系统;GPS 采用 GPS 时间系统;Galileo 采用 Galileo 时间系统。通过时间转换参数,GPS 时间系统和 Galileo 时间系统可统一到 BD 时间系统。

3.5 轨道仿真模型

3.5.1 力模型

在 J 2000 地心惯性坐标系中,卫星的运动可用下面微分方程组描述:

$$\begin{cases} \ddot{\boldsymbol{r}} = \boldsymbol{a}_0 + \boldsymbol{a}_\varepsilon \\ t_0 : \boldsymbol{r}(t_0) = \boldsymbol{r}_0, \dot{\boldsymbol{r}}(t_0) = \dot{\boldsymbol{r}}_0 \end{cases}$$

式中

$$\begin{cases} \boldsymbol{a}_0 = -\dfrac{\mu}{r^3}\boldsymbol{r} \\ \boldsymbol{a}_\varepsilon = \boldsymbol{a}_e + \boldsymbol{a}_{sl} + \boldsymbol{a}_{srp} + \boldsymbol{a}_{drag} + \boldsymbol{a}_{rel} + \boldsymbol{a}_{th} + \boldsymbol{a}_{emp} \end{cases}$$

其中:$\boldsymbol{a}_0$ 为二体引力加速度;$\boldsymbol{a}_e$ 为地球非球形摄动加速度(包括潮汐摄动修正项);$\boldsymbol{a}_{sl}$ 为日月引力摄动加速度;$\boldsymbol{a}_{srp}$ 为太阳光压摄动加速度;$\boldsymbol{a}_{drag}$ 为大气阻尼摄动加速度;$\boldsymbol{a}_{rel}$ 为相对论效应摄动加速度;$\boldsymbol{a}_{th}$ 为机动变轨推力加速度;$\boldsymbol{a}_{emp}$ 为经验加速度。

导航卫星在运动过程中,主要受二体引力、地球非球形摄动、太阳光压摄动、大气阻尼摄动、日月引力摄动、相对论效应摄动、地球潮汐摄动、机动变轨推力、经验加速度作用。由 GEO、IGSO、MEO 卫星组成的导航星座,在轨道计算过程中只考虑地球非球形摄动、日月引力摄动和太阳光压摄动,其中地球引力位系数的选取应与地固坐标系的选取自洽。

地球非球形摄动只需考虑 12 阶即可。轨道仿真计算表明,非球形摄动取至 12 阶与取至 70 阶的 5 天的轨道计算结果相差约 10^{-4} m 级。地球非球形摄动对 MEO 卫星位置影响如图 3-4 所示。

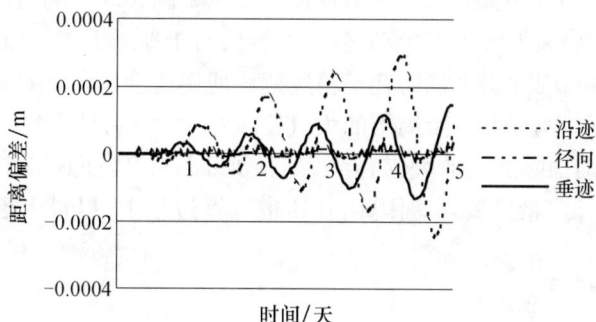

图 3-4　地球非球形摄动对 MEO 卫星位置影响

日月引力摄动对 GEO 卫星位置影响如图 3-5 所示,可见 5 天之内达到数十千米。在轨道计算过程中,计算日月位置应采用精度较高的数值历表,如 JPL 星历表。

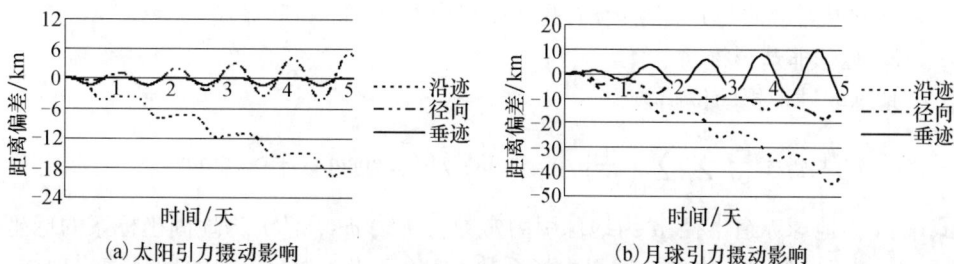

(a) 太阳引力摄动影响　　　　　　(b) 月球引力摄动影响

图 3-5　日月引力摄动对 GEO 卫星位置影响

太阳光压对 IGSO 卫星位置影响如图 3 – 6 所示,可见 5 天之内达到几千米。因此,为精确计算其影响:将光压摄动模型精度误差控制在 5% 范围内;需采用较高精度的卫星模型;在计算太阳光压摄动加速度时分成卫星星体和太阳帆板两部分;同时考虑星体姿态和太阳帆板对日定向的影响。地影模型采用锥形模型。

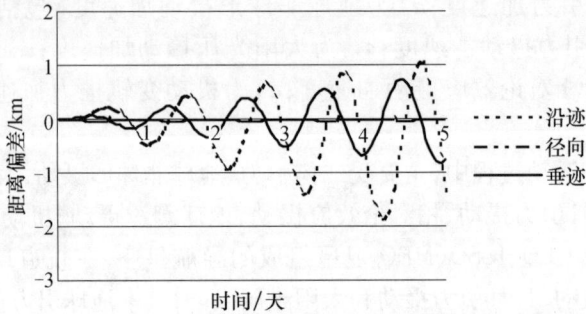

图 3 – 6　太阳光压对 IGSO 卫星位置影响

低轨卫星(LEO)不仅考虑地球非球形摄动、日月引力摄动和太阳光压摄动因素的影响,而且地球非球形摄动应考虑更高阶次,如 70 阶次。另外,考虑大气阻尼摄动、潮汐摄动等因素的影响,大气阻尼摄动是主要因素。影响轨道计算精度主要是地球引力场建模和大气阻尼摄动建模的精度,对于地球引力场而言,目前精度已优于 10^{-10} 的量级,因此引力场的建模精度达到使用精度要求。对大气阻尼摄动而言,因其和卫星形状、姿态以及周围的大气密度相关,特别是大气密度模型很难精确建立,包括目前国际通用的大气密度模型(如 Jacchia71、Jacchia77、DTM、MSIS90 等)也只能满足一定精度要求。因此,在轨道计算过程中,尽量考虑使用精度高的大气模型。

1. 二体引力

二体问题相应的常微初值问题如下:

$$\boldsymbol{a}_0 = -\frac{\mu}{r^3}\boldsymbol{r}$$

对应的初值条件为

$$\boldsymbol{r}(t_0) = \boldsymbol{r}_0$$

该问题对应的是开普勒运动,是一个已完全解决的可积系统。

2. 地球非球形摄动

地球非球形摄动位函数为

$$V_{NS} = \frac{\mu}{R'}\sum_{n=2}^{N}\sum_{m=0}^{n}\left(\frac{a}{R'}\right)^n \overline{p}_{nm}(\sin\phi')(\overline{C}_{nm}\cos m\lambda' + \overline{S}_{nm}\sin m\lambda')$$

式中:a 为地球赤道半径;μ 为地球引力常数;(R', ϕ', λ') 为地固坐标系的球坐标;$\overline{C}_{nm}$、$\overline{S}_{nm}$ 为归一化的地球引力场系数;$\overline{p}_{nm}(\sin\phi')$ 为归一化的勒让德多项式;

N 为所取引力场模型的阶次。

其非球形摄动加速度 $\boldsymbol{a}_{\mathrm{ef}}$ 的计算涉及对地固坐标系的直角坐标 $R'(X',Y',Z')$ 的一阶偏导数的计算,计算公式如式:

$$
\begin{aligned}
\boldsymbol{a}_{\mathrm{ef}} &= \left(\frac{\partial V_{\mathrm{NS}}}{\partial R'(X',Y',Z')}\right)^{\mathrm{T}} \\
&= \frac{\partial V_{\mathrm{NS}}}{\partial R'(R',\phi',\lambda')}\frac{\partial R'(R',\phi',\lambda')}{\partial R'(X',Y',Z')} \\
&= \frac{\partial V_{\mathrm{NS}}}{\partial R'}\frac{\partial R'}{\partial R'^{\mathrm{T}}(X',Y',Z')} + \frac{\partial V_{\mathrm{NS}}}{\partial \phi'}\frac{\partial \phi'}{\partial R'^{\mathrm{T}}(X',Y',Z')} \\
&\quad + \frac{\partial V_{\mathrm{NS}}}{\partial \lambda'}\frac{\partial \lambda'}{\partial R'^{\mathrm{T}}(X',Y',Z')}
\end{aligned}
\tag{3-27}
$$

式中

$$
\begin{cases}
\dfrac{\partial R'}{\partial R'^{\mathrm{T}}(X',Y',Z')} = \left(\dfrac{X'}{R'},\dfrac{Y'}{R'},\dfrac{Z'}{R'}\right)^{\mathrm{T}} \\[2mm]
\dfrac{\partial \phi'}{\partial R'^{\mathrm{T}}(X',Y',Z')} = \left(-\dfrac{\sin\phi'\cos\lambda'}{R'}, -\dfrac{\sin\phi'\sin\lambda'}{R'},\dfrac{\cos\phi'}{R'}\right)^{\mathrm{T}} \\[2mm]
\dfrac{\partial \phi'}{\partial R'^{\mathrm{T}}(X',Y',Z')} = \left(-\dfrac{Y'}{X'^{2}+Y'^{2}},\dfrac{X'}{X'^{2}+Y'^{2}},0\right)^{\mathrm{T}}
\end{cases}
\tag{3-28}
$$

$$
\begin{cases}
\dfrac{\partial V_{\mathrm{NS}}}{\partial R'} = -\dfrac{\mu}{R'^{2}}\Big[\displaystyle\sum_{n=2}^{N}(n+1)\,\overline{C}_{n0}\Big(\dfrac{a}{R'}\Big)^{n}\overline{P}_{n0}(\sin\phi) \\[2mm]
\qquad\qquad + \displaystyle\sum_{n=2}^{N}\sum_{m=1}^{n}(n+1)\,\overline{P}_{nm}(\sin\phi)\,T_{nm}\Big] \\[2mm]
\dfrac{\partial V_{\mathrm{NS}}}{\partial \phi'} = -\dfrac{\mu}{R'}\Big[\displaystyle\sum_{n=2}^{N}\overline{C}_{n0}\Big(\dfrac{a}{R'}\Big)^{n}\dfrac{\partial\,\overline{P}_{n0}(\sin\phi)}{\partial\phi'} \\[2mm]
\qquad\qquad + \displaystyle\sum_{n=2}^{N}\sum_{m=1}^{n}\dfrac{\partial\,\overline{P}_{nm}(\sin\phi')}{\partial\phi'}T_{nm}\Big] \\[2mm]
\dfrac{\partial V_{\mathrm{NS}}}{\partial \lambda'} = -\dfrac{\mu}{R'}\displaystyle\sum_{n=2}^{N}\sum_{m=1}^{n}\overline{P}_{nm}(\sin\phi)\dfrac{\partial T_{nm}}{\partial\lambda'}
\end{cases}
\tag{3-29}
$$

式中

$$
\begin{cases}
T_{nm} = \left(\dfrac{a}{R'}\right)^{n}\big[\overline{C}_{nm}\cos m\lambda' + \overline{S}_{nm}\sin m\lambda'\big] \\[2mm]
\dfrac{\partial T_{nm}}{\partial\lambda'} = m\left(\dfrac{a}{R'}\right)^{n}\big[\overline{S}_{nm}\cos m\lambda' - \overline{C}_{nm}\sin m\lambda'\big]
\end{cases}
\tag{3-30}
$$

$\overline{P}_{n0}(\sin\phi')$、$\overline{P}_{nm}(\sin\phi')$、$\dfrac{\partial\,\overline{P}_{n0}(\sin\phi')}{\partial\phi'}$、$\dfrac{\partial\,\overline{P}_{nm}(\sin\phi')}{\partial\phi'}$ 可用以下递推公式计算:

$$
\begin{cases}
\overline{P}_{00}(\sin\phi') = 1 \\[2mm]
\overline{P}_{10}(\sin\phi') = \sqrt{3}\sin\phi' \\[2mm]
\overline{P}_{11}(\sin\phi') = \sqrt{3}\cos\phi' \\[2mm]
\overline{P}_{mm}(\sin\phi') = \sqrt{\dfrac{2m+1}{2m}}\cos\phi'\,\overline{p}_{m-1,m-1}(\sin\phi')\,(m \geqslant 2) \\[3mm]
\overline{P}_{m+1,m}(\sin\phi') = \sqrt{2m+3}\,\sin\phi'\,\overline{P}_{m,m}(\sin\phi')\,(m \geqslant 0) \\[3mm]
\overline{P}_{nm}(\sin\phi') = \sqrt{\dfrac{4n^2-1}{n^2-m^2}}\sin\phi'\,\overline{P}_{n-1,m}(\sin\phi') \\[3mm]
\qquad\qquad\quad - \sqrt{\dfrac{(2n-1)\left[(n-1)^2-m^2\right]}{(2n-3)(n^2-m^2)}}\,\overline{P}_{n-2,m}(\sin\phi'), \\[3mm]
\qquad\qquad\qquad\qquad\qquad\qquad\qquad (n > m, m > 0) \\[2mm]
\overline{P}_{n0}(\sin\phi') = \dfrac{\sqrt{4n^2-1}}{n}\sin\phi'\,\overline{P}_{n-1,0}(\sin\phi') \\[3mm]
\qquad\qquad\quad - \dfrac{n-1}{n}\sqrt{\dfrac{2n+1}{2n-3}}\,\overline{P}_{n-2,0}(\sin\phi') \\[3mm]
\qquad\qquad\qquad\qquad\qquad (n \geqslant 1)
\end{cases}
\tag{3-31}
$$

$$
\begin{cases}
\dfrac{\partial \overline{P}_{n0}(\sin\phi')}{\partial\phi'} = \dfrac{\sqrt{4n^2-1}}{n}\sin\phi'\dfrac{\partial}{\partial\phi'}\left[\overline{P}_{n-1,0}(\sin\phi')\right] \\[3mm]
\qquad\qquad\quad - \dfrac{n-1}{n}\sqrt{\dfrac{2n+1}{2n-3}}\dfrac{\partial}{\partial\phi'}\left[\overline{P}_{n-2,0}(\sin\phi')\right] \\[3mm]
\qquad\qquad\quad + \dfrac{\sqrt{4n^2-1}}{n}\cos\phi'\dfrac{\partial}{\partial\phi'}\overline{P}_{n-1,0}(\sin\phi')(n \geqslant 1) \\[3mm]
\dfrac{\partial \overline{P}_{11}(\sin\phi')}{\partial\phi'} = -\sqrt{3}\sin\phi' \\[3mm]
\dfrac{\partial \overline{P}_{mm}(\sin\phi')}{\partial\phi'} = -m\sqrt{\dfrac{2m+1}{2m}}\sin\phi'\,\overline{P}_{m-1,m-1}(\sin\phi') \quad (m \geqslant 2) \\[3mm]
\dfrac{\partial \overline{P}_{m+1,m}(\sin\phi')}{\partial\phi'} = \sqrt{2m+3}\Big[\sin\phi'\dfrac{\partial \overline{P}_{mm}(\sin\phi')}{\partial\phi'} \\[3mm]
\qquad\qquad\quad + \cos\phi'\,\overline{P}_{mm}(\sin\phi')\Big] \qquad (m \geqslant 1) \\[3mm]
\dfrac{\partial \overline{P}_{nm}(\sin\phi')}{\partial\phi'} = \sqrt{\dfrac{4n^2-1}{n^2-m^2}}\Big[\sin\phi'\dfrac{\partial \overline{P}_{n-1,m}(\sin\phi')}{\partial\phi'}\Big] \\[3mm]
\qquad\quad + \cos\phi'\,\overline{P}_{n-1,m}(\sin\phi') - \sqrt{\dfrac{(2n+1)\left[(n-1)^2-m^2\right]}{(2n-3)(n^2-m^2)}}\dfrac{\partial}{\partial\phi'}\left[\overline{P}_{n-2,m}(\sin\phi')\right] \\[3mm]
\qquad\qquad\qquad\qquad (m \geqslant 1, n > m)
\end{cases}
\tag{3-32}
$$

以上递推式中,当 $j > i$ 时,取 $\overline{p}_{ij}(\sin\phi') = 0$。

将 a_{ef} 转换到 J 2000 惯性坐标系中：

$$a_e = (\mathbf{HG})^T a_{ef}$$

式中：$\mathbf{HG}$ 为从 J 2000 惯性坐标系到地固坐标系的转换矩阵。

3. 太阳光压摄动

1）太阳光压模型

对结构可以看成是一个圆柱体本体加一对太阳帆板的卫星，作用于卫星的太阳光压可处理成本体部分的压力和帆板部分的压力之和，即

$$a_{srp} = a_{Bsrp} + a_{Psrp} \tag{3-33}$$

式中：a_{Bsrp} 为卫星本体所受的太阳光压摄动加速度；a_{Psrp} 为作用于太阳帆板处的光压摄动加速度。

它们均可按下式计算：

$$a_{isrp} = -P_0 v \left(\frac{a_u}{R_s}\right)^2 \left(\frac{C_{ri}A_i}{m}\right) \mathbf{\Delta}_s \tag{3-34}$$

式中：下标"i"分别对应本体和帆板；P_0 为距太阳 $1a_u$ 处的光压强度，近似值为 $4.5605 \times 10^{-6} \mathrm{N/m^2}$；$a_u$ 为天文单位，等于 $1.496 \times 10^{11} \mathrm{m}$；$R_s$ 为卫星到太阳的距离，$\mathbf{\Delta}_s$ 为卫星指向太阳的单位矢量；v 为地影因子，$0 \leqslant v \leqslant 1$；$C_{ri}$ 为光压系数，与卫星表面材料的物理特性有关；A_i 为卫星本体在太阳方向的有效截面积，与卫星本体的几何形状和卫星姿态有关；m 为卫星质量。

2）地影问题

地影采用锥形地影模型，蚀因子 $v = 1 - \dfrac{A'_s}{A_s}$，其中，$A'_s$ 为地影的被蚀面积。计算过程如下：

$$\theta_{es} = \arccos \frac{r \cdot \mathbf{\Delta}_s}{|r \cdot \mathbf{\Delta}_s|}$$

$$A_s = \pi \alpha_s^2, A_e = \pi \alpha_e^2$$

$$\alpha_s = \arcsin(a_s'/\Delta_s); \alpha_e = \arcsin(a'_e/r)$$

地影情况：

① 当 $r \cdot \mathbf{\Delta}_s < 0$ 时，必然在地影之外，$A'_s = 0$。

② 当 $\theta_{es} \leqslant |\alpha_e - \alpha_s|$ 时，处于本影或伪本影中，$A'_s = \min(A_e, A_s)$。

③ 当 $(\alpha_e + \alpha_s) > \theta_{es} > |\alpha_e - \alpha_s|$ 时，卫星处于半影中，有

$$A'_s = \alpha_s^2 \arccos\left(\frac{\theta_e}{\alpha_s}\right) + \alpha_e^2 \arccos\left(\frac{\theta_{es} - \theta_e}{\alpha_e}\right) - \theta_{es}\sqrt{\alpha_s^2 - \theta_e^2} \tag{3-35}$$

式中

$$\theta_e = \frac{1}{2\theta_{es}}(\theta_{es}^2 + \alpha_s^2 - \alpha_e^2)$$

其余情况，$A'_s = 0$。

4. 大气阻尼摄动

对在近地空间运动的卫星,都会受到大气阻力和升力的影响,与大气阻力相比较,升力小得多。大气阻力是一种面力,与卫星周围的环境、卫星的几何结构以及卫星姿态等有关。大气阻力用以下模型描述:

$$\boldsymbol{a}_{\text{drag}} = -\frac{1}{2}\rho\left(\frac{C_{\text{d}}A}{m}\right)v_r\boldsymbol{v}_r \tag{3-36}$$

式中:ρ 为大气密度;m 为卫星质量;C_{d} 为卫星体的阻尼系数;$\boldsymbol{v}_r$ 为卫星相对大气的速度矢量,可表示成

$$\boldsymbol{v}_r = \dot{\boldsymbol{r}} - k\boldsymbol{\omega}_e \times \boldsymbol{r} \tag{3-37}$$

其中:k 为大气旋转速度和地球自转角速度的牵连系数,一般取 1;$\boldsymbol{\omega}_e$ 为 J 2000 地心惯性坐标系中的地球自转角速度矢量;A 为卫星体在 $\boldsymbol{v}_r$ 方向上的截面积,可根据卫星的几何结构和姿态计算。

$\dfrac{C_{\text{d}}A}{m}$ 也叫做弹道系数。如果需要更精确的模型,大气阻力可针对任意一个卫星表面建模。比如,对卫星的太阳帆板,作用在其上的大气阻力可写为

$$\boldsymbol{a}_{\text{Pdrag}} = -\frac{1}{2}\rho\left(\frac{C_{\text{dp}}\,|A_p\cos\gamma|}{m}\right)v_r\boldsymbol{v}_r \tag{3-38}$$

式中:C_{dp} 为太阳帆板的阻尼系数;A_p 为太阳帆板的面积;γ 为太阳帆板法向与卫星相对大气的速度 $\boldsymbol{v}_r$ 的夹角,可表示成

$$\gamma = \arccos\boldsymbol{\Delta}_s \cdot \frac{\boldsymbol{v}_r}{v_r} \tag{3-39}$$

作用在卫星本体与帆板上的阻力的和为作用于卫星质心的大气阻力,即

$$\boldsymbol{a}_{\text{drag}} = \boldsymbol{a}_{\text{Bdrag}} + \boldsymbol{a}_{\text{Pdrag}} = -\frac{1}{2}\rho\left[\frac{C_{\text{d}}A}{m} + \frac{C_{\text{dp}}\,|A_p\cos\gamma|}{m}\right]v_r\boldsymbol{v}_r \tag{3-40}$$

大气阻力模型精度在很大程度上由大气密度的误差决定。目前有多种计算大气密度的经验模型,如 Jacchia71、Jacchia77、DTM 等,根据太阳活动情况,由这些模型计算得到的大气密度误差为 10% ~ 200%。

5. 日月引力摄动

日月引力摄动加速度为

$$\boldsymbol{a}_{sl}(u',\boldsymbol{r}') = -\sum_{j=1}^{2}u'_j\left(\frac{\boldsymbol{\Delta}_j}{\Delta_j^3} + \frac{\boldsymbol{r}'_j}{r'^3_j}\right) \tag{3-41}$$

式中:$\boldsymbol{\Delta}_j = \boldsymbol{r} - \boldsymbol{r}'_j$;$j = 1$ 表示太阳;$j = 2$ 表示月球;u'_j 为日月引力常数(无量纲);$\boldsymbol{r}'_j$ 是日为月的地心位置矢量,可用 JPL 星历表计算得到。

6. 相对论效应摄动

相对论效应摄动的影响较小($o(10^{-9})$),只需考虑其中最主要的 Schwarzschild 项,相应的摄动加速度为

$$a_{\mathrm{rel}} = \frac{GM}{c^2 r^3}\left\{2(\beta + \gamma)\frac{GM}{r} - (\dot{\boldsymbol r} \cdot \dot{\boldsymbol r})\boldsymbol r + 2(1 + \gamma)(\boldsymbol r \cdot \dot{\boldsymbol r})\boldsymbol r\right\} \qquad (3-42)$$

式中:c 为无量纲化后真空中的光速,$c = 299792458$(GM 为地心引力常数);$\boldsymbol r$ 和 $\dot{\boldsymbol r}$ 分别为卫星的地心位置矢量和速度矢量;β 和 γ 为相对论效应的第一、二参数,取值均为 $1^{[7]}$。

7. 地球潮汐摄动

在地球非球形摄动一节中描述的地球引力场模型对应的是一个不变形的刚体地球,但事实上地球并非刚体,它在外部引力作用(主要是日、月)引起的潮汐形变的影响下,地球的质量分布将发生变化,这种变化使得作为地球内部结构和质量分布表征的引力场模型的球谐系数不再为常数,而为时间的函数。地球的这种形变摄动可以通过对引力场模型球谐系数的修正,在地球非球形摄动计算中一并给出。

1) 固体潮

固体潮对引力场球谐系数二阶项的归一化的修正公式为

$$\begin{cases} \Delta \overline{C}_{2,0} = \dfrac{1}{\sqrt{5}} k_2 \sum_{j=1}^{2} \dfrac{GM_j}{GM_E}\left(\dfrac{R_E}{r_j}\right)^3 P_{2,0}(\sin\phi_j) \\[3mm] \Delta \overline{C}_{2,m} = \dfrac{1}{3m}\sqrt{\dfrac{3}{5}}\, k_2 \sum_{j=1}^{2} \dfrac{GM_j}{GM_E}\left(\dfrac{R_E}{r_j}\right)^3 P_{2,m}(\sin\phi_j)\cos m(\lambda_j + \nu) \\[3mm] \Delta \overline{S}_{2,m} = \dfrac{1}{3m}\sqrt{\dfrac{3}{5}}\, k_2 \sum_{j=1}^{2} \dfrac{GM_j}{GM_E}\left(\dfrac{R_E}{r_j}\right)^3 P_{2,m}(\sin\phi_j)\sin m(\lambda_j + \nu) \end{cases} \qquad (3-43)$$

式中:$m = 1,2$;$j = 1$ 表示太阳,$j = 2$ 表示月球;k_2 为二阶 Love 数;φ_j 和 λ_j 分别为日、月的地理坐标,可由下一节计算的日、月位置经坐标转换后算得;ν 为潮汐滞后角。

$$\begin{cases} P_2(\sin\varphi_j) = \dfrac{3}{2}\sin^2\varphi_j - \dfrac{1}{2} \\[3mm] P_{2,1}(\sin\varphi_j) = 3\sin\varphi_j\cos\varphi_j \\[3mm] P_{2,2}(\sin\varphi_j) = 3(1 - \sin^2\varphi_j) \end{cases} \qquad (3-44)$$

注意,$\Delta \overline{C}_{2,0}$ 中包含了"永久潮汐项",采用 EGM96 引力场模型的球谐系数 $\overline{C}_{2,0}$ 对此已做了修正,因此,$\Delta \overline{C}_{2,0}$ 就不必再做此项修正。

2) 海潮

与固体潮相类似,海潮的动力学影响也可通过对球谐系数的修正来描述,其中二阶球谐系数的归一化的修正公式为

$$\Delta \overline{C}_{2m} - \mathrm{i}\Delta \overline{S}_{2m} = (1 + \delta_{0m}) F_{2m} \sum_{s} (C_{2m,s}^{+} - \mathrm{i}S_{2m,s}^{+}) \mathrm{e}^{\mathrm{i}\theta_s} \qquad (3-45)$$

式中

$$F_{2m} = \frac{4\pi G\rho}{5g}\sqrt{\frac{(2 + m)!}{5(2 - \delta_{0m})(2 - m)!}}(1 + k'_2) \qquad (3-46)$$

$$\delta_{0m} = \begin{cases} 1, & m = 0 \\ 0, & m \neq 0 \end{cases} \qquad (3-47)$$

$g = 9.79826\mathrm{m/s}^2$，$G = 6.673 \times 10^{-11}\mathrm{m}^3/(\mathrm{kg} \cdot \mathrm{s}^2)$ 为引力常数；$\rho = 1025\mathrm{kg/m}^3$ 为海水平均密度；k'_2 为负载形变系数，$k'_2 = -0.3075$；θ_s 为分潮波 s 的相位角 $\theta_s = \overline{n} \cdot \overline{\beta}$（$\overline{n}$、$\overline{\beta}$ 分别为 Doodson 引数和 Doodson 变量）。

8. 机动变轨推力

由于导航星在轨工作期间轨控发动机经常需要工作，这将影响定轨和轨道预报。因此这里，有必要考虑相应机动力对轨道的影响，以便更好地模拟轨道运动。

假定喷气为一瞬时过程，即使在轨控过程中喷气本身是有间隙的（完整的喷气过程是由若干次喷气和间隙所构成的动力学过程），也可用平均效应的连续喷气过程所代替，相应的"推力"加速度为

$$a_{\mathrm{th}} = Ea_0 \qquad (3-48)$$

式中：a_{th} 为 J2000 地心惯性坐标系中的推力加速度；a_0 为 STW 坐标系（由垂迹方向、速度方向、轨道面法向构成右手坐标系）中常推力加速度；E 为 STW 坐标系到 J2000 地心惯性坐标系的转换矩阵。

9. 经验加速度

经验加速度是对其他未建模的摄动因素进行"补偿"的加速度。卫星在运行过程中，由于存在难于解释的周期为一圈的摄动加速度现象，经验加速度通常采用经验 RTN 模型来表示

$$a_{\mathrm{emp}} = \mathbf{RG} \cdot a_{\mathrm{RTN}} \qquad (3-49)$$

式中：$\mathbf{RG}$ 为 RTN 坐标系到 J2000 地心惯性坐标系的转换矩阵。

3.5.2 积分器模型[7,28]

利用卫星受摄运动方程分别进行数值积分运算，可以得到卫星运动轨道。数值积分方法有多种，可以使用单步法的 RKF7(8) 积分器以及多步法的 KSG 积分器。

1. 单步法 RKF7(8) 积分器[36,37]

设初值问题：

$$\begin{cases} \dot{y}(t) = f(t,y) \\ y(t_n) = y_n \end{cases}$$

对于初值问题，RKF7(8) 积分公式为

$$\begin{cases} y_{n+1} = y_n + h \sum\limits_{i=0}^{10} C_i f_i + o(h^8) \\ y_{n+1} = y_n + h \sum\limits_{i=0}^{12} \hat{C}_i f_i + o(h^9) \end{cases} \qquad (3-50)$$

式中：C_i（$i = 0,\cdots,10$）、$\hat{C}_i$，（$i = 0,\cdots,12$）为已知的系数，见表 3-2；h 为积分步长，$h = t_{n+1} - t_n$；$f_i(i = 0,1,\cdots,12)$ 可表示为

$$\begin{cases} f_0 = f(t_n, y_n) \\ f_1 = f(t_n + a_1 h, y_n + b_{10} h f_0) \\ \quad\vdots \\ f_{12} = f\left(t_n + a_{12} h, y_n + h \sum_{i=0}^{11} b_{12i} f_i\right) \end{cases} \qquad (3-51)$$

其中：a_i、b_{ki}（$i = 0, \cdots, k-1$；$k = 1, \cdots, 12$）为已知系数，见表 3 - 2 和表 3 - 3。

截断误差为

$$\text{TE} = \frac{41}{840}(f_0 + f_{10} - f_{11} - f_{12})h$$

至于如何根据截断误差的大小确定下一步是否需要变步长甚至给出具体的改变值，根据具体问题和精度要求来确定。

表 3 - 2　RKF 系数 C_i、$\hat{C}_i$ 和 a_i

i	0	1	2	3	4	5	6	7	8	9	10	11	12
C_i	41/840	0	0	0	0	34/105	9/35	9/35	9/280	9/280	41/840		
$\hat{C}_i$	0	0	0	0	0	34/105	9/35	9/35	9/280	9/280	0	41/840	41/840
a_i	0	2/27	1/9	1/6	5/12	1/2	5/6	1/6	2/3	1/3	1	0	1

表 3 - 3　RKF 系数 b_{ki}

k \ i		0	1	2	3	4	5	6	7	8	9	10	11
1		2/27											
2	$\frac{1}{36} \times$	1	3										
3	$\frac{1}{24} \times$	1	0	3									
4	$\frac{1}{36} \times$	5	0	-75	0								
5	$\frac{1}{20} \times$	1	0	0	5	4							
6	$\frac{1}{108} \times$	-25	0	0	125	-260	250						
7	$\frac{1}{900} \times$	93	0	0	0	244	-200	13					

（续）

k \ i		0	1	2	3	4	5	6	7	8	9	10	11
8	$\frac{1}{90}\times$	180	0	0	−795	1408	1070	67	270				
9	$\frac{1}{540}\times$	−455	0	0	115	−3904	3110	−171	1530	−45			
10	$\frac{1}{4100}\times$	2383	0	0	−8525	17984	−15050	2133	2250	1125	1800		
11	$\frac{1}{4100}\times$	60	0		0	0	−600	−60	−300	300	600	0	
12	$\frac{1}{4100}\times$	−1777	0	0	−8525	17984	−14450	2193	2250	1650	1200	0	4100

2. 多步法 KSG 积分器[5]

KSG 积分器由预报、校正和插值模型组成，是适用于二阶微分方程组的定阶、定步长多步法积分器。其本质仍属于 Cowell 方法，即它是用插值多项式代替右端的被积函数得到计算公式。但 KSG 积分器对一般预估—校正（PECE）算法中的校正公式做了修正，使积分器系数的计算工作量减少了近乎 50%，是同类积分器中计算量较少、精度较高的积分器。假定二阶方程与初始条件为

$$\begin{cases} \ddot{z} = f(z,\dot{z},t) \\ z(t_0) = z_0, \dot{z}(t_0) = \dot{z}_0 \end{cases} \tag{3-52}$$

则 KSG 积分器由 $t_n \sim t_{n+1}$ 步点的预报—校正公式如下：

预报：

$$\begin{cases} z_{n+1}^p = z_n + h\dot{z}_n + h^2 \sum_{j=1}^{i} \alpha_{j,1} \nabla^{j-1} f_n \\ \dot{z}_{n+1}^p = \dot{z}_n + h \sum_{j=1}^{i} \beta_{j,1} \nabla^{j-1} f_n \end{cases} \tag{3-53}$$

校正：

$$\begin{cases} z_{n+1} = z_{n+1}^p + h^2 \alpha_{i+1,1} \nabla^i f_{n+1}^p \\ \dot{z}_{n+1} = \dot{z}_{n+1}^p + h\beta_{i+1,1} \nabla^i f_{n+1}^p \end{cases} \tag{3-54}$$

式中：i 为积分器阶数；h 为积分步长；α、β 为积分器系数；∇ 为后差分算子。为便于讨论，将 $\nabla^{j-1} f_n (j = 1, \cdots, i)$ 组成的数组称为后差表。

非整步点的解由插值公式求出。设插值时刻 $t = t_{n+r} = t_n + rh$，其中 r 为小于零的实数，满足 $n + r - 1 \leqslant n + r \leqslant n$，则以 $t_j (j = n, n-1, \cdots, n-i+1)$ 为步点的插值公式为

$$\begin{cases} z_{n+r} = z_n + rh\dot{z}_n + (rh)^2 \displaystyle\sum_{j=1}^{i} \alpha_{j,r} \, \nabla^{j-1} f_n \\ \dot{z}_{n+r} = \dot{z}_n + rh \displaystyle\sum_{j=1}^{i} \beta_{j,r} \, \nabla^{j-1} f_n \end{cases} \tag{3-55}$$

3.5.3　姿态模型[29,30]

在轨运行的卫星由于受到内外力矩的作用姿态总是在变化。作用在卫星星体的外力矩是指由卫星与周围环境通过介质接触或场相互作用而产生的力矩,主要有气动力矩、太阳辐射力矩、重力梯度力矩和磁力矩等。这些力矩是客观存在的,可以成为卫星的干扰力矩,也可以作为姿态稳定和控制的恢复力矩。通常情况下,气动力矩在卫星轨道较低(小于约 500km)时为主要的外力矩,而太阳辐射力矩(与轨道高度基本无关)则在高轨道(大于约数千千米)占优势,重力梯度力矩和磁力矩介于二者之间,对导航卫星而言主要考虑太阳辐射力矩。由卫星本身因素产生的力矩称为内力矩。例如,控制卫星姿态的控制力矩,以及推力偏心、星体内活动部件运动、卫星向外的电磁辐射和热辐射与漏气、漏液、升华等因素造成的干扰力矩。

对于卫星姿态的仿真计算,可以根据精度需要加载姿态运动模型和高精度的姿控动力学模型。姿态运动模型中只考虑典型姿态模式下卫星的运动学模型,输出卫星的姿态角数据并可以按需要添加误差;高精度的姿控动力学模型考虑对各种干扰力矩、控制误差以及测量误差的仿真,需要由卫星总体提供相关的设计与实测数据支持。

考虑导航卫星平台对地指向的约束,以及典型的姿控模式为偏航控制,姿态控制策略分为三类见表 3-4。

表 3-4　姿态控制策略

姿态控制策略	描　述
太阳帆板约束下的偏航控制	Z 轴对地指向恒定,$X-Z$ 平面经过太阳,使得太阳帆板能够始终朝向太阳
ECF 速度方向约束的偏航控制	Z 轴对地指向恒定,X 轴同地心地固坐标系中运动方向,相对轨道左右小范围摆动
ECI 速度方向约束的偏航控制	Z 轴对地指向恒定,X 轴同地心惯性坐标系中的运动方向,相对轨道完全静止,没有摆动

1. 太阳帆板约束下的偏航控制

这类偏航控制的显著特点是为使得太阳帆板始终对着太阳,因而同轨前后方位角变化范围为 $0° \sim 180°$,如图 3-7 所示。

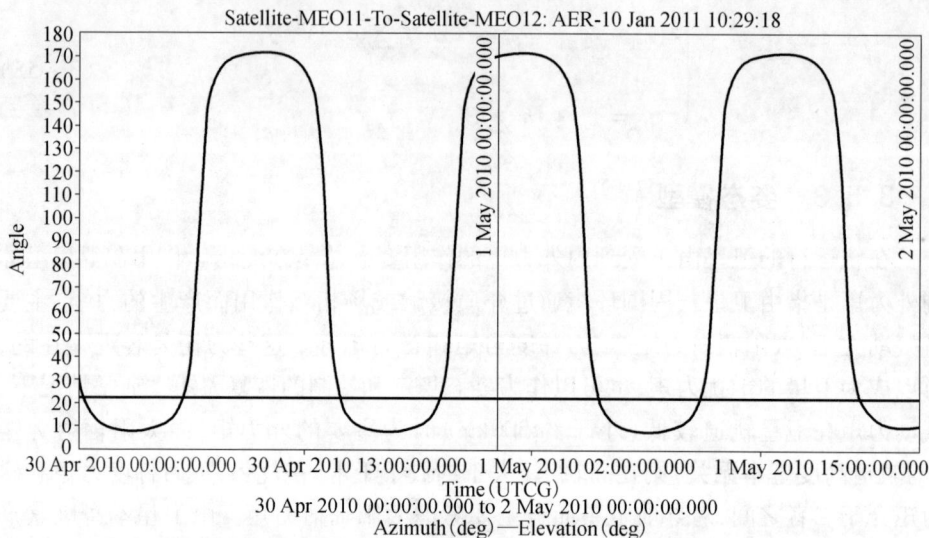

图 3 - 7　太阳帆板约束下的偏航控制同轨相邻卫星相对方位角

2. ECF 方向速度约束的偏航控制

这类偏航控制的特点是卫星星固系的 X 轴与地心地固系运动方向重合,因而同轨卫星前后方位角在小范围内变化,如图 3 - 8 所示。

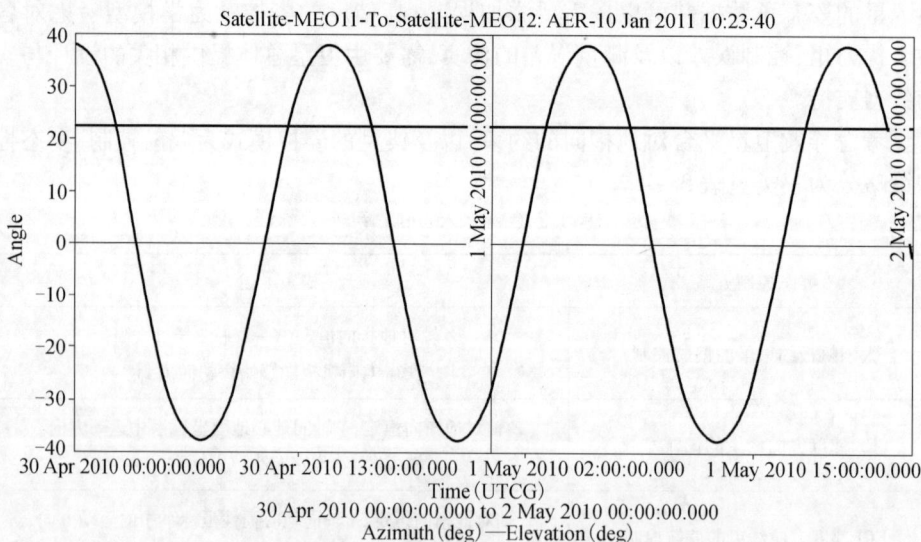

图 3 - 8　ECF 方向速度约束的偏航控制同轨相邻卫星相对方位角

3. ECI 方向速度约束的偏航控制

这类偏航控制的特点是卫星星固系的 X 轴与地心惯性系中的运动方向重合,卫星相对轨道静止,与同轨面卫星的相对方位角保持不变,如图 3 - 9 所示。

Satellite-MEO11-To-Satellite-MEO12: AER-12 Jan 2011 11:04:52

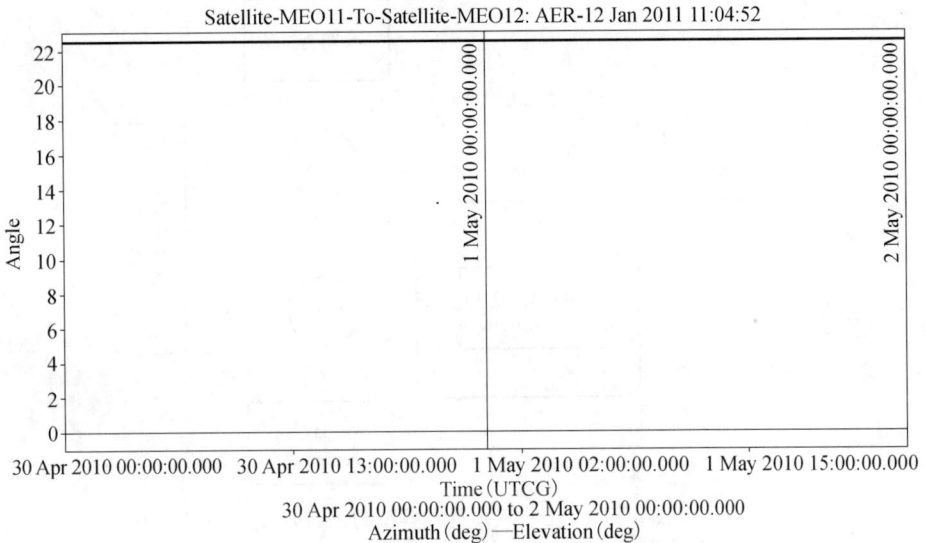

图 3 - 9　ECI 方向速度约束的偏航控制同轨相邻卫星相对方位角

不同的偏航控制策略对导航信号模拟相位中心有直接关系,另一方面,由于天线方向图相对卫星静止,在精确仿真计算信道增益时就需要考虑卫星的姿态运动导致的收发天线的相对方向变化。

3.5.4　轨道模型精度分析

GPS 的 IGS 精密星历在卫星定轨方面的应用广泛,轨道精度均优于 0.05m,可作为 MEO 卫星轨道确定的测试参考数据使用。因此,MEO 卫星轨道计算模型最有效的测试方法是用 GPS 的 IGS 精密星历进行对比。对于 MEO 卫星,可用 GPS 广播星历计算 ECEF 坐标系下卫星位置,将计算结果与 IGS 精密星历进行比较可得测试结论。这是测试卫星轨道模型的主要方法。但是 GPS 只有 MEO 导航星,所以 IGSO、GEO 卫星无法用 IGS 精密星历进行对比测试。因此,需借用外部软件或实测数据对这两种类型的卫星进行轨道测试[28]。外部软件可利用轨道计算模型和专业的轨道计算软件如 UTOPIA、GAMIT 等,采用北斗卫星后处理轨道数据对 IGSO、MEO 卫星轨道进行测试是可行的。卫星轨道计算模型的评估方案如图 3 - 10 所示。

3.5.5　轨道模型应用方案

卫星轨道计算模型用于计算卫星位置、速度,主要包括计算导航星座轨道力模型及其积分器,卫星轨道的计算均在惯性坐标系中进行。卫星轨道计算模型如图 3 - 11 所示,计算流程如图 3 - 12 所示。

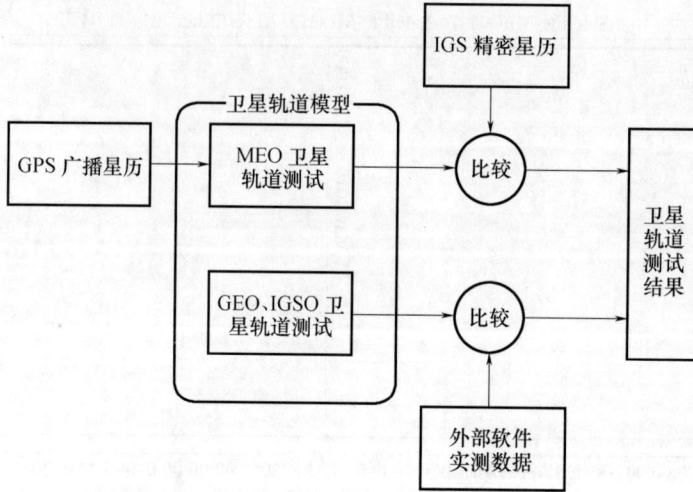

图 3-10　卫星轨道计算模型的评估方案

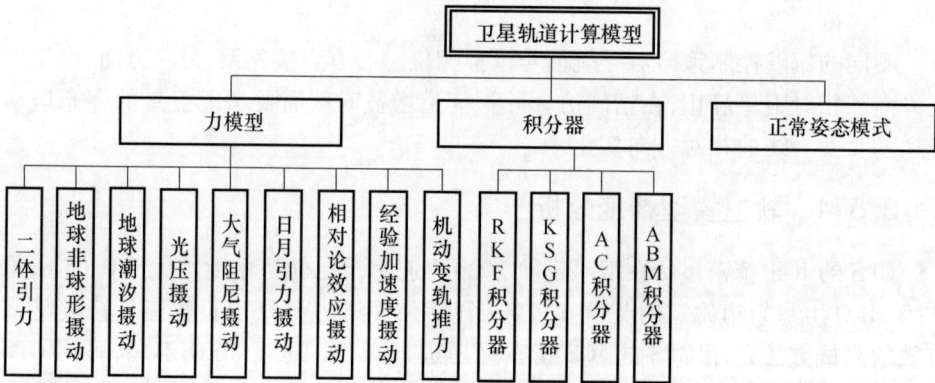

图 3-11　卫星轨道计算模型

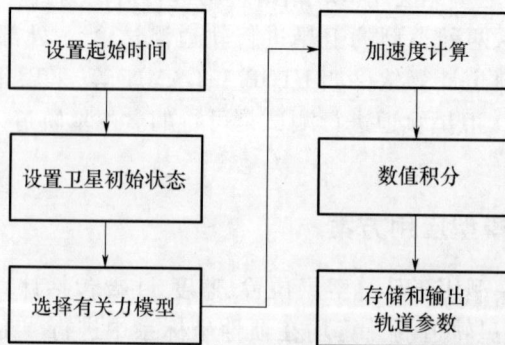

图 3-12　卫星轨道计算流程

3.6　星座仿真模型

3.6.1　常规星座仿真模型

根据卫星导航用户终端测试系统的工作任务特点,用于测试目的的信号仿真器只是仿真任意时刻接收机前端的接收信号,不必要求任意时刻给定的每颗卫星的位置与其真实位置相同。卫星星座是通过导航卫星的轨道参数来体现的,导航卫星的轨道参数可以采用文件方式导入和界面输入。当采用文件方式导入时,GPS 星历数据可以利用 IGS 提供的 Rinex 格式的广播星历,卫星导航星历数据可利用专用软件模块转换成改进的 Rinex 格式后导入。当采用界面输入时,GPS 输入参数保存 Rinex 格式 N 文件,卫星导航输入参数保存为改进的 Rinex 格式 N 文件。改进的 Rinex 格式 N 文件的定义见表 3 – 5。

表 3 – 5　改进的 Rinex 格式 N 文件的定义

BD2 导航电文—文件头定义		
HEADER LABEL （Columns 61 ~ 80）	描述	格式
RINEX VERSION/TYPE	· Format version（2. 10） · File type（'N'for Navigation data）	F9. 2,11X, A1,19X
PGM/RUN BY/DATE	· Name of program creating currentfile · Name of agency creating current file · Date of file creation	A20 A20 A20
COMMENT	Comment line(s)	A60
ION ALPHA	Ionosphere parameters$\alpha 0 - \alpha 3$ of almanac	2X,4D12. 4
ION BETA	Ionosphere parameters$\beta 0 - \beta 3$ of almanac	2X,4D12. 4
IONGAMA	Ionosphere parameters $\gamma 0 - \gamma 3$ of almanac	2X,4D12. 4
IONA1,B	Ionosphere parameters A1,B	2X,2D12. 4
DELTA – UTC：A0,A1	Almanac parameters to compute time in UTC A0,A1：terms of polynomial Delta_TLS： WNLSF	3X,2D19. 12, 2I9
DELTA – UTC：DN	DN Delta_TLSF	3X,2I9
DELTA – MAT：A0,A1	A0,A1：terms of polynomial	3X,2D19. 12,
DELTA – GPS：A0,A1	A0,A1：terms of polynomial	3X,2D19. 12,
DELTA – GAL：A0,A1	A0,A1：terms of polynomial	3X,2D19. 12,

（续）

BD2 导航电文—文件头定义		
HEADER LABEL （Columns 61～80）	描述	格式
DELTA – GLO：A0，A1	A0，A1：terms of polynomial	3X，2D19.12，
LEAP SECONDS	Delta time due to leap seconds	I6
END OF HEADER	Last record in the header section.	60X

BD2 导航电文—文件数据定义		
OBS. RECORD	描述	格式
PRN / EPOCH/SV CLK	– Satellite PRN number – Epoch：Toc – Time of Clock 　　　　year（2 digits，padded with 0 　　　　　　if necessary） 　　　　month 　　　　day 　　　　hour 　　　　minute 　　　　second – SV clock bias　　（seconds） – SV clock drift　　（sec/sec） – SV clock drift rate　（sec/sec2）	I2， 1X，I2.2， 1X，I2， 1X，I2， 1X，I2， 1X，I2， F5.1， 3D19.12
BROADCAST ORBIT – 1	– IODE Issue of Data，Ephemeris – Crs　　　　（meters） – Delta n　　（radians/sec） – M0　　　　（radians）	3X，4D19.12
BROADCAST ORBIT – 2	– Cuc　　　　（radians） – e Eccentricity – Cus　　　　（radians） – sqrt（A）　　（sqrt（m））	3X，4D19.12
BROADCAST ORBIT – 3	– Toe Time of Ephemeris 　　　　　　（sec of GPS week） – Cic　　　　（radians） – OMEGA　　（radians） – CIS　　　　（radians）	3X，4D19.12
BROADCAST ORBIT – 4	– i0　　　　（radians） – Crc　　　　（meters） – omega　　　（radians） – OMEGA DOT　（radians/sec）	3X，4D19.12

（续）

BD2 导航电文—文件数据定义		
HEADER LABEL （Columns 61~80）	描述	格式
BROADCAST ORBIT – 5	– IDOT　　　　　　　　（radians/sec） – Codes on L2 channel – GPS Week # （to go with TOE） 　Continuous number, notmod（1024）! – L2 P data flag	3X,4D19. 12
BROADCAST ORBIT – 6	– SV accuracy　　　　　（meters） – SV health　　　　　（bits 17 – 22 w 3sf 1） – TGD1　　　　　　　（seconds） – IODC Issue of Data, Clock	3X,4D19. 12
BROADCAST ORBIT – 7	– Transmission time of message （sec of GPS week, derived e. g. from Z – count in Hand Over Word （HOW） – Fit interval　　　　　（hours） 　（see ICD – GPS – 200,20. 3. 4. 4） Zero if not known – TGD1　　　　　　　（seconds） – spare	3X,4D19. 12

广播星历的参考时刻可以是任意的,仿真时刻的开普勒轨道参数在二体问题基础上可以外推得到,摄动参数可以直接利用。

3.6.2　特殊星座仿真模型

特殊星座仿真是指为了完成某项用户机指标测试或整个测试系统的性能指标测试而专门设计的星座。

（1）灵敏度测试用特殊星座:要求 GNSS 系统 12 颗卫星全部可见。在测试仿真时刻,如果某颗卫星不可见,其轨道参数可用其他可见卫星的轨道参数代替。

（2）通道延迟一致性测试用特殊星座:要求 GNSS 系统 12 颗卫星全部可见且用同一组卫星轨道参数。

（3）精密测距码直接捕获时间测试用特殊星座:要求 GNSS 星座设计为仅有 2 颗 GEO 卫星。

（4）伪距测量精度测试用特殊星座:要求 GNSS 系统 12 颗卫星全部可见,在测试仿真时刻,如果某颗卫星不可见,其轨道参数可用其他可见卫星的轨道参数代替。

（5）接收信号功率范围测试用特殊星座:要求 GNSS 系统 12 颗卫星全部可见。在测试仿真时刻,如果某颗卫星不可见,其轨道参数可用其他可见卫星的轨道参数代替。

（6）用户机可跟踪卫星数目测试用特殊星座:要求 GNSS 系统 12 颗卫星全部可见。在测试仿真时刻,如果某颗卫星不可见,其轨道参数可用其他可见卫星的轨道参数代替。

3.6.3 卫星轨道误差控制模型

在卫星理想轨道的基础上,通过调整升交点角距、轨道倾角、轨道半径正余弦调和改正项振幅的形式加入可控误差。轨道误差参数见表3-6。

表3-6 轨道误差参数

参数	名称	范围
C_{us}、C_{uc}	升交点角距正余弦调和改正项振幅	$-61.03516 \sim 61.03329\ \mu rads$
C_{is}、C_{ic}	轨道倾角正余弦调和改正项振幅	$-61.03516 \sim 61.03329\ \mu rads$
C_{rs}、C_{rc}	轨道半径正余弦调和改正项振幅	$-1024.0 \sim 1023.0m$

此外,可在卫星状态的切向、法向、径向加入随机误差,随机误差范围可调。

3.6.4 卫星轨道模型应用方案

卫星轨道参数应用方案如图3-13所示。通过界面设置或文件读入的轨道参数(包括开普勒参数和摄动参数)作为广播星历参数;通过调整升交点角距、轨道倾角、轨道半径正余弦调和改正项振幅的形式加入的可控误差作为构成广域差分等效钟差参数;数据仿真计算时,应在广播星历参数的基础上顾及调整升交点角距、轨道倾角、轨道半径正余弦调和改正项振幅的形式加入的可控误差与随机误差。

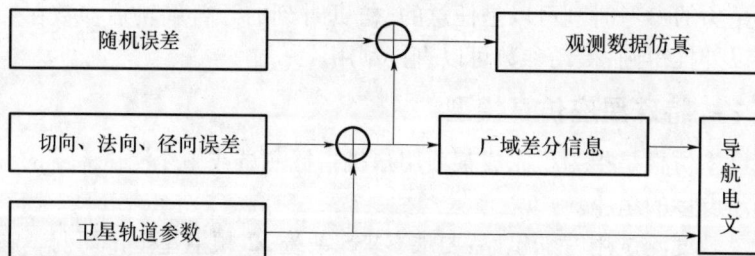

图3-13 卫星轨道参数应用方案

3.7 导航卫星 PVT 仿真模型

3.7.1 卫星位置计算模型

1. MEO/IGSO 卫星位置计算模型

(1)计算卫星运行平均角速度:

$$n_0 = \sqrt{GM}/a^{\frac{3}{2}} \tag{3-56}$$

$$n = n_0 + \Delta n \tag{3-57}$$

式中:GM 为坐标系中地球引力常数,$GM = 3.986005 \times 10^{14} \mathrm{m}^3/\mathrm{s}^2$;$a = A$;$\Delta n$ 为平均角速度改正数。

（2）计算归化时间,对观测时刻 t 进行卫星钟差改正:

$$\Delta t = t - t_{oe} \tag{3-58}$$

式中:Δt 为相对于参考时刻 t_{oe} 的归化时间。注意,计算时应顾及一个星期（604800s）的开始或结束:当 $\Delta t > 302400\mathrm{s}$ 时,Δt 应减去 604800s;当 $\Delta t < -302400\mathrm{s}$ 时,Δt 应加上 604800s。

（3）计算观测时刻的平近点角:

$$M_k = M_0 + n\Delta t \tag{3-59}$$

式中:M_0 为参考时刻 t_{oe} 的平近点角。

（4）计算偏近点角:

$$E_k = M_k + e\sin E_k \tag{3-60}$$

式中:e 为轨道偏心率。该式可用简单迭代法进行解算。

（5）计算真近点角:

$$\cos\nu_k = \frac{\cos E_k - e}{1 - e\cos E_k} \tag{3-61}$$

$$\sin\nu_k = \frac{\sqrt{1 - e^2}\sin E_k}{1 - e\cos E_k} \tag{3-62}$$

$$\nu_k = \arctan\frac{\sqrt{1 - e^2}\sin E_k}{\cos E_k - e} \tag{3-63}$$

（6）计算升交距角:

$$\phi_k = \omega_0 + \nu_k \tag{3-64}$$

式中:ω_0 为近地点角距。

（7）计算轨道摄动改正项:

$$\begin{cases} \delta u = C_{us}\sin 2\phi_k + C_{uc}\cos 2\phi_k \\ \delta r = C_{rs}\sin 2\phi_k + C_{rc}\cos 2\phi_k \\ \delta i = C_{is}\sin 2\phi_k + C_{ic}\cos 2\phi_k \end{cases} \tag{3-65}$$

式中:C_{uc}、C_{us}、C_{rc}、C_{rs}、C_{ic}、C_{is} 为摄动参数;δu、δr、δi 分别为因地球非球形和日月引力等因素而引起的升交距角 Φ_t、卫星到地心距离 r 和轨道倾角 i 的摄动量。

（8）计算经摄动改正的升交角距、卫星到地心距离及轨道倾角:

$$u_k = \phi_k + \delta u \tag{3-66}$$

$$r_k = a(1 - e\cos E_k) + \delta r \tag{3-67}$$

$$i_k = i_0 + \delta i + \dot{i} \cdot \Delta t \tag{3-68}$$

式中:i_0 为参考时刻倾角;$\dot{i}$ 为轨道倾角变化率。

（9）计算卫星在轨道平面坐标系中的坐标:

$$\begin{cases} x_p = r_k\cos u_k \\ y_p = r_k\sin u_k \end{cases} \tag{3-69}$$

（10）计算观测时刻升交点经度：

$$\Omega_k = \Omega_0 + (\dot{\Omega} - \dot{\Omega}_e)\Delta t - \dot{\Omega}_e t_{oe} \tag{3-70}$$

式中：Ω_0 为每周起始时刻升交点赤经；$\dot{\Omega}_e = 7.29211567 \times 10^{-5}\,rad/s$；$\dot{\Omega}$ 为升交点赤经的变化率。

（11）计算卫星在地心地固坐标系中的坐标：

$$\begin{bmatrix} x_s \\ y_s \\ z_s \end{bmatrix}_{TS} = \begin{bmatrix} x_p\cos\Omega_k - y_p\cos i_k\sin\Omega_k \\ x_p\sin\Omega_k + y_p\cos i_k\cos\Omega_k \\ y_p\sin i_k \end{bmatrix} \tag{3-71}$$

2. GEO 卫星位置计算模型

若为 BD-2 系统中的 GEO 卫星，则从式（3-66）开始，公式改变如下：

$$\Omega_k = \Omega_0 + \dot{\Omega}\Delta t - \dot{\Omega}_e t_{oe} \tag{3-72}$$

$$\begin{bmatrix} X_t \\ Y_t \\ Z_t \end{bmatrix} = \begin{bmatrix} x_p\cos\Omega_k - y_p\cos i_k\sin\Omega_k \\ x_p\sin\Omega_k + y_p\cos i_k\cos\Omega_k \\ y_p\sin i_k \end{bmatrix} \tag{3-73}$$

进行旋转可得

$$\begin{bmatrix} x_s \\ y_s \\ z_s \end{bmatrix}_{TS} = \begin{bmatrix} X_t\cos\varphi + (Y_t\cos(-5°) + Z_t\sin(-5°)\sin\varphi) \\ -X_t\sin\varphi + (Y_t\cos(-5°) + Z_t\sin(-5°)\cos\varphi) \\ -Y_t\sin(-5°) + Z_t\cos(-5°) \end{bmatrix} \tag{3-74}$$

式中：$\varphi = \dot{\Omega}_e\Delta t$。

3.7.2 卫星速度计算模型

GEO、MEO/IGSO 卫星速度计算模型：

由式（3-70）可得

$$\Omega'_k = \dot{\Omega} \tag{3-75}$$

$$\begin{bmatrix} X_t' \\ Y_t' \\ Z_t' \end{bmatrix} = \begin{bmatrix} -\Omega_k'y_s + \cos\Omega_k(z_s i_k' - \cos i_k y_p') - x_p'\sin\Omega_k \\ \Omega_k'x_s + \cos\Omega_k(-z_s i_k' + \cos i_k y_p') + x_p'\sin\Omega_k \\ y_p i_k'\cos i_k + y_p'\sin i_k \end{bmatrix} \tag{3-76}$$

进行旋转可得

$$\begin{bmatrix} x_s' \\ y_s' \\ z_s' \end{bmatrix}_{TS} = \begin{bmatrix} X_t'\cos\varphi - Y_t\sin\varphi\dot{\Omega}_e + [Y_t'\cos(-5°) + Z_t'\sin(-5°)]\sin\varphi \\ \quad + [Y_t\cos(-5°) + Z_t\sin(-5°)]\cos\varphi\dot{\Omega}_e \\ -X_t'\sin\varphi - Y_t\cos\varphi\dot{\Omega}_e + [Y_t'\cos(-5°) + Z_t'\sin(-5°)]\cos\varphi \\ \quad - [Y_t\cos(-5°) + Z_t\sin(-5°)]\sin\varphi\dot{\Omega}_e \\ -Y_t'\sin(-5°) + Z_t'\cos(-5°) \end{bmatrix} \tag{3-77}$$

3.7.3　卫星加速度计算模型

GEO、MEO/IGSO 卫星加速度计算模型：

$$
\begin{bmatrix} X''_t \\ Y''_t \\ Z''_t \end{bmatrix} =
\begin{bmatrix}
- \Omega'_k y'_s + \sin\Omega_k (z'_s i'_k - \Omega'_k y_p + y_p i''_k \sin i_k - y'_p \cos i_k + i'_k y'_p \sin i_k) \\
\quad + \cos\Omega_k (x''_p + y_p \Omega'_k i'_k \sin i_k - \Omega'_k y'_p \cos i_k) \\
\Omega'_k x'_s + \cos\Omega_k (- z'_s i'_k + \Omega'_k x_p - y_p i''_k \sin i_k + y''_p \cos i_k - i'_k y'_p \sin i_k) \\
\quad + \sin\Omega_k (x''_p + y_p \Omega'_k i'_k \sin i_k - \Omega'_k y'_p \cos i_k) \\
\sin i_k (- y_p (i'_k)^2 + y''_p) + \cos i_k (y_p i''_k + 2 i'_k y'_p)
\end{bmatrix}
\quad (3-78)
$$

进行旋转可得

$$
\begin{bmatrix} x''_s \\ y''_s \\ z''_s \end{bmatrix}_{TS} =
\begin{bmatrix}
X''_t \cos\varphi - X'_t \sin\varphi \dot\Omega_e - Y'_t \sin\varphi \dot\Omega_e - Y_t \cos\varphi (\dot\Omega_e)^2 + [Y''_t \cos(-5°) + Z''_t \sin(-5°)] \sin\varphi \\
\quad + 2[Y'_t \cos(-5°) + Z'_t \sin(-5°)] \cos\varphi \dot\Omega_e - [Y_t \cos(-5°) + Z_t \sin(-5°)] \sin\varphi \cdot \dot\Omega_e^2 \\
- X''_t \sin\varphi - X'_t \cos\varphi \dot\Omega_e - Y'_t \cos\varphi \dot\Omega_e + Y_t \sin\varphi (\dot\Omega_e)^2 + [Y''_t \cos(-5°) + Z''_t \sin(-5°)] \cos\varphi \\
\quad - 2[Y'_t \cos(-5°) + Z'_t \sin(-5°)] \sin\varphi \dot\Omega_e - [Y_t \cos(-5°) + Z_t \sin(-5°)] \cos\varphi \cdot \dot\Omega_e^2 \\
- Y''_t \sin(-5°) + Z''_t \cos(-5°)
\end{bmatrix}
$$

$$(3-79)$$

3.7.4　卫星加加速度计算模型

由于 GEO 卫星属于地球同步卫星，速度比较低，加速度也较小，加加速度是一个极小量。可以认为其大小为 0，即

$$
\begin{bmatrix} x'''_s \\ y'''_s \\ z'''_s \end{bmatrix}_{TS} =
\begin{bmatrix} 0 \\ 0 \\ 0 \end{bmatrix}
\quad (3-80)
$$

▲ 3.8　导航卫星钟差仿真模型

1. 卫星钟差基本模型

卫星钟差采用二阶多项式表示：

$$\Delta t_S = a_0 + a_1 (t - t_{oc}) + a_2 (t - t_{oc})^2 \quad (3-81)$$

式中：a_0 为星钟偏差，相对于系统时间的偏差；a_1 为钟速，相对于实际频率的偏差系数；a_2 为半加速(频率漂移的 1/2 半)。

卫星钟一般为铷钟或铯钟，铷钟和铯钟的性能不尽相同。GPS 卫星钟钟差参数可以利用 IGS 站提供的钟差参数，BD-2 的钟差参数也可以用 GPS 相应卫星钟的钟差参数来代替。

钟差参数 a_0、a_1、a_2 的获取可以分为两种方式：

（1）钟差参数法：钟差参数由用户通过界面设定，并保存为改进的 Rinex 格式 N 文件，也可从标准的或改进的 Rinex 格式 N 文件中读取。

（2）拟合参数法：从 IGS 提供的 CLK 文件中读取钟差值，通过拟合计算得到钟差。IGS 提供的 CLK 文件中含有每颗 GPS 卫星的钟差值，可以通过拟合的方法求得 a_0、a_1、a_2。拟合公式为

$$\begin{bmatrix} \Delta t_{s1} \\ \Delta t_{s2} \\ \vdots \\ \Delta t_{sn} \end{bmatrix} = \begin{bmatrix} 1 & (t_1 - t_{oc}) & (t_1 - t_{oc})^2 \\ 1 & (t_2 - t_{oc}) & (t_2 - t_{oc})^2 \\ \vdots & \vdots & \vdots \\ 1 & (t_n - t_{oc}) & (t_n - t_{oc})^2 \end{bmatrix} \begin{bmatrix} a_0 \\ a_1 \\ a_2 \end{bmatrix} \tag{3-82}$$

式中：Δt_{si}（$i = 1, 2, \cdots, n$，n 为历元个数）为每个历元的钟差值。

采用最小二乘拟合法进行求解，可得

$$\boldsymbol{X} = (\boldsymbol{A}^{\mathrm{T}} \boldsymbol{A})^{-1} \boldsymbol{A}^{\mathrm{T}} \boldsymbol{L} \tag{3-83}$$

式中

$$\boldsymbol{L} = \begin{bmatrix} \Delta t_{s1} \\ \Delta t_{s2} \\ \vdots \\ \Delta t_{sn} \end{bmatrix}, \boldsymbol{A} = \begin{bmatrix} 1 & (t_1 - t_{oc}) & (t_1 - t_{oc})^2 \\ 1 & (t_2 - t_{oc}) & (t_2 - t_{oc})^2 \\ \vdots & \vdots & \vdots \\ 1 & (t_n - t_{oc}) & (t_n - t_{oc})^2 \end{bmatrix}, \boldsymbol{X} = \begin{bmatrix} a_0 \\ a_1 \\ a_2 \end{bmatrix} \tag{3-84}$$

拟合过程中，可根据实际情况取适当历元数进行拟合求解，并采用滑动窗口的方式向下递推，以保证求得的 a_0、a_1、a_2 具有良好的连续性。

2. 卫星钟差误差模型及其应用方案

根据钟差参数获取的方式不同，卫星钟差误差仿真分为如下两种方式：

（1）钟差参数法：每颗卫星的钟差误差由随机噪声输入到一阶马尔可夫过程模拟形成。一阶马尔可夫过程中常数为 1800s，标准差为 1m。

① 通过界面设置或文件读入的钟差参数作为广播电文中发播的钟差参数。

② 一阶马尔可夫过程仿真形成的钟差作为构成广域差分等效钟差参数之一。

数据仿真计算时，采用二阶多项式钟差加上一阶马尔可夫过程仿真误差加上随机噪声，卫星钟差仿真流程如图 3-14 所示。

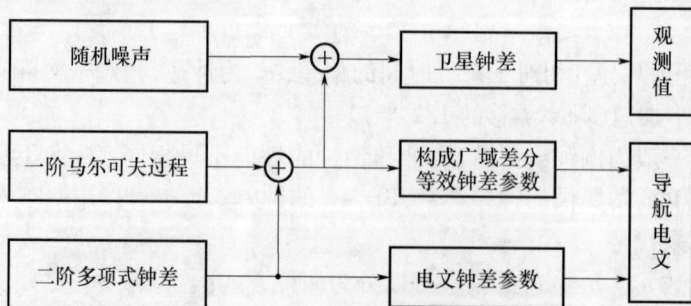

图 3-14　卫星钟差仿真流程（一）

（2）拟合参数法：由于 CLK 文件中的钟差精度较高，此时卫星钟差误差的仿真可以采用随机噪声模型（图 3 – 15）。

① 拟合得到的二阶多项式参数作为广播电文中发播的钟差参数。

② 拟合误差为构成广域差分等效钟差参数之一。

③ 数据仿真计算时，采用 CLK 文件中的钟差值加上随机噪声。

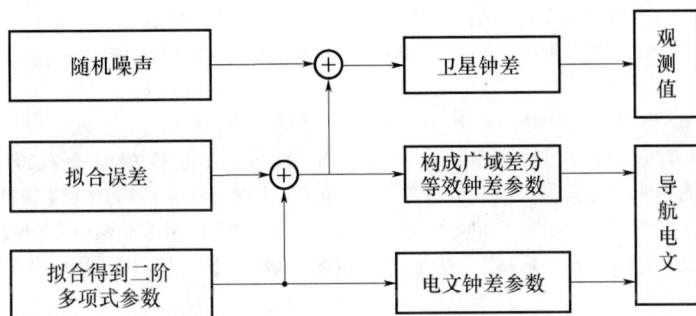

图 3 – 15　卫星钟差仿真流程（二）

针对不同的测试项目，卫星钟差误差模型使用方法不尽相同。为测试伪距精度，卫星钟差采用二项式模型，模型参数与导航电文中的钟差相同[4]。在伪距精度测试时，可以通过导航电文提供钟差模型消除卫星钟差对伪距的影响。

3. 星上设备延迟 TGD 仿真模型

对于北斗卫星导航系统，星上设备延迟差有 TGD1、TGD2 两个参数：TGD1 为卫星发射的 B1 频点与 B3 频点信号之间存在的设备延迟差；TGD2 为卫星发射的 B2 频点与 B3 频点信号之间存在的设备延迟差。

TGD 采用常数加误差常数的模型，常数绝对值为 0～15m，误差为 0～0.2m，该参数在控制界面实现。

参考文献

[1]　宋华. 瞬时 GPS 信号仿真及导航算法研究[D]. 北京：中国科学院研究生院，2008.

[2]　郑亚弟. 导航载体轨迹仿真系统的研究与开发[D]. 郑州：解放军信息工程大学，2006.

[3]　赵军祥. 高动态智能 GPS 卫星信号模拟器软件数学模型研究[D]. 北京：北京航空航天大学，2003.

[4]　李海丰. 卫星导航用户终端测试方法与场景设计研究[D]. 郑州：解放军信息工程大学，2008.

[5]　黄文德. 载人登月中止轨道的特性分析与优化设计[D]. 长沙：国防科学技术大学，2011.

[6]　胡锐. 惯性辅助 GPS 深组合导航系统研究与实现[D]. 南京：南京理工大学，2010.

[7]　戴冲. 卫星导航系统空间段仿真关键技术研究 [D]. 长沙：国防科学技术大学，2011.

[8]　孙敦超. GPS/GLONASS 组合应用相关问题研究[D]. 成都：电子科技大学，2006.

[9]　费攀. 三系统导航接收机信息处理技术研究[D]. 北京：北方工业大学，2013.

[10]　李建文，郝金明，李军正. 用伪距法测定 PZ – 90 与 WGS – 84 坐标转换参数[J]. 测绘通报，2004，
　　（5）：4 – 6.

[11]　史小雨. GPS/GLONASS 组合定位算法研究[D]. 阜新：辽宁工程技术大学，2012.

[12] 张洪. 伪卫星发射机的信号仿真技术[D]. 长沙:国防科学技术大学,2006.

[13] 雷鸣. GNSS 组合定位算法研究及实现[D]. 成都:电子科技大学,2009.

[14] 李建文. GLONASS 卫星导航系统及 GPS/GLONASS 组合应用研究[D]. 郑州:解放军信息工程大学,2001.

[15] 李本玉. GPS/GLONASS 精密单点定位技术模型与算法的研究[D]. 泰安:山东农业大学,2010.

[16] 崔建勇. 基于卫星导航系统的定向技术研究[D]. 郑州:解放军信息工程大学,2008.

[17] 唐中娟. 基于卫星导航模拟器的控制系统设计[D]. 太原:中北大学,2012.

[18] 蔺玉亭. 利用区域网数据确定 GPS 卫星轨道方法研究及相关软件设计[D]. 郑州:解放军信息工程大学,2005.

[19] 杨霞. GNSS 数据融合关键技术研究[D]. 青岛:山东科技大学,2009.

[20] 闫涛. 软着陆月球探测器轨道设计与发射窗口选择[D]. 长沙:国防科学技术大学,2008.

[21] 李建文,郝金明,张建军,等. PZ - 90 与 WGS - 84 的坐标转换参数[J]. 全球定位系统,2002,27(6).

[22] 赵兴旺,王庆,赵毅,等. GPS/Galileo 组合系统观测数据的模拟[J]. 中国惯性技术学报,2009(3).

[23] 彭祺擘,沈红新,李海阳. 载人登月自由返回轨道设计及特性分析[J]. 中国科学:技术科学,2012,42(3):333 - 341.

[24] 徐菁. "北斗"卫星导航系统空间信号接口控制文件解读[J]. 国际太空,2013(4).

[25] 李军正. 动态 GPS 定位检定方法及误差分析[D]. 郑州:解放军信息工程大学,2004.

[26] 张小平,王保保,范克利. GPS 与数字地图的匹配研究[J]. 计算机仿真,2005(6):148 - 151.

[27] 瞿锋,王谭强,陈现军,等. 用 SLR 资料精密确定 GPS35 卫星轨道[J]. 测绘学报,2003(3):224 - 228.

[28] 罗益鸿. 导航卫星信号模拟器软件设计与实现[D]. 长沙:国防科学技术大学,2008.

[29] 赵懿. 基于 HLA 的卫星姿态控制系统仿真研究[D]. 北京:中国科学院空间科学与应用研究中心,2004.

[30] 贾宝申. 卫星姿控系统故障诊断仿真研究[D]. 哈尔滨:哈尔滨工业大学,2006.

[31] 李松青. 航天器控制系统通用仿真技术研究[D]. 长沙:国防科学技术大学,2008.

[32] 周黎妮. 交会对接目标飞行器姿态动力学与控制仿真研究[D]. 长沙:国防科学技术大学,2004.

[33] 冯香枝. 卫星储能/姿控两用飞轮在能量回馈状态下的姿态控制问题研究[D]. 上海:东华大学,2005.

[34] 吕灵灵. 线性离散周期系统的极点配置和观测器设计[D]. 哈尔滨:哈尔滨工业大学,2010.

[35] 李海峰,孙付平. 卫星导航接收机测试场景软件的设计与实现[J]. 中国惯性技术学报,2008(2):183 - 187.

[36] 付兆萍. 卫星轨道运动方程数值算法研究[D]. 武汉:华中科技大学,2006.

[37] 李海生. 基于星间测距及方向约束的导航星座自主定轨技术研究[D]. 南京:南京航空航天大学,2010.

[38] 吴静,常青,吴今培等. 高动态 GPS 信号模拟器卫星星历产生方法研究[J]. 无线电工程,2004,34(5).

第4章 卫星导航系统环境段仿真的数学原理

4.1 概述

卫星导航模拟测试环境段主要包括电离层、对流层和多路径延迟[1]，如图4-1所示。

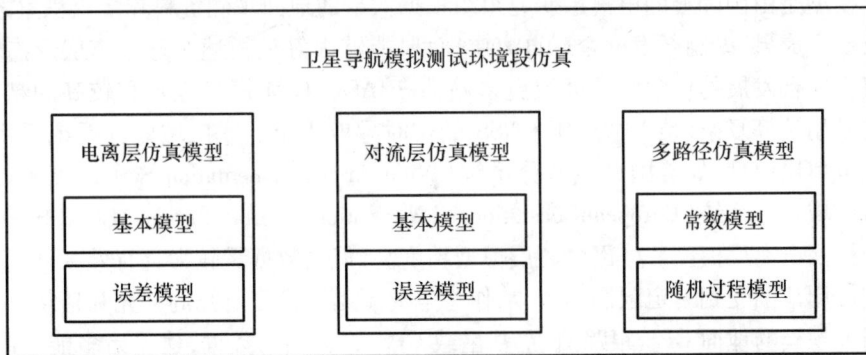

```
┌─────────────────────────────────────────────────────────────────┐
│              卫星导航模拟测试环境段仿真                            │
│  ┌──────────────┐   ┌──────────────┐   ┌──────────────┐          │
│  │ 电离层仿真模型 │   │ 对流层仿真模型 │   │ 多路径仿真模型 │          │
│  │ ┌──────────┐ │   │ ┌──────────┐ │   │ ┌──────────┐ │          │
│  │ │  基本模型  │ │   │ │  基本模型  │ │   │ │  常数模型  │ │          │
│  │ └──────────┘ │   │ └──────────┘ │   │ └──────────┘ │          │
│  │ ┌──────────┐ │   │ ┌──────────┐ │   │ ┌──────────┐ │          │
│  │ │  误差模型  │ │   │ │  误差模型  │ │   │ │ 随机过程模型 │ │          │
│  │ └──────────┘ │   │ └──────────┘ │   │ └──────────┘ │          │
│  └──────────────┘   └──────────────┘   └──────────────┘          │
└─────────────────────────────────────────────────────────────────┘
```

图4-1 卫星导航模拟测试空间环境模型组成

信号从卫星端传播到接收机端需要穿越大气层，大气层影响信号的传播，产生大气延迟；同时，接收机所在的不同地点会受到不同程度的多路径延迟，从而影响进入接收机前端的卫星信号。

4.2 电离层仿真模型

4.2.1 模型组成与基本原理

电离层延迟是影响卫星导航系统导航性能的一种主要误差源。电离层延迟仿真是卫星导航仿真系统的关键技术之一,仿真精度直接影响仿真系统的性能[2]。导航信号在电离层区域传播时调制码信号产生群路径,即电离层传播延迟。导航信号属高频信号,电离层传播延迟可近似为

$$I_i = \int_{l_{B_i}}^{l_{T_i}} (n_{g_i} - 1) \mathrm{d}l = \frac{40.28}{f_i^2} \mathrm{TEC}_{f_i}$$

式中:l_{T_i}、l_{B_i} 分别为系统工作频率 f_i 在电离层区域内的传播路径 l_{f_i} 的上、下极限位置。不同频率信号传播途径不同,相应的电离层电子总含量(TEC)和电离层距离延迟也不同。在 TEC 计算精确的条件下,利用上述公式计算的电离层延迟的精度在 99% 以上。

由于 TEC 受多种因素的影响而变化,不能用精确的理论公式表示,而只能通过处理测量数据进行建模,相应的电离层传播延迟也只能用模型表示。卫星导航定位研究中电离层延迟的修正模型主要有三种:①基于导航电文的电离层延迟预报模型,如 GPS 导航电文中的 Klobuchar 模型。该模型可以消除 60% 左右的电离层延迟误差。但 Klobuchar 模型的总体精度不高,难以应用于高精度的导航定位研究。②电离层经验、半经验物理参数模型,如国际参考电离层模型(International Reference Model,IRI)、ESA 的 NeQuick 模型、欧洲定轨中心的 CODE - GIM 模型。该类模型是由国际上的电离层研究组织根据大量的地面观测资料和多年积累的电离层研究成果,编制开发的全球电离层模型,能够很好地描述全球电离层形态[2]。上海天文台发展的包含中国区域更多站的 SHAO - GIM 模型也具有较高的精度。该类模型计算复杂,难以适用于 GNSS 的实时导航需求。③广域差分系统采用的格网电离层模型,如美国广域差分系统(Wide Area Augmentation System,WAAS)、欧盟广域差分系统(EuropeanGeostationary Navigation Overlay Service,EGNOS)等采用的格网电离层模型。格网电离层模型精度高,但其数据量较大且有效区域受限,因此使用范围受到一定限制。当今,作为电离层延迟模型研究的补充和精化,可以利用大规模的地面 GPS 跟踪网、空基星载 GPS 等提供的数据,建立诸多能反映区域的电离层延迟二维、三维时空变化的实时电离层垂直电子总量(Vertical Total Electron Content,VTEC)函数模型[2]。实时 VTEC 函数模型采用 GPS 实测资料通过多项式模型、三角级数模型、低阶球函数模型和球冠谐分析模型实现区域电离层 VTEC 建模。

电离层延迟仿真部分主要任务是根据给定的时间和测站坐标以及卫星轨道,

利用多种电离层模型和 GNSS 双频实测 TEC 计算出信号路径上的电离层延迟,其中需要进行时间系统、坐标系统的转换以及高度角方位角的计算。电离层延迟仿真模块组成如图 4 - 2 所示。

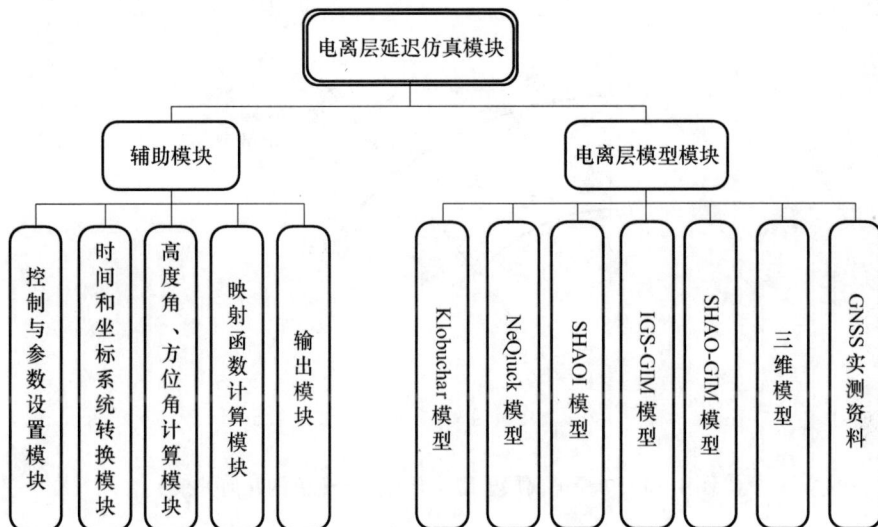

图 4 - 2　电离层延迟仿真模块组成

4.2.2　电离层延迟模型算法

4.2.2.1　电离层延迟产生机理

电离层处于离地面高度为 100 ~ 1000km,通常在高度 350 ~ 450km 处自由电子密度最高。为了简化模型,又不影响问题本质,通常以单层模型代替整个电离层,即认为所有的自由电子集中在 350 ~ 450km 某一高度处的一个无限薄层(球面)上,薄层的高度对计算电离层延迟的影响并不明显[60]。

如图 4 - 3 所示,R 为接收机位置,其与卫星连线在穿刺点 P' 处与薄层相交,假设 OP' 方向上的自由电子集中于 P' 点,z' 为穿刺点处的天顶距(定义为球心至 P' 方向与监测站至卫星方向的夹角)。

从卫星传播到接收机的导航信号,其电离层延迟为

$$\Delta d_{ion} = \pm \frac{40.28}{f^2} VTEC \frac{1}{\cos z'} \tag{4-1}$$

式中:VTEC 为 P' 处的垂直电子总含量;f 为信号频率。对伪距改正式(4 - 1)取正,对相位改正上式取负[2]。

对于伪距观测量,有

$$\rho = P - \frac{40.28}{f^2} VTEC \frac{1}{\cos z'} + B^s - B^R + \Delta \tag{4-2}$$

式中： P 为接收机至卫星的几何距离； B^S 为伪距观测量的卫星电路延迟偏差； B^R 为伪距观测量的接收机电路延迟偏差； Δ 为误差项，包括接收机钟差、卫星钟差、对流层延迟误差、卫星和监测站天线相位中心误差、相对论效应误差、多路径误差等[6]。

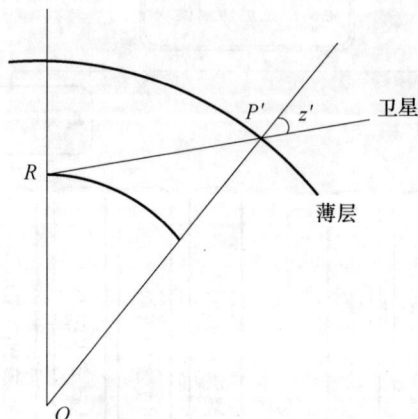

图 4-3 单层电离层模型与导航卫星观测的几何关系

对于相位观测量，有

$$\varphi\lambda = P + \frac{40.28}{f^2}\text{VTEC}\frac{1}{\cos z'} - N\lambda + b^S - b^R + \Delta \qquad (4-3)$$

式中： λ 、 N 分别为波长、整周模糊度； b^S 为相位观测值的卫星电路延迟偏差； b^R 为相位观测值的接收机电路延迟偏差。

采用伪距观测量时，每个历元两个频率上的伪距之差即能解出天顶方向自由电子含量 VTEC[6]。其观测方程为

$$\rho_j - \rho_i = -\frac{40.28}{f_j^2}\text{VTEC}\frac{1}{\cos z'} + \frac{40.28}{f_i^2}\text{VTEC}\frac{1}{\cos z'} \qquad (4-4)$$
$$+ (B_j^S - B_i^S) - (B_j^R - B_i^R) \quad (i,j = 1,2; \quad i \neq j)$$

式(4-4)常用于构建反演电离层 TEC 的观测方程。为此，称方程式(4-4)为电离层延迟观测方程， $\rho_j - \rho_i$ 为电离层延迟观测量。由此可解出电离层垂直总电子含量为

$$\text{VTEC} = -\frac{\cos z'}{40.28}\frac{f_i^2 f_j^2}{f_i^2 - f_j^2}[\rho_j - \rho_i - (B_j^S - B_i^S) + (B_j^R - B_i^R)]$$

$$= -\frac{\cos z'}{40.28}\frac{f_i^2 f_j^2}{f_i^2 - f_j^2}(\Delta\rho_{ij} - \Delta B_{ij}^S + \Delta B_{ij}^R), (i,j = 1,2; \quad i \neq j) \qquad (4-5)$$

式中： $\Delta\rho_{ij}$ 为伪距差； ΔB_{ij}^S 为伪距观测值的卫星相对电路延迟偏差； ΔB_{ij}^R 为伪距观测值的接收机相对电路延迟偏差。

采用相位观测量时，观测方程为

$$\varphi_j \lambda_j - \varphi_i \lambda_i = \frac{40.28}{f_j^2} \mathrm{VTEC} \frac{1}{\cos z'} - \frac{40.28}{f_i^2} \mathrm{VTEC} \frac{1}{\cos z'} \tag{4-6}$$
$$- N_j \lambda_j + N_i \lambda_i + (b_j^S - b_i^S) - (b_j^R - b_i^R)$$

解出

$$\mathrm{VTEC} = \frac{\cos z'}{40.28} \frac{f_i^2 f_j^2}{f_i^2 - f_j^2} \left[(\varphi_j \lambda_j - \varphi_i \lambda_i) + (N_j \lambda_j - N_i \lambda_i) - (b_j^S - b_i^S) + (b_j^R - b_i^R) \right]$$

$$= \frac{\cos z'}{40.28} \frac{f_i^2 f_j^2}{f_i^2 - f_j^2} \left[L_{4_{ij}} + \mathrm{Amb}_{ij} - \Delta b_{ij}^S + \Delta b_{ij}^R \right] \tag{4-7}$$
$$(i,j = 1,2; \quad i \neq j)$$

式中：Δb_{ij}^S 为相位观测值的卫星相对电路延迟偏差；Δb_{ij}^R 为相位观测值的接收机相对电路延迟偏差；$L_{4_{ij}}$ 为相位观测量组合。其噪声水平比伪距组合观测量 $\Delta \rho_{ij}$ 低很多，但存在模糊度组合常数 Amb_{ij}，Amb_{ij} 必须由一个序列的观测值才能解出[6]。

在一个固定穿刺点，电离层 VTEC 随地方时具有明显的周日变化规律，约呈余弦曲线变化，如图 4-4 所示。

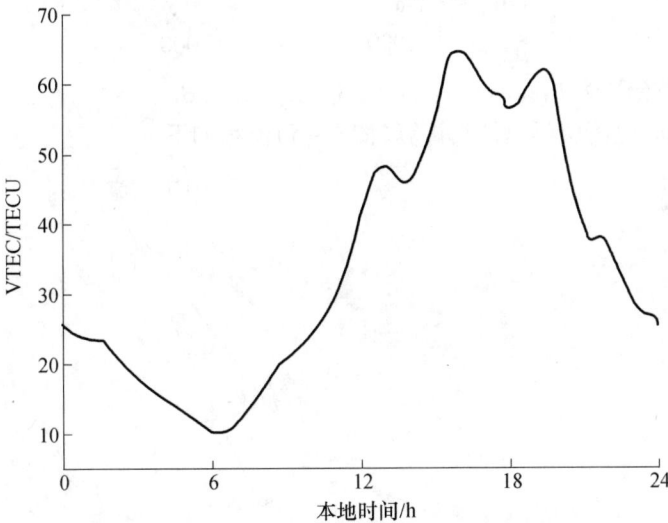

图 4-4　电离层 VTEC 随地方时的周日变化曲线

4.2.2.2　全球电离层延迟模型

1. Klobuchar 模型

电离层延迟模型采用 8 参数 Klobuchar 模型和 14 参数 Klobuchar 模型。

1）8 参数 Klobuchar 模型

8 参数 Klobuchar 模型计算电离层垂直延迟改正 $I_z(t)$，具体如下：

$$I_Z(t) = \begin{cases} 5\text{ns} + A_2\cos\left[\dfrac{2\pi(t-50400)}{A_4}\right], & |t-50400| < \dfrac{A_4}{4} \\ 5\text{ns} & , & |t-50400| \geqslant \dfrac{A_4}{4} \end{cases} \quad (4-8)$$

式中:对于北斗卫星导航系统,相应频率为 B3; t 为接收机至卫星连线与电离层交点(M)处的本地时(取值范围为 0~86400),单位为 s。

对于计算不同频率的 $I_Z(t)$,需要乘以一个与频率有关的因子 $k(f)$。电离层参考高度为 375km。对于 GPS,公式类似。

A_2 为白天余弦曲线的幅度,用 α_n 系数计算得到。

$$A_2 = \begin{cases} \alpha_1 + \alpha_2\phi_M + \alpha_3\phi_M^2 + \alpha_4\phi_M^3, & A_2 \geqslant 0 \\ 0 & , & A_2 < 0 \end{cases} \quad (4-9)$$

式中: ϕ_M 为电离层穿刺点的大地纬度,单位为半周(180°)

A_4 为余弦曲线的周期,用 β_n 系数计算得到,即

$$A_4 = \begin{cases} \displaystyle\sum_{n=0}^{3} \beta_n\phi_M^n, & A_4 \geqslant 72000 \\ 72000 & , & A_4 < 72000 \end{cases} \quad (4-10)$$

8 个参数分别为 α_1、α_2、α_3、α_4、β_1、β_2、β_3、β_4。

Klobuchar 电离层延迟仿真计算(图 4-5)流程如下:

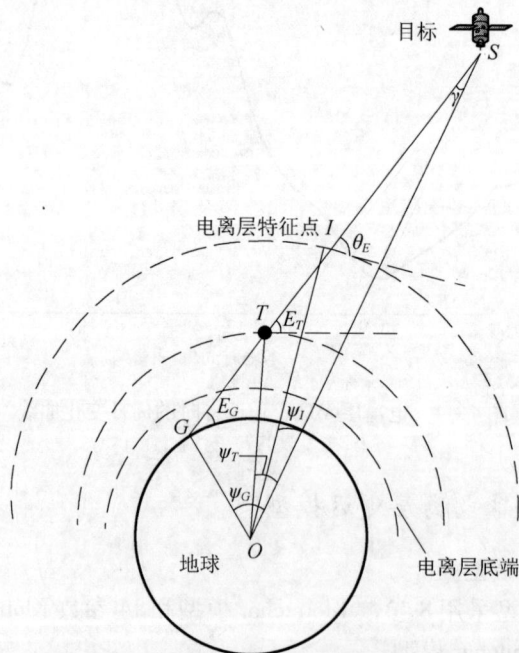

图 4-5　电离层延迟仿真计算

（1）计算 P 和 P_1 在地心的夹角 θ：

$$\theta = 90° - E - \arcsin\left(\frac{R_0}{R_0 + H_{P_1}}\cos E\right) \tag{4-11}$$

（2）计算 P_1 的地心经纬度（$\varphi_{P_1}, \lambda_{P_1}$）：

$$\begin{cases} \varphi_{P1} = \arcsin(\sin\varphi_P\cos\theta + \cos\varphi_P\sin\theta \cdot \cos A) \\ \lambda_{P1} = \lambda_P + \arcsin\left(\frac{\sin\theta \cdot \sin A}{\cos\varphi_{P_1}}\right) \end{cases} \tag{4-12}$$

（3）计算 P_1 的磁纬：

$$\varphi_m = \arcsin\left[\sin\varphi_{P_1}\sin\varphi_N + \cos\varphi_{P_1}\cos\varphi \cdot \cos(\lambda_{P_1} - \lambda)\right] \tag{4-13}$$

$$\begin{cases} \varphi_N = 78.4N \\ \lambda_N = 291.0E \end{cases}$$

（4）计算地方时：

$$t = \mathrm{UT} + \frac{\lambda_{P_1}}{15}\mathrm{h} = \mathrm{GPST} + 4.32 \times 10^4 \lambda P_1(\mathrm{s}) \tag{4-14}$$

（5）计算振幅 A 和周期 P：

$$\begin{cases} A = \alpha_0 + \alpha_1\phi_M + \alpha_2\phi_M^2 + \alpha_3\phi_M^3 = \sum_{i=0}^{3}\phi_M^i, & A \geqslant 0 \\ A = 0, & A < 0 \end{cases} \tag{4-15}$$

$$\begin{cases} P = \beta_0 + \beta_1\phi_M + \beta_2\phi_M^2 + \beta_3\phi_M^3 = \sum_{i=0}^{3}\phi_M^i, & P \geqslant 72000 \\ P = 72000, & P < 72000 \end{cases} \tag{4-16}$$

（6）计算投影函数：

$$S(E) = \sec\left[\arcsin\left(\frac{R_0}{R_0 + H_{P_1}}\cos E\right)\right] \tag{4-17}$$

（7）计算天顶电离层延迟：

$$T_g = \begin{cases} \mathrm{DC}, & 夜间 \\ \mathrm{DC} + A \cdot \cos\frac{2\pi}{P}(t - T_P), & 白天 \end{cases} \tag{4-18}$$

地方时 $t = \mathrm{UT} + \dfrac{\lambda_{P_1}}{15}(\mathrm{h}) = T + 4.32 \times 10^4\lambda P_1(\mathrm{s})$；$\mathrm{TP} = 14\mathrm{h}$（地方时）$= 50400\mathrm{s}$ 峰值。

（8）计算传播路径上电离层延迟：

$$\Delta\tau_{\mathrm{ion}} = T_g \cdot S(E) \tag{4-19}$$

$$\Delta\rho_{\mathrm{ion}} = c \cdot \Delta\tau_{\mathrm{ion}} \tag{4-20}$$

2）14 个参数 Klobuchar 模型

14 个参数 Klobuchar 模型计算电离层垂直延迟改正 $I'_Z(t)$，具体如下：

$$I'_Z(t) = \begin{cases} A_1 + A_2\cos\dfrac{2\pi(t - A_3)}{A_4}, & A_3 - \dfrac{A_4}{4} < t < A_3 + \dfrac{A_4}{4} \\[3mm] A_1 + B(t - t_0), & A_3 + \dfrac{A_4}{4} \leqslant t \leqslant 86400 \\[3mm] A_1 + B(t - 86400 - t_0), & 0 \leqslant t \leqslant A_3 - \dfrac{A_4}{4} \end{cases} \qquad (4-21)$$

$$t_0 = A_3 + \frac{A_4}{4}$$

式中:对于北斗卫星导航系统,相应频率为 B_3;t 为接收机至卫星连线与电离层交点(M)处的本地时(取值范围为 0 ~ 86400),单位为 s。对于计算不同频率的 I'_Z,需要乘以一个与频率有关的因子 $k(f)$。电离层参考高度为 375km。

(1) A_1、B 为夜间电离层延迟的常数和线性变化项。

(2) A_2 为白天电离层延迟余弦曲线的幅度,用 a_n 系数计算得

$$A_2 = \begin{cases} \sum_{n=0}^{3} \alpha_n \phi_M^n, & A_2 \geqslant 0 \\[3mm] 0, & A_2 < 0 \end{cases} \qquad (4-22)$$

式中:φ_M 为电离层穿刺点的大地纬度。

(3) A_3 为余弦函数的初始相位,对应与曲线极点的地方时,用 γ_n 系数计算得

$$A_3 = \begin{cases} 50400 + \sum_{i=0}^{3} \gamma_i \phi_M^i, & 43200 \leqslant A_3 \leqslant 55800 \\[3mm] 43200, & A_3 < 43200 \\[3mm] 55800, & A_3 > 55800 \end{cases} \qquad (4-23)$$

(4) A_4 为余弦曲线的周期,用 β_n 系数计算得

$$A_4 = \begin{cases} 172800, & A_4 > 172800 \\[3mm] \sum_{n=0}^{3} \beta_n \phi_M^n, & 72000 \leqslant A_4 \leqslant 172800 \\[3mm] 72000, & A_4 < 72000 \end{cases} \qquad (4-24)$$

2. NeQiuck 模型

NeQuick 模型是由意大利第里雅斯特的萨拉姆国际理论物理中心的超高层大气流体物理学和无线电传播实验室与奥地利格拉茨大学的地球物理、气象和天体物理研究所联合研究得到的随时间变化的三维电离层电子密度模型,该模型可以计算测站与卫星以及卫星与卫星之间任意给定时间、位置的电子密度及给定路径的电子含量,提供了一种描述电离层三维剖面的新方法[4]。

　　NeQuick 模型属于一种半经验的电离层模型,是在一定物理背景下建立的,基于一系列的电离层参数,如临界频率 foE/foF1/foF2、F2 区的转换参数 M(3000)F$_2$ 以及太阳活动参数 F10.7(太阳光波长为 10.7cm 的射电辐射流量)或 R12(太阳黑字数月均值),计算由地面到 F2 层峰值以上至 2000km 区域的电子密度及电子含量。该模型主要由高度低于 F2 层峰值的底部公式和高度在 F2 层峰值以上的顶部公式两部分组成。模型公式是基于 Epstein 公式建立的,基本形式为

$$N(h) = \frac{4N_{max}}{\left(1 + \exp\left(\dfrac{h - h_{max}}{B}\right)\right)^2} \exp\left(\frac{h - h_{max}}{B}\right) \qquad (4-25)$$

式中: $N(h)$ 为高度 h 处的电子密度; N_{max} 为所在层峰值高度处的电子密度; h_{max} 为所在层的峰值高度; B 为所在层的厚度参数。

　　底部模型主要由 E 层、F 层(包括 F1 层、F2 层底部)组成,由 5 个半 Epstein 层计算的这些层底部、顶部的电子密度和构成底部模型:

$$N(h) = N_{F_2}(h) + N_{F_1}(h) + N_E(h) \qquad (4-26)$$

式中

$$N_E(h) = \frac{4N_{max} * E}{\left[1 + \exp\left(\dfrac{h - h_{max}E}{B_E}\xi(h)\right)\right]^2} \times \exp\left(\frac{h - h_{max}E}{B_E}\xi(h)\right)$$

$$N_{F_1}(h) = \frac{4N_{max} * F_1}{\left[1 + \exp\left(\dfrac{h - h_{max}F_1}{B_1}\xi(h)\right)\right]^2} \times \exp\left[\frac{h - h_{max}F_1}{B_1}\xi(h)\right]$$

$$N_{F_2}(h) = \frac{4N_{max} * F_2}{\left[1 + \exp\left(\dfrac{h - h_{max}F_2}{B_2}\xi(h)\right)\right]^2} \times \exp\left[\frac{h - h_{max}F_2}{B_2}\xi(h)\right]$$

其中

$$N_{max} * E = N_{max}E - N_{F_1}(h_{max}E) - N_{F_2}(h_{max}E)$$

$$N_{max} * F_1 = N_{max}F_1 - N_E(h_{max}F1) - N_{F_2}(h_{max}F_1)$$

$$\xi(h) = \exp\left(\frac{10}{1 + 1 \mid h - h_{max}F_2 \mid}\right)$$

　　顶部模型由一个半 Epstein 层描述,在顶部模型中引进了一个新的厚度参数 H:

$$N(h) = \frac{4N_{max}F_2}{(1 + \exp(z))^2}\exp(z) \qquad (4-27)$$

式中

$$z = \frac{h - h_{max}F_2}{H}$$

$$H = H_0\left[1 + \frac{rg(h - h_{max}F_2)}{rH_0 + g(h - h_{max}F_2)}\right]$$

NeQuick 模型的基本输入参数为信号传播路径上点的地理坐标和高度、月份、世界时以及太阳活动参数(R12 或 F10.7)。根据 NeQuick 模型直接计算卫星信号传播斜路径上的电子含量或电子密度,再沿高度进行数值积分得到传播路径上的电离层延迟,由倾斜因子计算天顶方向的电离层延迟。

Galileo 系统为了提供给用户每天的电离层延迟改正值,对该模型进行了优化,将模型中表示太阳活动的参数 F10.7(太阳活动月均值)用与地磁纬度有关的有效电离因子 A_z(太阳活动日变化)代替[5]。经过优化后的 NeQuick 模型电离层延迟改正精度 RMS 可达 75%,是 GPS 提供的电离层延迟改正精度的两倍。

3. 球谐函数和网格混合模型

IGS – GIM 和 SHAO – GIM 模型是由球谐(SPHA)函数生成的,该类模型使用每天更新的全球电离层图(GIM)数据来生成一个全球的 TEC 网格,根据 TEC 网格即可以计算相应点的电离层延迟。

在太阳固连坐标系中,球谐模型表示为

$$\text{VTEC}(\beta,s) = \text{SF}\sum_{n=0}^{n_{max}}\sum_{m=0}^{n}\tilde{P}_{nm}(\sin\beta)(a_{nm}\cos ms + b_{nm}\sin ms) \quad (4-28)$$

式中:VTEC 为垂直的 TEC 值;β 为电离层穿透点的地心纬度;s 为电离层穿透点在太阳固连坐标系中的经度;n_{max} 为球谐系数的最大阶数;$\tilde{P}_{nm}$ 为以自由度为 n、阶数为 m 的归一 Legendre 函数,$\tilde{P}_{nm} = \Lambda_{nm}P_{nm}$($\Lambda_{nm}$ 为归一化因子,P_{nm} 为典型的 Legendre 函数);a_{nm}、b_{nm} 为球谐系数,可以从全球电离层图文件得到,而 GIMS 文件可以从欧洲轨道确定中心 CODE 得到;SF 为标称因子,用来控制 TEC 值。

网格内部任意一点 VTEC 值的计算可以通过插值多项式得到,如图 4 – 6 所示,G_i($i=1,2,3,4$)是包围 P 点的四个网格点,它们的值已知,则在 P 点的垂直电子总量 VTEC_P 为

$$\text{VTEC}_P = \sum_{i=1}^{4}w_i\text{VTEC}_i \quad (4-29)$$

其中

$$w_1 = w(t,u), w_2 = w(t,1-u), w_3 = w(1-t,1-u), w_4 = w(1-t,u)$$

$$w(t,u) = (1-t)(1-u), u = (\beta-\beta_1)/(\beta_2-\beta_1), t = (s-s_1)/(s_4-s_1)$$

其中:β、s 分别为穿透点 P 的地磁纬度与地磁经度。

然后根据计算得到的垂直 TEC 值,可以计算卫星信号传播路径上的 TEC 值:

$$E_s = m(Z)E = \frac{1}{\cos Z'}E \quad (4-30)$$

式中:E 即 VTEC_P;Z' 由下式决定,即

$$\sin Z' = \frac{R}{R_0 + H}\sin Z \quad (4-31)$$

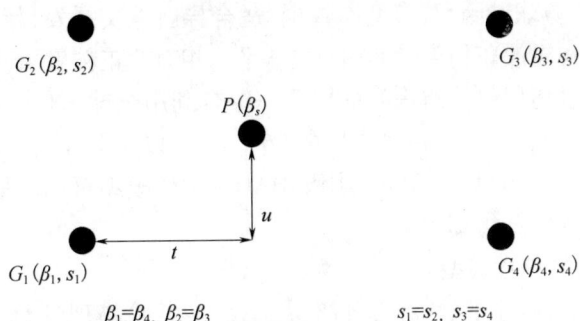

图 4-6　电离层网格中的 TEC 计算

其中：R、R_0、H、Z 及 Z' 的含义如图 4-7 所示。

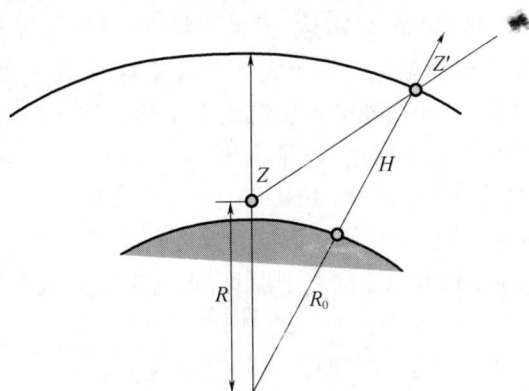

图 4-7　电离层单层示意图

受 TEC 变化的影响，电离层误差的变动性很大，对于月平均的 TEC，其日变动为 $20\% \sim 25\%(1\sigma)$，因此，目前使用的任何固定电离层模型无法成功对电离层长时间的变化建模。事实上，如果 TEC 月平均值和实际月平均值的偏差在 10% 以内，则模型已经非常准确。

SPHA 模型通过在全球建立监测站完成对电离层的全球监测和建模，并定时（每日）更新模型系数。因此，要真实模拟长时段下电离层对电波传输的影响，以反映电子密度的水平变化、高度变化、季节变化和日变化，并保持与真实数据相同的变化趋势和比例关系，可以通过使用不断更新的 GIM 数据来实现。

SPHA 模型本质上是一个网格模型，GIM 数据是针对全球的，由于格点有限导致尺度过大，因此可以通过一个局部的、网格更加细密的 SPHA 网格模型减小与真实 TEC 的误差。

由于国际上 GIM 模型利用的全球 GPS 站在各地分布不均，使得 GIM 模型在各地的精度不一致，特别是在中国区域只用了 6 个 IGS 站，IGS 的 GIM 模型在中国区域精度比较低。SHAO-GIM 模型是上海天文台为北斗系统发展的电离层延迟改正模型,采用简易球谐函数,模型参数少,适合导航电文播发,精度相对比较高,在中国地区平均相对改正精度达80%,全球平均相对改正精度75%以上。该模型也可以用来仿真电离层对导航信号的影响。综合利用全球300个GPS站、中国地壳运动观测网络一期的30个站和二期的260个站,以及北斗的实测数据,建立在中国区域精度更高的SHAO-GIM,利用SHAO-GIM模型可以获取中国区域更高精度的电离层延迟信息仿真效果。

4. 国际电离层参考模型

目前,国内外文献上常用到的电离层经验、半经验物理参数模型包括Chiu、Bent、Penn State Mk III、SLIM、FAIM等,但国际电离层参考(IRI)模型是目前最有效且被广泛认可接受的半经验物理电离层模型。该模型是在COSPAR和URSI的联合资助下,从20世纪60年代开始由IRI工作组通过30多年的努力,利用可以得到的所有数据资料(非相干散射雷达、卫星资料、探空火箭资料)建立起来的标准经验模型。该电离层模型融汇了多个大气参数模型,引入了太阳活动和地磁A_p指数的月平均参数,描述了无极光电离层在地磁宁静条件下特定时间特定地点上空$50\sim2000km$范围内的电子密度、电子温度、离子(O^+、H^+、He^+、NO^+、O_2^+)温度、离子成分、电子含量等月平均值。IRI2001模型于2003年发布。从2000年开始,IRI工作组研究和探讨把GIM和其他空间无线电探测技术的观测结果导入IRI模型以提高其精度。同时,考虑增加离子漂移、极光和极区电离层、磁暴效应等模型成分[6]。

图4-8和表4-1给出了该模型计算的某地区上空TEC与实测数据之间的差异。

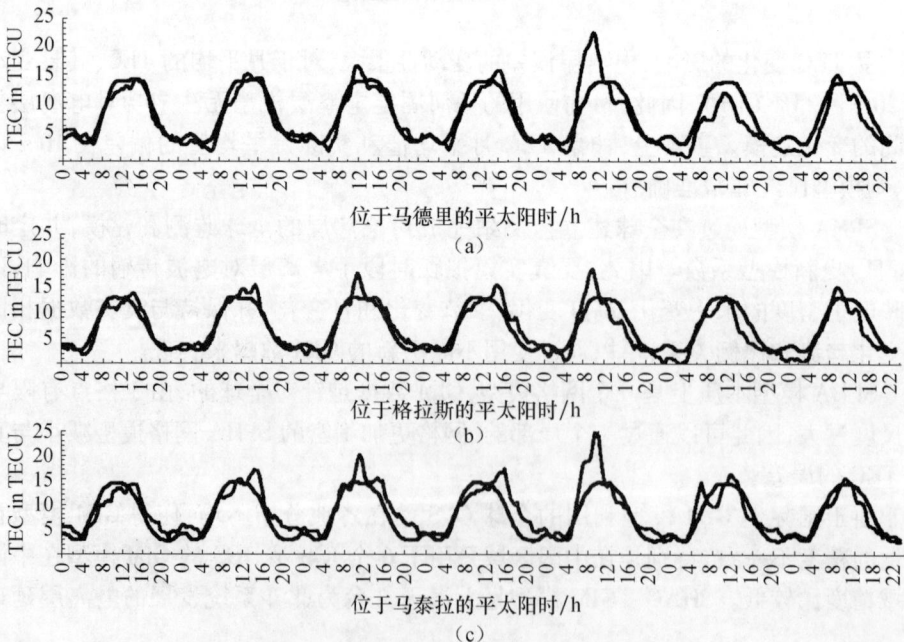

位于马德里的平太阳时/h
(a)

位于格拉斯的平太阳时/h
(b)

位于马泰拉的平太阳时/h
(c)

(d)

位于Wettzell的平太阳时/h

(e)

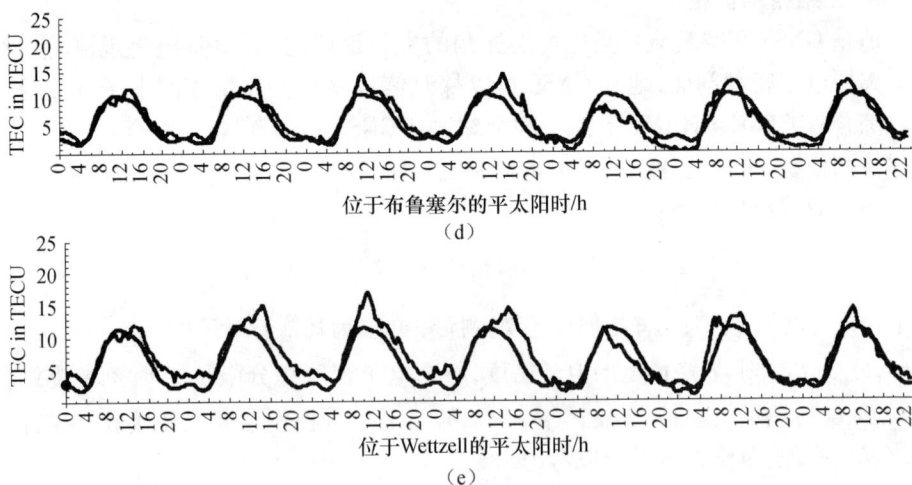

图 4 - 8　IRI 模型计算误差

表 4 - 1　IRI90 预报的 TEC 与 GPS 计算的 TEC 比较

测站	平均差异/TECU	差异的标准差/TECU
Madrid	- 0. 7	1. 5
Grasse	- 0. 4	1. 8
Matera	0. 5	2. 3
Brussels	0. 2	1. 5
Wettzell	1. 1	1. 7
Onsala	0. 3	1. 5

图 4 - 8 和表 4 - 1 中的数据表明,电离层 IRI 模型能够很好地模拟地面上空的电子总含量,模拟的结果一般可达到实测数据的 80% 以上。

(1) 输入参数:

① 太阳 F10. 7 粒子的流量。

② 太阳的年平均黑子数。

③ 地磁场参数、观测点的地磁经纬度等。

(2) 输出结果:

① 电子总含量。

② 电子的垂直分布图。

IRI 模型是半经验的物理电离层模型,计算结果稳定可靠,从地面积分计算到电离层顶的电子总含量不会出现负值的情况。该模型能够很好地反映电离层的平均变化趋势,以及高度变化、水平变化、季节变化和日变化趋势。

5. 三维格网模型

地基 GNSS 和空基掩星是电离层探测的主要手段之一,空基掩星观测可以给出电离层电子密度剖面,地基 GNSS 可以探测信号路径上高精度的电子密度总含量。综合 COSMIC、CHAMP 等掩星和全球地基 GNSS 观测资料,建立全球三维的电离层格网模型,可进行导航信号的电离层延迟仿真。

(1) 双层层析模型:

$$L_I = \kappa \int_{r^T(t_T)}^{r_R(t_R)} N_e(r,t)\mathrm{d}s + \lambda_1 b_1 - \lambda_2 b_2 \qquad (4-32)$$

式中:L_I 为两个频率的消几何组合观测量,单位为 10^{17} 个电子时,$\kappa \approx 1.05\mathrm{m}$;$N_e(r,t)$ 为 t 时刻、r 路径上的电子密度,整个电子密度积分限从 t^T 时刻的测站位置 r^T 到 t_R 时刻的卫星位置 r_R;$\lambda_1 b_1 - \lambda_2 b_2$ 含有整周模糊度和卫星接收机硬件延迟,在单一弧段内作为常量予以考虑。

(2) 三维电离层数学模型:

$$\mathrm{TEC} = \int_s N_e(h)\mathrm{d}s = N_{0D_1} \cdot \int_s p_{D_1}(h)\mathrm{d}s + N_{0D_2} \cdot \int_s p_{D_2}(h)\mathrm{d}s + N_{0E} \cdot \int_s p_E(h)\mathrm{d}s$$
$$+ N_{0F_1} \cdot \int_s p_{F_1}(h)\mathrm{d}s + N_{0F_2} \cdot \int_s p_{F_2}(h)\mathrm{d}s + N_{0D_1} \cdot \int_s \mathrm{plasmasp}(h \geq h_0F_2)\mathrm{d}s \qquad (4-33)$$

式中:$N_e(h)$ 为高度 h 处的电离层电子密度;$N_i(h)$ 为高度 h 处各层(D_1、D_2、E、F_1、F_2)的电子密度;N_{0i} 为各层的最大电子密度(与各层剖面函数成比例);$p_i(h)$ 为高度 h 的描述 i 层电子密度的剖面函数;$\mathrm{plasmasp}(h \geq h_0F_2)$ 为高度大于 h_0F_2 的等离子层处,最高层剖面函数的顶层部分的指数改正。

4.2.2.3 区域电离层延迟模型

近年来已成为区域电离层 VTEC 建模方法研究中的热点。目前常用的实时 VTEC 函数模型有多项式模型、球函数模型、球冠谐函数模型和三角级数模型。

1. 多项式模型

多项式模型的具体表达式为

$$\mathrm{VTEC} = \sum_{i=0}^{n} \sum_{k=0}^{m} E_{ik}(\varphi - \varphi_0)^i (s - s_0)^k \qquad (4-34)$$

式中:VTEC 为天顶方向的总电子含量;s_0 为模型展开点在该时段中央时刻 t_0 时的太阳时角,$s - s_0 = \lambda - \lambda_0 + t - t_0$,其中,$(\varphi_0, \lambda_0)$ 为模型展开点的地理经纬度(λ 为穿刺点的地理经度,λ_0 为模型展开点的地理纬度,t 为观测时刻);n、m 为模型阶数;E_{ik} 为模型系数[2]。

2. 球函数模型

相关研究表明,利用球函数可以模拟全球或区域性电离层延迟的时空分布和

变化,且改正精度优于 Klobuchar 模型。其具体模型为

$$\mathrm{VTEC} = \sum_{i=0}^{L} \sum_{k=0}^{i} (A_n^k \cos k\lambda' + B_n^k \sin k\lambda') P_i^k(\cos\phi_\mathrm{m}) \qquad (4-35)$$

式中: L 为模型阶数; A_n^k、B_n^k 为模型参数; $P_i^k(\cos\phi_\mathrm{m})$ 为勒让德函数; λ' 为过穿刺点的经线与过地心—太阳连线的经线之间的夹角; ϕ_m 为地磁纬度。

假定 GHA 为任意观测时间的太阳的格林尼治时角,则电离层穿刺点在太阳—地磁坐标系中的坐标为

$$\begin{cases} \lambda' = (\mathrm{GHA} + \lambda_\mathrm{IPP}) = \lambda_\mathrm{IPP} - \lambda_\mathrm{SUN} = 15.0 \times (\mathrm{UT} - 12) + \lambda_\mathrm{IPP} \\ \phi_\mathrm{m} = \arcsin[\sin\varphi_\mathrm{M} \sin\varphi_\mathrm{IPP} + \cos\varphi_\mathrm{M} \cos\varphi_\mathrm{IPP} \cos(\lambda_\mathrm{IPP} - \lambda_\mathrm{M})] \end{cases} \quad (4-36)$$

式中: λ_IPP、φ_IPP 为穿刺点在地理坐标系中的经、纬度; λ_SUN 为太阳在地理坐标系中的经度; UT 为观测时刻(UTC); $(\varphi_\mathrm{M}, \lambda_\mathrm{M})$ 为地磁北极在地理坐标系中的坐标[6]。

3. 球冠谐函数模型

$$E_\mathrm{v}(\beta_\mathrm{c}, \lambda_\mathrm{c}) = \sum_{k=0}^{K_\mathrm{max}} \sum_{m=0}^{M} \tilde{P}_{n_k(m),m}(\cos\theta_\mathrm{c})(\tilde{C}_{km} \cos(m\lambda_\mathrm{c}) + \tilde{S}_{km} \sin(m\lambda_\mathrm{c})) \quad (4-37)$$

式中: β_c、λ_c 分别为穿刺点在球冠坐标系下的纬度和经度; E_v 为穿刺点 β_c、λ_c 处天顶方向的总电子含量; K_max、M 分别为最大阶数及次数; $n_k(m)$ 为勒让德函数的 k 阶 m 次的非整阶数; $\tilde{P}_{n_k(m),m}(\cos\theta_\mathrm{c})$ 为完全正则化的非整阶缔合勒让德函数; $\tilde{C}_{km}$、$\tilde{S}_{km}$ 分别为完全正则化球冠谐函数系数,即建模的待求系数,每组模型系数个数为 $(K_\mathrm{max} + 1)^2 - (K_\mathrm{max} - M)(K_\mathrm{max} - M + 1)$。

4. 三角级数模型

区域电离层天顶方向总电子含量大致具有周日的变化特点:白天随地方时 t 呈现近似余弦的变化,一般在 $t = 14\mathrm{h}$ 时达到最大;晚上变化平稳且相对较小,随地方时 t 变化不明显。若 ϕ_m 为卫星电离层星下点 SIP 的地磁纬度, t_sip 为 SIP 的地方时, $h^\mathrm{s} = 2\pi(t_\mathrm{sip} - 14)/T(T = 24\mathrm{h})$,则三角级数模型为

$$\mathrm{VTEC} = a_1 + a_2\phi_\mathrm{m} + \sum_{i=1, j=2i+1}^{N} \{a_j\cos(ih^\mathrm{s}) + a_{j+1}\sin(ih^\mathrm{s})\} + a_{2n+3}\phi_\mathrm{m}h^\mathrm{s} \quad (4-38)$$

式中: a_i 为模型参数; $\phi_\mathrm{m} = \phi_i + 0.064\cos(\lambda_i - 1.617)$ (ϕ_i 为 SIP 的地理纬度, λ_i 为地理经度)[3]。

4.2.3　电离层映射函数算法

通过模型法可得到较为精确的电离层天顶延迟值。但卫星导航信号从卫星到接收机不是只沿天顶方向传播,而是从不同的斜方向到达接收机,因此需要利用映射函数将天顶延迟值投影到信号传播的斜方向上。借助投影函数可实现电离层斜向延迟到天顶方向延迟之间的转换,从而实现倾斜观测量到电离层模型参数化。常用的电离层投影函数如下:

（1）Klobuchar 提出的用于广播星历电离层投影函数：

$$mf(z) = 1 + 2\left(\frac{z+6}{96}\right)^3 \tag{4-39}$$

式中：z 为接收机处卫星的天顶距。

（2）Clynch 提出的利用最小二乘法拟合求解 Q 因子投影函数：

$$mf(z) = \sum_{i=0}^{3} a_i\left(\frac{z}{90}\right)^{2i} \tag{4-40}$$

（3）欧吉坤提出的适用于高度角变化的分段电离层投影函数：

$$mf(h) = P \cdot \frac{1}{\sqrt{1 - \left(\dfrac{R_0}{R_0 + h_m}\cosh\right)^2}} \tag{4-41}$$

式中：R_0 为地球平均半径；h_m 为电离层的高度；P 可表示为

$$P = \begin{cases} \sin(5° + 55°), & h < 5° \\ \sin(h + 55°), & 5° \leqslant h < 40° \\ 1, & h \geqslant 40° \end{cases}$$

其中：h 为测站处卫星的高度角。

（4）Sovers、Fanselow 提出的双层电离层投影函数：

$$mf(z) = \frac{\sqrt{R_0^2 \sin^2 e + 2R_0 h_2 + h_2^2} - \sqrt{R_0^2 \sin^2 e + 2R_0 h_1 + h_1^2}}{h_2 - h_1} \tag{4-42}$$

式中：e 为卫星的高度角；h_2、h_1 分别为双层电离层模型上、下两层的高度，满足 $(h_2 + h_1)/2 = 355\text{km}$；$R_0$ 为地球平均半径。

（5）Stephan 提出的修正单层投影函数 MSLM：

$$F(z) = \frac{\text{STEC}}{\text{VTEC}} = \frac{1}{\cos z} = \frac{1}{\sqrt{1 - \left(\dfrac{R_e}{R_e + H}\sin(\alpha z)\right)^2}} \tag{4-43}$$

式中：$\alpha = 0.9782$；$H = 506.7\text{km}$。

（6）简单的三角函数型 SLM 投影函数：

$$mf(z) = 1/\cos z \tag{4-44}$$

4.2.4　电离层延迟模型精度分析

1. Klobuchar、NeQiuck 模型

以 CODE 提供的球谐函数模型计算的 VTEC 为参考，分析了 Klobuchar 模型和 NeQuick 模型在中国 15 个 GPS 基准站上的精度，将 CODE 提供的 8 个系数分别作为 Klobuchar 模型的输入参数，利用 Klobuchar 模型和 NeQuick 模型计算了这些测站在 2000—2008 年的电离层延迟时间序列，并在中国区域对两个模型计算的 VTEC 序列进行统计分析，如图 4-9 所示。

　　根据 2000—2008 年中国区域各模型相对标准差的统计结果,和各站对应的 VTEC 均值,CODE 提供的事后拟合的 Klobuchar 模型相对精度为 65% ~ 80% , N 为 50% ~ 70% ,而 GPS 广播星历播发的 Klobuchar 则为 35% ~ 70% ,这些模型可以用来进行导航信号电离层延迟的仿真。

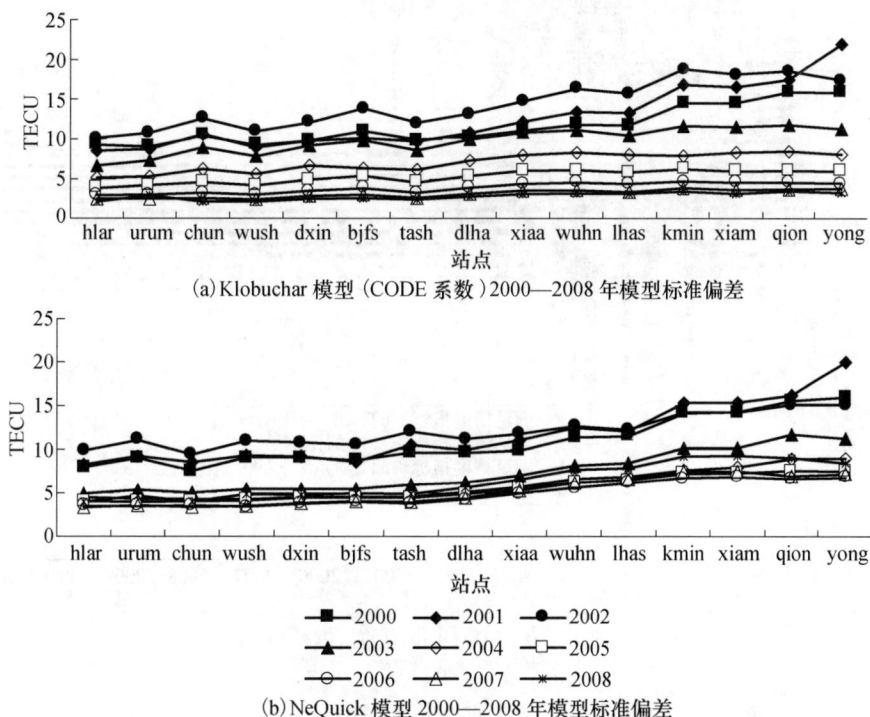

（a）Klobuchar 模型（CODE 系数）2000—2008 年模型标准偏差

（b）NeQuick 模型 2000—2008 年模型标准偏差

图 4 - 9　中国区域各站点 2000—2008 年模型精度统计

2. SHAOI 模型

　　上海天文台为北斗系统发展的适合导航电文播发的电离层延迟改正模型 SHAOI,是在分析了 10 多年全球电离层时空变化特征的基础上建立的简易球谐函数模型,通过与 CODE 事后电离层产品的比较分析（图 4 - 10）,全球平均相对改正精度优于 75% ,在中国地区,平均相对改正精度优于 80% 。

3. GIM 模型

　　目前利用全球 GPS 观测数据建立的全球格网模型（IGS - GIM）,根据 IGS 分析中心的研究报告,其精度达 2 ~ 8TECU,相对改正精度在 80% 以上。综合 IGS 测站和中国区域陆态网数据建立的全球电离层模型 SHAO - GIM,在中国区域能更好地描述电离层的变化,是更高精度的电离层延迟仿真资料。

4. 实测电离层延迟模型

　　对于单站导航信号电离层延迟的仿真,可以采用 GNSS 实测双频数据解算的 VTEC 序列进行仿真,此方法精度是最高的,优于 1TECU。

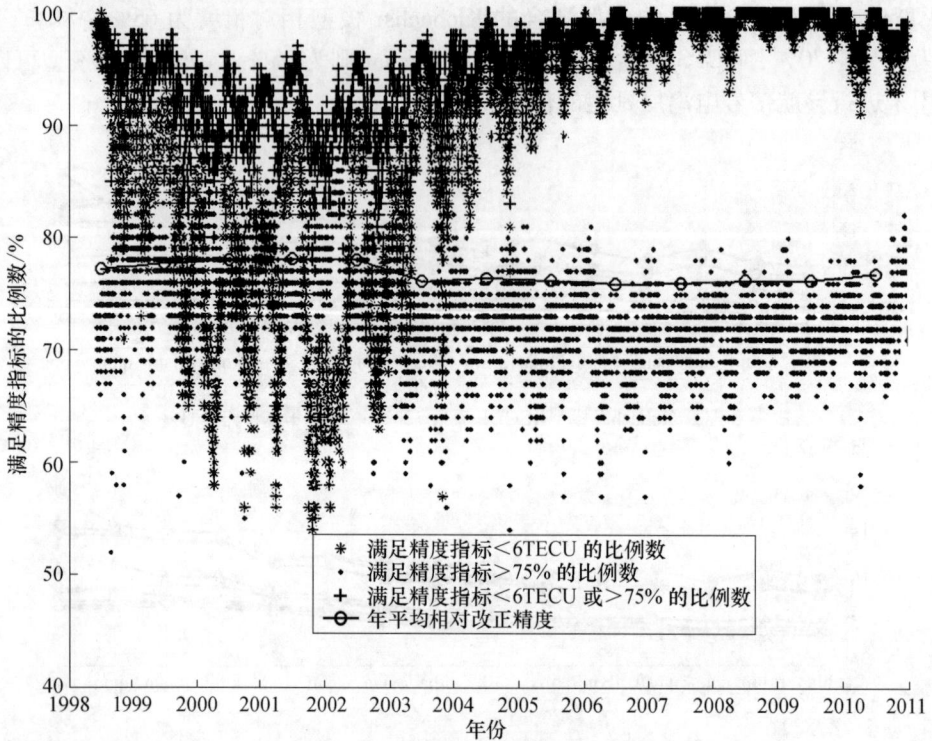

图 4 – 10　SHAOI 模型的精度分析

4.2.5　电离层延迟仿真应用方案

不同方法的应用领域和范围不同,如 Klobuchar 模型、Bent 模型、IRI 模型、ICED 模型和 FAIM 模型等可进行电离层预报,其中常用的是 Klobuchar 模型。电离层延迟谐函数展开模型是后处理模型,也可用于预报;而多项式模型不宜用作电离层延迟改正的预报模型。Geogiadiou 三角级数展开模型、低阶球函数展开模型、二维多项式模型可用作广域差分电离层延迟改正的函数模型,且可以达到很好的改正效果。

二维多项式模型是最广泛应用的局部电离层模型,一般只能在数小时内达到较好的拟合精度。若基于数小时测段的卫星导航观测数据确定电离层延迟量,选择多项式模型较为合适。Geogiadiou 三角级数模型能有效模拟长测段电离层延迟,对需要以天为测段进行电离层延迟确定或相关研究,Geogiadiou 三角级数模型最为合适,其次是球谐函数模型。低阶球谐函数模是较好的局部电离层模型,因此对区域性和全球电离层 TEC 形态研究以及对 WAAS 等大规模差分应用系统而言,低阶球谐函数模型可作为最佳的参数模型之一,而高阶球谐函数模拟全球或区域性电离层活动的效果明显好于经验模型[8]。

为了便于测试,对于北斗和 GPS,采用不同的电离层模型来模拟真实的电离层影响。针对不同的测试项目,采用的电离层模型也不同。电离层模型方法比较见表 4-2。

表 4-2　电离层模型方法比较

方法	复杂程度	误差改正比例	预报性	局限性	扩展性	适用性
Bent	较简单	90% 左右	是	中纬度范围	较差	广播星历用电离层改正模型
IRI	较简单	80% 左右	是	计算结果在中国区域产生不同程度的偏差	较差	适用于全球实时快速定位时进行电离层延迟改正
Klobuchar	简单	50~85%	是	限定在中纬度地区,且不能有效反映电离层真实状况	较差	广域差分和广播星历用电离层改正
Geogiadiou	简单	较 Klobuchar 高	否	中纬度区域	较好	广域差分用电离层延迟改正
NeQuick		85% 左右		在低纬度区域偏差较大;采用的太阳活动参数是月平均值		Galileo 系统的单频用户

为了测试伪距精度,北斗系统采用改进 Klobuchar 模型(14 参数),GPS 采用 Klobuchar 模型(8 参数),模型参数与导航电文中的电离层参数相同。在测试伪距精度时,可以通过导航电文提供电离层模型,完全消除电离层延迟对伪距的影响,便于测试。

为了测试定位精度,电离层延迟采用 Klobuchar 模型(北斗卫星导航系统采用 14 参数,GPS 采用 8 参数,模型参数与导航电文中的电离层参数相同)。

对于北斗/GPS 卫星,真实电离层延迟可以采用(改进)Klobuchar 模型加上空间正弦偏移及白噪声来模拟。除了(改进)Klobuchar 模型预测的延迟,还引入两个反映电离层变化频率较高的项:

第一项是正弦误差,其幅度是余弦峰值的 5%,其周期是余弦周期的 $1/5$[9],即

$$0.05 \times \left\{ A_1 + A_2\cos\left[2\pi\left(\tau - \frac{A_3}{0.2A_4} \right) \right] \right\} \qquad (4-45)$$

第二项是初始值为 0、标准偏差等于余弦项之和的 5% 的一阶马尔可夫过程,即

$$0.05b \times T_{ij} \times N(0,1) \qquad (4-46)$$

电离层参数以时间常数 6h(默认值)的速度从标称值开始变化,垂直电离层延迟的最大值为 30m(默认值)、最小值为 1.5m(默认值),同时可加上空间正弦波 $(0.05\{A_1 + A_2\cos[2\pi(\tau - A_3/(0.2A_4))]\})$ 和一阶马尔可夫过程。

为了测试广域差分定位精度,电离层格网可以基于上述真实电离层延迟模拟生成,如图 4 – 11 所示。

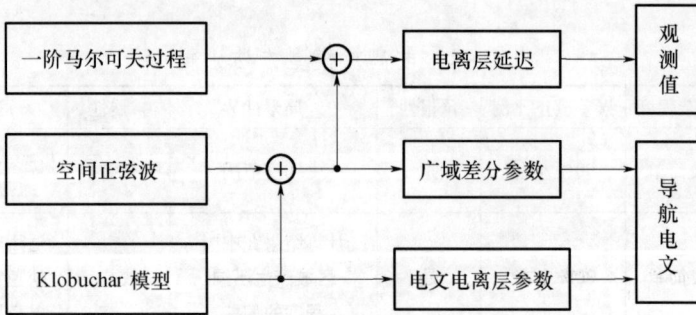

图 4 – 11　电离层延迟模拟生成(一)

利用多种模型电离层延迟仿真流程如图 4 – 12 所示。

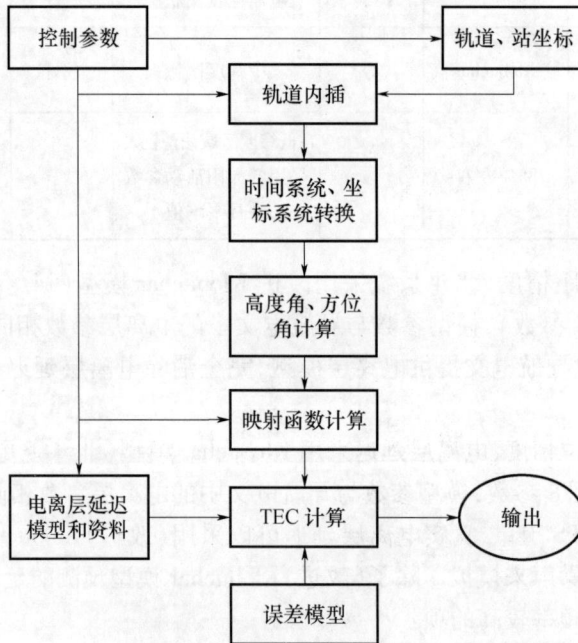

图 4 – 12　电离层延迟仿真流程(二)

4.3　对流层仿真模型

4.3.1　模型组成与基本原理

对流层延迟一般泛指非电离大气对电磁波的折射。非电离大气包括对流层和平流层,由于折射的大部分发生在对流层,所以称为对流层折射。从地面向上到40km 为对流层,对流层是非色散介质,当导航信号穿过对流层时,与信号传播相关联的相速与群速相对于自由空间传播而言被同等延迟。这种延迟随对流层折射率变化。折射率大小取决于当地的温度、压力和相对湿度。如不修正,对流层在天顶方向的延迟为 2~3m,仰角 10°时延迟可达 20~25m,是卫星导航定位中的主要误差源之一,也是高精度实时卫星导航仿真系统重点研究的关键模型之一[1]。对流层延迟分为干延迟和湿延迟两部分。其中:干延迟约占 90%,相对而言较容易改正;而湿延迟尽管只占 10%,但难于进行精确的数学模拟[9]。

国际上建立了多种适合导航用户使用的对流层延迟改正模型,最常用的有Hopfield 模型和 Saastamoinen 模型。这两个模型根据实测的气象数据可以得到厘米级精度的对流层延迟改正,精度满足仿真系统的要求,因此选用这两种模型作为仿真系统的对流层延迟计算模型。但是这两个模型把温度递减率和蒸汽递减率看成全球平均的一个常数,显然与实际情况不符。而且已发现 Hopfield 模型的精度随测站高程的增加而降低,这些因素影响了模型的改正精度。特别是应用这两个模型时需要实测的气象参数,动态用户的对流层延迟实时仿真显然是不适用的。因此,仿真系统除选用这两种模型外,还需区域对流层延迟模型以满足不同高程用户和动态用户的对流层延迟仿真需求。

UNB3 模型是国际上常用的全球对流层延迟改正模型。该模型利用 1966 年美国标准大气资料推导了 5 个气象参数的平均值以及周年运动振幅,全球按纬度每 15°给出一组,用户可根据纬度和年积日利用余弦函数计算所需要的气象参数,进而确定对流层延迟。研究表明,UNB3 模型与具有实测气象参数的 Hopfield 和Saastamoinen 模型计算的天顶延迟精度相当,且不需要实测气象参数,比较适合于全球实时导航定位需要。但 UNB3 模型是全球性的平均对流层延迟改正模型,只能反映全球性对流层大气时空变化的概貌,不可能反映区域性对流层大气变化特性,也就不可能模拟小范围的天顶延迟的变化。该模型还存在两个不足之处:①由于它的气象参数从平均海平面算起,高程改正误差累积较大。在海拔比较高的地区(如我国的西部地区),天顶延迟的改正误差比较大,难以适用于该范围用户导航定位的对流层延迟改正。②该模型只计算了年积日的平均气象参数,没有考虑气象参数在一天之内的变化特性,降低了模型的精度,限制了模型在高精度导航定位中的应用。

对流层延迟仿真部分主要任务是根据给定的时间和测站坐标以及卫星轨道,利用多种对流层模型和 GNSS 实测气象参数计算出信号路径上的对流层延迟,需要进行时间系统、坐标系统的转换以及高度角方位角的计算。对流层延迟仿真模块组成如图 4-13 所示。

为了模拟接收机对流层延迟改正的误差,可以利用一阶高斯马尔可夫模型来模拟对流层延迟模型改正误差,如图 4-14 所示。

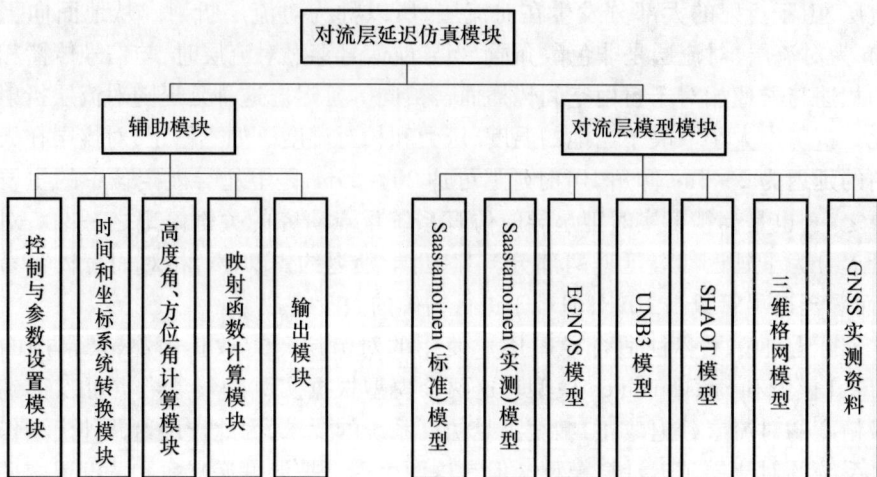

图4-13　对流层延迟仿真模块组成

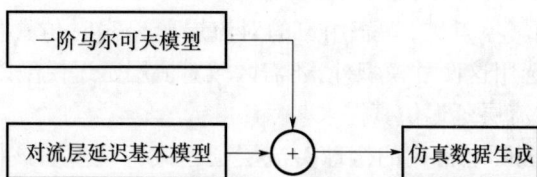

图4-14　对流层延迟误差的模拟

4.3.2　对流层延迟模型算法

4.3.2.1　对流层延迟产生机理

卫星导航信号经过地球外部的大气层传播至地面上的接收机时,无线电信号会受到中性大气层的影响。其影响是速度和传播射线曲率的函数,可表示为

$$S = \int c \mathrm{d}t = \int \frac{c}{v} \mathrm{d}s = \int_s n(s) \mathrm{d}s \qquad (4-47)$$

式中:S 为电磁波传播距离;s 为电磁波传播路径;c 为光速;$v = \mathrm{d}s/\mathrm{d}t$ 为传播速度;$n = c/v$ 为折射指数。

如果将卫星和接收机之间的几何距离写为

$$L = \int_l \mathrm{d}l \qquad (4-48)$$

式中:l 为几何路径。

则延迟为

$$D' = S - L = \int_s [n(s) - 1] \mathrm{d}s + \int_s \mathrm{d}s - \int_l \mathrm{d}l \qquad (4-49)$$

式中：D' 为中性大气层引起的斜方向路径延迟。

中性大气主要包括对流层和平流层，约是大气层从地面向上约 60km 的部分。由于折射的 80% 发生在对流层，所以 D' 通常称为对流层折射延迟。式（4 – 49）右边：第一项积分代表电磁波与弯曲的几何射线在传播上的差异，主要指传播速度变慢引起的延迟；第二项积分代表传播弯曲的曲线与理论的直线路径在几何上的差异，主要指传播路径发生弯曲引起的延迟。

国内外学者对路径弯曲延迟量进行了深入研究，1992 年严豪健等讨论了光线弯曲改正并给出了相应的公式。1997 年李延兴将中性大气层分成 7 个子层，每一层又分成若干个微层，最后推导了弯曲改正的表达式。1999 年 Mendes 提出了一个模型来表达路径弯曲延迟量：

$$\Delta L = a \cdot \exp\left(-\frac{\varepsilon}{b} \right) \tag{4 – 50}$$

式中：ΔL 为路径弯曲延迟量；$a = (2.256 \pm 0.0092)$ m；$b = (2.072 \pm \sqrt{0.0054°})$；$\varepsilon$ 为高度角。

在气温 $t = 20℃$，大气压 $P_d = 1013.25$ mbar（1 bar $= 10^5$ Pa），蒸汽压 $P_w = 11.69$ mbar 时，不同高度角的路径弯曲延迟量与传播速度延迟量的对比如图 4 – 15 所示[2]。

从图 4 – 15 可以看出，路径弯曲延迟在卫星高度角较小时有较大差值（约 2m），但相对于传播速度延迟来说小得多。且当卫星高度角为 15° 时，仅为十几厘米，并随高度角的增大弯曲延迟趋向 0（可以忽略不计）。

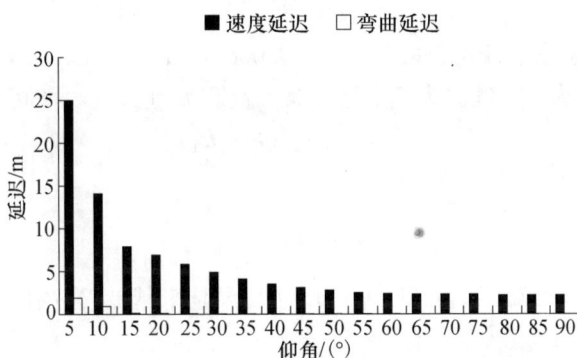

图 4 – 15　路径弯曲延迟量与传播速度延迟量对比

对流层折射延迟与信号入射角有关，即与卫星的高度角有关：随着高度的降低，大气密度的增加，延迟逐渐增大。Marini 把对流层折射延迟 D' 写成天顶延迟 D^z 和投影函数 $M(E)$ 的乘积，而投影函数 $M(E)$ 正反映了大气折射在一定条件下受卫星高度角 E 影响的规律，即[2]

$$D' = D^z \cdot M(E) \tag{4 – 51}$$

引入对流层折射率 $N = (n - 1) \times 10^6$，并忽略路径弯曲延迟，可得

$$D' = D^z \cdot M(E) = \int_z [n(z) - 1] dz \cdot M(E) = 10^{-6} \times \int_z N(z) dz \cdot M(E) \quad (4-52)$$

对流层折射延迟的90%是由于大气成分(干分量)折射影响引起的,10%是由水蒸气部分(湿分量)引起的。由于水蒸气无论在时间还是在空间上都是多变的,因此它的影响制约着大气折射修正精度的提高。天顶延迟 D^z 和投影函数 $M(E)$ 同样可分别表示为干延迟部分和湿延迟部分的总和,即[9]:

$$
\begin{aligned}
D' &= D_d^z \cdot M_d(E) + D_w^z \cdot M_w(E) \\
&= 10^{-6} \times \left[\int_z N_d(z) dz \cdot M_d(E) + \int_z N_w(z) dz \cdot M_w(E) \right]
\end{aligned}
\quad (4-53)
$$

式中: D_d^z、D_w^z 为天顶延迟的干、湿分量; M_d、M_w 为投影函数的干、湿分量; N_d、N_w 为折射率的干、湿分量。

将对流层延迟分成天顶延迟和投影函数两部分是目前研究对流层折射最有效的方法。目前存在的天顶延迟和投影函数模型有很多种,并且各个模型的特性及其所适用的领域也不尽相同[2]。

4.3.2.2　对流层天顶延迟模型

1. Hopfield 模型

卫星信号传播路径上对流层延迟改正为:

气温 T 是随高度的增加而降低的,其变化率可视为常数,即

$$\frac{dT}{dh} = -\beta \quad (4-54)$$

式中: β 为温度衰减率,Hopfield 认为 $\beta = 0.0068 \text{K/m}$。

设测站高程为 h_0,气温为 T_0,则在某一高程 h 处的气温 T 可通过积分求得[2]

$$T = T_0 - \beta(h - h_0) \quad (4-55)$$

经推导得出干分量折射率为

$$N_d = N_{d0} \left(\frac{T}{T_0}\right)^4 \quad (4-56)$$

由式(4-55)可知,随着高度 h 的增加气温越来越低,当高度 h 超过对流层范围时上述公式不再有效,于是有

$$T_0 = \beta(h_d - h_0) \quad (4-57)$$

式中: h_d 为对流层干分量的层顶高度。将式(4-55)和式(4-57)代入式(4-56)得

$$N_d = N_{d0} \left[\frac{\beta(h_d - h_0) - \beta(h - h_0)}{\beta(h_d - h_0)}\right]^4 = N_{d0} \left(\frac{h_d - h}{h_d - h_0}\right)^4 \quad (4-58)$$

类似地,湿分量折射率为

$$N_w = N_{w0} \left(\frac{h_w - h}{h_w - h_0}\right)^4 \quad (4-59)$$

式中: h_w 为对流层湿分量的协议高度,即外边缘高度。

所以有

$$N = N_d + N_w = N_{d0}\left(\frac{h_d - h}{h_d - h_0}\right)^4 + N_{w0}\left(\frac{h_w - h}{h_w - h_0}\right)^4$$

对于对流层干分量和湿分量的外边缘高度 h_d、h_w，Hopfield 建议采用：

$$\begin{cases} h_d = 40136 + 148.72(T - 273.16) \\ h_w = 11000\text{m} \end{cases} \tag{4-60}$$

再由式（4-52）可知，对流层天顶干延迟可用下式计算得出：

$$D_d^z = 10^{-6} \times \int_{h_0}^{h_d} N_d dh = 10^{-6} \times N_{d0} \int_{h_0}^{h_d}\left(\frac{h_d - h}{h_d - h_0}\right) dh$$

$$= 1.552 \times 10^{-5} \times \frac{P_0}{T_0} \times (h_d - h_0) \tag{4-61}$$

天顶湿延迟可表示为

$$D_w^z = 7.46512 \times 10^{-2} \times \frac{e_0}{T_0^2} \times (h_w - h_0) \tag{4-62}$$

式中：T_0 为地面温度（K）；e_0 为地面水汽压（mbar），可用表示成

$$e_0 = RH \times 6.11 \times 10^{[7.5 \times t_0/(t_0 + 273.3)]} \tag{4-63}$$

式中：RH 为相对湿度；t_0 为摄氏温度。

Hopfield 模型的经验参数是用全球 18 个台站的一年平均资料得到的，其干延迟精度为 2cm，湿延迟为 5cm；地区和季节性变化会对模型产生 3cm 以上的延迟变化。欧吉坤指出，在我国 Hopfield 模型的误差有时可达 10cm 以上，而且存在系统误差。

2. Saastamonien 模型

Saastamoinen 模型将干分量分成两层积分：地表到高度 11～12km 的对流层和对流层顶以上 50km 的平流层。湿分量则是基于回归线的气压轮廓线对折射率的积分。干分量和湿分量天顶延迟值可表示为

$$D_d^z = 10^{-6} k_1 \frac{R_d}{g_m} P_0$$

$$D_w^z = 10^{-6}\left(k'_2 + \frac{k_3}{T}\right)\frac{R_d}{(\lambda + 1)g_m} e_0 \tag{4-64}$$

则天顶总延迟可表示为

$$D^z = 10^{-6} k_1 \frac{R_d}{g_m}\left[P_0 + \left(\frac{k_3}{k_1\left(\lambda + 1 - \beta\frac{R_d}{g_m}\right)T_0} + \frac{k'_2}{k_1(\lambda + 1)}\right)e_0\right] \tag{4-65}$$

设 $k_1 = 77.642\text{K} \cdot \text{mbar}^{-1}$，$k_2 = 64.7\text{K} \cdot \text{mbar}^{-1}$，$k'_2 = k_2 - 0.622 k_1 \text{K} \cdot \text{mbar}^{-1}$，$k_3 = 371900\text{K}^2 \cdot \text{mbar}^{-1}$，$R_d = 287.04\text{m}^2 \cdot \text{s}^{-2} \cdot \text{K}^{-1}$，$g_m = 9.784\text{m} \cdot \text{s}^{-2}$，$\beta = 0.0062\text{K} \cdot \text{m}^{-1}$，$\lambda = 3$

将以上参数值代入式（4-65），可得

$$D^z = 0.002277\left[P_0 + \left(\frac{1255}{T_0} + 0.05\right)e_0\right] \tag{4-66}$$

当考虑到测站的位置和高程时,式(4-66)可改进为

$$D^z = \frac{0.002277\left[P_0 + \left(\frac{1255}{T_0} + 0.05\right)e_0\right]}{f(\varphi, H)} \tag{4-67}$$

$$f(\varphi, H) = 1 - 0.266 \times 10^{-2} \times \cos 2\varphi - 0.31 \times 10^{-3} \times H$$

式中:φ 为测站纬度;H 为测站高程。

Saastamoinen 模型的建立需要已知大气折射廓线 $n(r)$ 及干、湿对流层和干平流层各层的边界值,采用了中纬度地区的美国大气模式(1966)来确定系数。Saastamoinen 认为,该模型精度:流体静力学延迟 2~3mm(RMS),湿延迟 3~5cm(RMS)。

对于 Saastamoinen 和 Hopfield 干分量延迟模型,如果提供比较准确的气象元素,它们的改正精度可以达到亚毫米级。但 Saastamoinen 干分量延迟模型优于 Hopfield 干分量延迟模型。首先是因为它分两层积分干分量延迟,精度较高;其次,它不含温度变量 T,不受温度误差的影响。

由于蒸汽分布不均匀,而且随时间变化很快,很难准确预报对流层湿分量延迟。所以对流层湿分量延迟模型的精度较差,约为几厘米。Saastamoinen 湿分量延迟模型比 Hopfield 湿分量延迟模型改正效果好。主要由于 Saastamoinen 将温度梯度作为常数分两次进行计算,而 Hopfield 按单层计算比较粗略。

3. 简化的 Sasstamoinen 模型

$$\Delta S = 2.312/\sin\left(\sqrt{(E \times E + 1.904 \times 10^{-3})}\right)$$
$$+ 0.084 / \sin\left(\sqrt{(E \times E + 0.6854 \times 10^{-3})}\right) \tag{4-68}$$

式中:E 为卫星的高度角。

4. Black 改正模型

Hopfiled 模型没有考虑信号传播的路径弯曲,H. D. Black 于 1978 年在 Hopfiled 模型的基础上加上路径弯曲之后给出了 Black 模型的表达式:

$$\Delta S = K_d\left[\left\{1 - \left(\frac{\cos E}{1 + (1 - l_0)\frac{h_d}{r}}\right)^2\right\}^{-0.5} - b(E)\right] + K_w\left[\left\{1 - \left(\frac{\cos E}{1 + (1 - l_0)\frac{h_w}{r}}\right)^2\right\}^{-0.5} - b(E)\right]$$

式中:r 为测站的地心半径(m);l_0 和 b 为路径弯曲改正;T_0 为测站的绝对温度(℃);P_0 为测站的气压(mbar);h_0 为测站高程(m);E 为卫星高度角(°)。

其中,$l_0 = 0.833 + [0.076 + 0.00015(T - 273)] \times \exp(-0.3E)$

$$b = 1.92(E^2 + 0.6)^{-1}$$

$$h_d = 148.98(T - 3.96)$$

$$h_w = 13000$$

$$K_d = 0.002312(T - 3.96)\frac{P_0}{T_0}$$

$$K_w = 0.20$$

5. EGNOS 模型

EGNOS 模型是欧盟的 EGNOS 所采用的对流层天顶延迟改正模型。EGNOS 模型的特点是:计算天顶延迟时不需要实测的气象数据。该模型提供计算对流层天顶延迟所需的气压、温度、蒸汽压、温度梯度、蒸汽梯度 5 个气象参数,它们在平均海平面上的时空变化仅与纬度和年积日有关,且其年变化呈余弦函数,每个参数余弦函数的相位固定(最小值的年积日北半球为 28 日,南半球为 211 日),余弦函数的振幅和年平均值由气象资料拟合求得。

接收机的对流层天顶延迟计算:首先由接收机的纬度和观测日期求得平均海平面的 5 个气象参数,则可计算相应的平均海平面的天顶延迟;然后由接收机的高程计算接收机处的对流层天顶延迟。EGNOS 模型能较好地描述平均对流层延迟。

由平均海平面的天顶延迟计算接收机高度处的天顶延迟为

$$d_d = z_d \left[1 - \frac{\beta H}{T} \right]^{\frac{g}{R_d \beta}}$$

$$d_w = z_w \left[1 - \frac{\beta H}{T} \right]^{\frac{(\lambda+1)g}{R_d \beta}-1}$$

式中:$g = 9.80665\mathrm{m/s^2}$;$H$ 为接收机的高度(m);T 为平均海平面的温度(K);z_w 为平均海平面的天顶湿延迟;z_d 为平均海平面的天顶干延迟;$R_d = 287.054\mathrm{J/kg \cdot K}$[11]。

平均海平面的干天顶延迟为

$$z_{dry} = \frac{10^{-6} k_1 R_d p}{g_m}$$

式中:$k_1 = 77.604\mathrm{K/mbar}$;$g_m = 9.784\mathrm{m/s^2}$;$p$ 为平均海平面的气压(mbar)。

平均海平面的湿天顶延迟为

$$z_{wet} = \frac{10^{-6} k_2 R_d}{g_m(\lambda+1) - \beta R_d} \times \frac{e}{T}$$

式中:$k_2 = 382000\mathrm{K^2/mbar}$;$e$ 为平均海平面的蒸汽压(mbar)。

平均海平面的气象参数 P、T、e、β、λ 的计算公式为

$$\xi(\varphi, D) = \xi_0(\varphi) - \Delta\xi(\varphi) \times \cos\left(\frac{2\pi(D - D_{min})}{365.25}\right)$$

其中:$\xi(\varphi, D)$ 为 5 个气象参数,它仅与接收机的纬度 φ 和观测的日期 D(年积日)有关;$\xi_0(\varphi)$ 为各气象参数的年平均值;$\Delta\xi(\varphi)$ 为各气象参数的季节变化值;D_{min} 为各气象参数的年变化的最小值的日期(北半球 $D_{min} = 28$,南半球 $D_{min} = 211$)。

$\xi_0(\varphi)$ 和 $\Delta\xi(\varphi)$ 可由在纬度范围($\varphi + \Delta\varphi, \varphi - \Delta\varphi$)内的全球(或某区域)平均海平面的各气象参数拟合求得[11]。

6. UNB3m 模型

UNB3m 模型与 EGNOS 模型很接近,只是用相对湿度代替了蒸汽压参数。这

样在某些情况下,拟合湿延迟的精度比 EGNOS 更高。

7. SHAOT 模型

该模型是在分析国际上多个模型存在问题的基础上上海天文台发展的一个新模型,该模型考虑了对流层延迟随高度的变化规律,比其他模型精度更高,特别是在海拔比较高的测站优势更明显。

SHAOT 模型为:

$$Z(\varphi, D, h_0) = Z_0(\varphi, h_0) - \Delta Z_0(\varphi) \times \cos\left[\frac{2\pi(D - D_{\min})}{365.25}\right]$$

$$Z(\varphi, D, h) = Z(\varphi, D, h_0) + \mathrm{d}Z(\varphi, D, h)/\mathrm{d}h \times (h - h_0) + \mathrm{d}^2 Z(\varphi, D, h)/\mathrm{d}h^2 \times (h - h_0)^2$$

$$a_1 = \mathrm{d}Z(\varphi, D, h)/\mathrm{d}h$$

$$a_2 = \mathrm{d}^2 Z(\varphi, D, h)/\mathrm{d}h^2$$

其中:h_0、$Z_0(\varphi, h_0)$、$\Delta Z_0(\varphi)$、a_1、a_2 为模型的系数,用户在使用时需要输入经度、纬度、时间和高程。

8. 三维格网大气模型

由于以上模型是针对天顶延迟的,投影到信号方向需要映射函数,这样会带来一定的误差。利用三维格网大气模型,如 ECMWF、NCEP 或国内区域的三维大气资料,特别是综合地基 GNSS 和气象观测建立的三维大气格网模型,可以采用射线追踪法直接计算信号路径上的对流层延迟。

4.3.3　对流层映射函数算法

对于映射函数,有关专家已经做了大量的研究工作,提出了多种映射函数模型,主要分为两类:一是把大气折射积分的被积函数按天顶距三角函数进行级数展开,利用一定的大气模型进行逐项积分而求得大气折射延迟,如 Saastamoinen 模型和 Hopfield 模型;二是连分式形式的映射函数,如 Chao 函数、Marini 函数、CFA2.2 函数和 Niell 函数[2]。

1. Saastamoinen 映射函数

Saastamoinen 映射函数是建立在 Snell 定律的基础上的,它需要知道大气的折射廓线、湿温对流层和干平流层各层的边界值。最后斜方向总延迟 D^s 为

$$D^s = 10^{-6} k_1 \frac{R_d}{g_m} \sec z_0 \left[P_0 + \left(\frac{1255}{T_0} + 0.05\right) e_0 - B(r) \tan^2 z_0 \right] \tag{4-69}$$

式中:z_0 为卫星天顶距[2]。

Bauersima 给出如下改进模型:

$$D^s = 0.002277 \sec z_0 \left[P_0 + \left(\frac{1255}{T_0} + 0.05\right) e_0 - B(r) \tan^2 z_0 \right] + \delta R \tag{4-70}$$

式中:$B(r)$ 取决于测站高程;δR 与测站高程及卫星天顶距有关。

2. Hopfield 映射函数

Hopfield 从全球平均资料中总结出干、湿大气层高度,以及大气折射率误差模型后,把映射函数简单地表示为

$$\sec z(d) = \frac{1}{\sqrt{d^2 + d_0^2 \sin z_0}} \qquad (4-71)$$

式中:d 为信号路径上某点的地心距离;z_0 为测站点的天顶距。

实际上式(4 - 71)并不反映大气轮廓线的规律,比较精确的改进模型为

$$M(E) = \frac{1}{\sin \sqrt{E^2 + \theta^2}} \qquad (4-72)$$

式中:E 为卫星高度角;$\theta = 2.5°$(干分量),$\theta = 1.5°$(湿分量)。Hopfield 对投影函数的处理是将干项高度角 E_d 按随机量加 2.5°,而湿项高度角 E_w 加 1.5°[2]。

3. Niell 映射函数

在 Saastamoinen 模型发展的同时,Marini 利用余弦误差函数的连分式展开式得出与高度角有关的经验性映射函数。其模型为

$$M(z_0) = \cfrac{1}{\cos z_0 + \cfrac{a}{\cos z_0 + \cfrac{b}{\cos z_0 + \cfrac{c}{\cdots}}}} \qquad (4-73)$$

式中:a、b、c … 为在经验资料的基础上获得的,反映了射线在较低高度角下的弯曲程度。

该模型的主要局限是没有很明显的物理意义,也不能随意改变以适应不同的地区和季节。许多学者在此基础上做了一些变化得出不同的形式,Niell 映射函数的应用较为广泛。

Niell 模型是基于随时间周期性变化的大气层分布,采用美国标准大气模式中北纬度一些地区(15°、30°、45°、60°、75°)冬季(1 月)和夏季(7 月)的温度和相对湿度轮廓线得出的。Niell 考虑了南北半球的和季节性的非对称性,发展了新的映射函数。映射函数中干投影项还包括与地理测站高程有关的改正,反映了大气密度随高度增加而减少的变化率。该模型与各种气象参数变化无关,适用于气象参数不精确或者不可靠的情况。对于低高度角(3° ~ 12°)卫星,Niell 模型的精度优于 4mm,至少不低于甚至高于其他模型的精度。

Niell 干延迟映射函数模型为

$$m_{\text{hyd}}^{\text{Niell}} = \cfrac{1 + \cfrac{a_{\text{hyd}}}{1 + \cfrac{b_{\text{hyd}}}{1 + c_{\text{hyd}}}}}{\sin E + \cfrac{a_{\text{hyd}}}{\sin E + \cfrac{b_{\text{hyd}}}{\sin E + c_{\text{hyd}}}}} + \left(\cfrac{1}{\sin E} - \cfrac{1 + \cfrac{a_{\text{hgd}}}{1 + \cfrac{b_{\text{hgd}}}{1 + c_{\text{hgd}}}}}{\sin E + \cfrac{a_{\text{hgd}}}{\sin E + \cfrac{b_{\text{hgd}}}{\sin E + c_{\text{hgd}}}}} \right) \frac{h}{1000} \qquad (4-74)$$

式中：E 为卫星高度角；h 为用户高程；$a_{hgd} = 2.53 \times 10^{-5}$；$b_{hgd} = 5.49 \times 10^{-3}$；$c_{hgd} = 1.14 \times 10^{-3}$。系数 a_{hyd}、b_{hyd}、c_{hyd} 按照 Niell 干延迟映射函数的格网系数表（表 4-3），采用内插即可[13]计算得到。

表 4-3 Niell 干延迟映射函数的格网系数

纬度/(°)	Niell 干延迟映射函数的均值			Niell 干延迟映射函数的格网系数幅值		
	a_{hyd}	b_{hyd}	c_{hyd}	a_{hyd}	b_{hyd}	c_{hyd}
15	1.2769934×10^{-3}	2.9153695×10^{-3}	62.610505×10^{-3}	0	0	0
30	1.2683230×10^{-3}	2.9152299×10^{-3}	62.837393×10^{-3}	1.2709626×10^{-5}	2.1414979×10^{-5}	9.0128400×10^{-5}
45	1.2465397×10^{-3}	2.9288445×10^{-3}	63.721774×10^{-3}	2.6523662×10^{-5}	3.0160779×10^{-5}	4.3497037×10^{-5}
60	1.2196049×10^{-3}	2.9022565×10^{-3}	63.824265×10^{-3}	3.4000452×10^{-5}	7.2562722×10^{-5}	84.795348×10^{-5}
75	1.2045996×10^{-3}	2.9024912×10^{-3}	64.258455×10^{-3}	4.1202191×10^{-5}	11.723375×10^{-5}	$170.372060 \times 10^{-5}$

Niell 湿延迟映射函数模型为

$$m_w^{Niell} = \frac{1 + \dfrac{a_w}{1 + \dfrac{b_w}{(1 + c_w)}}}{\sin E + \dfrac{a_w}{\sin E + \dfrac{b_w}{\sin E + c_w}}} \qquad (4-75)$$

式中：a_w、b_w、c_w 按照 Niell 湿延迟映射函数的格网系数表，如表 4-4 所列，采用内插即可计算得到。

表 4-4 Niell 湿延迟映射函数的格网系数

纬度/(°)	a_w	b_w	c_w
15	5.8021897×10^{-4}	1.4275268×10^{-3}	4.3472961×10^{-2}
30	5.6794847×10^{-4}	1.5138625×10^{-3}	4.6729510×10^{-2}
45	5.8118019×10^{-4}	1.4572752×10^{-3}	4.3908931×10^{-2}
60	5.9727542×10^{-4}	1.5007428×10^{-3}	4.4626982×10^{-2}
75	6.1641693×10^{-4}	1.7599082×10^{-3}	5.4736038×10^{-2}

4. GMF 映射函数

为了简化 VMF1 计算上的繁琐和提高模型获取的实时性，Boehm 等人在 VMF1 的基础上构建了类似 NMF 易于实现且与 VMF1 精度相当的全球映射函数（GMF）。GMF 的构建利用 ECMWF 提供的 40 年全球 15°×15°分辨率的月平均廓线(气压、温度和湿度等) 分析数据,采用类似 VMF1 的射线轨迹法计算模型系数 a_{dry} 和 a_{wet},而 b_{dry}、b_{wet}、c_{dry} 和 c_{wet} 仍采用 VMF1 模型计算值。GMF 模型系数 adry 和 awet 算法相同,下面仅给出 adry 系数的表达式:

$$a_{dry} = a_0 + A\cos\left(\frac{doy - 28}{365} \cdot 2\pi\right)$$

式中:doy 为年积日(天);平均值 a_0 和振幅 A 的算法相同,均采用球谐函数展开至 9 阶表达式计算得到[14],即

$$a_0 = \sum_{n=0}^{9} \sum_{m=0}^{n} P_{nm}(\sin\varphi) \cdot [A_{nm}\cos(m\lambda) + B_{nm}\sin(m\lambda)]$$

5. VMF1 映射函数

VMF1 是精度最高、可靠性最好的映射函数模型,其模型形式为

$$MF(e) = \frac{1 + \dfrac{a}{1 + \dfrac{b}{1 + c}}}{\sin e + \dfrac{a}{\sin e + \dfrac{b}{\sin e + c}}}$$

它采用的是欧洲中尺度天气预报中心(ECMWF)40 年的观测数据资料,通过重新估计出对流层映射函数模型中的系数 b、c 的值,而系数 a 的值则是利用射线追踪法获得。VMF1 模型的干分量系数 a_d 和湿分量系数 a_w 的事后格网列表文件可以从奥地利维也纳理工大学大地测量研究所网站下载,$b_d = 0.0029$,$b_w = 0.00146$,$c_w = 0.04391$。而干分量系数 c_d 采用内插公式进行插值得到,内插公式为

$$c = c_0 + \{[\cos[2\pi(doy - 28)/365 + \Psi] + 1] \cdot c_{11}/2 + c_{10}\} \cdot (1 - \cos\phi)$$

内插系数见表 4 - 5。

表 4 - 5　内插系数

半球	c_0	c_{10}	c_{11}	Ψ
北半球	0.062	0.001	0.005	0
南半球	0.062	0.002	0.007	π

4.3.4　对流层延迟误差精度分析

1. Hopfield 模型、Saastamoinen 模型

利用 IGS 数据中心提供的 2003 年全年全球 37 个主要 GPS 台站的实测气象数据和天顶延迟数据,分别用 Hopfield、Saastamoinen 和 EGNOS 天顶延迟模型计算天顶延迟,并与 GPS 实测天顶延迟结果进行比对。图 4 - 16 给出了 Hopfield 模型和 Saastamoinen 模型分别用实测气象资料与标准气象资料得到的天顶延迟以及 EGNOS 模型得到的天顶延迟与 GPS 实测值的比较。

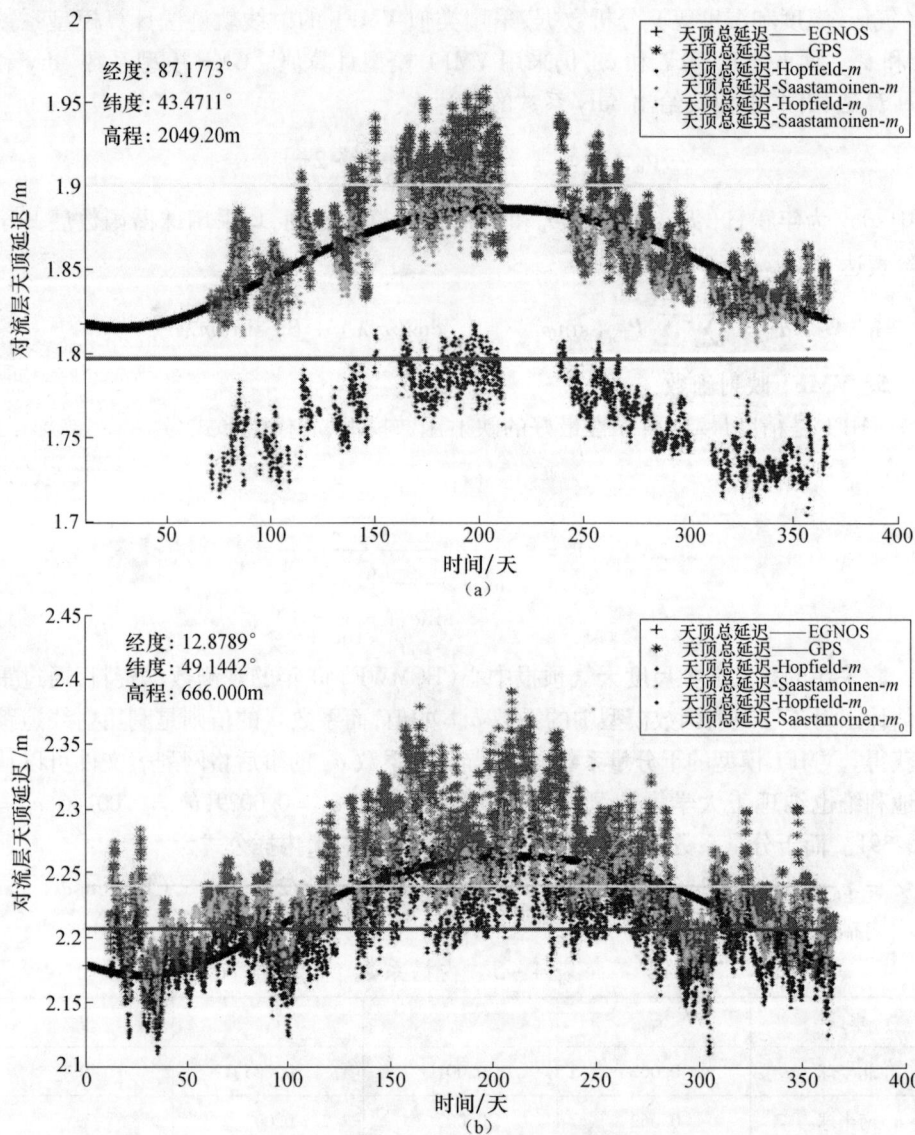

图 4 - 16　Saastamoinen 等模型的精度检验

2. SHAOT、EGNOS 和 UNB3m 模型

利用 2005—2007 年 30 个 GPS 站实测 ZTD,对上海天文台发展的 SHAOT 和 EGNOS 模型的精度评估如图 4 - 17 所示。可以看出,与 GPS 实测 ZTD 相比,EGNOS 模型 RMS 平均约为 6.0cm,SHAO 模型 RMS 约为 4.5cm。通过采用实测 ZTD 对 EGNOS、UNB3m、SHAOT 模型的评估(图 4 - 18)发现,UNB3m 和 EGNOS 模型精度相当,但是 SHAO 模型精度明显优于 UNB3m 和 EGNOS 模型。这几个模型可以用来进行对流层延迟的模拟仿真。

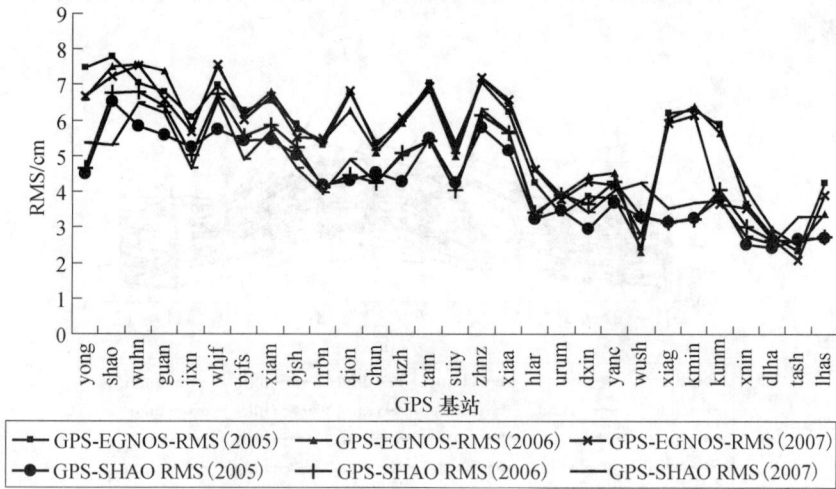

图 4 - 17　RMS(GPS ZTD – SHAO/EGNOS ZTD)年统计(测站按高程排序)

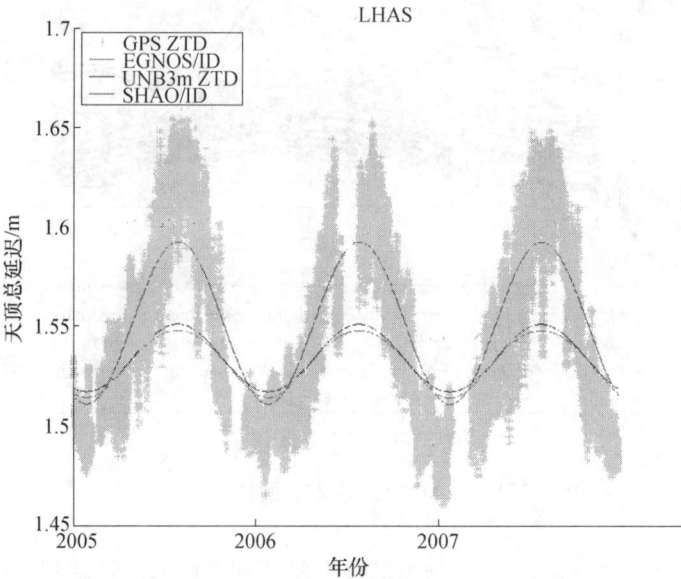

图 4 - 18　UNB3m、EGNOS 等模型在 LHAS 站上的精度评估

3. 三维格网模型

欧洲中尺度天气预报中心和美国大气海洋管理局(NCEP)的三维大气资料都可以用来计算导航信号的对流层延迟,与实测的 ZTD 相比(图 4 - 19):ECMWF 计算 ZTD 的 bias 和 RMS 分别为 - 1. 05cm 和 2. 43cm;NCEP 计算 ZTD 的 bias 和 RMS 分别为 - 0. 85cm 和 3. 30cm;NCEP 预报数据计算的 ZTD 的 bias 和 RMS 分别为 2. 59cm 和 6. 70cm。综合了中国区域气象观测资料得到的大气三维模型精度会更

高,可以用来进行导航信号路径方向对流层延迟的直接仿真,不再需要利用映射函数投影。

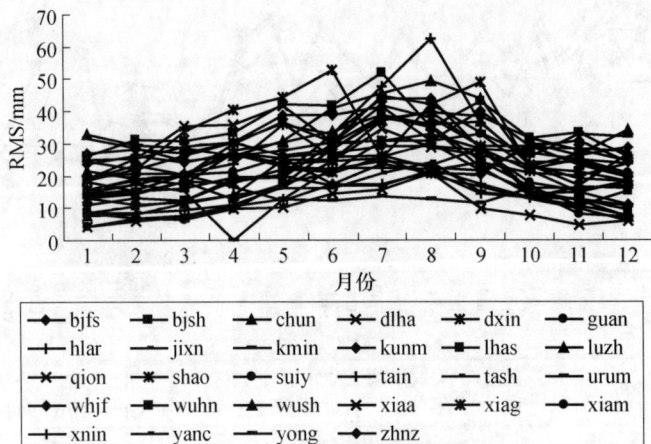

(a) GPS-欧洲中期天气预报中心

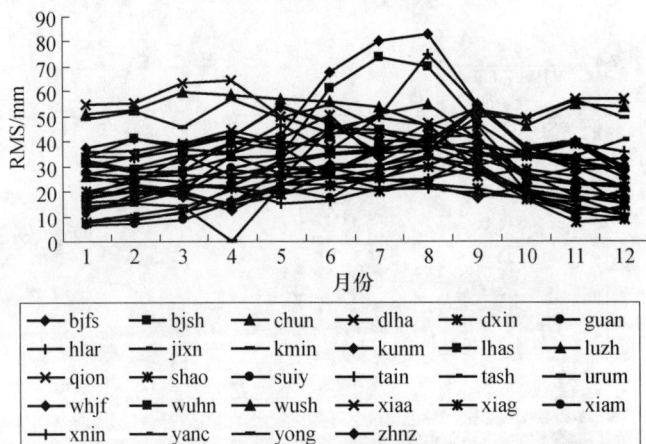

(b) GPS-国家环境预报中心

图 4-19　ECMWF/NCEP 计算 ZTD 的精度检验(2004 年)

利用 GNSS 实测数据,采用高精度的数据处理软件可以得到高精度的对流层延迟,IGS 目前解算的 ZTD 精度可达 6mm。根据我们解算 ZTD 跟蒸汽辐射计结果的比较(图 4-20)可以看出,相对于蒸汽辐射计观测 GPS 实测 ZTD 的精度约 7mm。

4.3.5　对流层延迟仿真应用方案

为了测试伪距精度,对流层延迟模型采用 Hopfield 模型或 Saastamoinen 模型,温度、湿度、气压及其随高程的变化采用标准模型。在测试伪距精度时,可以通过这些标准模型完全消除对流层对伪距的影响,便于测试。

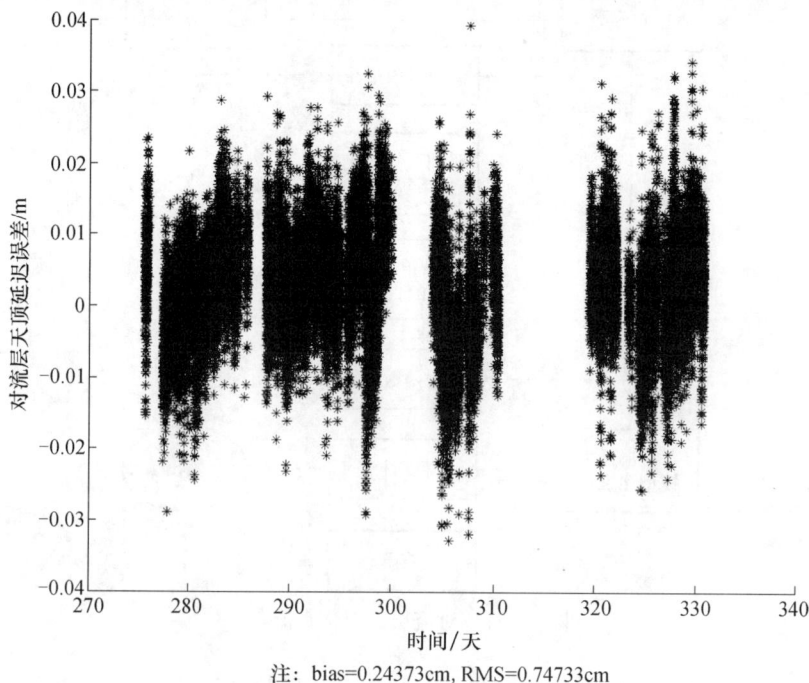

注：bias=0.24373cm, RMS=0.74733cm

图 4 – 20　WTZR 站 GPS 与 WVR 实测 ZTD 的比较(2006 年)

标准大气模型如下：

大气压 $P = 1013.25\text{mbar}$

气温 $T = 288.15\text{K}$

蒸汽压 $e = 11.691\text{mbar}$

高程 $h = 0$

大气参数随高度变化如下：

$$T_h = T_0 + 273.16\text{K} - 0.0065h$$

$$P_h = P_0(1 - 2.26 \times 10^{-5})h \qquad (4-76)$$

$$e_h = H_0\exp[-37.2456 - 6.396 \times 10^{-4}h + 0.21316T_h - 2.569 \times 10^{-4}T_h^2]$$

　　为了测试定位精度,天顶方向上的真实对流层延迟可以采用 Hopfield 模型或 Saastamoinen 模型加上一阶马尔可夫过程模拟。温度、湿度、气压及其随高程的变化采用标准模型；一阶马尔可夫过程的时间常数默认值取 1h,白噪声方差默认值取 $0.1 \sim 0.2\text{m}$[9]。

　　对流层延迟仿真流程如图 4 – 21 所示。

　　为了模拟接收机对流层延迟改正的误差,可以利用一阶高斯马尔可夫模型来模拟对流层延迟的影响,如图 4 – 22 所示。

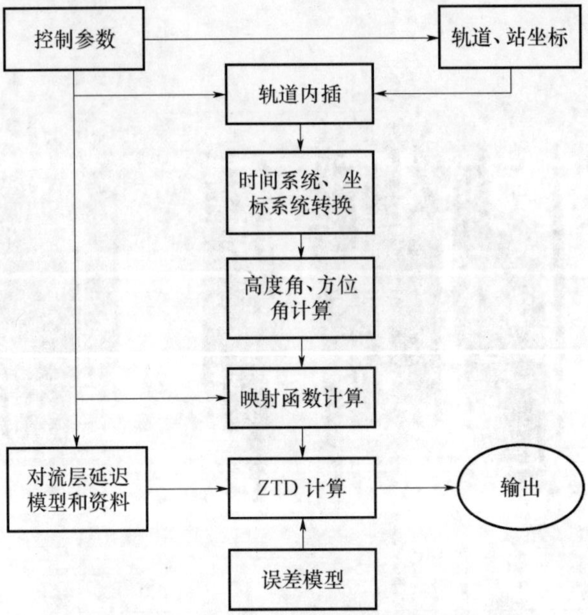

图 4 - 21　对流层延迟仿真流程

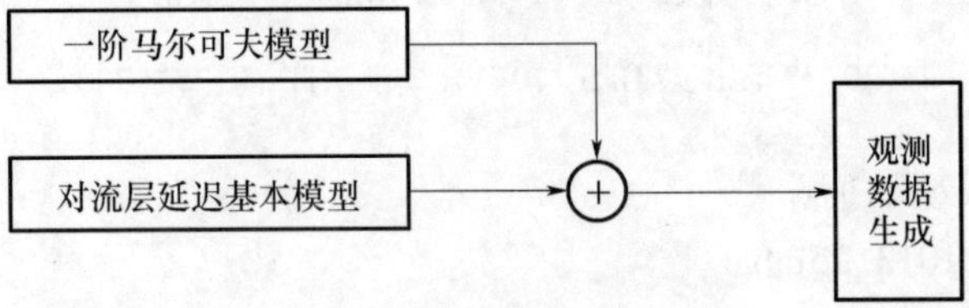

图 4 - 22　对流层延迟仿真流程

4.4　多路径延迟仿真模型

4.4.1　模型组成与基本原理

　　卫星信号在发射和传播过程中,由于受环境因素影响而导致地面接收机用户接收信号中掺杂反射信号或绕射信号。这种信号畸变会使卫星信号的极化和延迟发生变化,从而产生定位偏差甚至信号失真,构成卫星定位与导航的定位误差[15]。

　　多路径误差是一种比较特殊的误差,它与信号本身特性、接收环境、天线性能以及接收机处理算法密切相关,因此无法用差分的方法消除,对不同的接收场景进行建模也是不切实际的[16]。研究表明,由于多路径信号影响而产生的伪距误差可达米级,实用中的大地型 GPS 接收机在水平面上的伪距多路径误差可达 7m,危及系统的定位精度和可靠性,直接影响如快速静态定位、飞机进场着陆、航天器对接、精密形变监测和板块运动监测等研究项目的顺利进行,因此多路径误差成为现阶段卫星导航系统的主要误差之一。尽管早在 20 世纪 70 年代 GPS 的研制和论证阶段,多路径误差对卫星导航系统的影响就已列为论证因素之一,但是迄今为止仍然是国际上的研究热点和瓶颈问题。在实际接收环境中,来自卫星的信号在传播过程中经常受天线附近环境中反射物(建筑物、地面和水面等)的作用而产生多路径信号,而直达信号表示从卫星直达天线而不经过反射或绕射的信号。在这种情况下,天线接收到的信号是直达信号和多路径信号的合成。

多路径信号按照多路径信号产生原理可分为散射多路径信号和镜面反射多路径信号。同样的反射面,对于不同频率的信号而言产生散射或镜面反射。根据电波传播理论,来自卫星的信号在传播过程中遇到两种不同媒质的光滑界面,而界面的尺寸又远大于波长时,就发生镜面反射[16]。由于卫星与反射面的距离很远,则可以应用平面波的反射定律;但在实际环境中,理想的光滑界面不存在,反射面总是起伏不平的。根据瑞利准则:若反射面最大起伏程度 $\delta \leqslant \lambda/(16\cos\beta)$(其中,$\lambda$ 为信号波长,β 为信号相对反射面的入射角)[17],则可看作光滑地面,如图 4-23 所示。

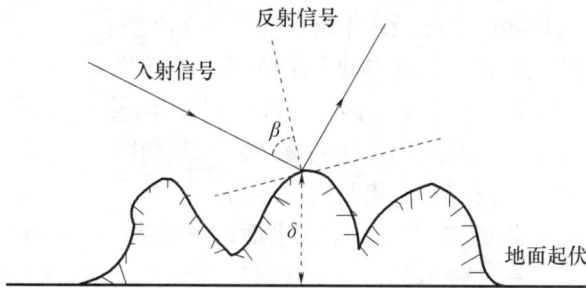

图 4-23　镜面多路径信号反射

研究表明,散射多路径信号往往表现为附加在直达信号上的低频噪声,对于测距精度的影响程度小于镜面反射多路径信号。以 GPS 信号为例,对于水泥地面、广阔水面这类反射物,多路径信号主要为镜面反射多路径;而对于深林、山地或城市这类地物,没有明显的镜面反射多路径信号,以散射信号为主[18]。

多路径误差不同于其他类型的观测误差,不仅在数值上与接收机天线周围反射物体的介质和远近距离有关,而且随时间发生改变。因此,多路径延迟误差具有时变的复杂多样性,实际应用中也很难用统一的模型进行描述。多路径误差对伪距的影响最大可达码元长度的 1/2,对 C/A 码而言,多路径误差对伪距的影响可达 10 ~ 20m,最严重时可达 150m;对 P 码的影响最大可达 10m。而多路径误差对载波相位的影响最大达 1/4 周,一般情况下影响约为 1cm。多路径信号可用与直达信号相比较的几个相对量来表示,通常用相对延迟 δ、信号的相对幅度 α、相位角 θ 及相位角变化率 $\dot{\theta}$。其中:δ 取决于接收机所处的环境;α、θ 取决于环境和用户的天线特性;$\dot{\theta}$ 取决于用户的运动轨迹及运动过程所经历的环境因素[16]。

多路径效应仿真模型组成如图 4-24 所示。

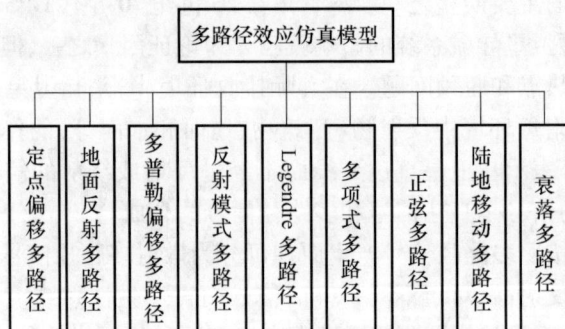

图 4-24 多路径效应仿真模型组成

4.4.2 卫星信号多路径延迟类型

多路径效应的仿真需要根据接收环境具体场景情况对各种多路径模型加以组合进行仿真。卫星信号的多路径产生可以分为如下几类：

（1）定点偏移多路径：是最基本的多路径模式，在该模式下反射信号的范围和功率相对 LOS 信号是固定的，同时对于接收不到主信号的场景还可以移除 LOS 信号。

由于卫星和载体的相对运动引起的物体阻隔与伪距变化，定点偏移多路径模型的简单性在于没有考虑卫星或接收机的运动。

（2）地面反射多路径：对卫星位于水平面以下的情况特别适合，对于海面上的接收机也特别适合。在这种情况下由于接收机天线位于水平面以上，并且水平面比较光滑，因此信号的反射面只有地面。

（3）多普勒偏移多路径：最初在 3GPP TS25.171 移动通信标准提出，是一种更加复杂的模型。与定点偏移多路径相比，不但在距离、功率偏移上有变化，而且有多普勒频率偏移，造成了多路径信号和 LOS 信号是时变的。

（4）反射模式多路径：允许用户对天线的电气特性进行建模，而不直接使用本来的天线，对由于天线的原因造成多路径的场合特别适用。对于不同的信号入射角，同样可以定义不同的多路径延迟。当天线和卫星到达信号之间存在相对运动时，多路径延迟有更多变量。

（5）Legendre 多路径：适用于相对静态环境的多路径信号建模，Legendre 多路径采用 5 阶 Legendre 多项式对强加信号的相对幅度和相对延迟进行建模，当反射信号不能有效地代表卫星和接收机之间几何关系时，具有很好的再生性，并且能够对特别复杂的干涉模型进行建模。

（6）多项式多路径：与 Legendre 类似，但多项式的系数并不是严格定义的。多项式多路径剖面与 Legendre 多路径一样没有固定的边界，对于不同的时期它们的偏移量不同。

（7）正弦多路径:通过引入时变的多路径信号克服标准多项式多路径的限制,时变的多路径信号是有界的并且方便定义。

（8）陆地移动多路径(LMM):为更好地测试便携式设备如手机的信号环境引入了 LMM 模型,该模型与其他模型相比更加全面。

LMM 模拟软件允许对每一个测试通过预定义菜单定义信号状态。这些数据模型有:LOS 信号与 Rician 衰落;瑞利衰落、功率衰减和指数衰减;回波信号的深度衰减,多普勒偏移。

（9）衰落多路径:测试场景不同于自然界的各种场景,因为该场景对于每一个信号有一个精细的硬件通道。衰落多路径测试允许用户对每一个模拟通道施加四个多路径信号,每一个不同的子通道在硬件上是独立的。这种方法具有高度的灵活性,能够对信号功率水平、延迟和每一个子通道的相位进行定义。

4.4.3 卫星导航信号多路径效应特性

从卫星到接收机的直达信号被接收机周围的建筑物/地面反射或散射形成多路径信号,接收机接收到的信号中不仅包括直达信号而且包含多路径信号,从而信号的延迟和相位发生畸变,对定位解算产生影响。

从卫星 j 到接收机 r 的伪距和以距离表示的载波相位观测量分别为

$$
\begin{cases}
P_{r,i}^{j} = \rho_{r}^{j} + \delta\rho_{Tro}^{j} + \dfrac{\delta\rho_{Ion}^{j}}{f_{i}^{2}} + M_{r,i}^{j} + c(\delta t_{r} - \delta t^{s,j}) + e_{r,i}^{j} \\
\varphi_{r,i}^{j} = \rho_{r}^{j} + \delta\rho_{Tro}^{j} - \dfrac{\delta\rho_{Ion}^{j}}{f_{i}^{2}} + m_{r,i}^{j} + c(\delta t_{r} - \delta t^{s,j}) + N_{r,i}^{j}\lambda_{i} + \varepsilon_{r,i}^{j}
\end{cases}
\tag{4-77}
$$

式中:ρ_{r}^{j} 为卫星与接收机之间的几何距离;$\delta\rho_{Tro}^{j}$ 为对流层延迟;$\delta\rho_{Ion}^{j}$ 为电离层延迟;f_{i} 为载波频率;$M_{r,i}^{j}$、$m_{r,i}^{j}$ 分别为载波频率 f_{i} 的伪码观测和载波观测的多路径效应;δt_{r}、$\delta t^{s,j}$ 分别为接收机和卫星的时钟钟差;$N_{r,i}^{j}$ 为 f_{i} 频率的载波相位模糊度;$e_{r,i}^{j}$、$\varepsilon_{r,i}^{j}$ 为伪码观测和载波观测的随机误差;λ_{i} 为载波频率为 f_{i} 的信号的波长。

仅通过简单的比较伪距或载波相位与真实几何距离的差异难以评估多路径效应,因为伪距和载波相位中除包含多路径外,还包括接收机误差、系统误差、观测噪声等其他误差。因此,为研究多路径效应的特性必须分离多路径数据或提取多路径混合数据。目前,可用 Karla Edwards McGhee 提出的 CMC 方法对伪距多路径效应进行提取。假定 L1 和 L2 信号的传播路径相同,从卫星 j 到接收机 r 经电离层修正后 L1 信号的多路径效应计算公式为

$$
\begin{aligned}
MP_{r,1}^{j} &= P_{r,1}^{j} - \varphi_{r,1}^{j} - \frac{2}{\alpha-1}(\varphi_{r,1}^{j} - \varphi_{r,2}^{j}) \\
&= M_{r,1}^{j} - N_{r,1}^{j}\lambda_{1} - \frac{2}{\alpha-1}(N_{r,1}^{j}\lambda_{1} - N_{r,2}^{j}\lambda_{2}) + e_{MP1} \\
&= M_{r,1}^{j} + B_{r,1}^{j} + e_{MP1}
\end{aligned}
\tag{4-78}
$$

式中：$\alpha = f_1^2/f_2^2$；载波相位多路径 $m_{r,1}^j$ 相对于伪距多路径 $M_{r,1}^j$ 较小可忽略不计[7]，e_{MP1} 为计算过程中的随机误差；$B_{r,1}^j = -N_{r,1}^j\lambda_1 - \dfrac{2}{\alpha-1}(N_{r,1}^j\lambda_1 - N_{r,2}^j\lambda_2)$，为相位不确定度引入的误差。

国际 GNSS 服务组织（The International GNSS Service，IGS）设有全球网络、全球数据中心、分析中心和区域性数据中心等机构，为 GNSS 提供高精度的 GPS 轨道参数、钟差参数、精密星历数据文件等标准数据和产品，支持测量和地球物理学方面的科学研究。为研究多路径效应的静态特性，选取中国境内的 IGS 站——乌鲁木齐站（URUM）、北京房山站（BJFS）、长春站（CHAN）、成都站（CEDU）和武汉站（WUHN）一周（2013 年 5 月 1 日至 7 日）的伪距、载波相位观测数据进行分析，IGS 观测数据文件的数据采样间隔为 30s。以 URUM 站为例进行分析，其他 IGS 站的分析过程与 URUM 站类似。URUM 站在国际大地参考框架组织 ITRF2005 参考框架下的概略坐标（XYZ(m)）为 193030.362、4606851.294、4393311.512。根据 GPS 卫星最大高度角的不同，选取 GPS 卫星 PRN06（最大高度角为 48.40°）、PRN18（最大高度角为 78.42°）、PRN15（最大高度角为 68.56°）作为观测对象。首先根据式（4-78）提取各卫星 L1 信号在可见时间段内的多路径效应数据。此时，得到的多路径数据中仍含有随机误差、接收机内部噪声等高频噪声（不考虑高频噪声的影响）。然后根据 URUM 站和各卫星的位置坐标，计算各卫星的高度角、方位角，得到卫星可见时段内多路径效应与卫星高度角、方位角的关系。相对 URUM 站，GPS 卫星的运动周期为 11h58min，因此卫星的多路径效应具有周期性，卫星在一个周期中的可见时段内多路径效应与卫星高度角的变化关系如图 4-25 所示。

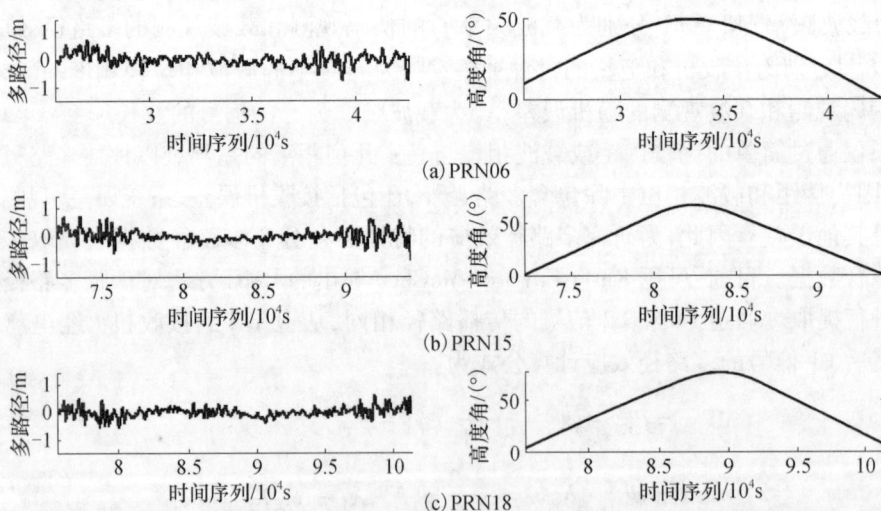

(a) PRN06

(b) PRN15

(c) PRN18

图 4-25　多路径效应与卫星高度角的变化关系

　　由图 4-25 可知,多路径效应随着卫星的高度角的变化而变化。多路径效应随卫星高度角的增加而减小。其中:在两端部分,高度角较小,多路径效应抖动幅度较大;在中间部分,高度角达到最大值,多路径效应在零附近抖动且幅度较小。对多路径和高度角、方位角的相关性进行分析,得到多路径和高度角、方位角的散点图分别如图 4-26、图 4-27 所示。

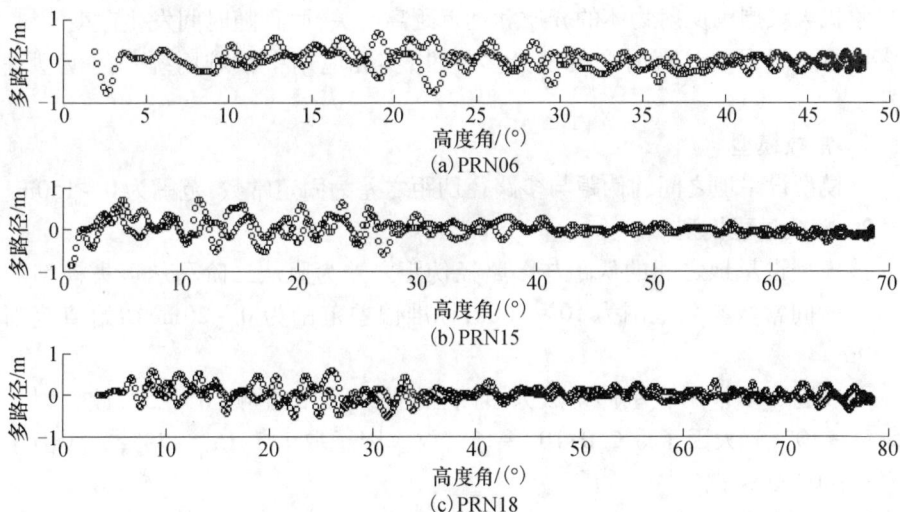

图 4-26　多路径和高度角的散点图

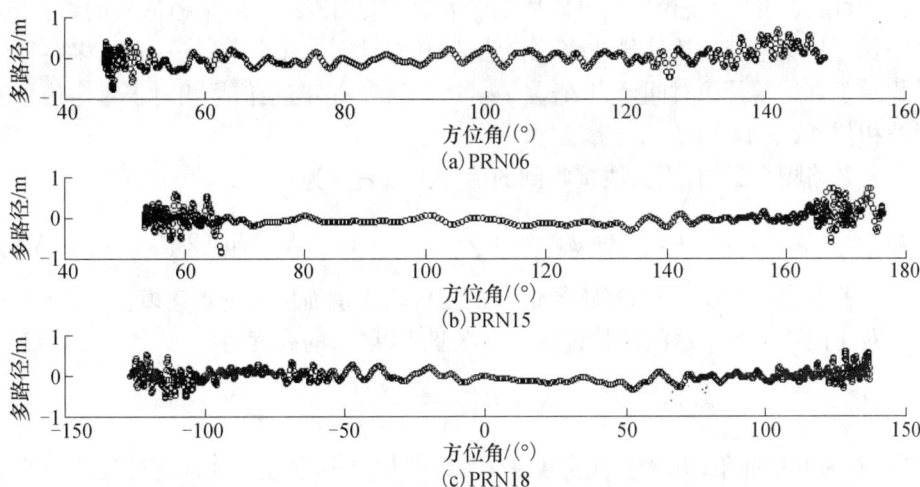

图 4-27　多路径和方位角的散点图

　　图 4-26 和图 4-27 中,多路径数据点在某条曲线附近波动。随着高度角的逐渐增大,波动逐渐变小。多路径与方位角的变化存在一定的关系,但是规律不明显。由相关性原理可知,多路径与高度角、方位角非线性相关,因此可根据高度角、

方位角对多路径效应进行仿真。

4.4.4 基于几何模型的多路径延迟模型算法

某颗卫星的多路径延迟本质上是由直接来自视线方向和经反射到达接收机天线的卫星信号叠加构成。多路径误差不同于其他类型的观测误差,不仅在数值上与接收机天线周围反射物体的介质和远近距离有关,而且随时间发生改变[19]。因此多路径延迟误差具有时变的复杂多样性,实际应用中很难用统一的模型进行描述。

1. 常数模型

该模型设星地之间的伪距与多路径伪距之差为固定常数,范围为 0~150m。

2. 随机过程模型

该模型设星地之间的伪距与多路径伪距之差为服从二阶马尔可夫模型的随机数。时间常数参数范围为 10~360s,标准偏差范围为 0~20m,初始值范围为 0~50m。

可以进一步根据卫星仰角放大多路径附加延迟的影响:$0° \sim 5°$,放大因子取 2.5;$5° \sim 10°$,放大因子取 2.0;$10° \sim 15°$,放大因子取 1.5;$15° \sim 75°$,放大因子取 1;$75° \sim 90°$,无多路径[20]。

3. 一般性接收环境的多路径信号模型

接收天线周围的环境中存在的地面、建筑物等可以构成产生多路径信号的反射物,所接收到的多路径信号可以用四个特征参数来表示:多路径信号的数目 m;多路径信号功率与直达信号功率的比值,即相对功率 α_i($i = 1, \cdots, m$);多路径信号相对于直达信号的时间延迟 $\Delta\tau_i$($i = 1, \cdots, m$);多路径信号相对于直达信号的载波相位 $\Delta\varphi_i$($i = 1, \cdots, m$)。

若忽略噪声影响,则天线接收到的信号可以表示为

$$r_I(t) = Ap(t - \tau_0)\cos(2\pi f_1 t + \varphi_0) + A\sum_{i=1}^{m}\alpha_i p(t - \tau_0 - \Delta\tau_i)\cos(2\pi f_1 t + \varphi_0 + \Delta\varphi_i)$$

一般而言,接收环境的多路径信号模型可基于镜面反射场景建模。

对于图 4-28 所示的两种镜面反射场景,反射点的高度为

$$H' = H \pm D\left|\frac{\sin(\theta - 2\beta)}{\sin(\theta - \beta)}\right|$$

式中:θ 为卫星仰角;H 为天线高度;D 为天线相位中心与反射面或其延长线的垂直距离;β 为反射面与水平面的夹角,$0 \leq \beta \leq \dfrac{\pi}{2}$。

在上述两种情况下,多路径信号比直达信号多传播的距离与卫星仰角 θ 和反射水平面夹角 β 的关系可以表示为

$$\Delta D = 2D\sin(\theta - \beta), \theta \geq \beta$$

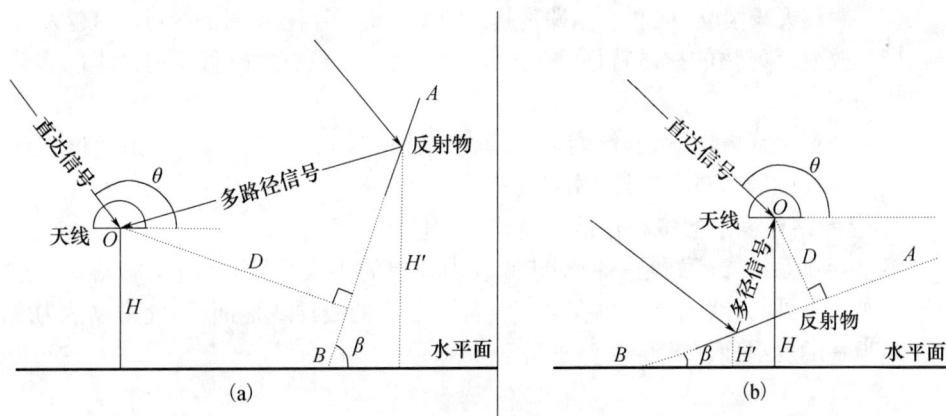

图 4-28　两种镜面反射场景示意图

因此,多路径信号的时间延迟为

$$\Delta\tau = \frac{\Delta D}{c} = \frac{2D\sin(\theta - \beta)}{c}$$

式中: c 为光速。

由此引起的多路径信号的载波相位延迟为

$$\Delta\varphi = 2\pi f\Delta\tau = \frac{4\pi Df\sin(\theta - \beta)}{c}$$

根据菲涅尔定律,在反射过程中会引入相位的偏移 δ ,因此上式可修改为

$$\Delta\varphi = 2\pi f\Delta\tau + \delta = \frac{4\pi Df\sin(\theta - \beta)}{c} + \delta$$

由于不同材质的反射面和不同的入射角度影响 δ 的取值,因此可以认为 $\Delta\varphi$ 与 $\Delta\tau$ 之间不存在直接的解析关系。

根据上面的推导,当接收天线和反射面位置固定不变时, $\Delta\varphi$ 与 $\Delta\tau$ 的变化率分别为

$$\frac{\mathrm{d}\Delta\varphi}{\mathrm{d}t} = \frac{4\pi Df\cos(\theta - \beta)}{c}\frac{\mathrm{d}\theta}{\mathrm{d}t} + \frac{\mathrm{d}\delta}{\mathrm{d}t}$$

$$\frac{\mathrm{d}\Delta\tau}{\mathrm{d}t} = \frac{2D\cos(\theta - \beta)}{c}\frac{\mathrm{d}\theta}{\mathrm{d}t}$$

由于卫星导航系统卫星运动十分缓慢,因此天线与反射面垂直距离越远, $\Delta\tau$ 的变化率越快。而对于 $\Delta\varphi$ 而言,由于载波频率很高,因此其变化率要快得多。通过对镜面反射场景模型的分析得到以下的结论:

(1) 在选择接收天线位置时,应该尽量避开高于天线的反射物。高于天线相位中心的反射物可以引起从天线正向入射的多路径信号,由于天线正向增益一般较高,因此不利于天线对多路径信号的抑制。

（2）距离天线相位中心的垂直距离越大的反射物，多路径信号的相对延迟越大。

（3）改变反射物的材质特性，减小其反射系数，可以有效降低反射产生的多路径信号功率。

（4）通过天线方向图设计，增大天线在直达信号和多路径信号入射角度上的增益差，可以降低多路径信号的相对功率。

4. 参考站环境中的多路径信号模型

卫星导航系统参考站是一种特殊的较为理想的接收环境，参考站的站址一般位于空旷的野外，天线通常放置在高于其他反射物的楼顶或地面，因此可以认为水平面是唯一的反射面，如图 4-29 所示。

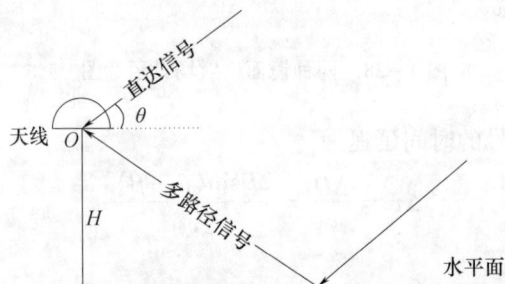

图 4-29　水平镜面多路径反射示意图

在这种情况下，由于 $D = H$，因此多路径信号的时间延迟为

$$\Delta\tau = \frac{2H\sin\theta}{c}$$

由图 4-29 可以看到，多路径信号和直达信号相对于天线相位中心的入射角度均为 θ，则 α 可以表示为

$$\alpha = 10^{-GR(\theta)/20}$$

式中：$GR(\theta)$ 为天线在仰角 θ 的前后增益比值。

由于一般的卫星导航系统接收机天线正向增益总是大于负向增益，因此 $GR(\theta) > 0$。另外假定天线拥有较好的圆对称特性，所以可限定 $0 < \theta < \frac{\pi}{2}$。

5. 静态的多路径延迟解析模型

在静态情况下，$\dot{\theta}$ 可以近似为 0。同时，已知反射源和接收机的位置，就可以计算出相对传播延迟 δ，进一步可求得相位角 $\theta = 2\pi(\frac{\delta}{T})$。为了计算合成后多路径的载波迟延，设从卫星的 PNR 测距系统发射出的信号表达式为

$$\hat{s}_{1(t)} = AP(t)\cos(\omega_0 t)$$

式中：A 为振幅；ω_0 为接收机的频率（载频加多普勒频移）；$P(t)$ 为 PRN 码。

则多路径信号的表达式为

$$s_{\mathrm{Mul}} = \alpha\hat{s}_{1(t+\delta)} = \alpha\mathrm{AP}(t)\cos(\omega_0 t + \theta)$$

直达信号和多路径信号的合成信号为

$$s_{1(t)} = \hat{s}_{1(t)} + s_{\mathrm{Mul}} = \mathrm{AP}(t)\cos(w_0 t) + \alpha\mathrm{AP}(t)\cos(w_0 t + \theta) \tag{4-79}$$
$$= A'\cos\varphi + \alpha A'\cos(\varphi + \theta)$$

式中：$A' = \mathrm{AP}(t)$ ；$\varphi = \omega_0 t$。

两个信号的合成信号可表示为

$$\begin{cases} s_{1(t)} = kA'\cos(\varphi + \psi) \\ k = (1 + 2\alpha\cos\theta + \alpha^2)^{1/2} \\ \psi = \arctan[\alpha\sin\theta/(\alpha\cos\theta + 1)] \end{cases} \tag{4-80}$$

式中：ψ 为多路径的信号与直达信号的合成信号相对相位。

当存在多个多路径延迟时，有[21]

$$\begin{cases} s_{1(t)} = \hat{s}_{1(t)} + \sum_{i=1}^{N} \alpha_i AP(t)\cos(\varphi + \theta_i) \\ = kA'\cos(\varphi + \psi) \\ k = \left[\left(1 + \sum_{i=1}^{N} 2\alpha_i\cos\theta_i\right)^2 + \left(\sum_{i=1}^{N} \alpha_i\sin\theta_i\right)^2 \right]^{1/2} \\ \psi = \arctan\left[\left(\sum_{i=1}^{N} \alpha_i\sin\theta_i\right) / \left(\sum_{i=1}^{N} \alpha_i\cos\theta_i + 1\right) \right] \end{cases} \tag{4-81}$$

反射物的反射系数是多路径信号计算的关键参数，定义为反射波场强与入射波场强之比。卫星定位信号从卫星发出到达地面接收天线时，球面波可以当成平面波处理。对水平极化和垂直极化的信号反射系数分别为[21]

$$\begin{cases} R_{\mathrm{H}} = E_1/E_0 = \dfrac{\sin\varphi - \sqrt{\varepsilon'_{\mathrm{r}}}\cos\beta}{\sin\varphi + \sqrt{\varepsilon'_{\mathrm{r}}}\cos\beta} \\[3mm] R_{\mathrm{V}} = E_1/E_0 = \dfrac{\sqrt{\varepsilon'_{\mathrm{r}}}\sin\varphi - \cos\beta}{\sqrt{\varepsilon'_{\mathrm{r}}}\sin\varphi + \cos\beta} \end{cases} \tag{4-82}$$

式中：φ、β 分别为入射角和折射角；$\varepsilon'_{\mathrm{r}} = \varepsilon'/\varepsilon_0$（其中，$\varepsilon'$ 为反射物介电常数，ε_0 为真空介电常数）。

对于采用右旋圆极化的卫星定位信号，其反射系数可以近似为

$$R_{\mathrm{c}} = \sqrt{R_{\mathrm{V}}^2 + R_{\mathrm{H}}^2 + 2R_{\mathrm{V}}R_{\mathrm{H}}\cos(\varphi_{\mathrm{H}} - \varphi_{\mathrm{V}})} \tag{4-83}$$

式中：φ_{H}、φ_{V} 为反射面所致的相移。

以上假设反射物是光滑的情况下用镜像原理得到的计算式，实际地面的情况非常复杂，往往不满足镜面反射条件，因而呈反射状态，而且信号合成场的极化方式会改变。这时反射系数应是镜反射和漫反射同时存在的结果，只可使用经验公式计算，这些经验公式表达为信号的掠射角地形起伏之标准差的函数。对于卫星的测距码和调制导航电文相应频率的信号而言，表 4-6 列出了典型地物类的反射系数[21]。

表 4 - 6　典型地物及对卫星 L 频段信号的反射系数

地物类	水面	稻田	田野	森林或山地	城市
反射系数	1.0	0.8	0.6	0.3	0.3

输入参数：用户的位置；反射源的位置；反射源的反射系数；反射源的个数。

输出结果：多路径信号的延迟；多路径信号的衰减。

6. 动态的多路径延迟统计模型

在简单运动环境下，如果引起多路径信号的反射物位置及反射系数已知时，原则上可以使用上述的静态模型，在接收机的每个位置点上对多路径信号进行计算。但其计算量明显增加，因此只适应于简单环境（有限个反射源，仅存在单反射不存在多次反射）。

接收机的实际多路径环境是复杂的，因此动态应用的多路径延迟误差仿真非常复杂。Ning Luo 指出，一种合理的方法是使用统计模型，SATNAV 公司（1998）使用高斯 - 马尔可夫过程进行建模：[16]

$$X_{k+1} = e^{-\beta(t_{k+1}-t_k)}X_k + w_k \tag{4 - 84}$$

式中：X_k 为多路径误差；w_k 为高斯白噪声；$1/\beta$ 为马尔可夫过程的时间常数，依赖于用户的动态特性，通常来说，用户的动态性越高，时间常数越短。

w_k 按照如下公式计算：

$$w_k = \sigma^2 \left[1 - e^{-2\beta(t_{k+1}-t_k)} \right] \tag{4 - 85}$$

式中：σ^2 为多路径的方差[16]。

输入参数：多路径信号误差初始值；方差；时间常数。

输出结果：多路径信号误差。

4.4.5　基于函数拟合的多路径延迟模型算法

多路径与高度角、方位角具有相关性，其以波动的形式变化，因此可以采用球谐函数或者三角级数对多路径效应进行仿真。由多路径随高度角的变化可知，当高度角大于某个值的时候，多路径效应将明显减弱。为建立适度简化而又具有足够精度的多路径模型，根据高度角的大小将多路径效应数据分为两段，采用分段方法对多路径效应进行建模仿真。

1. 基于球谐函数的多路径效应分段建模

利用球谐函数模拟多路径效应的变化，具体模型为

$$\mathrm{MP}(\theta,\varphi) = \sum_{n=0}^{N} \sum_{k=0}^{n} \left[A_n^k \cos(k\varphi) + B_n^k \sin(k\varphi) \right] P_n^k(\cos\theta) \tag{4 - 86}$$

式中：$\mathrm{MP}(\theta,\varphi)$ 为多路径数据；φ 为卫星的方位角；θ 为卫星的高度角；N 为模型阶数；$P_n^k(\cos\theta)$ 为完全规格化的缔合勒让德函数；A_n^k、B_n^k 为球谐函数模型的系数，即待求的多路径模型系数。

根据高度角的不同建立多路径的球谐函数分段模型,采用式(4 - 86)分段建模如下:

$$\text{MP}(\theta,\varphi) = \begin{cases} \sum_{n=0}^{N_1} \sum_{k=0}^{n} \left[A_n^k \cos(k\varphi) + B_n^k \sin(k\varphi) \right] P_n^k(\cos\theta), & \theta_1 \leqslant \theta < \theta_2 \\ \sum_{n=0}^{N_2} \sum_{k=0}^{n} \left[A_n^k \cos(k\varphi) + B_n^k \sin(k\varphi) \right] P_n^k(\cos\theta), & \theta_2 \leqslant \theta \leqslant \theta_3 \end{cases} \tag{4-87}$$

式中:θ_1、θ_3 分别为卫星在可见时段内高度角的最小值、最大值;θ_2 为设定的高度角的分段值。

在各分段区间内,利用多个历元的多路径数据及其对应的高度角、方位角,根据式(4-87)建立球谐函数的观测方程:

$$\mathbf{MP} = \mathbf{M}_{\text{sphere}} \mathbf{X} \tag{4-88}$$

式中:$\mathbf{MP}$ 为 t 个历元的多路径数据;$\mathbf{M}_{\text{sphere}}$ 为球谐函数模型的系数矩阵;X 为待求系数。

具体表示成

$$\mathbf{MP} = \begin{bmatrix} \text{MP}_1 \\ \text{MP}_2 \\ \vdots \\ \text{MP}_t \end{bmatrix}_{t \times 1}$$

$$\mathbf{M}_{\text{sphere}} = \begin{bmatrix} M_1(\theta_1,\varphi_1) & M_2(\theta_1,\varphi_1) & \cdots & M_{(N+1)^2}(\theta_1,\varphi_1) \\ M_1(\theta_2,\varphi_2) & M_2(\theta_2,\varphi_2) & \cdots & M_{(N+1)^2}(\theta_2,\varphi_2) \\ \vdots & \vdots & & \vdots \\ M_1(\theta_t,\varphi_t) & M_2(\theta_t,\varphi_t) & \cdots & M_{(N+1)^2}(\theta_t,\varphi_t) \end{bmatrix}_{t \times (N+1)^2}$$

$$\mathbf{X} = \begin{bmatrix} X_1 \\ X_2 \\ \vdots \\ X_{(N+1)^2} \end{bmatrix}_{(N+1)^2 \times 1}$$

根据最小二乘法计算待求系数:

$$\mathbf{X} = (\mathbf{M}_{\text{sphere}}^{\text{T}} \mathbf{M}_{\text{sphere}})^{-1} \mathbf{M}_{\text{sphere}}^{\text{T}} \mathbf{MP} \tag{4-89}$$

在求解过程中,因相邻历元间高度角和方位角变化很小,系数矩阵 $\mathbf{M}_{\text{sphere}}$ 的数据间有一定的相关性,导致 $\mathbf{M}_{\text{sphere}}^{\text{T}} \mathbf{M}_{\text{sphere}}$ 存在严重的病态问题,采用岭估计的方法解决这一问题。

针对上述模型,岭估计计算方法为

$$\mathbf{X} = (\mathbf{M}_{\text{sphere}}^{\text{T}} \mathbf{M}_{\text{sphere}} + K\mathbf{I})^{-1} \mathbf{M}_{\text{sphere}}^{\text{T}} \mathbf{MP} \tag{4-90}$$

式中:K 为岭参数,K 取 1×10^{-9};I 为和 $\mathbf{M}_{\text{sphere}}$ 同维数的单位矩阵。

根据提取的 URUM 站一周(2013 年 5 月 1 日至 7 日)的 L1 频点的多路径数

据,在分段和不分段两种情况下对多路径的球谐函数模型进行模型解算。在验证分析过程中,通过比较分析的方法得到模型最佳分段的高度角取值。

采用球谐函数对多路径效应建模仿真时,高度角的分段值 θ_2 为

$$\theta_2 = k \times \theta_3 \tag{4-91}$$

式中:$k \in [0,1]$, $k = \begin{cases} 0, & \text{不分段,模型阶数为 } N_2 \\ 1, & \text{不分段,模型阶数为 } N_1 \\ \text{其他,} & \text{分段} \end{cases}$

当选择的模型阶数较小时模型模拟数据的精细程度较低,当选择的模型阶数较大时会严重加重病态问题。根据这一原则,当高度角大于设定的分段值时多路径球谐函数模型的模型阶数设为 25,当高度角小于设定的分段值时模型阶数设为 35,根据 URUM 站对卫星 PRN06、PRN15、PRN18 的多路径、高度角及方位角数据可得到多路径球谐函数模型的待求系数。根据建立的球谐函数模型计算得到不同高度角、方位角对应的多路径效应,将其与实测值比较得到模型残差。不同的 k 值对应的模型残差的协方差如图 4 – 30 所示。

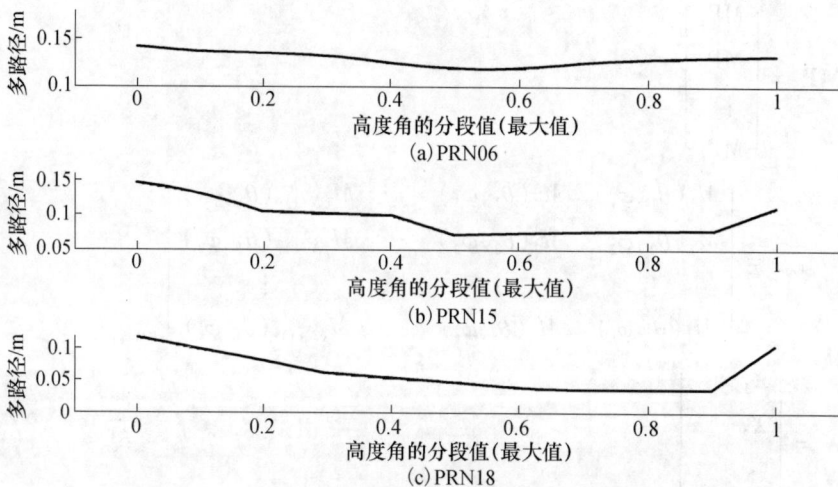

图 4 – 30 多路径球谐函数模型的模型残差的均方差

由图 4 – 30 可知,多路径球谐函数模型的模型残差随着 k 值先逐渐减小再逐渐增大。取模型残差最小时的 k 值,根据多路径的球谐函数模型得到各卫星的多路径及模型残差,如图 4 – 31 所示。

由图 4 – 31 可知,根据模型得到的多路径计算值和多路径实测数据基本重合。在模型仿真过程中,虽然高度角大于设定的分段值时的模型阶数低于高度角小于设定的分段值时的模型阶数,但前者的模型残差明显小于后者。

2. 基于三角级数的多路径效应分段仿真与试验

采用三角级数对多路径效应进行仿真建模:

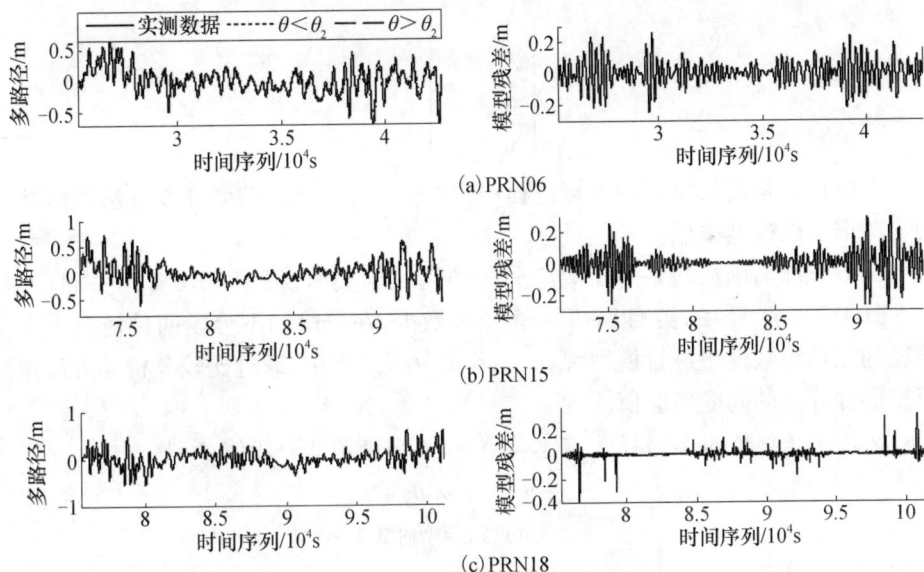

图4-31　多路径的球谐函数模型及模型残差

$$\mathrm{MP}(\theta,\varphi) = a_1 + a_2\cos\theta + \sum_{i=1,j=2i+1}^{N}\big[a_j\cos(i\varphi) + a_{j+1}\sin(i\varphi)\big]$$
$$+ a_{2n+3}\cos\theta\cos\varphi \tag{4-92}$$

式中：a_i 为三角级数模型的系数,即待求的多路径模型系数。

与球谐函数模型的计算过程类似,在各分段区间内利用多个历元的多路径数据及其对应的高度角、方位角,采用如下公式分别建立三角级数模型的观测方程：

$$\mathbf{MP} = \boldsymbol{M}_{\text{trigon}}\boldsymbol{X} \tag{4-93}$$

式中：$\mathbf{MP}$ 为 t 个历元的多路径数据;$\boldsymbol{M}_{\text{trigon}}$ 为三角级数模型的系数矩阵;$\boldsymbol{X}$ 为待求系数。

具体表示为

$$\mathbf{MP} = \begin{bmatrix} \mathrm{MP}_1 \\ \mathrm{MP}_2 \\ \vdots \\ \mathrm{MP}_t \end{bmatrix}_{t\times 1}$$

$$\boldsymbol{M}_{\text{trigon}} = \begin{bmatrix} M_1(\theta_1,\varphi_1) & M_2(\theta_1,\varphi_1) & \cdots & M_{2N+3}(\theta_1,\varphi_1) \\ M_1(\theta_2,\varphi_2) & M_2(\theta_2,\varphi_2) & \cdots & M_{2N+3}(\theta_2,\varphi_2) \\ \vdots & \vdots & & \vdots \\ M_1(\theta_t,\varphi_t) & M_2(\theta_t,\varphi_t) & \cdots & M_{2N+3}(\theta_t,\varphi_t) \end{bmatrix}_{t\times(2N+3)}$$

$$X = \begin{bmatrix} X_1 \\ X_2 \\ \vdots \\ X_{(N+1)^2} \end{bmatrix}_{(2N+3) \times 1}$$

多路径三角级数模型的解算过程中也存在病态问题,模型分段方法及解算实现与球谐函数模型类似。

与基于球谐函数的多路径效应分段仿真试验类似,根据 URUM 站一周(2013年5月1日至7日)的实测 L1 信号多路径数据,在分段和不分段两种情况下对多路径的三角级数模型进行模型解算,在验证分析过程中,通过比较分析的方法得到模型最佳分段的高度角取值。

采用三角级数对多路径效应建模仿真时,高度角的分段值 θ_2 为

$$\theta_2 = k \times \theta_3 \qquad (4-94)$$

式中: $k \in [0,1]$, $k = \begin{cases} 0, & \text{不分段,模型阶数为 } N_2 \\ 1, & \text{不分段,模型阶数为 } N_1 \\ \text{其他,} & \text{分段} \end{cases}$

当选择的模型的阶数较小时模型模拟数据的精细程度较低,当选择的模型阶数过高时会严重加重病态问题。根据这一原则,当高度角大于设定的分段值时多路径球谐函数模型的模型阶数设为25,当高度角小于设定的分段值时模型阶数设为35,根据 URUM 站对卫星 PRN06、PRN15、PRN18 的多路径、高度角及方位角数据可得到多路径球谐函数模型的待求系数 $X_{(N+1)^2 \times 1}$。根据建立的球谐函数模型计算得到不同高度角、方位角对应的多路径效应,将其与实测值比较得到模型残差。不同的 k 值对应的模型残差的协方差如图 4-32 所示。

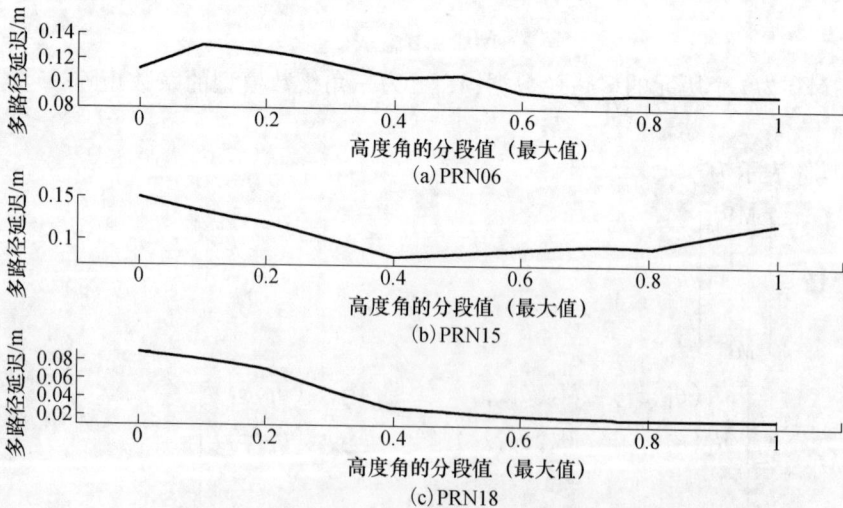

图 4-32　多路径球谐函数模型的模型残差的均方差

从图 4 - 32 可知,多路径球谐函数模型的模型残差随着 k 值先逐渐减小再逐渐增大。取模型残差最小时的 k 值,根据多路径的球谐函数模型得到各卫星的多路径及模型残差,如图 4 - 33 所示。

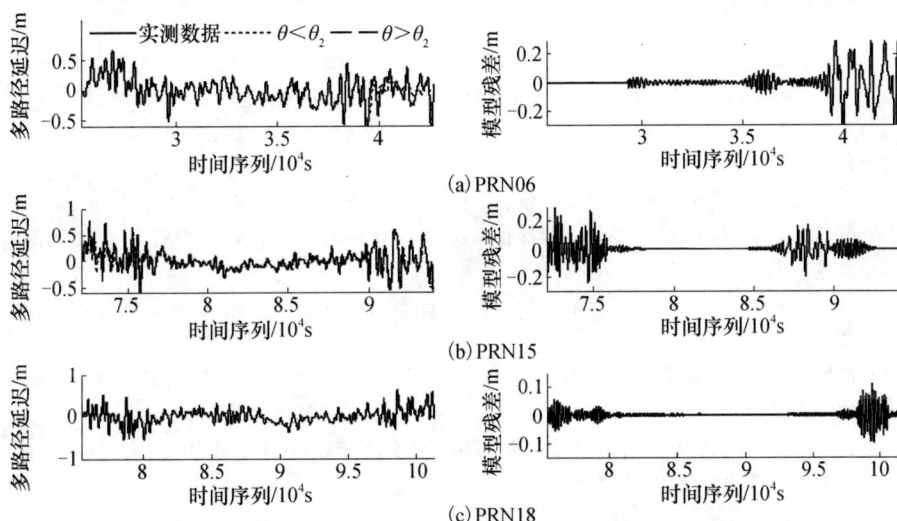

图 4 - 33　多路径的三角级数模型及模型残差

由图 4 - 33 可知,根据模型得到的多路径计算值和多路径实测数据基本重合。在模型仿真过程中,虽然高度角大于设定的分段值时的模型阶数低于高度角小于设定的分段值时的模型阶数,但前者的模型残差明显小于后者。

3. 模型比对

采用球谐函数和三角级数均可对多路径效应进行建模仿真,但是在模型的建立过程中,模型的阶数决定了模型系数的个数和模型的准确度。而模型系数的个数决定了采用该模型计算多路径效应的运算速度和复杂度。建立的分段多路径球谐函数模型和分段三角级数模型各项参数比较结果见表 4 - 7。

表 4 - 7　模型参数比较

模型参数	球谐函数模型						三角级数模型					
卫星编号	PRN06		PRN15		PRN18		PRN06		PRN15		PRN18	
高度角	$< \theta_2$	$> \theta_2$	$< \theta_2$	$> \theta_2$	$< \theta_2$	$> \theta_2$	$< \theta_2$	$> \theta_2$	$< \theta_2$	$> \theta_2$	$< \theta_2$	$> \theta_2$
模型系数个数	1296	676	1296	676	1296	676	1295	675	1295	675	1295	675
标准差/m	0.118		0.072		0.035		0.081		0.050		0.0002	
注:θ_2 为设定的高度角的分段值												

由表 4 - 6 可知,采用球谐函数和三角级数可模拟仿真地面监测站的多路径效应,当多路径的球谐函数模型和三角级数模型的模型系数的个数相近时,三角级数

模型的模型精度高于球谐函数模型。同时,在模型解算过程中,多路径效应采用三角级数模型的计算速度比球谐函数模型快。

参考文献

[1] 李海丰.卫星导航用户终端测试方法与场景设计研究[D].郑州:解放军信息工程大学,2008.

[2] 范国清.高精度实时卫星导航仿真系统关键技术研究[D].长沙:国防科学技术大学,2011.

[3] 袁运斌.基于 GPS 的电离层监测及延迟改正理论与方法的研究[D].北京:中国科学院测量与地球物理研究所,2002.

[4] 王军,党亚民,薛树强.NeQuick 电离层模型在中国地区的应用[J].测绘科学,2007(4):38 - 40.

[5] 杨哲,宋淑丽,薛军琛,等.Klobuchar 模型和 NeQuick 模型在中国地区的精度评估[J].武汉大学学报:信息科学版,2012(6):704 - 708.

[6] 章红平.基于地基 GPS 的中国区域电离层监测与延迟改正研究[D].上海:中国科学院研究生院上海天文台,2006.

[7] 魏立栋.GNSS 地面站观测数据仿真系统核心算法研究[D].长沙:国防科学技术大学,2008.

[8] 吴雨航,陈秀万,吴才聪,等.电离层延迟修正方法评述[J].全球定位系统,2008(2):1 - 5.

[9] 张益青,何晓云,庄春华.实验室与检测场场检测结果差异性研究[C].第三届中国卫星导航学术年会电子文集——S06 北斗/GNSS 测试评估技术,2012.

[10] 朱伟刚.卫星导航系统的信息仿真[D].郑州:解放军信息工程大学,2005.

[11] 曲伟菁.中国地区 GPS 中性大气天顶延迟研究及应用[D].上海:中国科学院上海天文台,2007.

[12] 何海波.高精度 GPS 动态测量及质量控制[D].郑州:解放军信息工程大学,2002.

[13] 宋淑丽,朱文耀,廖新浩.地基 GPS 气象学研究的主要问题及最新进展[J].地球科学进展,2004,19(2).

[14] 张双成,叶世榕,刘经南,等.动态映射函数最新进展及其在 GNSS 遥感水汽中的应用研究[J].武汉大学学报:信息科学版,2009(3):280 - 283.

[15] 朱习军.基于小波分析的高精度 GPS 测量质量控制研究[D].青岛:山东科技大学,2006.

[16] 陈振宇.基于 BOC 调制的导航信号精密模拟方法研究[D].长沙:国防科学技术大学,2011.

[17] 刘荟萃.扩频测距系统中的多路径消除算法研究[D].长沙:国防科学技术大学,2005.

[18] 李敏.卫星导航接收机数字波束形成关键技术研究[D].长沙:国防科学技术大学,2011.

[19] 黄声享,李沛鸿,杨保岑,等.GPS 动态监测中多路径效应的规律性研究[J].武汉大学学报:信息科学版,2005,30(10).

[20] 李海峰,孙付平.卫星导航接收机测试场景软件的设计与实现[J].中国惯性技术学报,2008,16(2):183 - 187.

[21] 罗益鸿.导航卫星信号模拟器软件设计与实现[D].长沙:国防科技大学,2008.

卫星导航系统
第5章 用户段仿真的数学原理

5.1 概述

卫星导航模拟测试用户段数据仿真主要完成与地面用户接收机有关的数据仿真,包括用户观测数据、用户轨迹数据、惯导数据、广域差分及完好性数据等[1],如图5-1所示。

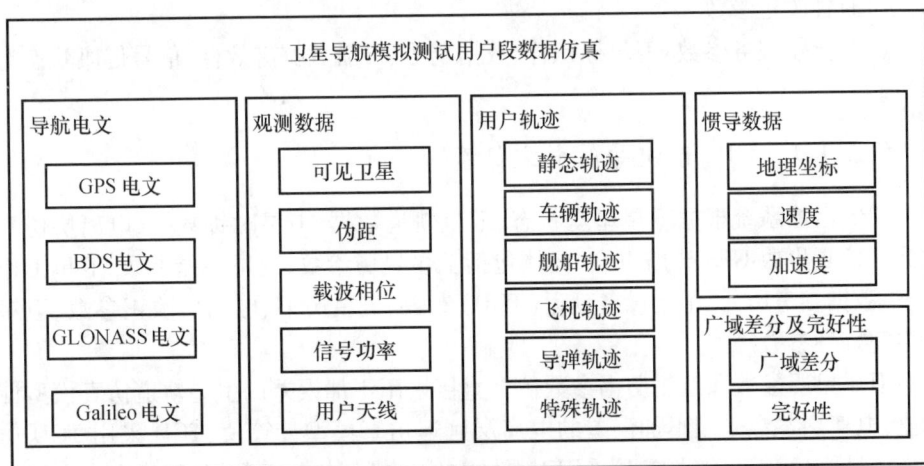

卫星导航模拟测试用户段数据仿真			
导航电文	**观测数据**	**用户轨迹**	**惯导数据**
GPS 电文	可见卫星	静态轨迹	地理坐标
BDS电文	伪距	车辆轨迹	速度
GLONASS电文	载波相位	舰船轨迹	加速度
Galileo电文	信号功率	飞机轨迹	**广域差分及完好性**
	用户天线	导弹轨迹	广域差分
		特殊轨迹	完好性

图5-1 卫星导航模拟测试用户段仿真组成

5.2 导航电文仿真模型

5.2.1 导航电文模型结构

导航卫星信号一般由载波信号、伪随机噪声码(测距码)和数据码三部分组成。其中,数据码是卫星以二进制码流形式发送给用户的导航定位数据,通常称为导航电文。

卫星导航电文是由导航卫星播发给用户的描述导航卫星运行状态参数的电文,包括系统时间、星历、历书、卫星时钟的修正参数、导航卫星健康状况和电离层延迟模型参数等。GPS、GLONASS 等早期建成的卫星导航系统,导航电文一般采用帧结构的编排格式并按照子帧或页面顺序播发导航电文,数据内容主要包括卫星星历、卫星钟差、电离层延迟改正参数、历书数据以及时间同步参数等。完整的卫星导航电文必须包含用户定位服务所需要的一切参数,一般来讲,通过导航卫星进行定位所需的参数有如下四类:

(1)星历:卫星电文中表示卫星精确位置的轨道参数,为用户提供计算卫星运动位置的信息。

(2)历书:卫星导航电文中所有在轨卫星的粗略轨道参数,有助于缩短导航信号的捕获时间。

(3)时间系统:以地面主控站的主原子钟为基准。由于导航卫星的时钟的不稳定性,使得卫星时钟和系统时存在一定的差异。地面监测系统监测确定出这种差异,通过导航电文播发给用户。卫星的时钟相对系统时之间的差异需加以改正,即卫星时钟改正参数。

(4)导航服务参数:卫星标识符、数据期号、导航数据有效性、信号健康状态等参数。

5.2.1.1 GPS 系统导航电文仿真

GPS 运控系统根据卫星星座状态、卫星轨道数据、卫星时钟数据、电离层仿真数据等仿真生成 GPS 导航电文,具体包括卫星星历参数、卫星钟差参数、卫星工作状态、数据参考历元、星上设备延迟(TGD)参数、卫星历书、电离层改正参数、卫星自主完好性参数等[2]。

卫星星历参数和卫星历书参数仿真直接采用不加误差的卫星轨道仿真模型计算值,电离层参数采用不加误差的电离层延迟仿真模型计算值,TGD 采用 TGD 仿真模型计算值,卫星钟差参数采用卫星钟差仿真模型的仿真数据,卫星自主完好性参数采用完好性仿真模型的仿真数据。同时在计算各类仿真数据时应注意其一致性。GPS 导航电文码格式详见 *GPS Interface Control Document*(*ICD GPS – 200D*)。

GPS 导航电文仿真流程如图 5 - 2 所示。

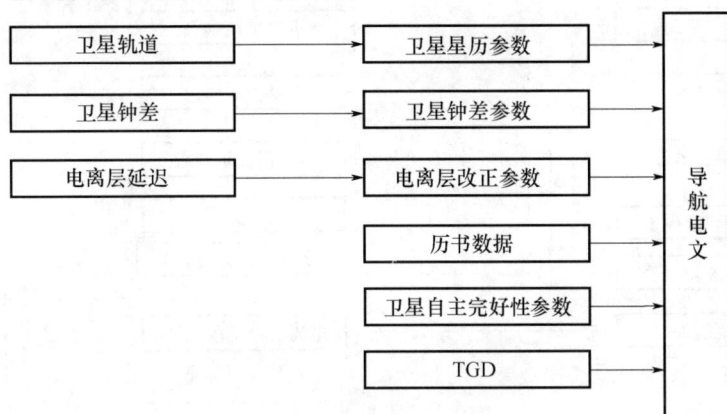

图 5 - 2　GPS 导航电文仿真流程

5.2.1.2　北斗系统导航电文仿真

北斗运控系统根据卫星星座状态、卫星轨道数据、卫星时钟数据、电离层数据、广域差分信息、完好性信息等仿真生成北斗导航电文,具体包括数据参考历元、卫星星历参数、卫星钟差参数、卫星工作状态、TGD 参数、卫星历书、电离层延迟改正参数、时间系统改正参数、系统完好性信息以及广域差分信息(仅 GEO 卫星)等。

卫星星历参数和卫星历书参数直接采用不加误差的卫星轨道仿真模型计算值,电离层参数采用不加误差的电离层延迟仿真模型计算值,TGD 采用 TGD 仿真模型计算值,工作状态、完好性信息采用完好性仿真模型的仿真数据,广域差分信息采用广域差分信息仿真模型仿真值,卫星钟差参数采用卫星钟差仿真模型的仿真数据,同时在计算各类仿真数据时应当注意其一致性,北斗导航电文仿真流程如图 5 - 3 所示。

根据速率和结构不同,导航电文分为 D_1 导航电文和 D_2 导航电文。D_1 导航电文速率为 50b/s,并调制有速率为 1kb/s 的二次编码,内容包含基本导航信息(本卫星基本导航信息、全部卫星历书信息及与其他系统时间同步信息);D_2 导航电文速率为 500b/s,内容包含基本导航信息和增强服务信息(北斗系统的差分及完好性信息和格网点电离层信息)。MEO/IGSO 卫星的 B1I 信号播发 D_1 导航电文,GEO 卫星的 B1I 信号播发 D_2 导航电文[3]。导航电文中基本导航信息和增强服务信息的类别及播发特点见表 5 - 1。

导航电文采取 BCH(15,11,1)码加交织方式进行纠错。BCH 码长为 15bit,信息位为 11bit,纠错能力为 1bit,其生成多项式为

$$g(x) = X^4 + X + 1$$

导航电文基本信息

卫星轨道 → 卫星星历参数

卫星钟差 → 卫星钟差参数

电离层延迟 → 电离层改正参数

历书数据

卫星轨道误差 ⊕ → 卫星等效钟差改正数

卫星钟差误差 ⊕

电离层误差 ⊕ → 电离层格网改正数

广域差分信息

卫星健康字
URA
RURAI
Drc
UDREI

完好性信息

导航电文

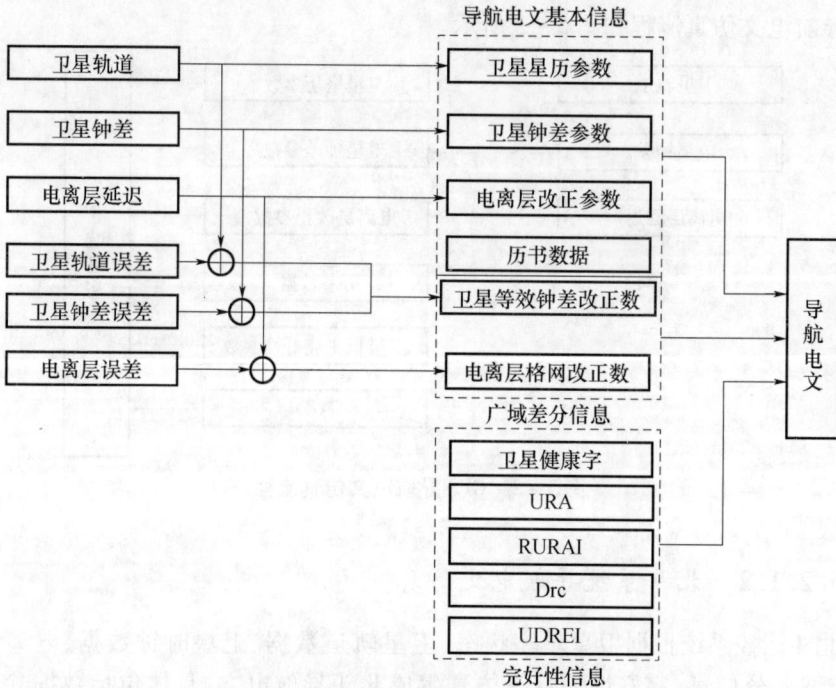

图 5-3　北斗导航电文仿真流程

表 5-1　D_1、D_2 导航电文信息类别及播发特点

电文信息类别		位/bit	播发特点	
帧同步码（Pre）		11	每子帧重复一次	基本导航信息，所有卫星都播发
子帧计数（FraID）		3		
周内秒计数（SOW）		20		
本卫星基本导航信息	整周计数（WN）	13	D_1:在子帧1、2、3中播发,30s重复周期;　D_2:在子帧1页面1~10的前5个字中播发,30s重复周期,更新周期,1h	
	用户距离精度指数（URAI）	4		
	卫星自主健康标识（SatHl）	1		
	星上设备延迟差（T_{GD1}）	10		
	时钟数据龄期（IODC）	5		
	钟差参数（t_{oc},a_o,a_1,a_2）	74		
	星历数据龄期（IODE）	5		
	星历参数（t_0,$\sqrt{A}$,c,ω,Δn,M_0,Ω_0,Ω,I_0,IDOT,C_{uc},C_{us},C_{rc},C_{rs},C_{ic},C_{is}）	371		
	电离层模型参数（α_m,β_m,$n=0\sim3$）	64		
页面编号（Pnum）		7	D_1:在第4和第5子帧中播发;　D_2:在第5子帧中播发	

（续）

电文信息类别		位/bit	播发特点	
历书信息	历书参数 $(t_{0a}, \sqrt{A}, e, \omega, M_0, \Omega_0, \dot{\Omega}, \delta_i, a_0, a_1)$	176	D_1:在子帧 4 页面 1～24,子帧 5 页面 1～6 中播发,12min 重复周期; D_2:在子帧 5 页面 37～60,95～100 中播发,6min 重复周期。 更新周期:小于 7 天	基本导航信息,所有卫星都播发
	历书周计数(WN$_a$)	8	D_1:在子帧 5 页面 7、8 中播发,12min 重复周期; D_2:在子帧 5 页面 35、36 中播发,6min 重复周期。 更新周期:小于 7 天	
	卫星健康信息(Hea$_a i = 1～30$)	9×30		
与其他系统时间同步信息	与 UTC 时间同步参数 $(A_{0UTC}, A_{1UTC}, \Delta t_{LS}, WN_{LSF}, DN)$	88	D_1:在子帧 5 页面 9、10 中播发,12min 重复周期。 D_2:在子帧 5 页面 101、102 中播发,6min 重复周期。 更新周期:小于 7 天	
	与 GPS 时间同步参数 (A_{0GPS}, A_{1GPS})	30		
	与 Galileo 时间同步参数 (A_{0Gal}, A_{1Gal})	30		
	与 GLONASS 时间同步参数 (A_{0GLO}, A_{1GLO})	30		
基本导航信息页面编号(Pnum1)		4	D_2:在子帧 1 全部 10 个页面中播发	完好性、差分信息、格网点电离层信息只由 GEO 卫星播发
完好性及差分信息页面编号(Pnum2)		4	D_2:在子帧 2 全部 6 个页面中播发	
完好性及差分自主健康信息(SatH2)		2	D_2:在子帧 2 全部 6 个页面中播发。 更新周期:3s	
北斗完好性及差分信息卫星标识(BDID$_i$, $i = 1～30$)		1×30	D_2:在子帧 2 全部 6 个页面中播发。 更新周期:3s	
北斗卫星完好性及差分信息	用户差分距离误差指数(UDREI$_i$, $i = 1～18$)	4×18	D_2:在子帧 2 中播发。 更新周期:3s	
	区域用户距离精度指数(RURAI$_i$, $i = 1～18$)	4×18	D_2:在子帧 2、3 中播发。 更新周期:18s	
	等效钟差改正数($\Delta t_i, i = 1～18$)	13×18		

（续）

电文信息类别		位/bit	播发特点	
格网点电离层信息	电离层格网点垂直延迟(dt)	9×320	D_2:在子帧 5 页面 1~13,61~73 中播发。 更新周期:6min	完好性、差分信息、格网点电离层信息只由 GEO 卫星播发
	电离层格网点垂直延迟误差指数（GIVEI）	4×320		

导航电文数据码按每 11bit 顺序分组,对需要交织的数据码先进行串/并变换,然后进行 BCH(15,11,1)纠错编码,每两组 BCH 码,按 1bit 顺序进行并/串变换,组成 30bit 码长的交织码。电文纠错编码示意图[3]如图 5-4 所示。

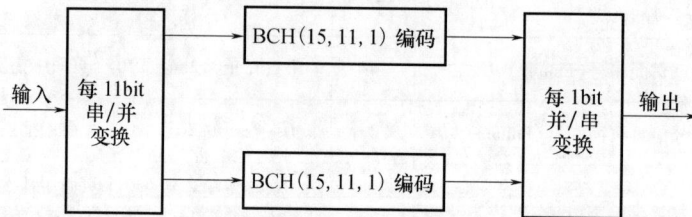

图 5-4　电文纠错编码示意图

BCH(15,11,1)编码框图如图 5-5 所示。首先,4 级移位寄存器的初始状态为全 0,门 1 开,门 2 关,输入 11bit 信息组 X;其次,开始移位,信息组一路经或门输出,另一路进入 $g(X)$ 除法电路,经 11 次移位后 11bit 信息组全部送入电路,此时移

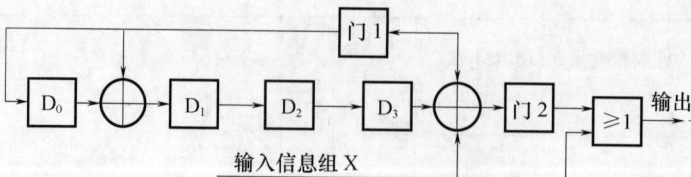

图 5-5　BCH(15,11,1)编码框图

位寄存器内保留的即为校验位;最后门 1 关,门 2 开,再经过 4 次移位,将移位寄存器的校验位全部输出,与原先的 11bit 信息组成一个长为 15bit BCH 码。门 1 开,门 2 关,送入下一个信息组重复上述过程。

接收机接收到数据码信息后按每 1bit 顺序进行串/并变换,进行 BCH(15,11,1) 纠错译码,对交织部分按每 11bit 顺序进行并/串变换,组成 22bit 信息码。电文纠错译码示意图如图 5 - 6 所示[1]。

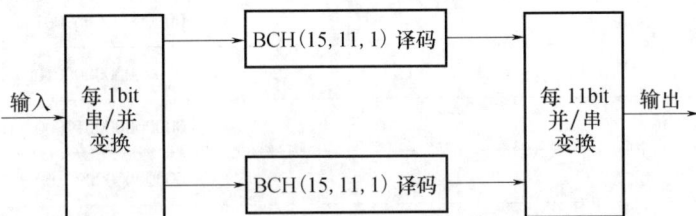

图 5 - 6　电文纠错译码示意图

BCH(15,11,1)译码框图如图 5 - 7 所示,初始时移位寄存器清零,BCH 码组逐位输入到除法电路和 15 级纠错缓存器中,当 BCH 码的 15 位全部输入后,纠错信号 ROM 表利用除法电路的 4 级移位寄存器的状态 D_3、D_2、D_1、D_0 查表,得到 15 位纠错信号与 15 级纠错缓存器里的值模二加,最后输出纠错后的信息码组。纠错信号的 ROM 表见表 5 - 2[1]。

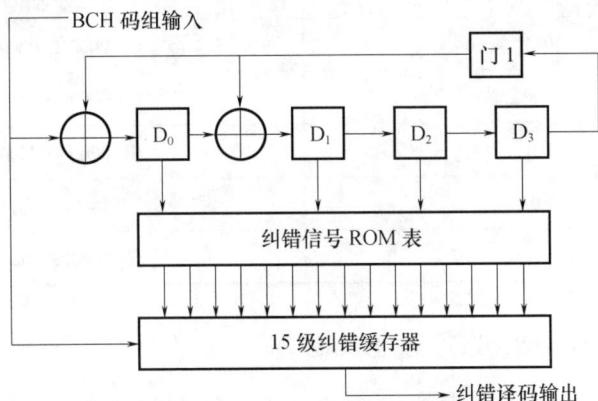

图 5 - 7　BCH(15,11,1)译码框图

每两组 BCH(15,11,1) 码按比特交错方式组成 30bit 码长的交织码,30bit 码长的交织码编码结构如下:

X_1^1	X_2^1	X_1^2	X_2^2	...	X_1^{11}	X_2^{11}	P_1^1	P_2^1	P_1^2	P_2^2	P_1^3	P_2^3	P_1^4	P_2^4

其中:X_i^j 为信息位(i 表示第 i 组 BCH 码,其值为 1 或 2;j 表示第 1 组 BCH 码中的第 j 个信息位,其值为 1 ~ 11);P_i^m 为校验位(i 表示第 i 组 BCH 码,其值为 1 或 2;m

表示第 i 组 BCH 码中的第 m 个校验位,其值为 1~4)。

北斗导航电文码格式详见北斗导航系统发布的相关 ICD 文件。

表 5 - 2　纠错信号的 ROM 表

$D_3 D_2 D_1 D_0$	15 位纠错信号
0000	000000000000000
0001	000000000000001
0010	000000000000010
0011	000000000010000
0100	000000000000100
0101	000000100000000
0110	000000000100000
0111	000010000000000
1000	000000000001000
1001	100000000000000
1010	000001000000000
1011	000000010000000
1100	000000001000000
1101	010000000000000
1110	000100000000000
1111	001000000000000

5.2.1.3　GLONASS 导航电文仿真

GLONASS 的 C/A 码信号和 P 码信号上分别调制有两种不同的导航电文。GLONASS C/A 码信号上所调制的导航电文以超帧与帧的结构形式编排数据码,如图 5 - 8 所示,每一超帧长 2.5min 由 5 个帧组成,每一帧长 30s 由 15 串二进制数据码组成,每一串长 2s 由 1.7s 的数据位和校验位及 0.3s 的时间标记组成,GLONASS 导航电文及其帧编排结构如图 5 - 8 和图 5 - 9 所示。

对照 GLONASS 的导航电文结构和 GPS 导航电文,GLONASS 导航电文结构中的串相当于 GPS NAV 电文中的子帧,表 5 - 3 对 GPS 和 GLONASS 之间导航电文进行了对比。

发送先后顺序

2.5min

| ··· | 超帧 i-1 | 超帧 i | 超帧 i+1 | 超帧 i+2 | ··· |

30s

| 帧 1 | 帧 2 | 帧 3 | 帧 4 | 帧 5 |

2s

| 串 1 | 串 2 | 串 3 | 串 4 | 串 5 | 串 6 | 串 7 | 串 8 | 串 9 | 串 10 | 串 11 | 串 12 | 串 13 | 串 14 | 串 15 |

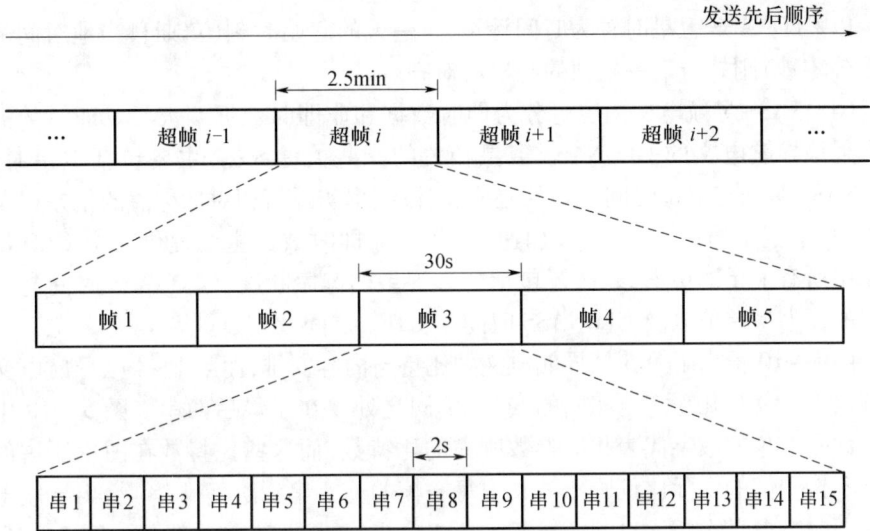

图 5-8　GLONASS C/A 码信号的导航电文

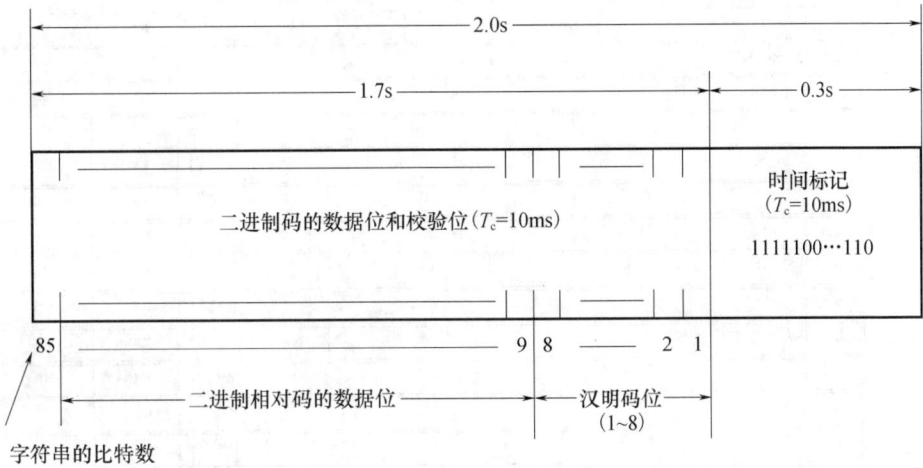

2.0s

1.7s　　　0.3s

二进制码的数据位和校验位(T_c=10ms)

时间标记
(T_c=10ms)

1111100···110

85　　　　　　　　9 8　　2 1

二进制相对码的数据位　　汉明码位
(1~8)

字符串的比特数

图 5-9　GLONASS 导航电文帧结构

表 5-3　GPS 和 GLONASS 之间导航电文对比

参数	GPS	GLONASS
符号速率/(b/s)	50	50
电文全长	12.5min	2.5min
载波调制	BPSK,不归零	BPSK,曼彻斯特
结构层次对应关系	—	超帧
	帧	帧
	子帧	串

以 GLONASS 卫星时钟为时间计量,每一天的起始时刻(莫斯科当地时间的零时零分零秒)刚好与某一超帧的起始沿对齐。

GLONASS 导航电文内容可分为即时数据和非即时数据两大类。即时数据是与发射该导航电文的 GLONASS 卫星相关的一些关键数据,主要包括卫星时间、GLONASS 时间与卫星时间之间的差值、载波频率实际值相对标称值的偏差以及星历参数(即卫星的位置、速度和加速度)等。非即时数据主要提供整个 GLONASS 星座中所有卫星的历书参数,还包括各颗卫星的健康状况、GLONASS 时间与卫星时间的历书型差值以及 GLONASS 时间与 UTC_{SU} 之间的差异量等。

图 5 – 10 给出了第 5 帧导航电文的比特与内容安排,而第 1~4 帧导航电文也有着与图 5 – 10 几乎完全相同的安排,不同之处仅在于最后两串。图 5 – 10 中位于参数右上角的数字代表相应参数所占的比特数,而这些比特数在图中所占的长度并不按它们的实际比例画出。其中每一帧的前 4 串(第 1~4 串)给出导航电文中的即时数据部分,后 11 串(第 5~15 串)提供非即时数据部分。图 5 – 10 为 GLONASS 导航电文第 5 帧结构。

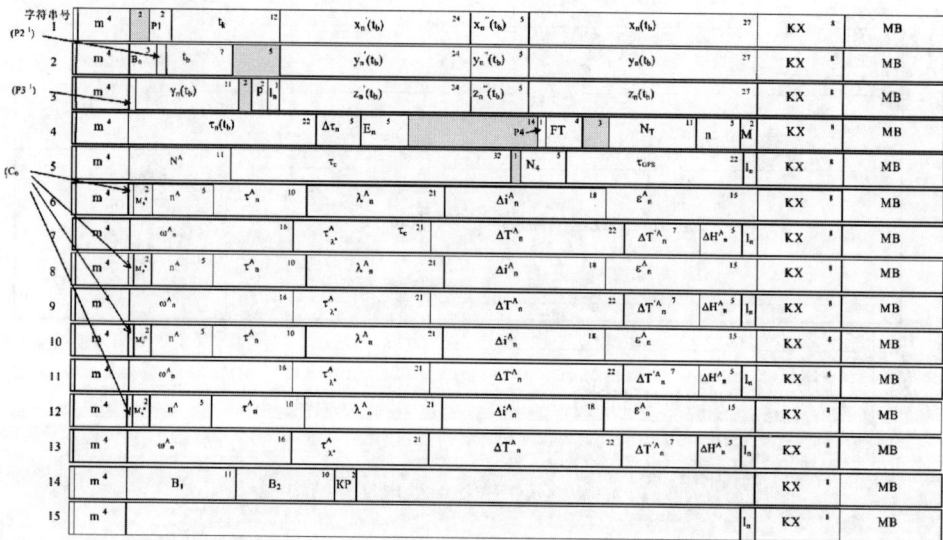

图 5 – 10 GLONASS 电文帧结构(第 5 帧)

KX—汉明码;*MB*—时间志。

1. 导航电文即时数据

每一帧的前 4 串提供导航电文的即时数据,即有关发射此导航电文的卫星本身的星历和时钟矫正参数等。不同帧上的第 1~4 串有完全相同的比特安排,并且在同一超帧中不同帧上的即时数据是相同的,表 5 – 4 为 GLONASS 导航电文参数说明。

表 5 − 4　GLONASS 导航电文参数帧表

卫星星历	串 1 : $x_n, \dot{x}_n, \ddot{x}_n$ 串 2 : $y_n, \dot{y}_n, \ddot{y}_n$ 串 3 : $z_n, \dot{z}_n, \ddot{z}_n$	星历参数 $\ddot{x}_n, \ddot{y}_n, \ddot{z}_n$ 并非卫星在星历参考时刻 t_b 时刻的加速度值，只是由太阳和月球引力所引起的加速度
星历参考时间	串 2 : t_b	一般时常 30min，一帧即时数据中的大部分参数是针对这第 t_b 个时间段的中间点而言
标志符	串 1 : P_1	指出 t_b 时间段的长度，4 个二进制数 00、01、10、11 分别指出 t_b 时间段长 0、30、45、60min，现实中通常为 30min
	串 2 : P_2	指出对应时间长度为 30min 或 60min 时的 t_b 值的奇偶性
	串 3 : P_3	指出该帧提供的是关于 5 颗还是 4 颗卫星参数
	串 4 : P_4	指出地面监控部分是否上传更新的星历参数
起始沿时间	串 1 : t_k	当前一帧的起始沿在当前这一天中以 GLONASS 卫星时间计量的时间值，高 5 位指出自当前一天开始以来的整数小时数目（0 ~ 23），接下来 6 位指出当前这一小时开始以来的整数分钟数目（0 ~ 59），最低位指出当前这一分钟开始以来已过去时间（0 或 1），以 30s 为一段，共 12bit
卫星健康标志	串 2 : B_n	B_n 的最高位为 0 时表示卫星正常工作； B_n 的最高位为 1 时表示存在故障
	串 3 : ℓ_n	重复出现于第 5、7、9、11、13、15 串中，与 B_n 有重复，提高对卫星健康标志的播发频率
载波频率偏差率	串 3 : γ_n	代表该卫星在 t_b 时刻的载波频率偏差率，即 $$\gamma_n = \frac{f_n - f_{H,n}}{f_{H,n}}$$ 式中 : f_n 为 t_b 时刻载波频率估计值 $f_{H,n}$ 为载波频率标称值
卫星时钟矫正量	串 4 : τ_n	该卫星在 t_b 时刻的卫星时钟校正量，即 : $$\tau_n = t_{GLO} - t_n$$
群延迟校正参数	串 4 : $\Delta\tau_n$	G2 波段射频信号所经历的器件群延迟 τ_{G2} 与 G2 波段射频信号所经历的器件群延迟 τ_{G1} 之间的差异，即 $$\Delta\tau_n = \tau_{G2} - \tau_{G1}$$
数据年龄	串 4 : E_n	指出当前星历以天计数的数据年龄，即从上传时刻到 t_b 时刻的时间间隔，有效期范围为 0 ~ 30 天

(续)

URA 预测值	串4:F_T	给出该卫星信号用户测距精度(URA)的预测值
日期参数	串4:N_T	指出当前以4年为一周期中的天数,可根据 N_T 转换出通常采用的公元日历中的年月日形式
星位号	串4:n	指出该信号的卫星在 GLONASS 卫星星座中的星位号,用于标记和区分 GLONASS 星座中的不同卫星
卫星类型	串4:M	2bit,00 代表 GLONASS 型卫星,值01 代表 GLONASS – M 型卫星

2. 导航电文非即时数据

第5~15串导航电文提供非即时数据。非即时数据可分为两部分:第一部分是串5中的导航电文内容,它不但在所有帧中有着相同的比特安排,而且所提供的参数值在同一超帧中的不同帧中是相同的;第二部分是最后10串(即第6~15串),每两串 GLONASS 导航电文可以给出关于一颗卫星的、其实主要是其历书参数的非即时数据,即串6和7、串8和9、串10和11,串12和13及串14和15可以各自提供关于一颗卫星的历书参数。也就是说,每一帧(最后10串)导航电文最多能提供关于5颗不同卫星的历书参数,其中帧5的最后两串不提供历书参数,见表5-5所列。

表5-5 一超帧中卫星历书的播发安排

帧编号	其星历参数被播发的卫星编号
1	1~5
2	6~10
3	11~15
4	16~20
5	21~24

非即时信息(历书)主要包括:

(1) GLONASS 时间数据;

(2) 所有的 GLONNASS 卫星钟时间尺度数据;

(3) 所有 GLONASS 卫星的轨道根数和健康状态数据。

非即时信息(历书)字的特征见表5-6。

表5-6 非即时信息(历书)字的特征

字	比特序号	尺度因子(LSB)	有效范围	单 位
$\tau_c^{①~④}$	28	2^{-27}	± 1	s
	32	2^{-31}	± 1	s
$\tau_{GPS}^{①,②}$	22	22^{-30}	$\pm 1.9 \times 10^{-3}$	天

（续）

字	比特序号	尺度因子(LSB)	有效范围	单　位
$N_4^{①}$	5	1	$1, \cdots, 31$	4 年间隔
N^A	11	1	$1, \cdots, 1461$	天数
n^A	5	1	$1, \cdots, 24$	—
$H_n^{A③}$	5	1	$0, \cdots, 31$	—
$\lambda_n^{A②}$	21	2^{-20}	± 1	π
$t_{\lambda n}^{A②}$	21	2^{-5}	$0, \cdots, 44100$	s
$\Delta i_n^{A②}$	18	2^{-20}	± 0.067	π
$\Delta T_n^{A②}$	22	2^{-9}	$\pm 3.6 \times 10^3$	s/轨道周期
$\Delta \dot{T}_n^{A②}$	7	2^{-14}	$\pm 2^{-8}$	s/轨道周期
$g_n^{A②}$	15	2^{-20}	$0, \cdots, 0.03$	—
$\omega_n^{A②}$	16	2^{-15}	± 1	π
$M_n^{A①}$	2	1	$0 \sim 3$	—
$B_1^{①,②}$	11	2^{-10}	± 0.9	s
$B_2^{①,②}$	10	2^{-16}	$(-4,5\cdots 3,5) \times 10^{-3}$	s/msd
$KP^{①}$	2	1	$0,1$	—
τ_n^A	10	2^{-18}	$\pm 1,9 \times 10^{-3}$	s
C_n^A	1	1	$0, \cdots, 1$	—

① 这些字计划插入 GLONASS – M 卫星的导航信息。

② 在该字中数值可正可负,MSB 是符号比特。码元"0"对应于" + ",码元"1"对应于" – "。

③ 导航信息中频道号为负值时的含义见表 5 – 7。

④ 在 GLONASS – M 卫星的导航信息中,对 τ_c 配置了附加的比特(达 32bit),使 τ_c 的 LSB 增加到 2^{-31} s(即 0.46ns)。

表 5 – 7　导航信息内 GLONASS 载波的负序号

频道号	H_n^A 的值
– 01	31
– 02	30
– 03	29
– 04	28
– 05	27
– 06	26
– 07	25

5.2.1.4 Galileo 导航电文仿真

Galileo 不同数据信号分量上调制的 F/NAV、I/NAV、C/NAV、G/NAV 四种不同类型的导航电文见表 5-8。该表总结了 Galileo 的全部 6 个数据信号分量所采用的导航电文类型及其所提供的服务间的对应关系。

表 5-8　Galileo 信号上的导航电文类型及其所提供的服务

导航电文类型	服务种类	信号分量	数据内容
F/NAV	OS	E_{5a-I}	定位导航
I/NAV	OS,SOL,CS	E_{5b-I} 和 E_{1-B}	定位导航、完好性、附加和(仅在 E_{1-B} 上的)SAR
C/NAV	CS	E_{6-B}	附加
G/NAV	PRS	E_{1-A} 和 E_{6-A}	定位导航、完好性和公共管制

这里以 F/NAV 电文内容的结构和内容进行介绍。

由表 5-8 可知,Galileo 的 E_{5a-I} 信号分量播发 F/NAV 电文,如图 5-11 所示,F/NAV 电文的结构和每页电文数据比特的总体安排有如下特征:

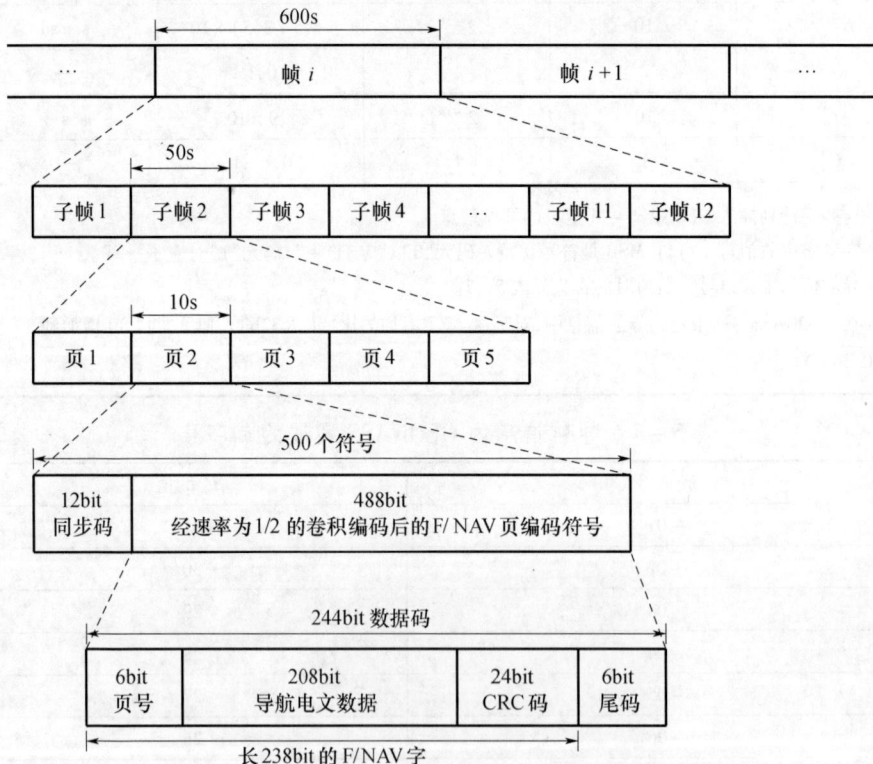

图 5-11　F/NAV 电文结构及其页面数据比特安排

（1）一帧电文长 600s，由 12 个子帧组成；

（2）一子帧长 50s，分成 5 页；

（3）一页长 10s，包含 500 个编码符号，由页首的 12bit 同步码和随后的 488bit F/NAV 电文数据编码符号组成，而这 488bit F/NAV 电文数据编码符号则是由 244bit F/NAV 电文数据码经速率 1/2 的卷积编码和块交织编码而成的。

（4）在卫星信号发射端的编码之前或在接收机端的译码之后，每页中的 244bit F/NAV 电文数据码先后由 6bit 页号、288bit 导航电文原始数据比特、24bit CRC 码和 6bit 尾码组成，其中位于前面的 238bit 称为一个 F/NAV 字。可以理解为每一页 F/NAV 电文本质上是为了播发一个长为 238bit 大的 F/NAV 字。

每一页经卷积编码后的 F/NAV 电文均由 12bit 同步码开头，它的值为 1011 0111 0000。同步码可以让用户接收机搜索到导航电文中页面的边界，从而实现页同步。与编码前的 244bit F/NAV 电文数据码不同，同步码不参加任何卷积或者块交织编码。

在每页 F/NAV 电文多播发的每一个字中，位于前 6bit 的页号指出当前页面的类型，使得接收机按照这一类型电文页的数据比特安排格式相应地翻译该字中的 208bit 导航电文数据比特。字中的最后 24bit 为 CRC 码，是根据 6bit 页号和 208bit 导航电文原始数据计算生成。

每一页的最后 6bit 是尾码，它的值固定位二进制数 000000。表 5 - 9 给出了一帧 F/NAV 电文数据的安排情况，即一帧中各个子帧的各个页面所提供的数据内容情况，F/NAV 是一帧接着一帧地安排重复播发数据。在一帧中，子帧1 ~ 子帧 12 先后依次发射，其中，第奇数个子帧（子帧 1、子帧 3、…、子帧 11）均先后播发页号为 1、2、3、4 和 5 的 5 页电文，而第偶数个子帧（子帧 2、子帧 4、…、子帧 12）均先后播发页号为 1、2、3、4 和 6 的 5 页电文。

表 5 - 9　一帧 F/NAV 电文数据的安排情况

	页号	页面内容
子帧 1	1	SVID、时钟校正、SISA、电离层延迟校正、BGD、信号健康状况、GST，数据有效状况
	2	星历(1/3) 和 GST
	3	星历(2/3) 和 GST
	4	星历(3/3)、GST - UTC 转换、GST - GPST 转换、TOW
	5	卫星 k 的历书、卫星 $(k+1)$ 的历书(1/2)
子帧 2	1	SVID、时钟校正、SISA、电离层延迟校正、BGD、信号健康状况、GST，数据有效状况
	2	星历(1/3) 和 GST
	3	星历(2/3) 和 GST
	4	星历(3/3)、GST - UTC 转换、GST - GPST 转换、TOW
	6	卫星 $(k+1)$ 的历书(2/2)、卫星 $(k+2)$ 的历书

（续）

	页号	页面内容
子帧 3	1	SVID、时钟校正、SISA、电离层延迟校正、BGD、信号健康状况、GST,数据有效状况
	2	星历(1/3)和 GST
	3	星历(2/3)和 GST
	4	星历(3/3)、GST – UTC 转换、GST – GPST 转换、TOW
	5	卫星$(k+3)$的历书、卫星$(k+4)$的历书(1/2)
...	...	...
子帧 12	1	SVID、时钟校正、SISA、电离层延迟校正、BGD、信号健康状况、GST,数据有效状况
	2	星历(1/3)和 GST
	3	星历(2/3)和 GST
	4	星历(3/3)、GST – UTC 转换、GST – GPST 转换、TOW
	6	卫星$(k+16)$的历书(2/2)、卫星$(k+17)$的历书

5.2.2　导航电文参数拟合算法

1. 广播星历参数及拟合方法

广播星历参数拟合取 GPS 的一套参数,即

$$X_0 = \left[t_0, \sqrt{a}, e, i, \Omega_0, \omega, M, \Delta n, \dot{\Omega}, \mathrm{d}i/\mathrm{d}t, C_{us}, C_{uc}, C_{is}, C_{ic}, C_{rs}, C_{rc} \right]^{\mathrm{T}}$$

式中:t_0 为参考历元。这组参数可以通过对精密星历的最小二乘拟合得到。

根据 GPS 广播星历的用户算法,可以得到相应的状态方程和观测方程分别为[9]

$$X = X(X_0, t_0, t) \tag{5-1}$$
$$Y = Y(X, t) = Y(X_0, t_0, t) \tag{5-2}$$

式中:X_0 为待估状态参数,对应广播星历参数;Y 为含 $m(m \geqslant 15)$ 个观测量的观测列向量,一个观测量对应卫星的一个位置分量。

由于式$(5-1)$和式$(5-2)$是非线性方程,因此广播参数的估值问题对应一非线性系统的最小二乘估值问题。解决非线性估值问题的常用的方法是将非线性问题线性化和迭代修正[9]。

令 $X_{i/0}$ 为估值 X_0 在第 i 次迭代的初值,将式$(5-2)$在 $X_{i/0}$ 处展开,有

$$Y = Y(X_{i/0}, t_0, t) + \left(\frac{\partial Y}{\partial X_0} \right)_{X_0 = X_{i/0}} (X_0 - X_{i/0}) + O((X_0 - X_{i/0})^2) \tag{5-3}$$

令

$$x_0 = \boldsymbol{X}_0 - \boldsymbol{X}_{i/0} \tag{5-4}$$

$$y = \boldsymbol{Y} - \boldsymbol{Y}(\boldsymbol{X}_{i/0}, t_0, t) \tag{5-5}$$

$$\boldsymbol{H} = \left(\frac{\partial \boldsymbol{Y}}{\partial \boldsymbol{X}_0}\right)_{\boldsymbol{X}_0 = \boldsymbol{X}_{i/0}} = \left(\frac{\partial \boldsymbol{Y}}{\partial \boldsymbol{X}}\frac{\partial \boldsymbol{X}}{\partial \boldsymbol{X}_0}\right)_{\boldsymbol{X}_0 = \boldsymbol{X}_{i/0}} \tag{5-6}$$

注意,这里两列向量偏导数$\dfrac{\partial \boldsymbol{a}}{\partial \boldsymbol{b}}$定义为

$$\frac{\partial \boldsymbol{a}}{\partial \boldsymbol{b}} = \begin{pmatrix} \dfrac{\partial a_1}{\partial b_1} & \dfrac{\partial a_1}{\partial b_2} & \cdots & \dfrac{\partial a_1}{\partial b_n} \\[2mm] \dfrac{\partial a_2}{\partial b_1} & \dfrac{\partial a_2}{\partial b_2} & \cdots & \dfrac{\partial a_2}{\partial b_n} \\[2mm] \vdots & \vdots & & \vdots \\[2mm] \dfrac{\partial a_k}{\partial b_1} & \dfrac{\partial a_k}{\partial b_2} & \cdots & \dfrac{\partial a_k}{\partial b_n} \end{pmatrix} \tag{5-7}$$

略去式(5-3)中$O(x_0^2)$项,于是式(5-3)可写为

$$y = Hx_0 \tag{5-8}$$

显然,式(5-8)对应一线性系统。这样,式(5-2)对应的非线性估值问题就转化为式(5-8)对应的线性估值问题。根据最小二乘估值原理,可得到x_0的最优估值为

$$\hat{x}_0 = (\boldsymbol{H}^{\mathrm{T}}\boldsymbol{H})^{-1}\boldsymbol{H}^{\mathrm{T}}y \tag{5-9}$$

于是迭代结束后相应广播星历参数为

$$X_{(i+1)/0} = X_{i/0} + \hat{x}_0 \tag{5-10}$$

而迭代过程可在下式满足时停止:

$$\frac{|\sigma_{i+1} - \sigma_i|}{\sigma_i} < \varepsilon \tag{5-11}$$

式中:$\sigma = \sqrt{\dfrac{(y - \boldsymbol{H}x_0)^{\mathrm{T}}(y - \boldsymbol{H}x_0)}{m-1}}$为一次迭代过程中统计的中误差;$\varepsilon$为根据精度要求指定的大于0的小量(一般取0.01)。

根据 GPS 广播星历的用户算法给出式(5-6)对应的偏导数。

$$\frac{\partial \boldsymbol{r}}{\partial(\Delta n)} = \frac{\partial \boldsymbol{r}}{\partial \dot{\Omega}} = \frac{\partial \boldsymbol{r}}{\partial(\mathrm{d}i/\mathrm{d}t)} = \frac{\partial \boldsymbol{r}}{\partial C_{\mathrm{ic}}} = \frac{\partial \boldsymbol{r}}{\partial C_{\mathrm{is}}} = 0 \tag{5-12}$$

$$\frac{\partial \boldsymbol{r}}{\partial(\sqrt{a})} = \frac{2}{\sqrt{a}}\boldsymbol{r} \tag{5-13}$$

$$\frac{\partial \boldsymbol{r}}{\partial e} = A\boldsymbol{r} + B\boldsymbol{r}' \tag{5-14}$$

$$\frac{\partial \boldsymbol{r}}{\partial M} = \frac{1}{n}\boldsymbol{r}' \tag{5-15}$$

$$\frac{\partial \boldsymbol{r}}{\partial i} = r\sin u \begin{pmatrix} \sin i\sin\Omega \\ -\sin i\cos\Omega \\ \cos i \end{pmatrix} \tag{5-16}$$

$$\frac{\partial \boldsymbol{r}}{\partial \Omega} = r \begin{pmatrix} -\cos u\sin\Omega - \sin u\cos i\cos\Omega \\ \cos u\cos\Omega - \sin u\cos i\sin\Omega \\ 0 \end{pmatrix} \tag{5-17}$$

$$\frac{\partial \boldsymbol{r}}{\partial \omega} = r \begin{pmatrix} -\sin u\cos\Omega - \cos u\cos i\sin\Omega \\ -\sin u\sin\Omega + \cos u\cos i\cos\Omega \\ \cos u\sin i \end{pmatrix} \tag{5-18}$$

$$\frac{\partial \boldsymbol{r}}{\partial C_{us}} = r\sin 2u \begin{pmatrix} -\sin u\cos\Omega - \cos u\cos i\sin\Omega \\ -\sin u\sin\Omega + \cos u\cos i\cos\Omega \\ \cos u\sin i \end{pmatrix} \tag{5-19}$$

$$\frac{\partial \boldsymbol{r}}{\partial C_{uc}} = r\cos 2u \begin{pmatrix} -\sin u\cos\Omega - \cos u\cos i\sin\Omega \\ -\sin u\sin\Omega + \cos u\cos i\cos\Omega \\ \cos u\sin i \end{pmatrix} \tag{5-20}$$

$$\frac{\partial \boldsymbol{r}}{\partial C_{rs}} = \sin 2u \begin{pmatrix} \cos u\cos\Omega - \sin u\cos i\sin\Omega \\ \cos u\sin\Omega + \sin u\cos i\cos\Omega \\ \sin u\sin i \end{pmatrix} \tag{5-21}$$

$$\frac{\partial \boldsymbol{r}}{\partial C_{rc}} = \cos 2u \begin{pmatrix} \cos u\cos\Omega - \sin u\cos i\sin\Omega \\ \cos u\sin\Omega + \sin u\cos i\cos\Omega \\ \sin u\sin i \end{pmatrix} \tag{5-22}$$

$$A = -\frac{a}{p}(\cos E + e), B = \frac{\sin E}{n}\left(1 + \frac{r}{p}\right) \tag{5-23}$$

$$\boldsymbol{r}' = \sqrt{\frac{\mu}{a}} \left[-(\sin u + e\sin\omega)\hat{P} + (\cos u + e\cos\omega)\hat{Q} \right] \tag{5-24}$$

$$\hat{P} = \begin{pmatrix} \cos\Omega \\ \sin\Omega \\ 0 \end{pmatrix}, \hat{Q} = \begin{pmatrix} -\cos i\sin\Omega \\ \cos i\cos\Omega \\ \sin i \end{pmatrix} \tag{5-25}$$

式中:$p = a(1 - e^2)$。

$$\frac{\partial(\sqrt{a})}{\partial(\sqrt{a_0})} = \frac{\partial e}{\partial e_0} = \frac{\partial i}{\partial i_0} = \frac{\partial \Omega}{\partial \Omega_0} = \frac{\partial \omega}{\partial \omega_0} = \frac{\partial M}{\partial M_0} = 1 \tag{5-26}$$

$$\frac{\partial(\Delta n)}{\partial(\Delta n_0)} = \frac{\partial \dot{\Omega}}{\partial \dot{\Omega}_0} = \frac{\partial(di/dt)}{\partial(di/dt)_0} = \frac{\partial C_{us}}{\partial C_{us_0}} = \frac{\partial C_{uc}}{\partial C_{uc_0}}$$

$$= \frac{\partial C_{rs}}{\partial C_{rs_0}} = \frac{\partial C_{rc}}{\partial C_{rc_0}} = \frac{\partial C_{is}}{\partial C_{is_0}} = \frac{\partial C_{ic}}{\partial C_{ic_0}} = 1 \tag{5-27}$$

$$\frac{\partial i}{\partial (\mathrm{d}i/\mathrm{d}t)_0} = t - t_0, \frac{\partial i}{\partial C_{is_0}} = \sin 2u, \frac{\partial i}{\partial C_{ic_0}} = \cos 2u \qquad (5-28)$$

$$\frac{\partial \Omega}{\partial \dot{\Omega}_0} = t - t_0 \qquad (5-29)$$

$$\frac{\partial M}{\partial (\sqrt{a_0})} = -3\sqrt{\mu}\, a^{-2}(t-t_0), \frac{\partial M}{\partial (\Delta n_0)} = t - t_0 \qquad (5-30)$$

除上面列出的偏导数以外,其他广播星历参数间的偏导数均为 0。

另外,导航卫星广播星历的用户算法除在升交点经度计算上稍有差异外,其他可以采用 GPS 的用户算法,这里不再重复。

2. 卫星钟差参数以及拟合

卫星钟差参数取 GPS 采用的钟差 a_0、钟速 a_1 以及 1/2 钟速变率 a_2,也采用数值拟合给出。下面简单地给出相应的算法。

根据卫星钟差参数的定义,t 时刻的卫星钟差为

$$\Delta \tau = a_0 + a_1(t-t_0) + a_2(t-t_0)^2 \qquad (5-31)$$

式中:t_0 为卫星钟差参考时刻。

根据式(5-31),用 1h 以上的卫星钟差数据(可以是观测资料,也可以是钟差预报数据),用上一节描述的最小二乘法进行拟合,即可求出某一卫星 t 时刻的 a_0、a_1、a_2。

3. 电离层延迟改正模型参数及其获取

电离层延迟改正参数取 GPS 导航电文中给出的 Klobuchar 模型的 8 个参数,具体值既可以直接从 GPS 导航电文中获取,也可以用环境段模拟分系统产生的电离层模拟数据作观测数据对 Klobuchar 模型的 8 个参数通过最小二乘方法拟合得到。

5.3　用户观测值仿真模型

5.3.1　卫星可见性计算

1. 可见卫星判断

对地面用户来讲一般可以同时接收 5 颗以上卫星信号,模拟器需要根据用户位置和历书参数从中选出可见卫星,然后产生这些卫星的信号。对大多数用户而言,如果用户终端接收天线周围没有明显遮挡且载体姿态变化不大,则只需在测量坐标系内判断卫星相对用户的仰角。如果卫星仰角大于选定的可见卫星最低仰角,则视为可见卫星,模拟器产生该卫星的信号。对姿态变化较大的载体,如火箭、飞机等,需要在天线坐标系内判断卫星是否可见。另外,当载体姿态变化较大时,使接收的信号电平发生较大变化。因此,如不考虑载体姿态,仿真

结果将与接收机实际收星情况产生较大差别,造成信号模拟器试验结果不可信[8]。

2. 卫星仰角、方位角计算

以用户终端接收天线位置为原点建立测量坐标系,在该坐标系内计算卫星的仰角、方位角,如图 5 – 12 所示。其步骤如下:

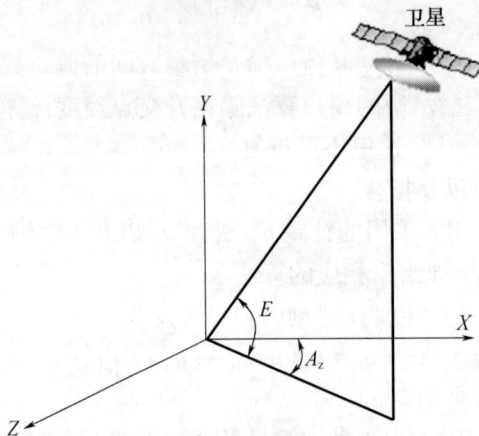

图 5 – 12　卫星的仰角和方位角

(1) 计算卫星在测量坐标系的位置:

$$\boldsymbol{r}_{c}^{s} = R_{Y}(-90°)R_{X}(B)R_{Z}(-90°+L)(\boldsymbol{r}_{D}^{s} - \boldsymbol{r}_{D}^{u}) \tag{5-32}$$

式中:$\boldsymbol{r}_{D}^{s}$、$\boldsymbol{r}_{D}^{u}$ 分别为卫星和用户在地固坐标系的坐标;(L, B) 为用户的经度、纬度。

(2) 计算卫星的仰角、方位角:

$$\begin{cases} E = \arctan(y_{c}^{s}/D) \\ A_{z} = \arccos(x_{c}^{s}/D) + \begin{cases} 0, z_{c}^{s} \geqslant 0 \\ \pi, z_{c}^{s} < 0 \end{cases} \end{cases} \tag{5-33}$$

式中:

$$D = \sqrt{(x_{c}^{s})^{2} + (z_{c}^{s})^{2}}$$

(3) 不考虑载体姿态影响判断卫星的可见性:

如果 $E \geqslant E_{min}$,则为可见卫星,否则为不可见卫星。当卫星仰角低于 5°时,电波引起的测距误差较大,所以卫星最低仰角一般设为 5°。

3. 载体姿态情况下可见卫星判断

在用户终端天线水平放置情况下,接收机可以接收视野内全部可见卫星信号,天线增益随卫星仰角和方位角不同而有一定变化,对很低仰角尤其是负仰角时,天线增益下降,导致接收到的信号信噪比降低。当天线安装在飞行器上时,在飞行过程中,因飞行器姿态影响,使得天线方向图在空间各个方向不断变化,尤其当飞行器姿态变化剧烈时,天线对空中卫星不能形成较好的覆盖,可能导致高仰角卫星信号接收中断,因此飞行器姿态变化对信号接收造成的影响不可忽视。

4. 天线坐标系定义[6,11]

当天线水平放置时,与水平面平行的平面称为天线的赤道面,与赤道面垂直的平面为天线的子午面。天线坐标系记为 $O - X_A Y_A Z_A$,原点 O 位于天线相位中心,X_A 轴在赤道面内指向某一定义的方向,Y_A 轴在子午面内指向天顶,Z_A 轴与 X_A 轴、Y_A 轴构成右手笛卡儿坐标系,如图 5 - 13 所示。天线至卫星矢量在赤道面的投影与 X_A 轴的夹角称为天线的 α 角,记为 α,顺时针为正,范围 $0° \sim 360°$;天线至卫星矢量与 Y_A 轴的夹角称为天线的 β 角,记为 β,范围 $0° \sim 180°$。则天线的增益 G 为 α 和 β 的函数:

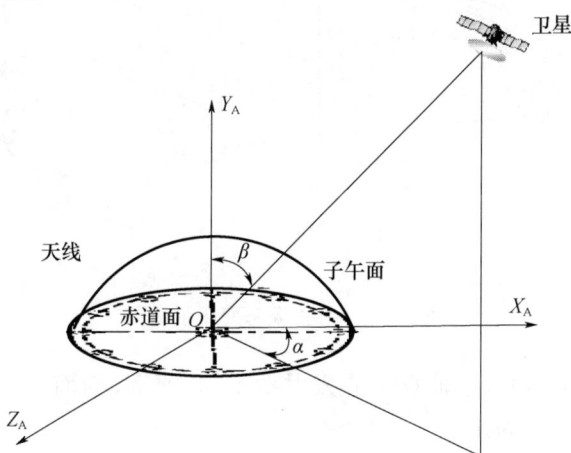

图 5 - 13　天线坐标系

$$G = G(\alpha, \beta)$$

显然,当天线水平放置时,卫星仰角与 β 角的关系为

$$E = 90° - \beta$$

大部分用户终端天线在赤道面为全向天线,其增益随 α 变化很小,随 β 变化较大。

5. 天线坐标系与机(弹)体坐标系间的转换[10]

假设用户终端天线安装在飞行器上时,天线坐标系 X_A 轴与机(弹)体坐标系 X_B 轴指向相同,天线坐标系 $X_A O Y_A$ 平面与机(弹)体 $X_B O Y_B$ 平面之间的夹角为 θ,Y_A 轴在 $X_B O Y_B$ 平面的左边为正,右边为负。设卫星在机(弹)体坐标系的位置为 r_B,不考虑两坐标系原点的坐标差,则机体(弹体)坐标系到天线坐标系之间的转换关系为

$$r_A = R_X(-\theta) \cdot r_B \qquad (5 - 34)$$

式中:r_A 为卫星在天线坐标系的坐标。

6. 弹(箭)载用户终端可见卫星判断[12]

已知卫星在地固坐标系内的位置,判断天线是否能接收到该星信号,需要计

算卫星在弹上天线坐标系的位置,为此需要进行地心坐标系到发射坐标系、发射坐标系到弹体坐标系、弹体坐标系到天线坐标系的转换,转换要使用导弹的三个姿态角。

导弹姿态角是弹体坐标系相对发射坐标系的三个欧拉角,将弹体坐标系平移到发射点,如图 5-14 所示,其具体定义如下:

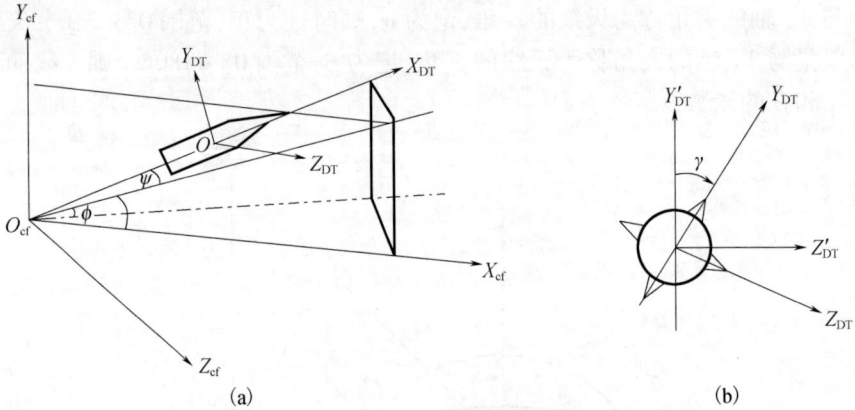

(a)   (b)

图 5-14   导弹姿态变化示意图

（1）俯仰角 ϕ:弹体纵轴 OX_{DT} 在发射系 $X_f OY_f$ 平面(射面)的投影与 X_f 轴的夹角,投影在 X_f 轴之上为正。

（2）偏航角 ψ:弹体纵轴 OX_{DT} 与发射系 $X_f OY_f$ 平面(射面)的夹角,OX_{DT} 轴在射面之左为正。

（3）滚动角 γ:弹体纵对称面 $OX_{DT}Y_{DT}$ 绕弹纵轴 OX_{DT} 的转角,以 $ox'_{DT}y'_{DT}$ 平面为参考,顺 X_{DT} 方向观察,右倾为正,左倾为负。

可见卫星判断步骤如下:

（1）计算卫星在发射坐标系的坐标。由于导弹的姿态角是相对发射系定义的,因此计算 GPS 卫星在弹体坐标系的位置需要借助发射坐标系进行转换。

设卫星在地固坐标系的位置为 r_D^s,卫星在发射系的坐标为 r_f^s,则有

$$r_f^s = R_Y(-90° - A_{of}) \cdot R_X(B_{of}) \cdot R_Z(-90° + L_{of})(r_D^s - r_{0D}) \qquad (5-35)$$

式中:r_{0D} 为发射点的地心地固坐标。

（2）计算卫星在弹体坐标系的坐标。得到了 GPS 卫星在发射系的位置 r_f^s,且通过测量可以得到导弹在发射坐标系的位置 r_f^m,则根据式(3-20),GPS 卫星在弹体坐标系的坐标,r_{DT}^s 为

$$r_{DT}^s = R_X(\gamma) \cdot R_Y(\psi) \cdot R_Z(\phi)(r_f^s - r_f^m) \qquad (5-36)$$

（3）计算 GPS 卫星在天线坐标系的位置。天线坐标系与弹体坐标系的相对关系如前所述,则卫星在天线坐标系的位置为

$$r_A^s = R_X(-\theta) \cdot r_{DT}^s \qquad (5-37)$$

（4）计算 GPS 卫星在天线坐标系的 α、β 角和卫星的仰角、方位角：已知卫星在天线坐标系的坐标为 $(x_s、y_s、z_s)_A$，则

$$\begin{cases} \alpha = \arccos(x_{sA}/D) + \begin{cases} 0, z_{sA} \geq 0 \\ \pi, z_{sA} < 0 \end{cases} \\ \beta = \arccos(y_{sA}/R) \end{cases} \quad (5-38)$$

式中

$$D = \sqrt{x_{sA}^2 + z_{sA}^2}$$

$$R = \sqrt{x_{sA}^2 + z_{sA}^2 + z_{sA}^2}$$

（5）判断卫星的可见性。如果 $\beta \leq \beta_{max}$ 且 $E \geq E_{min}$，则为可见卫星，产生该星的信号；否则，为不可见卫星，不产生该星的信号。

7. 机载用户终端卫星可见性判断

对机载用户终端，能否接收到某颗卫星的信号，不仅取决于卫星相对飞机的仰角，还取决于卫星在机载天线坐标系的位置有关，需综合判断。步骤如下：

（1）计算卫星在飞机当地地理坐标系的坐标[7]。设卫星在地固坐标系的坐标为 r_D^s，则卫星在飞机当地地理坐标系的坐标为

$$r_G^s = R_Y(-90°) \cdot R_x(B_u) \cdot R_Z(-90° - L_u)(r_D^s - r_D^u) \quad (5-39)$$

式中：L_u、B_u 为飞机在大地坐标系的经度、纬度；r_D^u 为飞机在地固坐标系的坐标。

（2）计算卫星在机体坐标系的坐标。已知卫星在当地地理坐标系的坐标为 r_G^s，飞机的俯仰角 ϕ、偏航角 ψ、滚动角 γ，则卫星在机体坐标系的坐标为

$$r_B^s = R_X(\gamma) \cdot R_Z(\phi) \cdot R_Y(\psi) r_G^s \quad (5-40)$$

（3）计算卫星在机载天线坐标系的坐标。天线坐标系与机体坐标系的相对关系如前所述，则卫星在天线坐标系的位置为

$$r_A^s = R_X(-\theta) \cdot r_B^s \quad (5-41)$$

（4）计算卫星在天线坐标系的 α、β 角和卫星的仰角、方位角。已知卫星在天线坐标系的坐标为 $(x_s、y_s、z_s)_A$，则

$$\begin{cases} \alpha = \arccos(x_{sA}/D) + \begin{cases} 0, z_{sA} \geq 0 \\ \pi, z_{sA} < 0 \end{cases} \\ \beta = \arccos(y_{sA}/R) \end{cases} \quad (5-42)$$

式中

$$D = \sqrt{x_{sA}^2 + z_{sA}^2}$$

$$R = \sqrt{x_{sA}^2 + z_{sA}^2 + z_{sA}^2}$$

（5）判断卫星的可见性。如果 $\beta \leq \beta_{max}$ 且 $E \geq E_{min}$，则为可见卫星，产生该星的信号；否则，为不可见卫星，不产生该星的信号。

5.3.2　伪距仿真模型[5]

接收机采用相关测量方法获得对卫星的伪距观测数据。由于接收机只能得到测量数据的接收时刻,而不知道信号自卫星发播的星钟时刻,因此在仿真接收机测量数据时只能从接收时刻反向计算卫星发播信号的星钟时刻。

由伪随机码测距原理可知,观测伪距 ρ' 主要包括两部分:信号在空间的传播距离 ρ 和星地钟差等效距离 $c\delta t$,即

$$\rho' = \rho + c\delta t \tag{5-43}$$

并且有

$$\rho = \rho_0 + \delta\rho_{\text{Ion}} + \delta\rho_{\text{Tro}} + \delta\rho_{\text{Rel}} + \delta\rho_{\text{Off}} + \delta\rho_{\text{Noise}} \tag{5-44}$$

$$c\delta t = c(\delta t_k - \delta t^s)$$

假设接收机于接收机钟面时 t_k^{rece} 时刻获得一组观测伪距,由于接收机本地时钟与导航系统标准时系统存在钟差 δt_k,因此接收机获得伪距的系统时为

$$T_{\text{rece}} = t_k^{\text{rece}} - \delta t_k \tag{5-45}$$

考虑到信号在空间中传播延迟消耗 τ,卫星发播测距信号的系统时为

$$T_{\text{send}} = T_{\text{rece}} - \tau \tag{5-46}$$

由于卫星星钟与导航系统标准时系统存在钟差 δt^s,因此卫星发播测距信号的星钟钟面时为

$$t_{\text{send}}^s = T_{\text{send}} + \delta t^s \tag{5-47}$$

δt_k、δt^s 可利用钟差模型直接计算得出。需要强调的是,钟差是时间的函数,计算 δt_k、δt^s 的时间应该分别为 T_{rece}、T_{send} 时刻。如果这样,就必须迭代才能求解。考虑到原子钟具有高稳特性,T_{rece} 和 t_k^{rece} 时刻的钟差之差很小,可以忽略不计。因此,计算 δt_k 的时刻近似为 t_k^{rece},如此就免去了迭代求解过程。同样计算 δt^s 的时刻可近似为 t_{send}^s。

τ 由下式计算:

$$\tau = \frac{R(T_{\text{rece}} - \tau, T_{\text{rece}})}{c} + \delta t_{\text{Ion}} + \delta t_{\text{Tro}} + \delta t_{\text{Rel}} + \delta t_{\text{Off}} + \delta t_{\text{Noise}} \tag{5-48}$$

式中:$R(T_{\text{rece}} - \tau, T_{\text{rece}})$ 为 $(T_{\text{rece}} - \tau)$ 时刻卫星位置至 T_{rece} 时刻接收机位置的几何距离,δt_{Ion}、δt_{Tro}、δt_{Rel}、δt_{Off} 和 δt_{Noise} 分别为由于电离层、对流层、相对论效应、相位中心偏移和噪声引起的延迟。由于 τ 与 $R(T_{\text{rece}} - \tau, T_{\text{rece}})$ 有关,因此 τ 需要采用迭代方法计算。

迭代初始时,设

$$\begin{cases} \tau_0 = 0 \\ R_0 = R(T_{\text{rece}} - \tau_0, T_{\text{rece}}) \end{cases} \tag{5-49}$$

式中:R_0 为迭代初始的星地几何距离;$(T_{\text{rece}} - \tau_0)$ 时刻卫星位置可由卫星轨道模型

计算得到,用 $(X^s(T_{rece} - \tau_0), Y^s(T_{rece} - \tau_0), Z^s(T_{rece} - \tau_0))^T$ 表示,考虑到 $\tau_0 = 0$,也可用 $(X^s(T_{rece}), Y^s(T_{rece}), Z^s(T_{rece}))^T$ 表示;T_{rece} 时刻接收机位置为已知量,用位置矢量 $(X_k(T_{rece}), Y_k(T_{rece}), Z_k(T_{rece}))^T$ 表示。

因此有

$$R_0 = \sqrt{[X^s(T_{rece}) - X_k(T_{rece})]^2 + [Y^s(T_{rece}) - Y_k(T_{rece})]^2 + [Z^s(T_{rece}) - Z_k(T_{rece})]^2}$$

此后每次迭代按以下顺序进行:

(1) $\tau_i = R_{i-1}/c$。

(2) 计算 $(T_{rece} - \tau_i)$ 时刻卫星位置。如果在地固坐标系中计算,需要对卫星坐标进行地球自转改正:

$$\begin{cases} X^s(T_{rece}) = X^s(T_{rece} - \tau_i)\cos(\omega\tau_i) + Y^s(T_{rece} - \tau_i)\sin(\omega\tau_i) \\ Y^s(T_{rece}) = Y^s(T_{rece} - \tau_i)\cos(\omega\tau_i) - X^s(T_{rece} - \tau_i)\sin(\omega\tau_i) \\ Z^s(T_{rece}) = Z^s(T_{rece} - \tau_i) \end{cases} \qquad (5-50)$$

(3) 计算 $R_i = R(T_{rece}, T_{rece}) + \delta\rho_{Ion} + \delta\rho_{Tro} + \delta\rho_{Rel} + \delta\rho_{Off} + \delta\rho_{Noise}$ 直到

$$|R_i - R_{i-1}| < \varepsilon \qquad (5-51)$$

式中:ε 为迭代收敛阈值,由所需精度决定,取 $\varepsilon < 1.0 \times 10^{-5}$ 可以满足要求。

最后得到信号传播延迟 τ 和卫星发播导航信号的系统时刻 T_{send},也就得到观测伪距:

$$\rho' = c(\delta t_k + \tau - \delta t^s) \qquad (5-52)$$

以上是观测伪距的仿真算法。

需要特别强调的是:

(1) 考虑到测试对误差项开关可控的需求,对每项误差设置误差开关变量,计算信号传播延迟迟,传播误差项是否参与计算由误差开关决定。

(2) 电离层延迟与信号频率相关,当仿真多个频点的伪距观测数据时,需分别计算各自的电离层延迟。

(3) 如果需要仿真区分精码和粗码差异的伪距观测数据,可通过添加不同大小的白噪声来实现。例如:精码测距的噪声一般为 0.1 ~ 0.3m,可添加均值为 0.2、方差为 0.1 的白噪声来实现;粗码测距的噪声一般为 1.5 ~ 3m,可添加均值为 2.25、方差为 0.75 的白噪声来实现。与此类似,还可仿真具有宽窄相关差异的观测数据。

5.3.3　载波相位仿真模型

载波相位测量的观测量是接收机所接收的卫星载波信号与本地参考信号的相位差。它不使用码信号,不受码控制的影响。一般的相位测量只是给出一周以内的相位值(以周为单位,计量周的小数部分)。如果对整周进行计数,则自某一初始采样时刻以后就可以取得连续的相位测量值。

当接收机第一次捕获到卫星信号时,只能获得不足整周的小数部分 $\delta\varphi(t_0)$,存在一个整周模糊度 N_0 不能确定。当接收机锁定卫星信号获得连续观测数据时,第 i 次观测量包括相对第一次观测量的整周变化 $\Delta N(t_i)$ 和不足整周的小数部分 $\delta\varphi(t_i)$:

第 1 次: $\varphi(t_0) = N_0 + \delta\varphi(t_0)$

...

第 i 次: $\varphi(t_i) = N_0 + \Delta N(t_i) + \delta\varphi(t_i)$

当导航信号失锁后再捕获时,载波相位观测值就归零到第一次捕获状态,存在一个新的整周模糊度。

载波相位与伪距之间存在关系

$$\varphi = \rho / \lambda = N + \delta\varphi \tag{5-53}$$

因此,载波相位观测量的仿真可在伪距仿真的基础上进行。

但是由于电离层效应的影响,相位传播延迟与码传播延迟并不相同。因此仿真伪码测量空间传播延迟,同时也利用下式仿真载波测量空间传播延迟:

$$\tau_\varphi = \frac{R(T_{\text{rece}} - \tau, T_{\text{rece}})}{c} - \delta t_{\text{Ion}} + \delta t_{\text{Tro}} + \delta t_{\text{Rel}} + \delta t_{\text{Off}} + \delta t_{\text{Noise}} \tag{5-54}$$

从而,载波测量伪距为

$$\rho'_\varphi = c(\delta t_k + \tau_\varphi - \delta t^s) \tag{5-55}$$

当首次(t_0 时刻)捕获导航信号时,载波观测量为

$$\begin{cases} \delta\varphi(t_0) = \rho'_\varphi(t_0)/\lambda - [\rho'_\varphi(t_0)/\lambda] \\ N_0 = [\rho'_\varphi(t_0)/\lambda] \end{cases} \tag{5-56}$$

式中: $\rho'_\varphi(t_0)$ 为 t_0 时刻载波测量伪距; λ 为载波波长; $[\cdot]$ 为取整运算符。

当第 i 次(t_i 时刻)捕获导航信号时,载波观测量为

$$\begin{cases} \delta\varphi(t_i) = \rho'_\varphi(t_i)/\lambda - [\rho'_\varphi(t_i)/\lambda] \\ \Delta N(t_i) = [\rho'_\varphi(t_i)/\lambda] - N_0 \end{cases} \tag{5-57}$$

如果信号出现失锁,则引入新的整周模糊度,整周计数从零开始重新计数。

5.3.4　信号功率仿真模型[16,20]

该模块的主要功能是根据卫星位置、用户机位置以及卫星发射功率,仿真计算用户终端接收到的卫星信号功率强度。

卫星导航的电波传输损耗是自由空间传播损耗和电波传播经过的具体环境引起的损耗之和。自由空间的传播损耗计算较简单;而电波传播经过的具体环境引起的损耗只能通过实际观测,并根据观测结果总结出一些经验公式而获得。在卫星导航中,大气层(雨、水蒸气、云雾、氧气和闪烁)将会引起信号的额外衰减,当上述一个或多个因素起作用时,均会引起信号幅度、相位、极化和下行波束入射角的变化,从而导致信号传输质量的下降和误码率的上升。数学仿真子系统中考虑的

传输损耗仿真模型组成如图 5 - 15 所示。

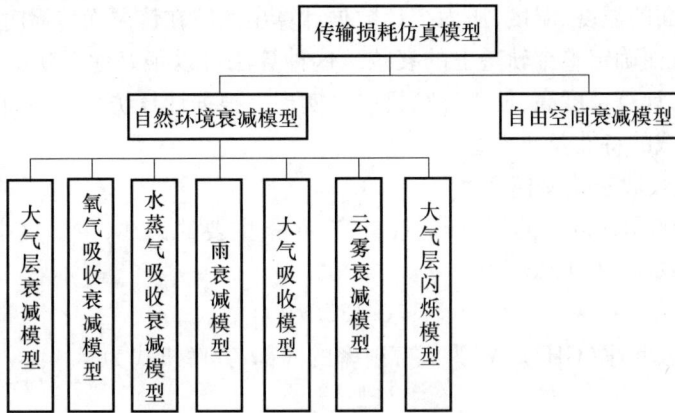

图 5 - 15　传输损耗仿真模型组成

1. 自由空间衰减计算

$$L_s = 32.45 + 20\log f + 20\log d - 10\log(g_r g_t)$$

式中：L_s 为电波的自由空间衰减(dB)；f 为载波频率(MHz)；d 为卫星至用户机的距离(km)；g_t、g_r 分别为发射、接收天线增益。

2. 大气层衰减模型

在卫星导航中,大气层(雨、水蒸气、云雾、氧气和闪烁)将会引起信号的额外衰减,当上述因素一个或多个起作用时,均会引起信号幅度、相位、极化和下行波束入射角的变化,从而导致信号传输质量的下降和误码率的上升。微波在大气中传输,除因电磁波的绕射、折射、反射等引起的衰减外,还存在气体分子的吸收衰减和大气沉降物(雨、云、雾)对电磁波的散射与吸收效应引起的衰减两种与大气特性有关的衰减。在电磁波的作用下,气体分子从一种能级状态跃迁至另一种能级状态,电磁能量转变为分子的内能,在其固有的吸收频率上产生吸收使微波能量衰减。这种现象在频率较高的波段更为显著,因而研究该波段的大气吸收具有重要意义。

大气主要成分是氮气、氧气(干空气)和水蒸气。大气吸收衰减与多方面因素有关,但主要源于氧气、水蒸气的吸收和散射。而氧吸收和水蒸气吸收的衰减率与微波频率、大气温度、水蒸气密度、大气压强等参数有关,并在某些频段存在吸收峰值。这些吸收峰值构成了大气不透明度频率特性曲线,对于大气遥感探测有实际意义。传统的数值计算通常采用一种近似的算法,即忽略射线轨迹上温度、湿度、压力等参量的变化,采取平均计算的模式,而且一般只适合于近地水平路径衰减、低空倾斜路径衰减和地空衰减的模型。数学仿真子系统在大气吸收衰减复折射率模型的基础上,结合微波射线弯曲的折射率抛面模式,建立了 1 ~ 1000GHz 频段的大气吸收衰减分层计算模型,并将以往卫星导航链路空对地衰减模型扩展到空间中任意发射点和目标点的衰减计算。该模型将大气层按折射指数分层,结合数据库中相应层面的温度、湿度、压力统计数据计算出微波在该层面传播时的衰减率和传播距离,从而确定整个轨迹上的衰减。这种算法可以很好地反映电波空间传播的真实情况,计算精度高,便于计算机语言实现。根据计算仿真结果简要分析微波大气吸收衰减的特性及研究意义。[15]

3. 氧气吸收衰减率模型

对于 1000GHz 以下的频率,氧气具有 44 条主要的谱线,主要集中在 60GHz。氧气吸收衰减率 $\gamma(\mathrm{dB/km})$ 为

$$\gamma = 0.182 f N_o(f)$$

式中:f 为微波频率(GHz);N_o 为氧气射率的虚部,其解析式为

$$N_o(f) = \sum_{i=1}^{30} S_i F_i + N_o'(f)$$

其中

$$S_i = a_{i1} \times 10^{-7} \times p \times \beta^3 \times e^{a_{i2}(1-\beta)}$$

$$F_i = \frac{f}{f_i} \left[\frac{\Delta f - \delta(f_i - f)}{(f_i - f)^2 + \Delta f^2} + \frac{\Delta f - \delta(f_i - f)}{(f_i + f)^2 + \Delta f^2} \right]$$

$$\Delta f = a_{i3} \times 10^{-4} \times (p\beta^{(0.8-a_{i4})} + 1.1 p_{\mathrm{vap}}\beta)$$

$$\delta = (a_{i5} + a_{i6}\beta) \times 10^{-4} \times p\beta^{0.8}$$

$$N_o'(f) = f p \beta^2 \left[\frac{6.14 \times 10^5}{d\left[1 + \left(\frac{f}{d}\right)^2\right]} + 1.4 \times 10^{12}(1 - 1.2 \times 10^{-5} f^{1.5}) p\beta^{1.5} \right]$$

这里

$$d = 5.6 \times 10^{-4}(p + 1.1 p_{\mathrm{vap}})\beta$$

其中:S_i 为第 i 条吸收谱线强度;F_i 为吸收谱线形状因子;$N_o'(f)$ 为连续谱修正项;d 为德拜谱的谱宽度参数;p 为大气压强(hPa);p_{vap} 为水汽分压强(hPa),可由水蒸气密度 $\rho(\mathrm{g/m^3})$ 求得,$p_{\mathrm{vap}} = \dfrac{\rho T}{216}$,$\beta = \dfrac{300}{T}$;$T$ 为大气温度(K);Δf 表示谱线的线宽度;δ 为重叠修正因子;Δf 为谱线宽度参数。

4. 水蒸气吸收衰减率模型

图 5-16 为水蒸气吸收衰减率与频率的关系。对于 1000GHz 以下的频率,氧气具有 30 条主要的谱线,水蒸气吸收衰减率 $\gamma(\mathrm{dB/km})$ 为

$$\gamma = 0.182 f N_w(f)$$

式中:f 为微波频率(GHz);N_w 为水蒸气射率的虚部,其解析式为

$$N_w(f) = \sum_{i=1}^{30} S_i F_i + N_w'(f)$$

其中:$S_i = b_{i1} \times 10^{-1} \times p_{\mathrm{vap}} \times \beta^{3.5} \times e^{b_{i2}(1-\beta)}$

$$F_i = \frac{f}{f_i} \left[\frac{\Delta f}{(f_i - f)^2 + \Delta f^2} + \frac{\Delta f}{(f_i + f)^2 + \Delta f^2} \right]$$

$$\Delta f = b_{i3} \times 10^{-4} \times (p\beta^{b_{i4}} + b_{i5}p_{vap}\beta^{b_{i6}})$$

$$N''_w(f) = f(3.57\beta^{7.5}p_{vap} + 0.113 \cdot \beta^3 p_{vap}) \times 10^{-7}p_{vap}\beta^3$$

其中: S_i 为第 i 条吸收谱线强度; F_i 为吸收谱线形状因子; $N'_o(f)$ 为连续谱修正项; d 为德拜谱的谱宽度参数; p 为大气压强(hPa); p_{vap} 为水汽分压强(hPa),可由水蒸气密度 ρ(g/m^3)求得, $p_{vap} = \dfrac{\rho T}{216}$, $\beta = \dfrac{300}{T}$; T 为大气温度(K); Δf 为谱线的线宽度。

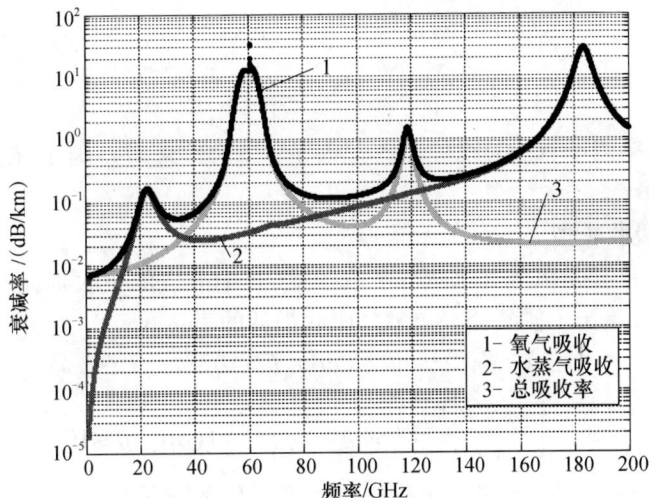

图 5-16　水蒸气吸收衰减率与频率的关系

5. 降雨衰减模型[14,18,19]

降雨对信号主要产生吸收、散射和辐射作用,具体衰减值与地球站的位置、降雨强度和信号的频率及极化方式有关。

1) 降雨衰减

降雨衰减是削弱高频段无线电信号的一个主要因素。测量数据表明,降雨衰减是载波频率和系统可行性的函数,即

$$A_r = C_1\exp(\delta_1 f) + C_2\exp(\delta_2 f) - (C_1 + C_2)\,(\text{dB}), \theta > 10°$$

$$A_r(\theta) = A_r(\theta_0)\sin\theta/\sin\theta_0\,(\text{dB}), \theta \leqslant 10°$$

式中: f 为载波频率(GHz); C_1、C_2、δ_1、δ_2 为系统的可行性函数; θ 为地球站仰角; θ_0 为参考仰角。

2) 降雨噪声

降雨引起的对电磁波吸收衰减也会对地球站产生热噪声影响,这种降雨噪声折合到接收天线输入端等效为天线热噪声,对接收信号的载噪比有很大影响。一般情况下,天线的仰角越高,降雨噪声的影响越小。降雨噪声可以用下面的公式计算:

$$\Delta T_r = (1 - 10^{-A/10})T_r$$

式中:A 为降雨衰减(dB);T_r 为降雨温度(270K)。

3)降雨去极化影响

降雨去极化是指电波经过雨区后,一个极化波所辐射的一部分能量落到了与之正交的极化波内。常用交叉极化鉴别率(XPD)衡量交叉极化分量大小及两个信道间极化干扰程度。XPD 可用下式计算:

$$XPD = U - V(f)\log A_p$$

式中

$$V(f) = \begin{cases} 12.8f^{0.19}, & f \leqslant 20GHz \\ 22.6, & 20GHz \leqslant f \leqslant 35GHz \end{cases}$$

$$U = C_f + C_\tau + C_\theta + C_\delta$$

其中:C_f 为频率因子;C_τ 为线极化改善因子;C_θ 为地理增益因子;C_δ 为雨滴倾角因子。

6. 大气吸收模型[17]

大气吸收主要是氧气和水蒸气吸收损耗,其中氧气的吸收损耗与温度和气压有关。ITU-R 给出了倾斜路径下氧气吸收损耗的表达式:

$$A_o = \begin{cases} (h_o/\gamma_o)/\sin\theta & (dB), \theta > 10° \\ \dfrac{\gamma_o \sqrt{R_e h_o}}{\cos\theta} F(\tan\theta \cdot \sqrt{R_e/h_o})(dB), \theta \leqslant 10° \end{cases}$$

式中:γ_o 为氧气损耗系数(dB/km);h_o 为干燥空气的有效高度(km);θ 为仰角;R_e 为等效地球半径;$F(x) = 1/(0.661x + 0.339\sqrt{x^2 + 5.51})$。

水蒸气的吸收损耗主要与温度有关,ITU-R 给出了相应的水蒸气吸收损耗表达式:

$$A_w = \begin{cases} (h_w/\gamma_w)/\sin\theta & (dB), \theta > 10° \\ \dfrac{\gamma_w \sqrt{R_e h_w}}{\cos\theta} F(\tan\theta \cdot \sqrt{R_e/h_w}) & (dB), \theta \leqslant 10° \end{cases}$$

式中:γ_w 为水蒸气损耗系数(dB/km);h_w 为水蒸气的有效高度(km);θ 为仰角;R_e 为等效地球半径;$F(x) = 1/(0.661x + 0.339\sqrt{x^2 + 5.51})$。

测量数据表明,由于水蒸气和氧气而引起的大气吸收为

$$A_g = A_o + A_w \approx 1 (dB)$$

7. 云雾衰减[14]

无线电信号沿着传播路径的云雾将使信号受到衰落,该衰落量的大小与液体水的含量及温度有关。云和雾引起的衰减较之雨滴则小得多,但是对于低仰角的高纬度地区或波束区域边缘,云和雾的影响是不可忽略的。ITU-R 给出云雾衰减的表达式。

$$A_c = 0.4095fL/[\varepsilon''(1 + \eta^2)\sin\theta](dB)$$

式中:L 为云雾厚度(近似为 1km);ε'' 为水介电常数虚部;f 为载波频率(GHz);

$\eta = (2 + \varepsilon') / \varepsilon''(\varepsilon'$ 为水介电常数实部$)$；θ 为仰角。

8. 大气层闪烁

闪烁是指由电波传播路径上小的不规则性引起的信号幅度和相位的快速起伏。在对流层闪烁通常发生在低仰角并处在湿热气候条件下的卫星导航系统中。

ITU – R 将以上各因素分为三类：慢变因素 A_o；快变因素 A_r；中间因素 A_w、A_c、X（大气闪烁引起的衰落）。总衰落值用下式表示：

$$A_t = A_o + \sqrt{(A_w + A_c + X)^2 + A_r^2}$$

在低仰角必须考虑多源同生大气衰减的效应。在包括由于雨、水蒸气、云雾、氧气和闪烁带来的各种额外衰减后，卫星系统设计中的自由空间传播公式应该做如下修正：

$$P_R = (P_T A_T A_R / c^2 L^2) \cdot (f^2 / A_t) = (P_T A_T A_R / c^2 L^2) \cdot m(f, P_0)$$

式中：P_R、P_T 分别为接收和发送载波平均功率（W）；f 为载波频率（Hz）；L 为卫星至终端的距离（m）；c 为真空中的光速（m/s）；A_R、A_T 分别为接收和发射天线的有效面积（m^2）；A_t 为链路总衰减；P_0 为系统不可用率。

在 ITU 官方网站上提供了"ITU – R PROPAGATION MODELS SOFTWARE LIBRARY"，其中给出由法国的 CNES 开发的动态链接库文件，最新版本号为 V20100917。该动态链接库中的函数实现了基于 ITU – R 相关模型推荐的气体、云层、雨衰和闪烁等信道环境因素导致星地链路传输损耗的计算。

通过该 dll 文件可获得以下参数的数值：

- Atmospheric gases attenuation in dB(ITU – R P. 676 – 8 Annex 2 – see[2])
- Rain attenuation in dB(ITU – R P. 618 – 9 – see[2])
- Clouds attenuation in dB(ITU – R P. 840 – 4 – see[2])
- Scintillation in dB(ITU – R P. 618 – 9 – see[2])
- Rain intensity in dB(ITU digital maps)
- Wet term of refraction co – index(ITU digital maps)
- Rain height(ITU digital maps)
- Total Columnar content(ITU digital maps)
- Water vapour content(ITU digital maps)
- Temperature(ITU digtal maps)
- Version(DLL version management)

一方面直接使用 ITU 提供的 Excel 文件，通过修改参数的方式进行链路传输损耗计算；另一方面直接调用 dll 文件，实现更为灵活的链路分析和计算功能。其中使用到了该动态链接库中的函数见表 5 – 10，包括大气层衰减、雨衰、云衰、闪烁、降雨强度、湿度、雨高、温度、柱面液态水含量、地表水蒸气密度和综合水蒸气含量等计算星地链路损耗时主要考虑的信道环境参数及其带来的信号衰减。

表 5 – 10　动态链接库中的函数

功能列表			
功能	简写	法文版动态链接库调用函数	英文版动态链接库调用函数
大气吸收衰减模型 1	Agaz	Calcule_Agaz	gaseous_attenuation
大气吸收衰减模型 2	Agaz_exceeded	Calcule_Agaz_depassee	gaseous_attenuation_exc
降雨吸收衰减模型	Arain	Calcule_Apluie	rain_attenuation
云雾吸收衰减模型	Acloud	Calcule_Anuages	cloud_attenuation
大气闪烁衰减模型	Iscint	Calcule_Scintillation	Scintillation
降雨强度衰减模型	Rain_Intensity	Calcule_intensite_pluie	rain_intensity
湿度折射	Nwet	Calcule_coindice_refraction	NWET
降雨高度	Rain_height	Calcule_hauteur_pluie	rain_height
柱面液态水含量	TCC	Calcule_contenu_eau_liquide	LWCC
地表水蒸气密度	WVC	Calcule_vapeur_d_eau	SWVD
综合水蒸气含量	Iwvc	Calcule_contenu_vapeur_eau	IWVC
温度	Temperature	Calcule_temperature	temperature
版本	version	version	version

各参数的计算范围见表 5 – 11,以 Agaz( )为例,可以计算俯仰角大于 5°、频率小于 350GHz 的大气层损耗,计算结果以 dB 为单位。

表 5 – 11　衰减计算函数

衰减计算函数			
名称	输入	输出	说明
Agaz	频率(GHz) 俯仰角(red) 温度(K) 水蒸气密度(g/m^3)	大气衰减值(dB)	频率≤350GHz 仰角≥5°
Agaz_exceeded	频率(GHz) 俯仰角(red) 温度(K) 水蒸气密度(g/m^3) 综合水蒸气含量(kg/m^2)	超过年平均值 $p\%$ 的大气衰减值(dB)	频率≤350GHz 仰角≥5°
Arain	纬度(°) 频率(GHz) 俯仰角(red) 不可见概率(%) 地面站点高度(km) 降雨高度(km) 超过年平均值 $\rho\%$ 的降雨密度 倾斜角/(°)	超过年平均值 $p\%$ 的降雨衰减(dB)	频率≤350GHz 0.001% ≤ 不可见概率 ≤5%

（续）

衰减计算函数			
名称	输入	输出	说明
Acloud	频率（GHz） 俯仰角（red） 柱面液态水含量（kg/m²）	超过年平均值 p% 的云雾衰减（dB）	频率≤200GHz 1%≤不可见概率≤50%
Iscint	湿度折射系数 频率（GHz） 俯仰角（red） 不可见概率（%） 地面站点高度（km） 天线效率（%） 天线口径（m）	超过年平均值 p% 的大气闪烁衰减（dB）	7GHz≤频率≤20GHz 仰角≥4° 0.01%≤不可见概率≤50% 0≤天线效率≤100%

5.4　用户轨迹仿真模型

5.4.1　模型基本原理与组成

用户轨迹计算模型的功能是模拟用户的运动，并生成用户的坐标轨迹数据。飞机、舰船、车辆等低动态用户均可建立用户运动描述模型，编制控制脚本，控制用户进行加速、转弯、爬升、停止等运动，并积分运动学模型，获取轨迹参数。导弹和运载火箭可建立完整的动力学和运动学模型，给出用户的受力状况后，进行用户轨迹的计算。除能够直接产生用户轨迹外，用户轨迹计算模型还提供通信端口和读文件的能力，使数学仿真子系统通过通信端口直接读取外部用户轨迹数据。

用户轨迹计算模型组成如图 5 - 17 所示。

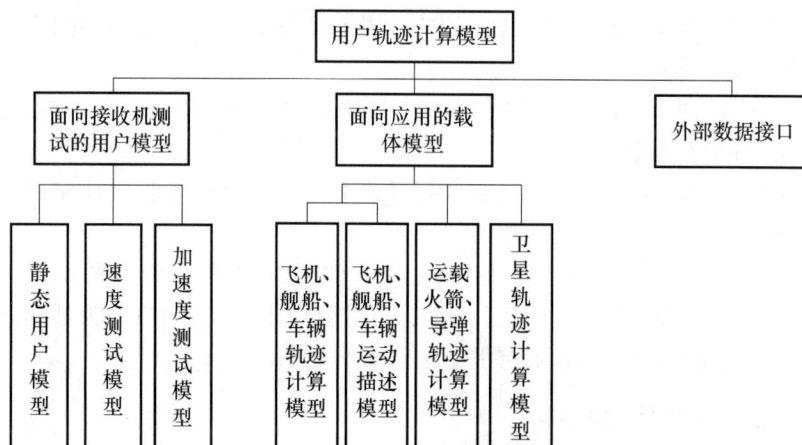

图 5 - 17　用户轨迹计算模型组成

用户轨迹生成流程如图5-18所示。

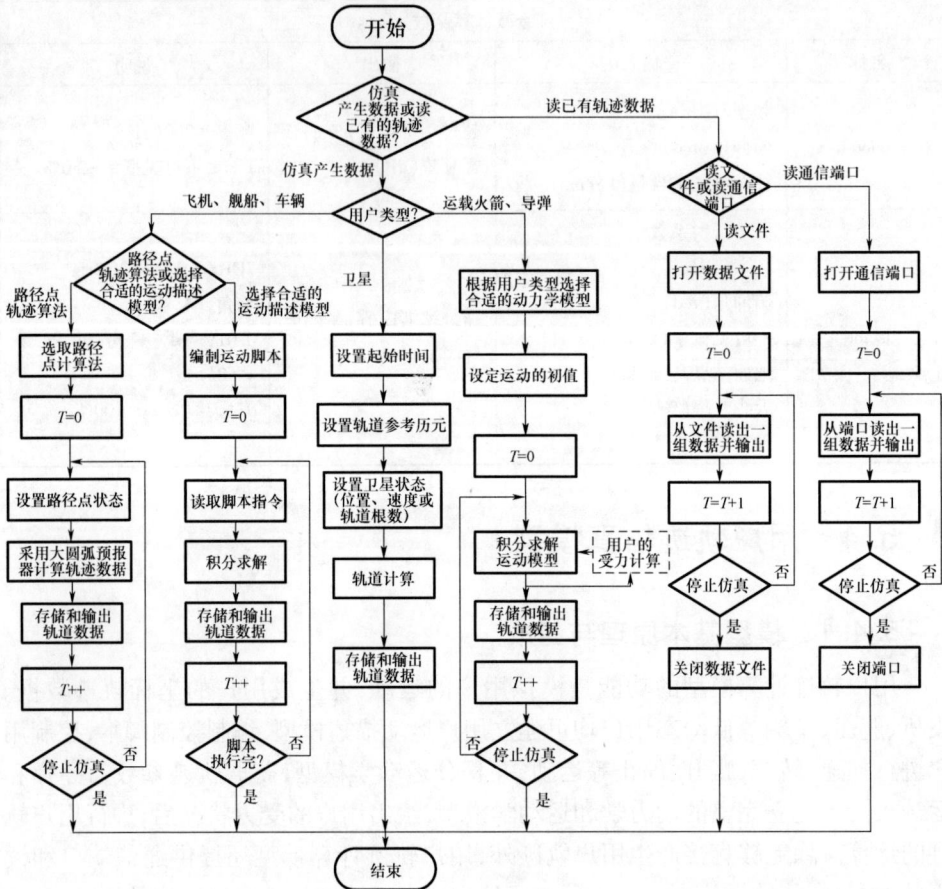

图 5-18　用户轨迹生成流程

（1）用户接收机性能测试的轨迹生成：用于静态接收机测试的简单用户轨迹。这里只需要输入接收机的位置信息。

① 接收机速度测试轨迹。速度测试主要用于检验接收机的测速性能,包括直线运动轨迹和圆运动轨迹。

② 接收机加速度测试轨迹。加速度测试主要用于检验接收机环路的动态性能,包括圆运动轨迹和螺旋运动轨迹。

（2）面向不同应用的载体轨迹生成：为了产生用户的轨迹仿真数据,不同用户根据需要建立相应的模型。根据用户的不同运动规律,可将用户分为低动态用户（飞机、舰船、车辆）、运载火箭和导弹、卫星三种类型。

5.4.2　静态轨迹模型

用户终端处于静止状态,位置坐标、天线姿态由用户直接设定。

5.4.3　车辆运动轨迹模型[13]

1. 车辆直线运动

设起始时刻为 t_0 ,运动目标所处位置为 (B_0,L_0,h_0) ,速度为 V_0 ,加速度为 a ,航向角为 ψ_0 ,则 t 时刻运动目标的速度为

$$V_t = V_0 + a(t - t_0) \tag{5-58}$$

建立以 (B_0,L_0,h_0) 为原点的当地地理坐标系,则 t 时刻运动目标在该坐标系的速度为

$$\begin{bmatrix} \dot{x} \\ \dot{y} \\ \dot{z} \end{bmatrix} = \begin{bmatrix} V_t\cos\psi_0 \\ 0 \\ V_t\sin\psi_0 \end{bmatrix} \tag{5-59}$$

位置为

$$\begin{bmatrix} x \\ y \\ z \end{bmatrix} = \begin{bmatrix} \int_{t_0}^{t} V(\tau)\cos\psi_0 \mathrm{d}\tau \\ 0 \\ \int_{t_0}^{t} V(\tau)\sin\psi_0 \mathrm{d}\tau \end{bmatrix} \tag{5-60}$$

通过坐标变换,可以得到 t 时刻运动目标在地心坐标系的位置和速度。

选择不同的 V_0 和 a 可以模拟运动目标不同的运动状态:当 $V_0=0$, $a=0$,运动目标处于静止状态;当 $V_0\neq0$, $a=0$ 时,运动目标处于匀速直线运动状态;当 $a_0\neq0$ 时,运动目标处于变速直线运动状态。

2. 车辆转弯运动

保持运动目标的水平速度 V_0 不变,按运动目标的侧向加速度改变运动方向。

设方向变化率为 $\dot{\psi}$, t 时刻运动目标的行进方向为

$$\psi(t) = \psi_0 + \int_{t_0}^{t} \dot{\psi} \mathrm{d}\tau \tag{5-61}$$

建立以 t_0 时刻运动目标位置 (B_0,L_0,h_0) 为原点的当地地理坐标系,则 t 时刻运动目标在该坐标系的速度为

$$\begin{bmatrix} \dot{x} \\ \dot{y} \\ \dot{z} \end{bmatrix} = \begin{bmatrix} V_0\cos\psi(t) \\ 0 \\ V_0\sin\psi(t) \end{bmatrix} \tag{5-62}$$

位置为

$$\begin{bmatrix} x \\ y \\ z \end{bmatrix} = \begin{bmatrix} \int_{t_0}^{t} V_0 \cos\psi(\tau)\mathrm{d}\tau \\ 0 \\ \int_{t_0}^{t} V_0 \sin\psi(\tau)\mathrm{d}\tau \end{bmatrix} \qquad (5-63)$$

通过坐标变换,可以得到 t 时刻运动目标在地心坐标系的位置和速度。

3. 车辆爬坡运动

由于舰船只能在水面上航行,因此可以认为其运动时高程没有发生变化,故爬坡运动只适合于车辆运动。设车辆在坡度为 γ 的道路上行驶,行驶速度 V_0 和行驶方向 ψ 保持不变,车辆行驶的高度不断改变。以 t_0 时刻车辆的位置 (B_0, L_0, h_0) 为原点建立当地地理坐标系,则车辆在该坐标系的速度为

$$\begin{bmatrix} \dot{x} \\ \dot{y} \\ \dot{z} \end{bmatrix} = \begin{bmatrix} V_0 \cos\gamma\cos\psi \\ V_0 \sin\gamma \\ V_0 \cos\gamma\sin\psi \end{bmatrix} \qquad (5-64)$$

位置为

$$\begin{bmatrix} x \\ y \\ z \end{bmatrix} = \begin{bmatrix} V_0(t-t_0)\cos\gamma\cos\psi \\ V_0(t-t_0)\sin\gamma \\ V_0(t-t_0)\cos\gamma\sin\psi \end{bmatrix} \qquad (5-65)$$

通过坐标变换,可以得到 t 时刻车辆在地心坐标系的位置和速度。

5.4.4 舰船运动轨迹模型

1. 舰船直线运行

运动目标在地球表面的一点如 A 点,要求以一定的速度 V 在最短时间内运动到预定目的 B 点,那么应该沿着两点之间的最短路径,即过这两点的大圆弧,如图 5-19 所示。

设 A 点的坐标为纬度 φ_1、经度 λ_1 和高程 H_1,B 点的坐标为纬度 φ_2、经度 λ_2 和高程 H_2,过 A、B 点两点的经线(子午线)和最短路径大圆弧构成了一个球面三角形 $\triangle ABP$。则利用球面三角形的有关公式可得初始点航向角为

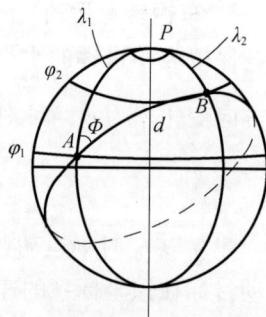

图 5-19 大圆弧运动轨迹

$$\Phi = \arctan \frac{\cos\varphi_2 \sin(\lambda_2 - \lambda_1)}{\sin\varphi_2 \cos\varphi_1 - \cos\varphi_2 \sin\varphi_1 \cos(\lambda_2 - \lambda_1)} \qquad (5-66)$$

若 A 点或 B 点位于极点 P 位置,则式(5-66)不成立,此时航向角 Φ 应为 $0°$

或 180°。

则 A 点到 B 点的地心夹角为

$$\eta = \arccos\left[\cos\varphi_2\cos\varphi_1\cos(\lambda_2 - \lambda_1) + \sin\varphi_2\sin\varphi_1\right] \tag{5-67}$$

取地球平均半径 $R = 6371\text{km}$，同时由于 $(H_2 - H_1) \ll R$，所以 A 点到 B 点的倾角 θ 近似为

$$\theta = \arctan\frac{H_2 - H_1}{\eta(R + H_1)} \tag{5-68}$$

若运动目标在 t_i 时刻的加速度、速度分别为 a_i、V_i，则 Δt 时间后 t_{i+1} 时刻的速度为

$$V_{i+1} = V_i + a_i\Delta t \tag{5-69}$$

Δt 时间内运动的距离为

$$\Delta s = V_i\Delta t + \frac{1}{2} \cdot a_i\Delta t^2 \tag{5-70}$$

假定 Δs 引起大圆弧上的经、纬度和高程及航向的二次变化量很小（忽略不计），则经、纬度和高程及航向角的一次变化量可近似通过距离 Δs 在圆弧线上各点的经、纬线和高程上的投影及解直角球面三角形获得：

$$\begin{cases} \Delta\varphi_i = \Delta s \cdot \cos\theta \cdot \cos\Phi_i/M_i \\ \Delta\lambda_i = \Delta s \cdot \cos\theta \cdot \sin\Phi_i/(N_i \cdot \cos\varphi_i) \\ \Delta H_i = \Delta s \cdot \sin\theta \\ \Delta\Phi_i = \sin\varphi_i \cdot \Delta\lambda_i \end{cases} \tag{5-71}$$

式中：φ_i、Φ_i、N_i、M_i 为大圆弧上 i 点的纬度值、航向角以及该点的地球卯酉圈曲率半径和子午圈曲率半径。

经过 Δt 时间后目标的经、纬度和高程及航向角变化为

$$\begin{cases} \varphi_{i+1} = \varphi_i + \Delta\varphi_i \\ \lambda_{i+1} = \lambda_i + \Delta\lambda_i \\ H_{i+1} = H_i + \Delta H_i \\ \Phi_{i+1} = \Phi_i + \Delta\Phi_i \end{cases} \tag{5-72}$$

则 t_{i+1} 时刻速度在纬度、经度和高程方向上的分量为

$$\begin{cases} V_{\varphi_{i+1}} = V_{i+1} \cdot \cos\theta \cdot \cos\Phi_{i+1}/M_{i+1} \\ V_{\lambda_{i+1}} = V_{i+1} \cdot \cos\theta \cdot \sin\Phi_{i+1}/(N_{i+1} \cdot \cos\varphi_{i+1}) \\ V_{H_{i+1}} = V_{i+1} \cdot \sin\theta \end{cases} \tag{5-73}$$

2. 舰船转弯运动

当运动目标按预定的航路运动到某一位置后，要求开始转弯折向运动到另一位置，因实际运动中目标不沿着折线航路运动，而以圆弧的形式转弯运动。即从转弯点 O_1 开始沿着一个同 AB、BC 航段都相切的圆弧做转弯，待其运动到下一个转

弯点 O_2 后,再改为向 C 点方向的直航运动。

1)计算转弯点 O_1、O_2、O' 和转弯中心 O

转弯点和转弯中心的计算如图 5-20 所示,A、B、C 点是航路上连续的三个设定的航路点,设 B 点处所要求的转弯半径为 R_B 及其对应的球面距离为 a,式(5-66)可计算得 BC、BA 的航向角 Φ_{BA}、Φ_{BC},进而求出 $\angle ABO_B$,根据球面直角三角形有关公式,已知一球面直角边 a 及其对角 $\angle ABO_B$ 就可求出另两边和另一角,则 B_{OB1} 和 B_{OB} 对应的球面距离分别为

$$\begin{cases} b = \arcsin \dfrac{\tan a}{\tan \angle ABO_B} \\ c = \dfrac{\sin a}{\sin \angle ABO_B} \end{cases} \qquad (5-74)$$

再由式(5-68)计算出航路 BA 的倾角 θ_{BA},则式(5-71)和式(5-72)可求出转弯点 OB_1、OB'、OB。同理,可以求出 OB_2 点。

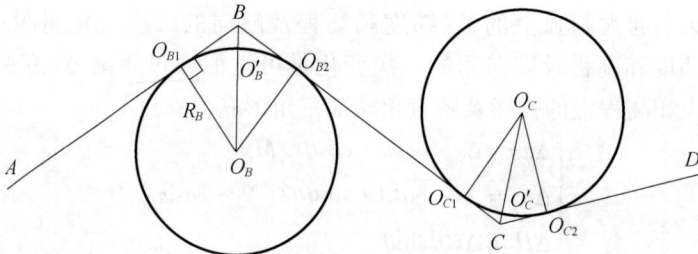

图 5-20 转弯点和转弯中心

在上面计算中,对于第一个航路点和最后一个航路点,由于无转弯,即半径 $R=0$,则 O_1、O'、O 和 O_2 点的坐标等于对应航路点坐标。

2)转弯过程

目标转弯过程计算如图 5-21 所示,设 B_1 为转弯圆弧上的任意一点,运动目标以线速度 V 从 B_1 经过 Δt 时间后到达 B_2 点,则航向变化量为

$$\Delta \Phi = V \cdot \cos\theta \cdot \Delta t / R \qquad (5-75)$$

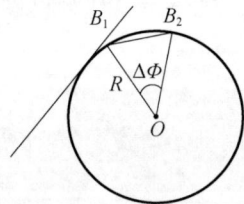

图 5-21 转弯过程

因此,相对圆弧上 B_1 点的航向角,依据转弯时航向角增大还是减少,在转弯 Δt 时间后,B_2 点的航向角变为

$$\Phi_2 = \Phi_1 \pm \Delta \Phi \qquad (5-76)$$

式中:Φ_1、Φ_2 分别为 B_1、B_2 点上的航向角;取正号"+"为航向角增大,取负号"-"则航向角减小。

故 B_1 点和 B_2 点之间的距离为

$$\Delta s = 2R\sin(\Delta \Phi / 2) \qquad (5-77)$$

则利用式(5-71)和式(5-72)可求出 B_2 点的纬度、经度和高程,然后依此类

推可完成转弯运动。

3. 舰船转弯运动轨迹计算流程

舰船转弯运动轨迹圆弧计算流程如图 5 - 22 所示,在转弯圆弧计算中,对应的是各个航路点的输入值,包括纬度、经度、高程、速度和转弯半径值,表示为($B, L,$ H, V, R)。具体实现过程:首先计算出所有转弯点坐标,再计算出从前一个转弯点 O'_B 到下一个 O'_C 点之间航段的距离,随后根据所输入的各个航路点的速度计算出不同航段上的加速度,认为舰船到达 O' 时的速度等于所输入的航路点的速度;接着计算出 $O'_B O_{B2}$、$OB_2 OC_1$、$OC_1 O'_C$ 各段所需的运动时间,以及到达 OB_2 和 OC_1 点的速度。由于计算中是一个步长给出一个点坐标,因此在转弯计算时并不能完全刚好到达转弯点,比如从 A 点运动到 O'_B 点过程中,在 t_i 时舰船未到达 OB_1 转弯点,但经过一个步长后,在 t_{i+1} 时,舰船却从 O_{B1} 点走过了。为此,在程序实现时,先是进行 AO_{B1} 的直航计算,在 t_i 时计算出此时舰船到 O_{B1} 点所需的时间 t',然后进入 $O_{B1} O'_B$ 转弯计算,则先计算从 O_{B1} 点到圆弧上第一点的时间 $t = h - t'$(h 为计算步长),随后再按照式(5 - 75) ~ 式(5 - 77)计算出该点,依次类推就可完成整个仿真计算。

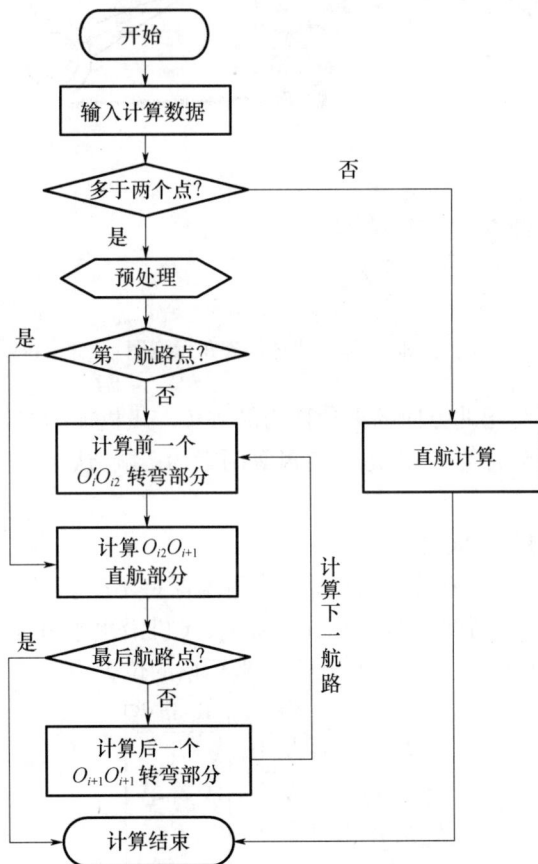

图 5 - 22　舰船转弯运动轨迹大圆弧计算流程

5.4.5 飞机运动轨迹计算模型[21]

1. 飞机运动基本模型

为了便于描述飞机的运动,需要用到飞机的三个姿态角。机体坐标系相对当地地理坐标系的转角称为飞机的姿态角。包括:俯仰角 Φ,为机体坐标系 X_b 轴与水平面的夹角,相对于水平面上抬为正;航向角 Ψ,为机体坐标系 X_b 轴在水平面上的投影与正北方向的夹角,从正北顺时针转动为角度增加方向,范围 $0° \sim 360°$;滚动角 γ,为机体坐标系 OX_bY_b 平面与包含机体坐标系 X_b 轴的铅垂面之间的夹角,顺飞行方向看,机体 OX_bY_b 平面相对于铅垂面右倾为正。机体姿态角如图 5 – 23 所示。

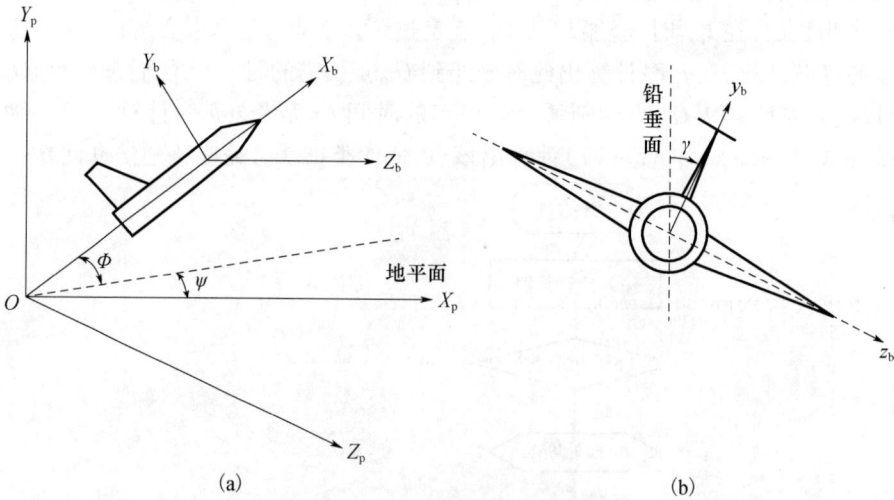

$$(a) \qquad\qquad\qquad (b)$$

图 5 – 23 机体姿态角示意图

飞机地速矢量与正北方向的夹角称为航迹角。飞机航向与航迹之间的夹角称为偏流角。为了简化计算,不考虑高空风等因素的影响,认为飞机的航迹角等于飞机的航向角。

2. 飞机水平均匀直线飞行

飞机飞行高度、水平速度、航向和俯仰角均保持不变。设 t_0 时刻飞机所处位置的大地经纬度、大地高度分别为 L_0、B_0 和 h_0,飞机沿水平方向以速度 V_0 匀速飞行,航迹角 ψ 保持不变。t 时刻飞机在大地坐标系的位置为

$$\begin{bmatrix} L(t) \\ B(t) \\ h(t) \end{bmatrix} = \begin{bmatrix} L_0 \\ B_0 \\ h_0 \end{bmatrix} + \begin{bmatrix} \dfrac{V_0\sin\Psi}{I_L} \\ \dfrac{V_0\cos\psi}{I_B} \\ 0 \end{bmatrix} \qquad (5-78)$$

式中：I_L、I_B 分别为经线和纬线单位弧长(m)，可表示为

$$I_L = 111132.8 - 559.5\cos 2B_0 + 1.1\cos 4B_0 \tag{5-79}$$

$$I_B = \frac{111319.5\cos B_0}{\sqrt{1 - e^2 \sin^2 B_0}} \tag{5-80}$$

以 t_0 时刻飞机位置为原点建立当地地理坐标系，借助当地地理坐标系计算飞机在地心坐标系的速度。t 时刻飞机在当地地理坐标系的速度为

$$\dot{\boldsymbol{r}}_G(t) = \begin{bmatrix} \dot{x} \\ \dot{y} \\ \dot{z} \end{bmatrix}_G = \begin{bmatrix} V_0\cos\psi \\ 0 \\ V_0\sin\psi \end{bmatrix} \tag{5-81}$$

计算飞机在地心坐标系的速度 $\dot{\boldsymbol{r}}_D$，得

$$\dot{\boldsymbol{r}}_D(t) = \begin{bmatrix} \dot{x} \\ \dot{y} \\ \dot{z} \end{bmatrix}_D = R_Z(90° - L_0) \bullet R_X(-B_0) \bullet R_Y(90°)\dot{\boldsymbol{r}}_G(t) \tag{5-82}$$

对短距离导航，可以假定地面为一水平面，在 180km 距离范围内所出现的误差可忽略不计。当飞机飞行距离较长时，需要重新选定起点。

3. 飞机水平加速直线飞行

飞机飞行高度、航迹均保持不变，只是水平飞行速度改变(加快或减慢)。设 t_0 时刻飞机所处位置的大地经纬度、大地高度分别为 L_0、B_0 和 h_0。以此位置为原点，建立当地地理坐标系。设 t_0 时刻飞机速度为 V_0，加速度 A_0，加加速度为 $\dot{A}_0$，飞机允许的最大加速度为 A_{max}，最大速度为 V_{max}，则 t 时刻飞机的加速度为

$$A(t) = \begin{cases} A_0 + \dot{A}_0(t - t_0), & A(t) < A_{max} \\ A_{max}, & A(t) \geqslant A_{max} \end{cases} \tag{5-83}$$

速度为

$$V(t) = \begin{cases} V_0 + A_0(t - t_0) + \dfrac{1}{2}\dot{A}_0(t - t_0)^2, & V(t) < V_{max} \\ V_{max}, & V(t) \geqslant V_{max} \end{cases} \tag{5-84}$$

在 t_0 时刻飞机当地地理坐标系，t 时刻飞机的位置和速度为

$$\begin{bmatrix} L(t) \\ B(t) \\ h(t) \end{bmatrix} = \begin{bmatrix} L_0 \\ B_0 \\ h_0 \end{bmatrix} + \begin{bmatrix} \displaystyle\int_{t_0}^{t} V(\tau)\sin\psi\,\mathrm{d}\tau / I_L \\ \displaystyle\int_{t_0}^{t} V(\tau)\cos\psi\,\mathrm{d}\tau / I_B \\ 0 \end{bmatrix} \tag{5-85}$$

$$\dot{\boldsymbol{r}}_G(t) = \begin{bmatrix} \dot{x} \\ \dot{y} \\ \dot{z} \end{bmatrix}_G = \begin{bmatrix} V(t)\cos\psi \\ 0 \\ V(t)\sin\psi \end{bmatrix} \tag{5-86}$$

通过坐标转换,可以得到 t 时刻飞机在地心坐标系的位置和速度。

4. 飞机转弯飞行

飞机保持飞行高度和水平速度 V_0 不变,按指定的侧向加速度改变飞机的航迹角,飞机转弯的角速率为 $\omega(t)$。飞机的航迹角为

$$\psi(t) = \psi_0 + \int_{t_0}^{t} \omega(t)\,\mathrm{d}t(f\mathrm{mod}(2\pi)) \tag{5-87}$$

式中:$f\mathrm{mod}(2\pi)$ 表示对 $\psi(t)$ 以 2π 为模,取余数;$\psi(t)$ 单位为 rad。

设 t_0 时刻飞机的大地坐标为 (L_0, B_0, H_0),建立以 (L_0, B_0, H_0) 为原点的地理坐标系,在该坐标系内 t 时刻飞机速度为

$$\dot{\boldsymbol{r}}_t(t) = \begin{bmatrix} \dot{x} \\ \dot{y} \\ \dot{z} \end{bmatrix}_G = \begin{bmatrix} V_0\cos\psi(t) \\ 0 \\ V_0\sin\psi(t) \end{bmatrix} \tag{5-88}$$

通过坐标转换,可以得到 t 时刻飞机在地心坐标系的速度。

飞机在大地坐标系的位置为

$$\begin{bmatrix} L(t) \\ B(t) \\ h(t) \end{bmatrix} = \begin{bmatrix} L_0 \\ B_0 \\ h_0 \end{bmatrix} + \begin{bmatrix} \int_{t_0}^{t} V_0\sin\psi(\tau)\,\mathrm{d}\tau/I_L \\ \int_{t_0}^{t} V_0\cos\psi(\tau)\,\mathrm{d}\tau/I_B \\ 0 \end{bmatrix} \tag{5-89}$$

当飞机匀速转弯即 $\dot{\omega}(t) \equiv \omega_0$ 时,根据飞行速度和转弯半径 r 估计 ω_0:

$$\omega_0 = \frac{V_0}{r} \tag{5-90}$$

5. 飞机爬升/俯冲飞行

飞机保持航迹和速度不变,按给定的爬升速度改变飞机的飞行高度。设飞机的飞行速度为 V_0,俯仰角为 φ,航迹为 ψ。设 t_0 时刻飞机位置为 (L_0, B_0, h_0),则在以 (L_0, B_0, h_0) 为原点的当地地理坐标系内,t 时刻飞机速度为

$$\dot{\boldsymbol{r}}_t(t) = \begin{bmatrix} \dot{x} \\ \dot{y} \\ \dot{z} \end{bmatrix}_G = \begin{bmatrix} V_0\cos\varphi\cos\psi \\ V_0\sin\varphi \\ V_0\cos\varphi\sin\psi \end{bmatrix} \tag{5-91}$$

飞机在 t 时刻的位置为

$$\begin{bmatrix} L(t) \\ B(t) \\ h(t) \end{bmatrix} = \begin{bmatrix} L_0 \\ B_0 \\ h_0 \end{bmatrix} + \begin{bmatrix} V_0(t-t_0)\cos\varphi\sin\psi/I_L \\ V_0(t-t_0)\cos\varphi\cos\psi/I_B \\ V_0(t-t_0)\sin\varphi \end{bmatrix} \tag{5-92}$$

通过坐标转换,可以得到 t 时刻飞机在地心坐标系的位置和速度。

6. 飞机沿航路点飞行

给定飞机航行中经过的一系列航路点,使飞机按指定速度 V 从前一航路点飞至下一航路点,假定飞机飞行高度 h 不变。

设飞机在 t_i 时刻位于第 i 个航路点,其大地坐标为 (L_i, B_i, h),第 $i+1$ 个航路点的大地坐标为 (L_{i+1}, B_{i+1}, h)。把地球当作一个球体,由于飞机飞行高度保持不变,相对于地心可认为飞机沿弧线飞行。地球半径取为前一个航路点和下一个航路点地心向径的平均值,在球面上解算飞机飞行距离和航迹角。

第 i 个航路点地面投影的地心纬度和地心向径为

$$\phi_i = \arctan\left[(1 - e^2)\tan B_i\right] \tag{5-93}$$

$$r_i = \frac{a\sqrt{1 - e^2}}{\sqrt{1 - e^2\cos^2\phi_i}} \tag{5-94}$$

式中: a 为地球半长轴; e 为地球第一偏心率。

同样,可以求得第 $i+1$ 个航路点的地心纬度 ϕ_{i+1} 和地心向径 r_{i+1}。

两个航路点之间的距离(弧线长)为

$$S = \left(\frac{r_i + r_{i+1}}{2} + h\right)\arctan\left(\frac{\sin\beta}{\cos\beta}\right) \tag{5-95}$$

式中

$$\cos\beta = \sin\phi_i\sin\phi_{i+1} + \cos\phi_i\cos\phi_{i+1}\cos(L_{i+1} - L_i)$$
$$\sin\beta = \sqrt{1 - \cos^2\beta} \tag{5-96}$$

第 i 个航路点到第 $i+1$ 个航路点圆弧线的大地方位角为

$$\sigma = \arctan\left(\frac{\sin\sigma}{\cos\sigma}\right) \tag{5-97}$$

式中

$$\sin\sigma = \frac{\cos\phi_{i+1}\sin(L_{i+1} - L_i)}{\sin\beta} \tag{5-98}$$

$$\cos\sigma = \frac{\sin\phi_{i+1} - \cos\beta\sin\phi_i}{\sin\beta\cos\phi_{i+1}} \tag{5-99}$$

取飞机的航迹角 $\psi = \sigma$。以前一个航路点位置为原点建立当地地理坐标系,则 t 时刻飞机在该坐标系的速度和位置为

$$\dot{\boldsymbol{r}}_G(t) = \begin{bmatrix} \dot{x} \\ \dot{y} \\ \dot{z} \end{bmatrix}_G = \begin{bmatrix} V\cos\psi \\ 0 \\ V\sin\psi \end{bmatrix} \tag{5-100}$$

飞机的大地坐标为

$$\begin{bmatrix} L(t) \\ B(t) \\ h(t) \end{bmatrix} = \begin{bmatrix} L_i \\ B_i \\ h \end{bmatrix} + \begin{bmatrix} V(t - t_i)\sin\psi/I_L \\ V(t - t_i)\cos\psi/I_B \\ 0 \end{bmatrix} \tag{5-101}$$

通过坐标变换,可以得到 t 时刻飞机在地心坐标系的位置 $\boldsymbol{r}_D(t)$ 和速度 $\dot{\boldsymbol{r}}_D$ (t)。当两航路点距离较长时,需要再以新的 (L,B,h) 为原点建立新的地理坐标系,计算后续时刻飞机的位置速度。

7. 飞机运动组合飞行

飞机在转弯中不断改变飞行高度。飞机水平飞行速度为 V_E,爬升速度为 V_{up},转弯的角速率为 $\omega(t)$。t_0 时刻飞机的位置为 (L_0,B_0,h_0),航迹角为 ψ_0,建立以 (L_0,B_0,h_0) 为原点的地理坐标系,t_0 时刻飞机在该坐标系的速度为

$$\dot{\boldsymbol{r}}_G(t_0) = \begin{bmatrix} \dot{x}_0 \\ \dot{y}_0 \\ \dot{z}_0 \end{bmatrix}_G = \begin{bmatrix} V_E\cos\psi_0 \\ V_{up} \\ V_E\sin\psi_0 \end{bmatrix} \tag{5-102}$$

t 时刻飞机的航迹角为

$$\psi(t) = \psi_0 + \int_{t_0}^{t} \omega(t)\,\mathrm{d}t \tag{5-103}$$

t 时刻飞机的速度和位置为

$$\dot{\boldsymbol{r}}_G(t) = \begin{bmatrix} \dot{x} \\ \dot{y} \\ \dot{z} \end{bmatrix}_G = \begin{bmatrix} V_E\cos\psi(t) \\ V_{up} \\ V_E\sin\psi(t) \end{bmatrix} \tag{5-104}$$

$$\boldsymbol{r}_G(t) = \begin{bmatrix} x \\ y \\ z \end{bmatrix}_G = \begin{bmatrix} \int_{t_0}^{t} V_E\cos\psi(\tau)\,\mathrm{d}\tau \\ V_{up}(t-t_0) \\ \int_{t_0}^{t} V_E\sin\psi(\tau)\,\mathrm{d}\tau \end{bmatrix} \tag{5-105}$$

飞机的大地坐标为

$$\begin{bmatrix} L(t) \\ B(t) \\ h(t) \end{bmatrix} = \begin{bmatrix} L_0 \\ B_0 \\ h_0 \end{bmatrix} + \begin{bmatrix} z_G(t)/I_L \\ x_G(t)/I_B \\ y_G(t) \end{bmatrix} \tag{5-106}$$

通过坐标转换,可以得到 t 时刻飞机在地心坐标系的位置和速度。

5.4.6 导弹运动轨迹计算模型[23]

弹道导弹的运动非常复杂,不仅与导弹的级数和动力装置有关,而且随着控制系统结构形式、射程远近、射击精度指标要求和坐标系选取的不同而不同,不能完整和精确地用数学方程来描述真实的弹道,通常带有一定程度的简化处理,以满足实际需要。

在弹道计算中,需要输入发射点、目标点坐标和速度计算出弹道倾角,在弹道上升阶段由于地球引力作用使速度随着高度的增加而减小,到达弹道最高点后速

度又随着高度的降低而增大,由此可生成一个近似的弹道。

在弹道导弹运动轨迹模型中输入参数为初始时间 t_1、发射点坐标(B_1, L_1, H_1)、目标点坐标(B_2, L_2, H_2)和导弹到达目标点时刻 t_2;计算 t 时刻$(t_1 < t_i < t_2)$,导弹的位置(B_i, L_i, H_i)或(X, Y, Z)。

1. 计算发射点、目标点在地心坐标系中的坐标

$$\begin{bmatrix} X \\ Y \\ Z \end{bmatrix} = \begin{bmatrix} (N+H)\cos B\cos L \\ (N+H)\cos B\sin L \\ [N(1-e^2)+H]\sin B \end{bmatrix} \qquad (5-107)$$

式中:N 为参考椭球卯酉圈曲率半径,计算公式为

$$N = \frac{a}{\sqrt{1-e^2\sin^2 B}} \qquad (5-108)$$

其中:a 为参考椭球半长轴;e 为参考椭球第一偏心率。

2. 计算轨道根数

记 $\boldsymbol{r}_1 = [X_1 \quad Y_1 \quad Z_1]^T$,$\boldsymbol{r}_2 = [X_2 \quad Y_2 \quad Z_2]^T$,轨道倾角 i、升交点赤经 Ω,真近点角之差 $\Delta f = f_2 - f_1$,计算公式如式:

$$\begin{cases} i = \arctan\dfrac{\sqrt{A^2+B^2}}{C} \\[2mm] \Omega = \arctan\dfrac{A}{-B} \\[2mm] \sin\Delta f = \dfrac{C}{r_1 r_2 \cos i} \end{cases} \qquad (5-109)$$

$[A \quad B \quad C]^T$ 计算如下:

$$[A \quad B \quad C]^T = \boldsymbol{r}_1 \times \boldsymbol{r}_2$$

轨道偏心率 e 计算:

$$P = \frac{r_1^2 r_2^2 \sin^2\Delta f}{\mu (t_2-t_1)^2}\bar{y}^2 \qquad (5-110)$$

式中:$\bar{y}$ 为轨道的扇形面积与三角形面积之比。

$$e = \sqrt{(e\cos f_1)^2 + (e\sin f_1)^2} \qquad (5-111)$$

式中

$$e\sin f_1 = \frac{e\cos f_1\sin\Delta f - e\cos f_2}{\sin\Delta f} \qquad (5-112)$$

$$e\cos f_1 = \frac{P}{r_1} - 1$$
$$\qquad (5-113)$$
$$e\cos f_2 = \frac{P}{r_2} - 1$$

真近点角 f 计算:把式$(5-111)$代入式$(5-112)$、式$(5-113)$可得到 f。

轨道长半径 a 计算：

$$P = a(1 - e^2) \qquad (5 - 114)$$

近升角距 ω、M 计算：

$$\omega = \arctan \frac{\dfrac{Z}{\sin i}}{X\cos\Omega + Y\sin\Omega} - f \qquad (5 - 115)$$

$$M = E - e\sin E \qquad (5 - 116)$$

$$\tau = t - \frac{M}{n} \qquad (5 - 117)$$

式中

$$E = 2\arctan\left(\sqrt{\frac{1 - e}{1 + e}}\tan\frac{f}{2}\right) \qquad (5 - 118)$$

3. 计算 t 时刻导弹的位置 (X, Y, Z) 和 $(\dot{X}, \dot{Y}, \dot{Z})$

按二体问题卫星位置和速度计算方法计算导弹的位置 (X, Y, Z) 和 $(\dot{X}, \dot{Y}, \dot{Z})$。

5.4.7 特殊运动轨迹计算模型

1. 垂直正弦运动

垂直正弦运动是指载体由地面上一点开始垂直向上做正弦振荡。仿真此项运动时，需要指定载体的初始运动状态（载体的位置、速度、时间）。

在大地坐标系下，有

$$\begin{cases} B = 常数 \\ L = 常数 \\ H = S\sin(\omega t + \varphi) \end{cases} \qquad (5 - 119)$$

式中：S 为正弦运动的振幅，ω 为幅角变率，φ 为初始幅角。

对式（5 - 119）求导可得

$$\begin{cases} \dot{B} = 0 \\ \dot{L} = 0 \\ \dot{H} = S\omega\cos(\omega t + \varphi) \end{cases} \qquad (5 - 120)$$

式（5 - 120）即在大地坐标系下垂直正弦运动的速度公式。

对式（5 - 120）求导可得

$$\begin{cases} \ddot{B} = 0 \\ \ddot{L} = 0 \\ \ddot{H} = -S\omega^2\sin(\omega t + \varphi) \end{cases} \qquad (5 - 121)$$

式（5 - 121）即在大地坐标系下垂直正弦运动的加速度公式。

对式(5-121)求导可得

$$\begin{cases} \dddot{B} = 0 \\ \dddot{L} = 0 \\ \dddot{H} = -S\omega^3\cos(\omega t + \varphi) \end{cases} \tag{5-122}$$

式(5-122)即在大地坐标系下垂直正弦运动的加加速度公式。

2. 圆加正弦运动

圆加正弦运动是指载体以一个圆的圆周为中心线,沿此中心线做正弦运动,最后形成一个圆形的正弦轨迹。

在仿真此项运动时,需指定圆心、正弦运动的振幅及载体的起始位运动状态(位置、速度、加速度、加加速度、时间)。在运动过程中通过改变载体的速度、加速度、加加速度,正弦运动的振幅等参数改变载体的运动状态。

若轨迹平面与 NEU 坐标系的 NOE 平面不重合,其相互位置如图5-24所示,轨迹圆心与 NEU 坐标系原点重合,所在平面与 NOE 平面交线定义为 x 轴,其垂直方向定义为 y 轴。x 轴与 OE 夹角记为 α,轨迹平面与 NOE 平面夹角定义为 δ。

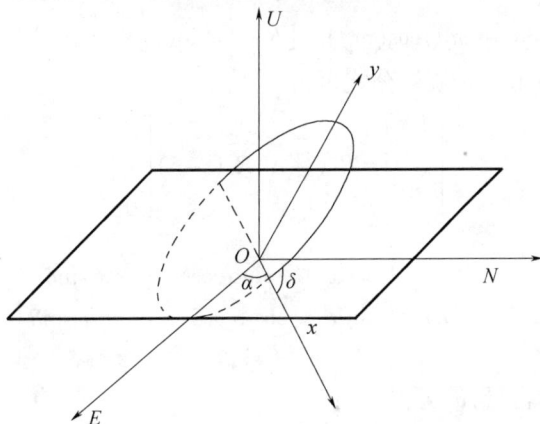

图5-24 轨迹平面坐标系与 NEU 坐标系关系

$$\begin{cases} x = [R + \Delta R\sin(\omega_2 t)]\cos(\omega_1 t) \\ y = [R + \Delta R\sin(\omega_2 t)]\sin(\omega_1 t) \end{cases} \tag{5-123}$$

式中:ω_1 为沿圆形轨迹的角速度;ω_2 为在沿半径方向正弦运动的幅角变率;ΔR 为正弦运动的振幅。

式(5-123)对时间求导可得一阶变率为

$$\begin{cases} \dot{x} = [R + \Delta R\omega_2\cos(\omega_2 t)]\cos(\omega_1 t) \\ \qquad - [R + \Delta R\sin(\omega_2 t)]\omega_1\sin(\omega_1 t) \\ \dot{y} = [R + \Delta R\omega_2\cos(\omega_2 t)]\sin(\omega_1 t) \\ \qquad + [R + \Delta R\sin(\omega_2 t)]\omega_1\sin(\omega_1 t) \end{cases} \tag{5-124}$$

对式(5-124)进一步求导,可得二阶变率为

$$
\begin{cases}
\ddot{x} = \Delta R\ (\omega_2)^2\cos(\omega_2 t)\cos(\omega_1 t) - [R + \Delta R\omega_2\cos(\omega_2 t)]\sin(\omega_1 t)\omega_1 \\
\quad - \Delta R\cos(\omega_2 t)\omega_1\omega_2\sin(\omega_1 t) - [R + \Delta R\sin(\omega_2 t)](\omega_1)^2\cos(\omega_1 t) \\
\ddot{y} = -\Delta R\ (\omega_2)^2\sin(\omega_2 t)\sin(\omega_1 t) + [R + \Delta R\omega_2\cos(\omega_2 t)]\omega_1\cos(\omega_1 t) \\
\quad + \Delta R\cos(\omega_2 t)\omega_1\omega_2\sin(\omega_1 t) + [R + \Delta R\sin(\omega_2 t)](\omega_1)^2\cos(\omega_1 t)
\end{cases}
\tag{5-125}
$$

三阶变率为

$$
\begin{cases}
\dddot{x} = -\Delta R\ (\omega_2)^3\sin(\omega_2 t)\cos(\omega_1 t) - \Delta R\ (\omega_2)^2\omega_1\cos(\omega_2 t)\sin(\omega_1 t) \\
\quad - [R + \Delta R\omega_2\cos(\omega_2 t)](\omega_1)^2\cos(\omega_1 t) + \Delta R\omega_1\ (\omega_2)^2\sin(\omega_2 t)\sin(\omega_1 t) \\
\quad + \Delta R\omega_1\ (\omega_2)^2\sin(\omega_2 t)\sin(\omega_1 t) - \Delta R\ (\omega_1)^2\omega_2\cos(\omega_2 t)\cos(\omega_1 t) \\
\quad - \Delta R\ (\omega_1)^2\omega_2\cos(\omega_2 t)\cos(\omega_1 t) + [R + \Delta R\sin(\omega_2 t)](\omega_1)^3\sin(\omega_1 t) \\
\dddot{y} = -\Delta R\ (\omega_2)^3\cos(\omega_2 t)\sin(\omega_1 t) - \Delta R\omega_1\ (\omega_2)^2\sin(\omega_2 t)\cos(\omega_1 t) \\
\quad - \Delta R\omega_1\ (\omega_2)^2\sin(\omega_2 t)\cos(\omega_1 t) - [R + \Delta R\omega_2\cos(\omega_2 t)](\omega_1)^2\sin(\omega_1 t) \\
\quad - \Delta R\omega_1\ (\omega_2)^2\sin(\omega_2 t)\sin(\omega_1 t) + \Delta R\ (\omega_1)^2\omega_2\cos(\omega_2 t)\cos(\omega_1 t) \\
\quad + \Delta R\ (\omega_1)^2\omega_2\cos(\omega_2 t)\cos(\omega_1 t) - [R + \Delta R\sin(\omega_2 t)](\omega_1)^3\sin(\omega_1 t)
\end{cases}
\tag{5-126}
$$

对式(5-126)由坐标旋转公式可得

$$
\begin{bmatrix} 1N \\ E \\ U \end{bmatrix} = R_3(-\alpha)R_1(-\delta)\begin{bmatrix} y \\ x \\ 0 \end{bmatrix}
\tag{5-127}
$$

式中

$$
R_3(-\alpha)R_1(-\delta) = \begin{bmatrix} \cos\alpha & -\sin\alpha\cos\delta & \sin\alpha\sin\delta \\ \sin\alpha & \cos\alpha\cos\delta & -\cos\alpha\sin\delta \\ 0 & \sin\delta & \cos\delta \end{bmatrix}
\tag{5-128}
$$

由于 α、δ 均为常量,故可得

$$
\begin{bmatrix} \dot{N} \\ \dot{E} \\ \dot{U} \end{bmatrix} = R_3(-\alpha)R_1(-\delta)\begin{bmatrix} \dot{y} \\ \dot{x} \\ 0 \end{bmatrix}
\tag{5-129}
$$

$$
\begin{bmatrix} \ddot{N} \\ \ddot{E} \\ \ddot{U} \end{bmatrix} = R_3(-\alpha)R_1(-\delta)\begin{bmatrix} \ddot{y} \\ \ddot{x} \\ 0 \end{bmatrix}
\tag{5-130}
$$

$$
\begin{bmatrix} \dddot{N} \\ \dddot{E} \\ \dddot{U} \end{bmatrix} = R_3(-\alpha)R_1(-\delta)\begin{bmatrix} \dddot{y} \\ \dddot{x} \\ 0 \end{bmatrix}
\tag{5-131}
$$

即在 NEU 坐标系下的速度、加速度、加加速度。

根据上述分析,通过坐标转换可以得地心坐标系下的位置、速度、加速度、加加速度。

ω_1、ω_2 值根据实际情况选定,依据主要是测试项目的考察指标。

5.5 广域差分与完好性仿真模型

5.5.1 模型组成与基本原理

1. 完好性信息模型[22]

完好性是指当系统不能用于导航时系统及时向用户提供告警的能力。模拟源仿真生成的完好性信息是指由于导航卫星发生故障导致卫星的误差/状态改变而不能用于导航的信息。完好性信息的产生可通过对导航卫星误差/状态进行设置,模拟地面系统接收的伪距观测值经信息处理系统产生。

此外,导航信号模拟源也可以根据误差/状态直接产生简单的完好性信息。以下仅讨论数学仿真子系统的完好性模型。

数学仿真子系统的完好性模型较简单:①根据伪距 SRE 状态表将某一颗或几颗卫星的伪距模拟值附加一定误差;②将 SRE 值编入广域差分及完好性信息播发给用户;③若直接反映某卫星"未被监测",则可在广域差分及完好性信息的报警信息字段中填入相应信息。

完好性信息分为卫星完好性信息和差分完好性信息。卫星完好性信息包括完好性及差分信息卫星标识(BD2ID、GALID、GPSID)、卫星自主健康信息(SatH1)、完好性及差分健康信息标识(SatH2)、用户精度距离标志(URAI)、卫星信号完好性信息(RURAI)等;差分完好性信息包括 BD - 2 差分信息等效钟差改正数(Δt)、用户差分距离误差指数(UDREI)等。

为了完成接收机自主完好性监测,完好性仿真子系统可以生成因卫星钟跳变、卫星通道延迟变化、卫星故障、卫星钟差错误等故障模式下的伪距观测数据附加误差;同时根据卫星仿真状态、观测误差大小和用户设定状态设置系统完好性信息。完好性信息生成模型如图 5 - 25 所示。

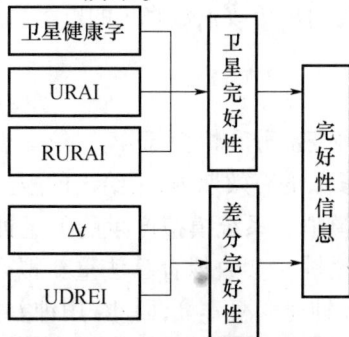

图 5 - 25 完好性信息生成模型

2. 广域差分模型

广域差分是指主控站通过对所有监测站的观测数据进行综合处理,确定广域差分信息(广域差分改正数)并向用户播发,供用户作差分定位使用。广域差分改正数包含卫星星历改正数、卫星钟差改正数以及电离层差分改正数。这些数据的获取一方面可以通过接收地面运控系统信息处理系统产生的相应结果,另一方面导航信号模拟源可以根据相应算法自行计算产生。地面运控系统的信息处理分系统的广域差分模型由该分系统研制,以下仅讨论环境段模拟分系统的广域差分模型。

导航信号模拟源的广域差分模型相对简单:①将导航电文中卫星的广播星历、卫星钟钟差附加一定误差(可参考对 GPS 的 SA 的建模研究成果);②将由电离层模型计算的电离层参数附加一定误差;③将以上带有误差的卫星的广播星历、钟钟差、电离层参数编入导航电文并播发给用户;④将以上误差编入广域差分及完好性信息播发给用户。

5.2.2 模型算法

1. 广播星历计算

根据导航卫星广播星历的用户算法计算。

2. 星历改正数计算

假设 t_0 为星历改正数定义的时刻,首先利用产生的标称星历插值出导航星历有效期内的各个时刻 t_k,每 3min 取一个点,在 t_0 前后各取 4 个点。根据下式利用最小二乘法解算星历改正数:

$$\Delta \boldsymbol{r}_0 + \Delta \dot{\boldsymbol{r}}_0 (t_k - t_0) = \boldsymbol{R}_k - \boldsymbol{r}_k + \varepsilon$$

$$t_k = t_0 + 180k, k \text{ 为 } -4, -3, -2, -1, 0, 1, 2, 3, 4$$

式中:$\Delta \boldsymbol{r}_0$、$\Delta \dot{\boldsymbol{r}}_0$ 为 t_0 时刻的星历改正数;$\boldsymbol{R}_k$,$\boldsymbol{r}_k$ 分别为标称星历插值结果和导航星历计算结果。

3. 星历改正数误差

卫星星历改正数误差以每一颗卫星的星历"等效"距离误差(EPRE)表示,包括精密星历误差(主要是标称星历的插值误差)和星历改正数的拟合误差的径向分量。可以根据标称星历与由星历改正数修正的广播星历参数计算的卫星位置之差的径向分量来获得。

4. 钟差改正数计算

卫星钟差改正数包括慢变部分和快变部分。

在导航电文卫星钟差参数的有效期内,用给出的卫星钟差参数计算时刻 t_k 的卫星钟差 δt_k,并用环境段模拟分系统模拟产生的卫星钟差 δt_k^0 为标准,计算两者的差 dt_k 作为观测量,用卫星钟差参数拟合算法重新拟合出一组钟差慢变改正数(钟差 a_0、钟速 a_1 以及 1/2 钟速变率 a_2),而 dt_k 用钟差慢变量修正后的残余钟差即为快变改正数。

5. 计算 UDRE

由改正后的卫星坐标和卫星钟计算出参考站 i 对卫星 j 的伪距计算值：

$$\rho_{ic}^{j} = \sqrt{(x_i - x^j)^2 + (y_i - y^j)^2 + (z_i - z^j)^2} + C \cdot \Delta T^j \qquad (5-132)$$

该伪距观测值的用户差分距离误差为

$$\Delta \rho_i^j = \rho_i^j - \rho_{ic}^j \qquad (5-133)$$

以最近 1s 的所有伪距差分距离误差 $\Delta \rho_i^j$ 求平均，即得该卫星的 UDRE。

6. 电离层差分改正数

电离层差分改正数是利用电离层实测数据，用电离层单层模型（如 Geogiadiou 三角级数展开模型、低阶球谐函数展开模型、二维多项式模型等）拟合出给定网格节点（通常将服务区分成 $5° \times 5°$ 的网格）上的天顶方向的电离层电子浓度或垂直延迟量，并统计相应的垂直延迟误差（GIVE）作为电离层改正数的完好性。具体方法不再描述。

7. 完好性信息生成

导航卫星完好性信息包括：导航卫星的伪距误差、卫星"不能用"和卫星"未被监测"状况。系统可用伪距 SRE 指针表示对应的导航卫星伪距误差。SRE 指针的每一种状态代表卫星实际 SRE 不大于该状态对应的 SRE（99.9%）。系统向用户提供多种卫星误差/状态，具体数量和状态值待定。当伪距 SRE 超出一限值时，系统发出报警，表示用此卫星定位时，用户的实际定位误差大于卫星导航系统标准定位服务水平。当伪距 SRE 超出另一限值时，系统向用户提供"不能用"信息。卫星"未被监测"状态在报警信息中表示。表 5-12 为双星增强系统中伪距 SRE 状态。

表 5-12　伪距 SRE 状态

SRE 值	SRE 状态（99.9%）
0	0.75m
1	1.0m
2	1.25m
3	1.75m
4	2.25m
5	3.0m
6	3.75m
7	4.5m
8	5.25m
9	6.0m
10	7.5m
11	15.0m
12	50.0m
13	150.0m
14	300.0m
15	>300m 或"不能用"

5.6 惯导数据仿真模型

对于 GNSS/INS 组合导航接收机来说,需要对惯测组合系统进行仿真,输出惯测组合的原始观测量,用于完成 GPS 和 INS 的组合算法研究,并能够根据用户设定选择光纤、激光、MEMS 等类型的陀螺器件,其关键参数可以由外部输入,并可接收外部输入的惯测模型。

惯性导航模型是非线性、时变的复杂微分模型,同时由于圆锥误差、杠臂误差等的存在,惯性信号生成是惯性导航的逆问题。因此,在大多数情况下,它也无法得到准确的解析解。这对于高动态的运动问题将变得更为突出。估计生成的基本模型,是根据用户定义的位置、速度和姿态等信息,计算惯性测量单元中陀螺和加速度计的理想输出。光纤、激光、MEMS 等陀螺均为捷联惯性系统元件,只是实现原理和精度上存在区别。此外,相对于平台式导航系统而言,捷联惯性导航系统更加适合与卫星导航系统进行组合,并且随着器件和算法的进步捷联惯性导航系统的精度不断提高,尤其适合飞机、战术导弹等设备使用。

捷联惯导观测数据仿真模块原理如图 5 - 26 所示,陀螺观测量计算模块根据用户输入的载体姿态运动信息、陀螺确定性误差、陀螺随机误差、陀螺安装误差等

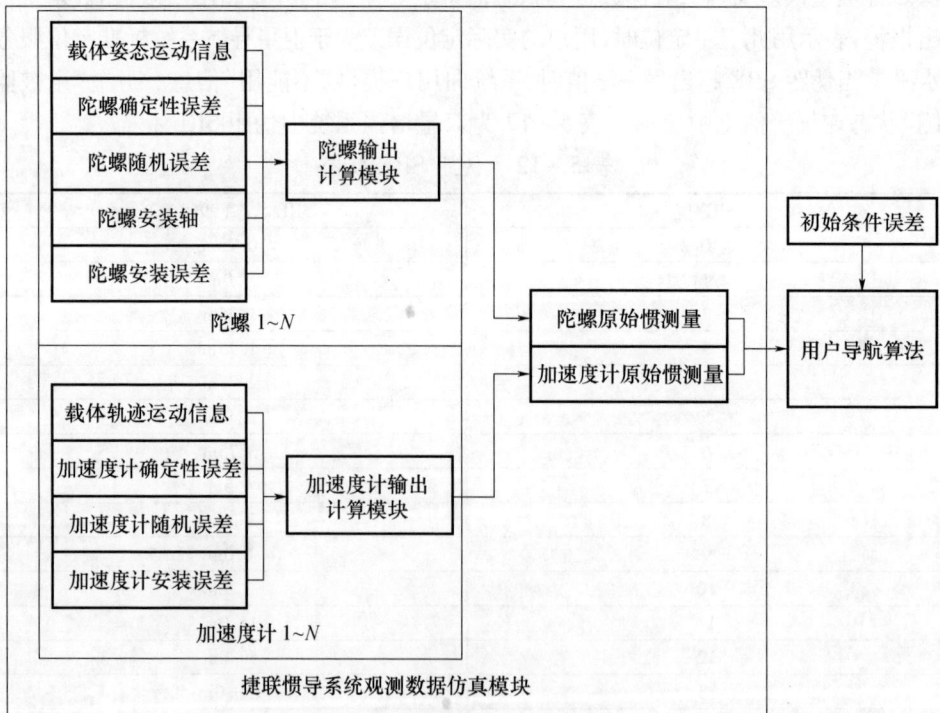

图 5 - 26 惯测数据仿真原理

计算陀螺的原始观测量;加速度计观测量计算模块根据用户输入的载体轨迹运动信息、加速度计确定性误差、加速度计随机误差、安装误差等计算加速度计的原始观测量,用户导航算法根据捷联惯导观测数据仿真模块输出进行载体导航和姿态确定。

5.6.1　惯性导航模型误差建模

误差建模是捷联惯性导航系统仿真的核心。捷联惯性导航系统中,惯性器件直接固联在载体上,误差源主要包括元器件误差、安装误差和初始条件误差。其中,安装误差和元器件误差需要在仿真中考虑,初始条件误差在用户导航算法中得以体现。

1. 元器件误差

1) 陀螺误差模型

陀螺误差模型为

$$\tilde{\omega}_{ib}^b = (I + [\delta K_G] + [\delta G])\omega_{ib}^b + \varepsilon_i, i = x,y,z$$

式中:w_{ib}^b 为轨迹发生器输出的理论角速率信息;δK_G 为刻度系数误差,用随机常数表示,$\dot{\delta K}_{Gi} = 0(i = x,y,z)$;$\delta G$ 为安装误差角,用随机常数表示,$\dot{\delta G}_i = 0(i = x,y,z)$。

$$[\delta K_G] = \text{diag}[\begin{matrix} \delta K_{Gx} & \delta K_{Gy} & \delta K_{Gz} \end{matrix}]$$

$$[\delta G] = \text{diag}\begin{bmatrix} 0 & \delta G_z & -\delta G_y \\ -\delta G_z & 0 & \delta G_x \\ \delta G_y & -\delta G_x & 0 \end{bmatrix}$$

陀螺误差模型主要包括陀螺漂移、刻度系数误差和安装误差。

陀螺漂移模型为

$$\varepsilon_i(t) = \varepsilon_{bi}(t) + \varepsilon_{ri}(t) + w_{gi}(t), i = x,y,z$$

其中,陀螺随机常值漂移误差方程 $\dot{\varepsilon}_{bi} = 0, i = x,y,z$。

陀螺相关漂移为一阶马尔可夫过程,其误差方程为

$$\dot{\varepsilon}_{ri} = -\frac{1}{\tau_g}\varepsilon_{ri} + w_{ri}, i = x,y,z$$

式中:τ_g 为陀螺相关时间;w_{ri} 为驱动噪声;其方差为 $\frac{2}{\tau_g}\sigma_1^2$。

陀螺不相关漂移抽象化为白噪声过程 w_{gi},即

$$E[w_{gi}(t)w_{gi}(\tau)] = q_{gi}\delta(t - \tau), i = x,y,z$$

2) 加速度计误差模型

加速度计误差模型为

$$\tilde{f}_{ib}^b = (I + [\delta K_A] + [\delta A])f_{ib}^b + \nabla_i$$

式中：f_{ib}^b 为轨迹发生器输出的理论比力信息；δK_A 为刻度系数误差，用随机常数表示，$\delta \dot{K}_{Ai}=0(i=x,y,z)$；$\delta A$ 为安装误差角，用随机常数表示，$\delta \dot{A}_i=0(i=x,y,z)$。

$$[\delta K_A] = \mathrm{diag}[\,\delta K_{Ax} \quad \delta K_{Ay} \quad \delta K_{Az}\,]$$

$$[\delta A] = \mathrm{diag} \begin{bmatrix} 0 & \delta A_z & -\delta A_y \\ -\delta A_z & 0 & \delta A_x \\ \delta A_y & -\delta A_x & 0 \end{bmatrix}$$

加速度计误差模型主要包括加速度计零偏、刻度系数误差和安装误差。

加速度计零偏模型为

$$\nabla_i(t) = \nabla_{bi}(t) + w_{ai}(t), i=x,y,z$$

其中加速度计随机常值零偏误差方程 $\dot{\nabla}_{bi}=0(i=x,y,z)$。

加速度计不相关零偏抽象化为白噪声过程 w_{ai}，即

$$E[w_{ai}(t)w_{ai}(\tau)] = q_{ai}\delta(t-\tau), i=x,y,z$$

2. 陀螺、加速度计安装误差建模

由于安装误差的存在，导致实际的陀螺、加速度计敏感轴与载体坐标系的对应轴不重合，安装误差模型如下

$$\varepsilon = \Delta\vartheta_{xz} \cdot I_y - \Delta\vartheta_{xy} \cdot I_z$$

$$\Delta\vartheta_{xz} = \vartheta_{xz} + \frac{\partial\vartheta_{xz}}{\partial f_x} \cdot f_x + \frac{\partial\vartheta_{xz}}{\partial f_y} \cdot f_y$$

$$\Delta\vartheta_{xy} = \vartheta_{xy} + \frac{\partial\vartheta_{xy}}{\partial f_x} \cdot f_x + \frac{\partial\vartheta_{xy}}{\partial f_z} \cdot f_z$$

式中：I_y,I_z 为传感器 Y、Z 轴上的标准输入；ϑ_{xy} 为传感器敏感轴（X）绕 Y 轴的安装失准角；ϑ_{xz} 为传感器敏感轴（X）绕 Z 轴的安装失准角；$\frac{\partial\vartheta_{xy}}{\partial f_x}$ 为传感器敏感轴（X）绕 Y 轴的安装失准角随 X 轴向比力变化；$\frac{\partial\vartheta_{xz}}{\partial f_x}$ 为传感器敏感轴（X）绕 Z 轴的安装失准角随 X 轴向比力变化；$\frac{\partial\vartheta_{xy}}{\partial f_z}$ 为传感器敏感轴（X）绕 Y 轴的安装失准角随 Z 轴向比力变化；$\frac{\partial\vartheta_{xz}}{\partial f_y}$ 为传感器敏感轴（X）绕 Z 轴的安装失准角随 Y 轴向比力变化。

3. 陀螺、加速度比例误差建模

陀螺、加速度比例误差模型：

$$\varepsilon = S \cdot I + S_a \cdot |I|$$

$$S = S_x + S_{fx} \cdot f_x + S_{fy} \cdot f_y + S_{fz} \cdot f_z + S_{f2x}f_x^2 + S_{f2y}f_y^2 + S_{f2z}f_z^2$$

式中：I 为标准输入；S_x 为比例误差；S_a 为不对称比例误差；S_{fx} 为 X 向比力引起的

比例误差；S_{f_y} 为 Y 向比力引起的比例误差；S_{f_z} 为 Z 向比力引起的比例误差；$S_{f_{2x}}$ 为 X 向比力平方引起的比例误差；$S_{f_{2y}}$ 为 Y 向比力平方引起的比例误差；$S_{f_{2z}}$ 为 Z 向比力平方引起的比例误差。

4. 陀螺、加速度计偏置误差模型

陀螺、加速度计偏置误差模型：

$$\varepsilon = B_0 + B_x \cdot f_x + B_y \cdot f_y + B_z \cdot f_z + B_{2x} \cdot f_x{}^2 + B_{2y} \cdot f_y{}^2 + B_{2z} \cdot f_z{}^2$$
$$+ B_{xy} \cdot f_x \cdot f_y + B_{xz} \cdot f_x \cdot f_z + B_{yz} \cdot f_y \cdot f_z$$

式中：B_0 为零次项偏差；B_x 为 X 向一次项偏差；B_y 为 Y 向一次项偏差；B_z 为 Z 向一次项偏差；B_{2x} 为 X 向二次项偏差；B_{2y} 为 Y 向二次项偏差；B_{2z} 为 Z 向二次项偏差；B_{xy} 为 XY 向耦合偏差；B_{xz} 为 XZ 向耦合偏差；B_{yz} 为 YZ 向耦合偏差。

5. 陀螺、加速度计随机误差建模

陀螺、加速度计随机误差模型按照随机游走模型和一阶马尔可夫模型。

5.6.2　惯性解算仿真器模型

1. 惯性解算仿真器的功能

惯性解算仿真器包括理想惯性解算仿真器和实际惯性解算仿真器。两个仿真器实现方法相同，由姿态、速度和位置更新模型组成，依据惯性测量系统的核心公式进行设计，采用经典四元数算法进行模拟数据的更新解算。

1）理想惯性解算仿真器

该惯性解算仿真器接收轨迹信息仿真器输出的理想无误差的比力和角速率激励信号，对其进行惯性测量解算，输出理想情况下的位置、速度、姿态和航向参数等，可作为误差分析的参照。

2）实际惯性解算仿真器

通过模拟惯性测量系统在真实环境下的使用情况，接收 IMU 信号仿真器输出的带有各种误差的比力和角速度信号，通过惯性解算，输出模拟真实情况下的比力、角速率、位置、速度、姿态和航向参数等。

2. 姿态更新模型

捷联惯导系统的重要特征是用计算机来完成导航平台的功能，即采用"数学平台"。数学平台是利用捷联陀螺测量的载体角运动信息计算载体姿态矩阵，即确定出载体坐标系与地理坐标系之间的变换关系。捷联惯导正是通过在计算机中实时计算姿态矩阵建立数学平台的，所以姿态更新解算是捷联惯导系统解算的核心，也是影响精度的主要因素。

描述载体坐标系与地理坐标系之间关系的常用方法有欧拉角法、四元数法、方向余弦法和等效旋转矢量法。由于四元数法只需求解四个未知量的线性微分方程组，计算量小、算法简单、易于操作，是较为实用的工程方法。仿真系统可采用基于四元数法的捷联惯导姿态解算微分方程。

1）四元数初值计算

由初始姿态角$(3\psi_0 \quad \theta_0 \quad \gamma_0)$计算四元数初值$(q_0 \quad q_1 \quad q_2 \quad q_3)$：

$$\begin{cases} q_0 = \cos\dfrac{\psi_0}{2}\cos\dfrac{\theta_0}{2}\cos\dfrac{\gamma_0}{2} + \sin\dfrac{\psi_0}{2}\sin\dfrac{\theta_0}{2}\sin\dfrac{\gamma_0}{2} \\[2mm] q_1 = \cos\dfrac{\psi_0}{2}\sin\dfrac{\theta_0}{2}\cos\dfrac{\gamma_0}{2} + \sin\dfrac{\psi_0}{2}\cos\dfrac{\theta_0}{2}\sin\dfrac{\gamma_0}{2} \\[2mm] q_2 = \cos\dfrac{\psi_0}{2}\cos\dfrac{\theta_0}{2}\sin\dfrac{\gamma_0}{2} - \sin\dfrac{\psi_0}{2}\sin\dfrac{\theta_0}{2}\cos\dfrac{\gamma_0}{2} \\[2mm] q_3 = \cos\dfrac{\psi_0}{2}\sin\dfrac{\theta_0}{2}\sin\dfrac{\gamma_0}{2} - \sin\dfrac{\psi_0}{2}\cos\dfrac{\theta_0}{2}\cos\dfrac{\gamma_0}{2} \end{cases} \quad (5-134)$$

四元数规范化处理：

$$q_i = \frac{q_i}{\sqrt{\sum q_i^2}}(i = 0,1,2,3) \quad (5-135)$$

姿态矩阵初值的计算：

$$\boldsymbol{C}_b^n = \begin{bmatrix} T_{11} & T_{12} & T_{13} \\ T_{21} & T_{22} & T_{23} \\ T_{31} & T_{32} & T_{33} \end{bmatrix} = \begin{bmatrix} q_0^2+q_1^2-q_2^2-q_3^2 & 2(q_1q_2-q_0q_3) & 2(q_1q_3+q_0q_2) \\ 2(q_1q_2-q_0q_3) & q_0^2-q_1^2+q_2^2-q_3^2 & 2(q_2q_3-q_0q_1) \\ 2(q_1q_3-q_0q_2) & 2(q_2q_3+q_0q_1) & q_0^2-q_1^2-q_2^2+q_3^2 \end{bmatrix} (5-136)$$

2）四元数求解

已知四元数初值和 IMU 仿真器输入的每周期陀螺角增量（$\Delta\theta_x \quad \Delta\theta_y \quad \Delta\theta_z$），四元数更新按毕卡算法进行：

$$\begin{bmatrix} q_0(t_{k+1}) \\ q_1(t_{k+1}) \\ q_2(t_{k+1}) \\ q_3(t_{k+1}) \end{bmatrix} = \begin{bmatrix} \cos\dfrac{\Delta\theta}{2} & -\dfrac{\Delta\theta_x}{\Delta\theta}\sin\dfrac{\Delta\theta}{2} & -\dfrac{\Delta\theta_y}{\Delta\theta}\sin\dfrac{\Delta\theta}{2} & -\dfrac{\Delta\theta_z}{\Delta\theta}\sin\dfrac{\Delta\theta}{2} \\[2mm] \dfrac{\Delta\theta_x}{\Delta\theta}\sin\dfrac{\Delta\theta}{2} & \cos\dfrac{\Delta\theta}{2} & \dfrac{\Delta\theta_z}{\Delta\theta}\sin\dfrac{\Delta\theta}{2} & -\dfrac{\Delta\theta_y}{\Delta\theta}\sin\dfrac{\Delta\theta}{2} \\[2mm] \dfrac{\Delta\theta_y}{\Delta\theta}\sin\dfrac{\Delta\theta}{2} & -\dfrac{\Delta\theta_z}{\Delta\theta}\sin\dfrac{\Delta\theta}{2} & \cos\dfrac{\Delta\theta}{2} & \dfrac{\Delta\theta_x}{\Delta\theta}\sin\dfrac{\Delta\theta}{2} \\[2mm] \dfrac{\Delta\theta_z}{\Delta\theta}\sin\dfrac{\Delta\theta}{2} & \dfrac{\Delta\theta_y}{\Delta\theta}\sin\dfrac{\Delta\theta}{2} & -\dfrac{\Delta\theta_x}{\Delta\theta}\sin\dfrac{\Delta\theta}{2} & \cos\dfrac{\Delta\theta}{2} \end{bmatrix} \begin{bmatrix} q_0(t_k) \\ q_1(t_k) \\ q_2(t_k) \\ q_3(t_k) \end{bmatrix}$$

$$(5-137)$$

式中

$$\Delta\theta = \sqrt{\Delta\theta_x^2 + \Delta\theta_y^2 + \Delta\theta_z^2}$$

接下来对更新后的四元数进行规范化处理。

3）姿态计算

利用更新后的四元数，按式(5-136)计算姿态矩阵$\boldsymbol{C}_b^n$。

根据姿态矩阵，可进一步求得俯仰角、滚转角和航向角：

$$
\begin{cases}
\theta_{ins} = \arcsin T_{32} \left[-90° \sim +90° \right] \\[2mm]
\gamma_{ins} = \arctan\left(\dfrac{-T_{31}}{T_{33}} \right) \left[-180° \sim +180° \right] \\[2mm]
\psi_{ins} = \arctan\left(\dfrac{T_{12}}{T_{22}} \right) \left[0° \sim 360° \right]
\end{cases}
\tag{5-138}
$$

3. 速度更新模型[24,27]

设载体在地心惯性坐标系中的位置矢量为 $\boldsymbol{R}$，则利用矢量的相对导数和绝对导数的关系，载体位置矢量 $\boldsymbol{R}$ 相对惯性坐标系的导数可表达为

$$
\left. \frac{\mathrm{d}\boldsymbol{R}}{\mathrm{d}t} \right|_i = \left. \frac{\mathrm{d}\boldsymbol{R}}{\mathrm{d}t} \right|_e + \boldsymbol{\omega}_{ie} \times \boldsymbol{R}
\tag{5-139}
$$

式中：$\left. \dfrac{\mathrm{d}\boldsymbol{R}}{\mathrm{d}t} \right|_e$ 为载体相对地球的运动速度；$\boldsymbol{\omega}_{ie}$ 为地球自转角速度。

若记 $\boldsymbol{V}_e = \left. \dfrac{\mathrm{d}\boldsymbol{R}}{\mathrm{d}t} \right|_e$，且将式(5-139)两边相对惯性坐标系求导，可得

$$
\left. \frac{\mathrm{d}^2\boldsymbol{R}}{\mathrm{d}t^2} \right|_i = \left. \frac{\mathrm{d}\boldsymbol{V}_e}{\mathrm{d}t} \right|_i + \left. \frac{\mathrm{d}}{\mathrm{d}t}(\boldsymbol{\omega}_{ie} \times \boldsymbol{R}) \right|_i = \left. \frac{\mathrm{d}\boldsymbol{V}_e}{\mathrm{d}t} \right|_n + \boldsymbol{\omega}_{in} \times \boldsymbol{V}_e + \left. \frac{\mathrm{d}\boldsymbol{\omega}_{ie}}{\mathrm{d}t} \right|_i
$$
$$
\times \boldsymbol{R} + \boldsymbol{\omega}_{ie} \times (\boldsymbol{V}_e + \boldsymbol{\omega}_{ie} \times \boldsymbol{R})
\tag{5-140}
$$

将上式两边向 n 系投影，并考虑 $\left. \dfrac{\mathrm{d}\boldsymbol{\omega}_{ie}}{\mathrm{d}t} \right|_i = 0$，则

$$
\left. \frac{\mathrm{d}^2\boldsymbol{R}}{\mathrm{d}t^2} \right|_i^n = \dot{\boldsymbol{V}}_e^n + (2\boldsymbol{\omega}_{ie}^n + \boldsymbol{\omega}_{en}^n) \times \boldsymbol{V}_e^n + \boldsymbol{\omega}_{ie}^n \times (\boldsymbol{\omega}_{ie}^n \times \boldsymbol{R}^n)
\tag{5-141}
$$

由于

$$
\left. \frac{\mathrm{d}^2\boldsymbol{R}}{\mathrm{d}t^2} \right|_i^n = f^n + \boldsymbol{G}^n
\tag{5-142}
$$

式中：f^n 为比力在 n 系中的投影；$\boldsymbol{G}^n$ 为地球引力加速度在 n 系中的投影。

将式(5-142)代入式(5-141)，并考虑重力加速度 $\boldsymbol{g}^n = \boldsymbol{G}^n - \boldsymbol{\omega}_{ie}^n \times (\boldsymbol{\omega}_{ie}^n \times \boldsymbol{R}^n)$，则有

$$
\dot{\boldsymbol{V}}_e^n = f^n - (2\boldsymbol{\omega}_{ie}^n + \boldsymbol{\omega}_{en}^n) \times \boldsymbol{V}_e^n + \boldsymbol{g}^n
\tag{5-143}
$$

上式即为捷联惯导系统的比力方程，它是惯性导航系统中的基本方程。从式(5-143)得到速度更新算法为

$$
\boldsymbol{v}_m^n = \boldsymbol{v}_{m-1}^n + \Delta\boldsymbol{v}_{sfm}^n + \Delta\boldsymbol{v}_{g/\mathrm{corm}}^n
$$

式中

$$
\Delta\boldsymbol{v}_{g/\mathrm{corm}}^n = \int_{t_{m-1}}^{t_m} \boldsymbol{g}^n - (\boldsymbol{\omega}_{en}^n + 2\boldsymbol{\omega}_{ie}^n) \times \boldsymbol{v}^n \mathrm{d}t
$$

$$
\Delta\boldsymbol{v}_{sfm}^n = \int_{t_{m-1}}^{t_m} \boldsymbol{C}_b^n \boldsymbol{f}_{sf}^b \mathrm{d}t
$$

其中：重力/哥氏速度增量为

$$\Delta \boldsymbol{v}_{g/\mathrm{corm}}^n = \int_{t_{m-1}}^{t_m} \boldsymbol{g}^n - (\boldsymbol{\omega}_{en}^n + 2\boldsymbol{\omega}_{ie}^n) \times \boldsymbol{v}^n(t)\,\mathrm{d}t$$

$$= (\boldsymbol{g}_{m-1}^n - (\boldsymbol{\omega}_{en_{m-1}}^n + 2\boldsymbol{\omega}_{ie_{m-1}}^n) \times \boldsymbol{v}_{m-1}^n)T_m$$

比力速度增量为

$$\Delta \boldsymbol{v}_{sfm}^{b(m-1)} = \Delta \boldsymbol{v}_m + \Delta \boldsymbol{v}_{\mathrm{rotm}} + \Delta \boldsymbol{v}_{\mathrm{sculm}}$$

式中：

$\Delta \boldsymbol{v}_m$ 为比力产生的速度增量，可表示成

$$\Delta \boldsymbol{v}_m = \int_{t_{m-1}}^{t_m} \boldsymbol{f}_{sf}^b(t)\,\mathrm{d}t$$

$\Delta \boldsymbol{v}_{\mathrm{rotm}}$ 为速度旋转效应产生的速度增量，可表示成

$$\Delta \boldsymbol{v}_{\mathrm{rotm}} = \frac{1}{2}\Delta \boldsymbol{\theta}_m \times \Delta \boldsymbol{v}_m$$

$\Delta \boldsymbol{v}_{\mathrm{sculm}}$ 为速度划船效应产生的速度增量，可表示成

$$\Delta \boldsymbol{v}_{\mathrm{sculm}} = \frac{1}{2}\int_{t_{m-1}}^{t_m} [\Delta \boldsymbol{\theta}(t) \times \boldsymbol{f}_{sf}^b(t) + \Delta \boldsymbol{v}(t) \times \boldsymbol{\omega}_{ib}^b(t)]\,\mathrm{d}t$$

已知 IMU 仿真器输入的每周期加计比力增量 $\Delta \boldsymbol{V}_f^b = (\Delta V_{fx}^b \quad \Delta V_{fy}^b \quad \Delta V_{fz}^b)^{\mathrm{T}}$，可计算每周期速度增量为

$$\Delta \boldsymbol{V}_f^n = \int_{t_k}^{t_{k+1}} \boldsymbol{C}_b^n(t)\boldsymbol{f}_b(t)\,\mathrm{d}t = \boldsymbol{C}_b^n(t-\Delta t)(\boldsymbol{I} + \frac{1}{2}\boldsymbol{S}^b)\Delta \boldsymbol{V}_f^b$$

式中

$$\boldsymbol{S}^b = \Delta \boldsymbol{\theta}_{nb}^b = \begin{bmatrix} 0 & -\Delta\theta_z & \Delta\theta_y \\ \Delta\theta_z & 0 & -\Delta\theta_x \\ -\Delta\theta_y & \Delta\theta_x & 0 \end{bmatrix}$$

速度计算按式(5-141)，即

$$\begin{cases} \Delta V_k^n = \Delta V_f^n - a_g^n \cdot \Delta t + g^n \cdot \Delta t \\ V_E(t_k) = V_E(t_{k-1}) + \Delta V_k^n(E) \\ V_N(t_k) = V_N(t_{k-1}) + \Delta V_k^n(N) \\ V_U(t_k) = V_U(t_{k-1}) + \Delta V_k^n(U) - k_2(h - h_b) \cdot \Delta t \end{cases} \qquad (5-144)$$

式中

$$\boldsymbol{g}^n = [0 \quad 0 \quad -g]^{\mathrm{T}}$$

$$g = 9.7803267714 \frac{(1 + 0.00193185138639 \sin^2 L)}{\sqrt{1 - 0.00669437999013 \sin^2 L}} \frac{R_e^2}{(R_e + h)^2}$$

$$R_M = R_e(1 - 2e + 3e\sin^2 L)$$

$$R_N = R_e(1 + e\sin^2 L)$$

其中：R_e 为赤道平面的地球半径(即长轴)；e 为地球扁率。

选取 WGS84 为导航参考椭球体,则

$$R_e = 6378137\text{m}, e = \frac{R_e - R_p}{R_e} = \frac{1}{298.2572}$$

哥氏加速度项:

$$a_g^n = (2w_{ie}^n + w_{en}^n) \times V^n = \begin{bmatrix} 0 & -(2\omega_{iez}^n + \omega_{enz}^n) & 2\omega_{iey}^n + \omega_{eny}^n \\ 2\omega_{iez}^n + \omega_{enz}^n & 0 & -(2\omega_{iex}^n + \omega_{enx}^n) \\ -(2\omega_{iey}^n + \omega_{eny}^n) & 2\omega_{iex}^n + \omega_{enx}^n & 0 \end{bmatrix} \begin{bmatrix} V_E \\ V_N \\ V_Z \end{bmatrix}$$

若导航坐标系取为东北天地理坐标系,则

$$\boldsymbol{\omega}_{ie}^n = \begin{bmatrix} \omega_{iex}^n \\ \omega_{iey}^n \\ \omega_{iez}^n \end{bmatrix} = \begin{bmatrix} 0 \\ \omega_{ie} \cdot \cos L \\ \omega_{ie} \cdot \sin L \end{bmatrix}$$

式中:$\boldsymbol{\omega}_{ie}$ 为地球自转角速率。

$$\boldsymbol{\omega}_{en}^n = \begin{bmatrix} \omega_{enx}^n \\ \omega_{eny}^n \\ \omega_{enz}^n \end{bmatrix} = \begin{bmatrix} -V_N/(R_M + h) \\ V_E/(R_N + h) \\ V_E/(R_N + h) \cdot \tan L \end{bmatrix}$$

4. 位置更新模型

若取导航坐标系为东北天地理坐标系,则位置更新算法:

$$\begin{cases} L_k = L_{k-1} + \dfrac{1}{(R_M + h)} \dfrac{1}{2}(V_{N(k-1)}^n + V_{Nk}^n)\Delta t \\[2mm] \lambda_k = \lambda_{k-1} + \dfrac{1}{(R_N + h)\cos L_k} \dfrac{1}{2}(V_{E(k-1)}^n + V_{Ek}^n)\Delta t \\[2mm] h_k = h_{k-1} + \dfrac{1}{2}(V_{U(k-1)}^n + V_{Uk}^n) \cdot \Delta t - k_1(h - h_b) \cdot \Delta t \end{cases} \quad (5-145)$$

式(5-144)和式(5-145)中:k_1、k_2 为高度阻尼系数,取 $k_1 = 0.16$,$k_2 = 0.01$;h_b 为轨迹发生器输出的理论高度。

参考文献

[1] 徐晓波. GPS/BD 双模接收机捕获跟踪算法研究及实现[D]. 西安:西安科技大学,2013.

[2] 李海峰,孙付平. 卫星导航接收机测试场景软件的设计与实现[J]. 中国惯性技术学报,2008,16(2):183-187.

[3] 李晓敏. GPS/BD 双模卫星信号模拟器的数字信号实现[D]. 北京:北京邮电大学,2013.

[4] 郑鹤. 红外图像信息处理系统预处理及周边模块设计[D]. 长沙:国防科学技术大学,2005.

[5] 魏立栋. GNSS 地面站观测数据仿真系统核心算法研究[D]. 长沙:国防科学技术大学,2008.

[6] 赵军祥. 高动态智能 GPS 卫星信号模拟器软件数学模型研究[D]. 北京:北京航空航天大学,2003.

[7] 宋华. 瞬时 GPS 信号仿真及导航算法研究[D].北京:中国科学院研究生院空间科学与应用研究中心,2008.

[8] 刘绍娟. 用于飞控系统仿真的 GPS 信号模拟器研究[D]. 南京:南京航空航天大学,2009.

[9] 胡松杰. GPS 和 GLONASS 广播星历参数分析及算法[J]. 飞行器测控学报,2005,24(3):37-42.

[10] 刘旭东,赵军祥. 旋转载体多天线对 GPS 卫星可见性分析[J]. 全球定位系统,2009,34(5):11-14.

[11] 刘旭东,赵军祥. 载体旋转条件下 GPS 中频信号生成方法[J]. 飞行器测控学报,2009,6:032.

[12] 宋华,袁洪. 旋转状态下 GPS 中频信号仿真研究[J]. 计算机仿真,2009(3):87-90.

[13] 郑亚弟. 导航载体轨迹仿真系统的研究与开发[D]. 郑州:解放军信息工程大学,2006.

[14] 王红霞,尹建方,潘成胜. Ka 频段卫星通信的信道特性及系统性能仿真[J]. 火力与指挥控制,2008,33(6):121-124.

[15] 毛天鹏,周东方,牛忠霞,等. 微波大气吸收衰减特性分析及分层数值算法[J]. 强激光与粒子束,2004,16(10):1321-1324.

[16] 刘芸江,甄蜀春,李曼. Ka 频段卫星通信的信道特性与仿真技术[J]. 无线电通信技术,2004,30(2):8-10.

[17] 胡波. CDMA 卫星通信中的同步技术研究[D]. 西安:西安电子科技大学,2008.

[18] 刘涛. Ka 波段卫星通信雨衰与抗雨衰问题的研究[D]. 沈阳:东北大学,2008.

[19] 高化猛,李智. 一种 Ka 频段海上卫星通信抗雨衰编码方案[J]. 舰船科学技术,2012,33(12):76-78.

[20] 王振河,王增利,郑军. Ka 频段卫星通信雨衰分析及解决对策[J]. 飞行器测控学报,2006,24(6):85-88.

[21] 李海丰. 卫星导航用户终端测试方法与场景设计研究[D]. 郑州:解放军信息工程大学,2008.

[22] 曹海洋. GNSS 完好性监测理论与方法研究[D]. 西安:长安大学,2013.

[23] 吴媛媛,吴进华,唐静. 基于 Matlab 的导弹飞行动力学仿真模型库设计[J]. 海军航空工程学院学报,2005,20(2):257-260.

[24] 孙丽. 激光捷联惯导/星光/卫星容错组合导航系统研究[D]. 西安:西北工业大学,2007.

[25] 黎娜. 水下运载器惯性测量事后状态估计方法研究[D]. 西安:西北工业大学,2006.

[26] 顾冬晴. 机载战术武器的传递对准及其精度评估技术研究[D]. 西安:西北工业大学,2004.

[27] 张文. 低成本 SINS/GPS 组合导航系统的研究[D]. 南京:南京理工大学,2006.

第6章

卫星导航用户终端测试信号模型

6.1 卫星导航信号体制的频率规划

导航信号传输体制是卫星导航系统体制重要的组成部分之一，关系到系统基本功能和定位测速授时精度、兼容和互操作性、保密性、抗干扰能力等关键性能和指标的实现，是系统中卫星、地面运控以及用户之间协调工作的纽带，是开展卫星、地面运控以及用户终端研制的基础性输入条件。信号传输体制的模型包括频段选择与信号频率、多址方式、码片形式、调制与多路复用方式、伪码设计、导航电文编排与编码方案设计等。

卫星频率和轨道资源是人类有限的自然资源，是卫星系统正常运行不可缺少的重要基础。可靠的频率和轨道资源保障是卫星导航系统研制、工程建设、实际运行等各个环节必不可少的先决条件。根据 ITU《组织法》第 196 款中"经济、有效地使用无线电和卫星轨道资源"的要求，在西方主要发达国家，特别是美、俄等航天强国的推动下，国际规则中卫星频率和轨道资源的主要分配形式为"先申报就可优先使用"的抢占方式。在这种方式下，各国首先根据自身需要，依据国际规则向 ITU 申报所需要的卫星频率和轨道资源，首先向 ITU 申报的国家具有优先使用权；然后按照申报顺序确立的优先次序，相关国家之间要遵照国际规则开展国际频率干扰谈判，后申报国应采取措施，保障不对先申报国家的卫星产生有害干扰。国际规则还规定，卫星频率和轨道资源在登记后的 7 年内，必须发射卫星启用所申报的资源，否则所申报的资源自动失效。也就是说，通过这种方式抢占卫星频率和轨道资源,需要经过国际申报—国际协调—国际登记的过程。

根据ITU规定,卫星无线电导航业务在L频段按先后次序分为两个部分:一部分是已有的卫星无线电导航频段,主要是1215~1260MHz和1559~1610MHz频段,其频率资源已基本被GPS和GLONASS现有导航系统瓜分和垄断;另一部分是原有L1和L2及C频段附近增加的卫星无线电导航频段,即1164~1215MHz、1260~1300MHz和5010~5030MHz。根据资料查阅,GPS、Galileo、COMPASS等目前及将来运行的卫星导航系统播发的导航信号频点及范围如图6-1所示。对于GPS和Galileo采用了BOC和AltBOC调制的信号占用带宽情况如图6-2所示。

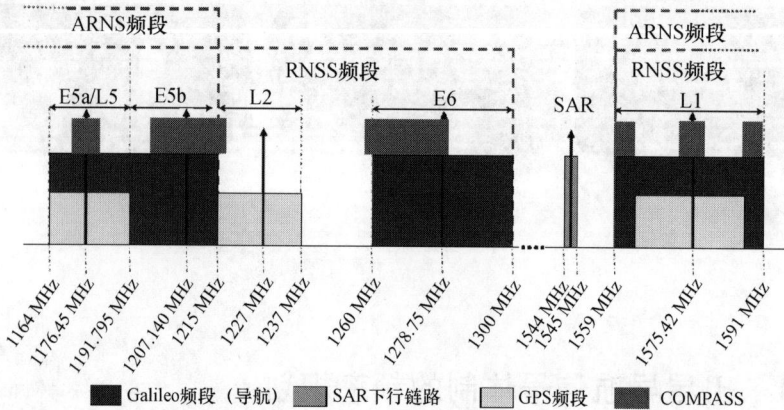

图6-1　卫星导航系统播发的导航信号频点及范围

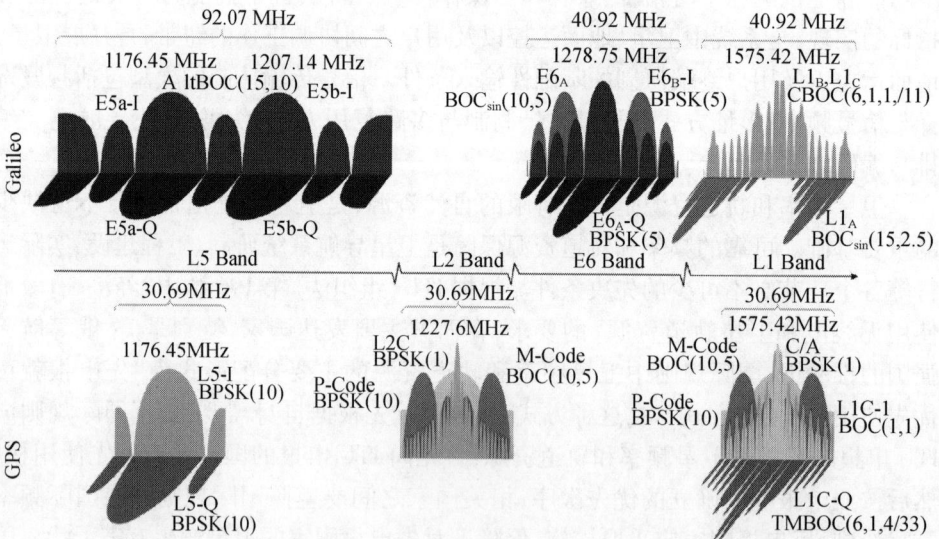

图6-2　BOC和AltBOC调制的信号占用带宽情况

GPS、GLONASS、Galileo、COMPASS、QZSS 等目前及将来运行的卫星导航系统主要分布在 L1、L2、L5、E6、E5 等频点上,采用 BOC 和 AltBOC 调制的信号最大占用带宽可达到 40.92MHz。因此,针对单个导航频段,如 L1、L2、L5、E6、E5 等进行兼容与互操作信号模拟,卫星导航信号模拟源测试信号模型的最大带宽必须大于 40.92MHz。

各个系统的接收终端特性有益于分析 BeiDou/COMPASS 系统的抗干扰能力和与其他系统的兼容性。终端技术参数是在国际电联上正式公布的,目前在国际电联研究组(ITU – R – 8D)和 609 决议国际磋商会议层面上已经通过规则和技术审查,将以技术建议的形式正式形成对表 6 – 1 中所列系统的国际保护标准。因此,BeiDou/COMPASS 系统与 GPS、GLONASS、Galileo 等系统不但满足国际电联的电磁兼容要求,还按照国际电联的技术建议受到保护。

6.2　卫星导航系统主要信号体制

6.2.1　BPSK/QPSK 信号调制体制

卫星导航接收机在很低信号接收功率条件下的高精度测量与定位能力来源于所采用的扩频技术,以 GPS 民用信号为代表的 BPSK/QPSK 信号调制体制是目前正在广泛应用的经典卫星导航系统导航信号体制,GPS 系统在采用现代化信号体制之前在 L1、L2 频率上分别播发的民用和军用信号就采用 BPSK/QPSK 信号调制体制。GPS 系统在 L1、L2 频率上播发的传统 BPSK/QPSK 调制导航信号为

$$s_{L_1}(t) = \sqrt{2P_{C_1}}D(t)y(t)\cos(2\pi f_{L_1}t + \theta_{L_1}) + \sqrt{2P_{Y_1}}D(t)y(t)\sin(2\pi f_{L_1}t + \theta_{L_1})$$

$$s_{L_2}(t) = \sqrt{2P_{Y_2}}D(t)y(t)\cos(2\pi f_{L_2}t + \theta_{L_2})$$

上述公式给出的在 L1 和 L2 频率上的三种信号分量均包含振幅 $\sqrt{2P}$、导航数据 $D(t)$、扩频码 $x(t)$ 或 $y(t)$、射频载波 $\cos(2\pi f_{L_1}t + \theta_{L_1})$ 或 $\sin(2\pi f_{L_1}t + \theta_{L_1})$ 四个部分。BPSK 体制下的信号结构可以如图 6 – 3 所示。

导航数据和扩频码都是使用 BPSK 调制在载波上的,均由幅值为"+1"或"–1"的矩形脉冲序列构成,该脉冲可表示为 $Ap\left(\dfrac{1-\tau}{T}\right)$(式中,$A$ 为幅度,T 为周期,τ 为延迟),BPSK 调制采用脉冲序列极性来改变载波的相位发生 180° 翻转变化,如图 6 – 4 所示。

1. C/A 码(短码)的频谱

GPS 的民用信号中采用的扩频码称为 C/A 码,每个 C/A 码都是周期性的,一个周期内有 1023 个码片,C/A 码表示为

载波: 1575.42MHz (L1)
　　　1227.60MHz (L2)

19cm (L1)

码: 1.023Mc/s (C/A)
　　10.23Mc/s (P(Y))

300m (C/A)

导航数据: 50b/s

6000km

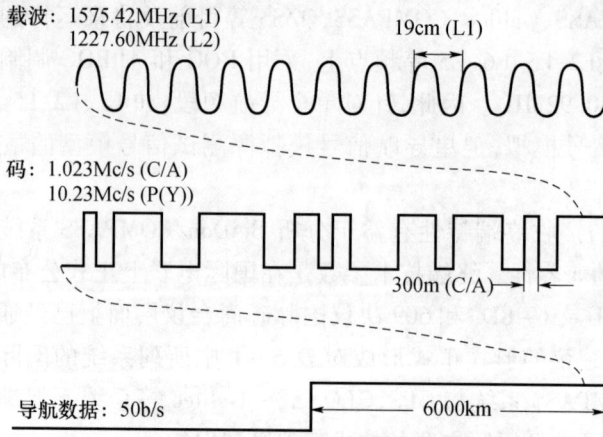

图 6 - 3　包含载波、码和导航数据的 GPS 信号

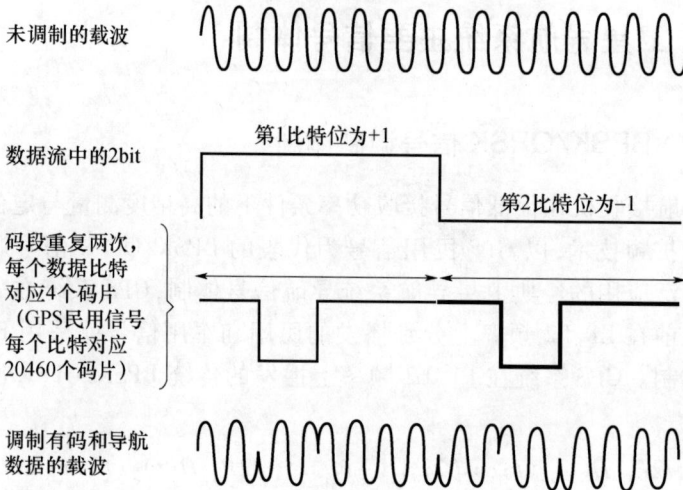

未调制的载波

数据流中的2bit

第1比特位为+1

第2比特位为-1

码段重复两次,
每个数据比特
对应4个码片
(GPS民用信号
每个比特对应
20460个码片)

调制有码和导航
数据的载波

图 6 - 4　GPS 导航信号的 BPSK 调制

$$x_1(t) = \sum_{n=0}^{N-1} x_n p\left(\frac{t - nT_c}{T_c}\right), N = 1023 \qquad (6-1)$$

式中:$p(t)$为基础码片的脉冲成型波形;第 n 个脉冲的幅值由 x_n 调制,其周期为 T_c,延迟为 nT_c。

利用单位冲激函数,可以用卷积计算表示 C/A 码的一个周期,即

$$x_1(t) = p\left(\frac{t}{T_c}\right) * \sum_{n=0}^{N-1} x_n \delta(t - nT_c) \qquad (6-2)$$

式中" * "表示卷积。

这个结果证明如式(6-2)可简化为

$$x_1(t) = p\left(\frac{t}{T_c}\right) * \sum_{n=0}^{N-1} x_n \delta(t - nT_c)$$

$$= \int_{-\infty}^{+\infty} p\left(\frac{t-\beta}{T_{\mathrm{c}}}\right) \sum_{n=0}^{N-1} x_n \delta(\beta - nT_{\mathrm{c}}) \mathrm{d}\beta$$

$$= \sum_{n=0}^{N-1} x_n \int_{-\infty}^{+\infty} p\left(\frac{t-\beta}{T_{\mathrm{c}}}\right) \delta(\beta - nT_{\mathrm{c}}) \mathrm{d}\beta$$

$$= \sum_{n=0}^{N-1} x_n p\left(\frac{t - nT_{\mathrm{c}}}{T_{\mathrm{c}}}\right) \tag{6-3}$$

根据上述公式给出的信号表达式可以进行 C/A 短码信号的频域特性分析,忽略数据调制仅考虑 C/A 短码,则一个周期的 C/A 码信号的傅里叶变换为

$$X(f) = F\left\{ p\left(\frac{t}{T_{\mathrm{c}}}\right) * \sum_{n=0}^{N-1} x_n \delta(t - nT_{\mathrm{c}}) \right\}$$

$$= F\left\{ p\left(\frac{t}{T_{\mathrm{c}}}\right) \right\} F\left\{ \sum_{n=0}^{N-1} x_n \delta(t - nT_{\mathrm{c}}) \right\}$$

$$= T_{\mathrm{c}} P(T_{\mathrm{c}} f) \int_{-\infty}^{+\infty} \sum_{n=0}^{N-1} x_n \delta(t - nT_{\mathrm{c}}) \mathrm{e}^{-\mathrm{j}2\pi f t} \mathrm{d}t$$

$$= T_{\mathrm{c}} P(T_{\mathrm{c}} f) \sum_{n=0}^{N-1} x_n \int_{-\infty}^{+\infty} \delta(t - nT_{\mathrm{c}}) \mathrm{e}^{-\mathrm{j}2\pi f t} \mathrm{d}t$$

$$= T_{\mathrm{c}} P(T_{\mathrm{c}} f) \sum_{n=0}^{N-1} x_n \mathrm{e}^{-\mathrm{j}2\pi f n T_{\mathrm{c}}} \tag{6-4}$$

式中:$F\{\cdot\}$ 表示傅里叶变换;$P(f)$ 为矩形脉冲函数的傅里叶变换,$P(f) = \mathrm{sinc}(\pi f)$

令

$$X_{\mathrm{code}}(f) = \frac{1}{\sqrt{N}} \sum_{n=0}^{N-1} x_n \mathrm{e}^{-\mathrm{j}2\pi f n T_{\mathrm{c}}} \tag{6-5}$$

式中:$X_{\mathrm{code}}(f)$ 为 C/A 变换函数。

因为 $X_{\mathrm{code}}(f)$ 仅与 C/A 的码结构相关,则一个周期的 C/A 码信号的频谱可表示为

$$X(f) = \sqrt{N} T_{\mathrm{c}} \cdot \mathrm{sinc}(\pi f T_{\mathrm{c}}) \cdot X_{\mathrm{code}}(f) \tag{6-6}$$

式(6-6)表明,C/A 短码的频谱主要由 sinc 函数决定,$X_{\mathrm{code}}(f)$ 叠加了一个更精细的结构。当考虑 C/A 短码调制有导航数据符号,即一个无限长的数据比特串 $D_m = \pm 1$,每个数据比特的周期 $T_{\mathrm{B}} = 20NT_{\mathrm{c}}$ 时,由于导航数据是随机的,此时调制信号变为一个随机信号,而其频域分析也就变为功率谱密度,即

$$x_1(t) = \sum_{n=0}^{N-1} x_n p\left(\frac{t - nT_{\mathrm{c}}}{T_{\mathrm{c}}}\right), N = 1023$$

$$x_T(t, \xi) = \sum_{m=0}^{M-1} D_m \sum_{l=0}^{19} x_1(t - lNT_{\mathrm{c}} - mT_{\mathrm{B}})$$

$$= x_1(t) * \left[\sum_{m=0}^{M-1} D_m \sum_{l=0}^{19} \delta(t - lNT_c - mT_B) \right]$$

$$= x_1(t) * \left[\sum_{m=0}^{M-1} D_m p\left(\frac{t - \alpha_m}{T_B}\right) \sum_{l=-\infty}^{+\infty} \delta(t - lNT_c) \right] \qquad (6-7)$$

式中：$x_1(t)$ 为短码的一个周期。每个导航数据比特包含 20 个这样的周期。

对式(6-7)进行傅里叶变换：

$$F\left\{ \sum_{l=-\infty}^{+\infty} \delta(t - lNT_c) \right\} = \frac{1}{NT_c} \sum_{l=-\infty}^{+\infty} \delta\left(f - \frac{l}{NT_c}\right)$$

$$F\left\{ p\left(\frac{t - \alpha_m}{T_B}\right) \right\} = T_B \mathrm{sinc}(\pi f T_B) e^{-j2\pi f \alpha_m} \qquad (6-8)$$

则有

$$X_T(f,\xi) = X_1(f) \frac{T_B}{NT_c} \sum_{l=-\infty}^{+\infty} \mathrm{sinc}\left[\pi T_B\left(f - \frac{l}{NT_c}\right)\right] \times \sum_{m=0}^{M-1} D_m e^{-j2\pi\alpha_m\left(f - \frac{l}{NT_c}\right)} \quad (6-9)$$

由于不同的 $\mathrm{sinc}\left[\pi T_B\left(f - \frac{l}{NT_c}\right)\right]$ 函数的支持是分离的，式(6-9)可以写为

$$|X_T(f,\xi)|^2 = \left(\frac{T_B}{NT_c}\right)^2 |X_1(f)|^2 \sum_{l=-\infty}^{+\infty} \left| \mathrm{sinc}\left[\pi T_B\left(f - \frac{l}{NT_c}\right)\right] \right|^2$$

$$\times \left| \sum_{m=0}^{M-1} D_m e^{-j2\pi\alpha_m\left(f - \frac{l}{NT_c}\right)} \right|^2 \qquad (6-10)$$

假设导航数据是随机的，则有

$$E\{D_m, D_n\} = \begin{cases} 1, & m = k \\ 0, & m \neq k \end{cases} \qquad (6-11)$$

因此有

$$E\{|X_T(f,\xi)|^2\}` = M \left(\frac{T_B}{NT_c}\right)^2 |X_1(f)|^2 \sum_{l=-\infty}^{+\infty} \left| \mathrm{sinc}\left[\pi T_B\left(f - \frac{l}{NT_c}\right)\right] \right|^2 \qquad (6-12)$$

$$\begin{cases} S_{C/A}(f) = \dfrac{1}{MT_B} E\{|X_T(f,\xi)|^2\} = \dfrac{T_B}{(NT_c)^2} |X_1(f)|^2 \displaystyle\sum_{l=-\infty}^{+\infty} \left| \mathrm{sinc}\left[\pi T_B\left(f - \dfrac{l}{NT_c}\right)\right] \right|^2 \\ |X_1(f)|^2 = NT_c^2 \cdot \mathrm{sinc}^2(\pi f T_c) \cdot |X_{\mathrm{code}}(f)|^2 \end{cases} \quad (6-13)$$

$S_{C/A}(f)$ 相当复杂，它是如下三个频率函数的乘积：

(1) $\mathrm{sinc}^2(\pi f T_c)$，它取决于 GPS 应用的矩形码片波形，它永远不可能大于 1。

(2) $|X_{\mathrm{code}}(f)|^2$。

(3) $\displaystyle\sum_{l=-\infty}^{+\infty} \left| \mathrm{sinc}\left[\pi T_B\left(f - \frac{l}{NT_c}\right)\right] \right|^2$，实际上它来源于 C/A 码的重复，由一组梳

状 sinc 函数构成，每个梳齿是一个零点到零点带宽为 $\dfrac{2}{T_B}$Hz T_B 为导航数据比特周期

的 sinc 函数。对于 GPS，单个梳齿的零点到零点带宽为 100Hz。梳齿间隔为 $\dfrac{1}{NT_c}$Hz，

对于 GPS 为 1000Hz,这样在 C/A 码信号的 ±2MHz 带宽内有 2000 个梳齿。

2. P(Y)长码的功率谱密度

GPS 系统的 P(Y)长码是典型的长码结构,其周期达到 7 天。长周期码可看作随机码,因此采用 P(Y)长码扩频的 GPS 导航信号从确定性信号转变为随机信号,P(Y)长码的频谱表示需要考察其功率谱密度(PSD)。对于长码扩频的导航信号可表示为

$$y_T(t,\xi) = \sum_{n=0}^{N-1} y_n p\left(\frac{t-nT_c}{T_c}\right), n \to \infty \qquad (6-14)$$

也可以表示为

$$y_T(t,\xi) = p\left(\frac{t}{T_c}\right) * \sum_{n=0}^{N-1} y_n \delta(t-nT_c) \qquad (6-15)$$

此时长码调制信号实际上已经是一个随机信号,但要考虑其功率谱密度,即

$$S_{Y(f)} = \lim_{T \to \infty} \frac{E\{|y_T(t,\xi)|^2\}}{T} \qquad (6-16)$$

由式(6-6)可得

$$|Y_T(f,\xi)|^2 = NT_c^2 \cdot \mathrm{sinc}^2(\pi f T_c) \cdot |Y_{\mathrm{code}}(f)|^2 \qquad (6-17)$$

期望可表示为

$$E\{|Y_T(f,\xi)|^2\} = NT_c^2 \cdot \mathrm{sinc}^2(\pi f T_c) \cdot E\{|Y_{\mathrm{code}}(f)|^2\} \qquad (6-18)$$

而

$$\begin{aligned}
E\{|Y_{\mathrm{code}}(f)|^2\} &= \frac{1}{N}E\left\{\sum_{m=0}^{N-1}\sum_{n=0}^{N-1} y_n \exp(-j2\pi f n T_c) y_m \exp(j2\pi f m T_c)\right\} \\
&= \frac{1}{N}\sum_{m=0}^{N-1}\sum_{n=0}^{N-1} E\{y_n y_m\} \exp(-j2\pi f(n-m)T_c) \\
&= \frac{1}{N}\sum_{n=0}^{N-1} \exp(-j2\pi f(n-n)T_c) \\
&= 1
\end{aligned} \qquad (6-19)$$

因此有

$$\begin{aligned}
E\{|Y_T(f,\xi)|^2\} &= NT_c^2 \cdot \mathrm{sinc}^2(\pi f T_c) \\
S_{Y(f)} &= T_c \cdot \mathrm{sinc}^2(\pi f T_c)
\end{aligned} \qquad (6-20)$$

这表明,长码功率谱密度函数可近似认为具有一个光滑谱线特征的 $\mathrm{sinc}^2(f)$ 函数。

6.2.2　BOC 信号调制体制

6.2.2.1　BOC 调制的原理和性质

二进制偏置载波(Binary Offset Carrier,BOC)调制是随着 GPS 的发展而提出的

一种调制方式,BOC 调制的概念首先在 2001 年由 MITRE 公司的 John W. Betz 在 *Binary Offset Carrier Modulations for Radionavigation* 一文中正式提出[1]。设计的初衷是为了 GPS 增发的信号能够与先有的信号共享频带资源。其主要思想是:把调制之前的扩频基带信号先与一定频率方波进行预调制,使信号能量在频谱上产生分裂,从而与现有信号的频谱有效隔离。在 GPS 现代化中,BOC 调制主要用于产生新增的军用信号(即 M 码)[1]。

BOC 调制提出以后引起了其他卫星导航大国的关注。随着研究的深入人们发现 BOC 调制不但实现了频谱分离、频带共用,而且与传统的 BPSK 调制方式相比具有定位精度高、抑制信号多路径效应误差、减少信号相干损耗、增强信号抗干扰特性的优点。

1. BOC 调制的数学表达形式

BOC 调制信号实质上是在传统的 BPSK 信号基础上乘以一个方波副载波得到的,如图 6 - 5 所示。

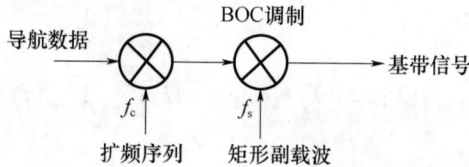

图 6 - 5　BOC 信号调制

BOC 调制信号的表达

$$S(t) = e^{-i\theta} \sum_k a_k \mu_{nT_s}(t - k \cdot nT_s - t_0) C_{T_s}(t - t_0) \qquad (6 - 21)$$

式中:a_k 为经数据调制后的扩频码,幅值为 + 1 或 - 1;$C_{T_s}(t)$ 为副载波,是周期为 $2T_s$ 的方波;$\mu_{nT_s}(t)$ 为扩频符号,是持续时间为 nT_s 的矩形脉冲(n 为在一个扩频符号持续时间内副载波的半周期个数,即 BOC 调制阶数);θ、t_0 分别为相对某个基准的相位和时间偏移[1]。当没有副载波时 BOC 调制信号就是普通的 PSK 调制信号,图 6 - 6 给出了 BOC 调制的实例图。

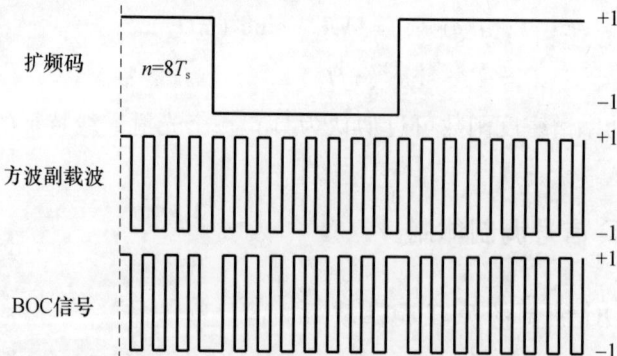

图 6 - 6　BOC 调制实例

对于 BOC 信号,有

$$q_{nT_s}(t) = \mu_{nT_s}(t - knT_s - t_0)c_{T_s}(t - t_0)$$

$$= \sum_{m=0}^{n-1} (-1)^m \mu_{T_s}(t - mT_s) \qquad (6-22)$$

BOC 的表示形式有两种方式:一种记为 $\mathrm{BOC}(f_s, f_c)$,其中 f_s 为副载波频率,f_c 为扩频码速率;另一种记为 $\mathrm{BOC}(\alpha, \beta)$,其中,副载波频率为 $\alpha \times 1.023\mathrm{MHz}$,扩频码速率为 $\beta \times 1.023\mathrm{MHz}$。这几种表示方法和调制阶数 n 的关系如下:

$$f_s = \frac{1}{2T_s}$$

$$f_s = \frac{1}{nT_s}$$

$$n = \frac{2f_s}{f_c} = \frac{2\alpha}{\beta}$$

2. BOC 信号功率谱

假设二进制的扩频码 a_k 在码元时间内出现 $+1$ 和 -1 的概率相等,而且 $+1$ 和 -1 的出现是相互独立的,则扩频数字序列的频谱只与扩频符号 $p(t)$ 和扩频码元周期 ξ 有关,二进制扩频序列的功率谱为

$$G(f) = |P(f)|^2/\xi$$

式中:$P(f)$ 为扩频符号 $p(t)$ 的傅里叶变换[1]。

BOC 信号扩频码元 ξ 周期为 nT_s 扩频符号为

$$q_{nT}(t) = \frac{\mathrm{e}^{-\mathrm{j}fnT_s}\sin(\pi fT_s)}{\pi f}\sum_{m=0}^{n-1}(-1)^m\mathrm{e}^{-\mathrm{j}2\pi fmT_s}$$

BOC 的功率谱简化为

$$G_{\mathrm{BOC}(f_s,f_c)} = \frac{1}{nT_s}\left(\frac{\sin(\pi fT_s)\sin(n\pi fT_s)}{\pi f\cos(\pi fT_s)}\right)^2$$

$$= \frac{f_c}{2}\left(\frac{\tan\left(\dfrac{\pi f}{f_s}\right)\sin\left(\dfrac{2\pi f}{f_c}\right)}{\pi f}\right)^2 (n \text{ 为偶数}) \qquad (6-23)$$

$$G_{\mathrm{BOC}(f_s,f_c)} = \frac{1}{nT_s}\left(\frac{\sin(\pi fT_s)\sin(n\pi fT_s)}{\pi f\cos(\pi fT_s)}\right)^2$$

$$= \frac{f_c}{2}\left(\frac{\tan\left(\dfrac{\pi f}{2f_s}\right)\cos\left(\dfrac{2\pi f}{f_c}\right)}{\pi f}\right)^2 (n \text{ 为奇数}) \qquad (6-24)$$

从上面两式可以看出,由于 f_s, f_c, n 的不同,BOC 的功率谱也会不同,不同 BOC 调制的功率谱如图 6-7 所示。

由图 6-7 可得出 $\mathrm{BOC}(\alpha, \beta)$ 功率谱形状的特点如下:

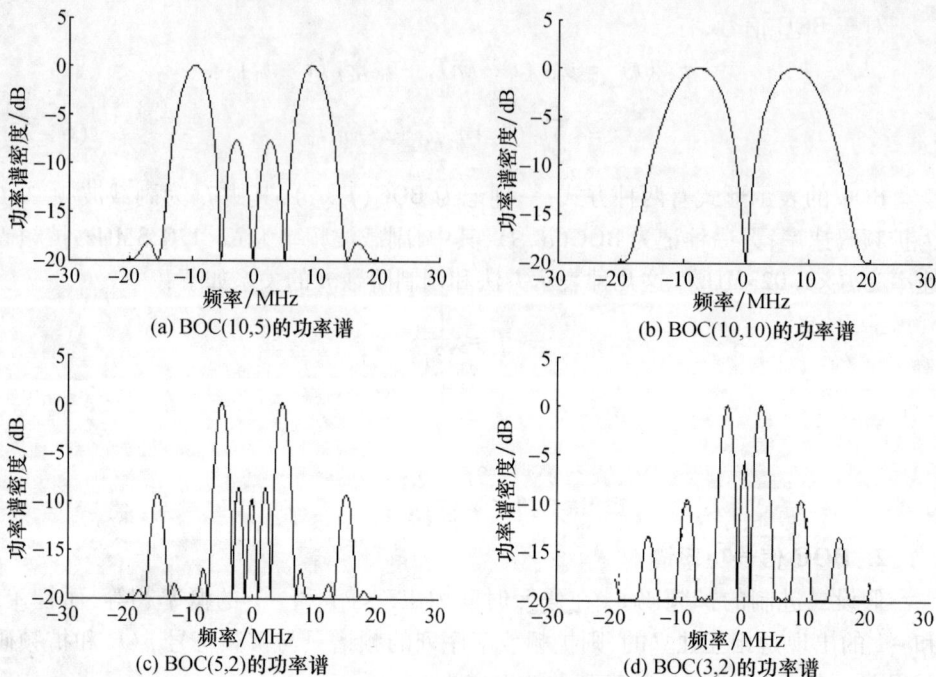

图 6 - 7　BOC 信号的功率谱

（1）主瓣数与主瓣之间的旁瓣数之和等于 n。

（2）主瓣宽度是扩频码速率的 2 倍，而旁瓣宽度等于扩频码速率，即比主瓣窄 1/2。

（3）主瓣的最大值发生在比副载波频率 f_s 稍小的地方，这是因为上、下边带之间有相互作用的缘故[1]。

3. BOC 信号自相关函数（ACF）

对式（6 - 23）和式（6 - 24）的功率谱密度表达式做傅里叶反变换，便易求得 BOC 调制信号的自相关函数[17]。理想情况下 BOC 信号的自相关函数可以表示为

$$R(\tau) = \int_{-\infty}^{\infty} G_{\mathrm{BOC}(f_s, f_c)}(f) \mathrm{e}^{\mathrm{j}2\pi f\tau} \mathrm{d}f \qquad (6 - 25)$$

式中：$G_{\mathrm{BOC}(f_s, f_c)}(f)$ 为 BOC 调制信号的功率谱密度函数。

在实际中，信号产生设备和接收机的带宽都是有限的，在此假定带宽为 β_γ，则有限带宽上的自相关函数为

$$R(\tau) = \int_{-\beta_\gamma/2}^{\beta_\gamma/2} G_{\mathrm{BOC}(f_s, f_c)}(f) \mathrm{e}^{\mathrm{j}2\pi f\tau} \mathrm{d}f \qquad (6 - 26)$$

图 6 - 8 给出了 BOC（1，1）和 BOC（10，5）的自相关函数的仿真结果。由图 6 - 8 可以看出，BOC 调制信号的自相关函数的曲线由一组相互连接的线段组成，并且曲线多次穿越零点，有多个正峰和副峰。

由图 6 - 8 可以得到 BOC（n，1）调制信号的自相关函数特征如下：

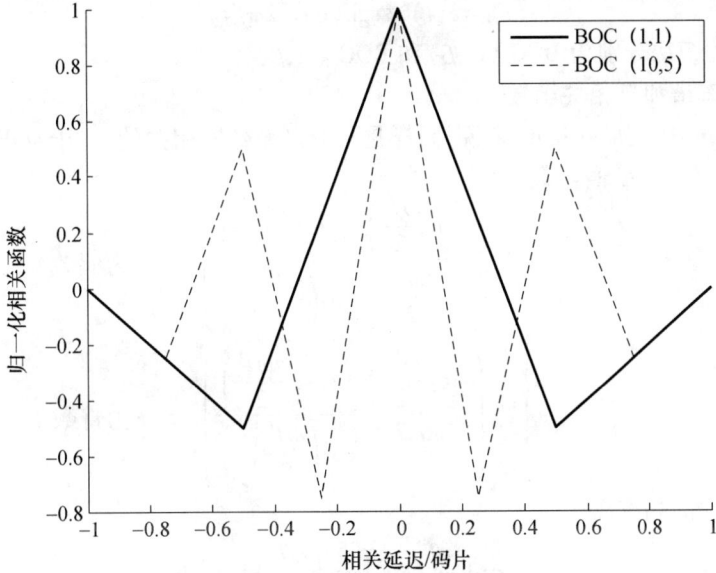

图 6-8   BOC 信号自相关曲线

（1）正峰与负峰数之和为 $2n-1$，峰间距离为 T_s。

（2）各峰的高度为 $(-1)^k(1-k/n)$，k 为峰的编号，$k=0,1,\cdots,2m$，0 为主峰编号，两边编号对称。

（3）最接近主峰的过零点在延迟为 $\pm T_s/(1-4n)$，发生相关的总延迟时间为 $2T_s$。

推广可知，$BOC(\alpha,\beta)$ 调制信号的自相关函数的主瓣宽度为 β/α 个码片大小。当 α/β 比较大时，BOC 调制信号的自相关函数的主峰宽度比较窄，利用相关测延迟可以产生高精度的码跟踪和良好的多路径分辨能力。

6.2.2.2   sinBOC 调制和 cosBOC 调制

1. 数学表达式

sinBOC 调制是一种正弦 BOC 调制方式，与式

$$S(t) = e^{-i\theta} \sum_k a_k u_{nT_s}(t - k \cdot nT_s - t_0) C_{T_s}(t - t_0)$$

相比只把副载波换成由正弦生成的副载波。具体的定义为

$$s(t) = c(t) \times \mathrm{sgn}(\sin(2\pi f_s t))$$

式中：$c(t) = \sum_k c_k h(t - kT_c)$，$h(t)$ 是在 $[0,T_c]$ 之间值为 1 而在其他情况下都为 0 的不归零波形，c_k 为第 k 个码片；$c(t)$ 为码序列波形，f_s 为副载波频率，$\mathrm{sgn}()$ 为符号函数。

cosBOC 调制是一种余弦 BOC 调制方式，定义为[2]

$$s(t) = c(t) \times \text{sgn}(\cos(2\pi f_s t))$$

它们的记法分别为 $\text{BOC}_s(\alpha,\beta)$ 和 $\text{BOC}_c(\alpha,\beta)$。

2. 功率谱和自相关函数

对于 sinBOC 和 cosBOC 来说,同样是与调制系数 n 相关的,对于 sinBOC 来说,随着 n 的变化,功率谱函数为

$$G_{\text{sinBOC}}(\omega) = \begin{cases} T_c \left(\dfrac{\sin\left(\dfrac{\omega T_s}{2}\right) \cdot \cos\left(\dfrac{n\omega T_s}{2}\right)}{\dfrac{n\omega T_s}{2} \cdot \cos\left(\dfrac{\omega T_s}{2}\right)} \right)^2, & n \text{ 为偶数} \\[40pt] T_c \left(\dfrac{\sin\left(\dfrac{\omega T_s}{2}\right) \cdot \cos\left(\dfrac{n\omega T_s}{2}\right)}{\dfrac{n\omega T_s}{2} \cdot \cos\left(\dfrac{\omega T_s}{2}\right)} \right)^2, & n \text{ 为奇数} \end{cases}$$

cosBOC 的功率谱为

$$G_{\text{cosBOC}}(\omega) = \begin{cases} T_c \left(\dfrac{\sin\left(\dfrac{\omega T_s}{2}\right) \cdot \left\{\cos\left(\dfrac{\omega T_s}{2}\right) - 1\right\}}{\dfrac{n\omega T_s}{2} \cdot \cos\left(\dfrac{\omega T_s}{2}\right)} \right)^2, & n \text{ 为偶数} \\[40pt] T_c \left(\dfrac{\cos\left(\dfrac{n\omega T_s}{2}\right) \cdot \left\{\cos\left(\dfrac{\omega T_s}{2}\right) - 1\right\}}{\dfrac{n\omega T_s}{2} \cdot \cos\left(\dfrac{\omega T_s}{2}\right)} \right)^2, & n \text{ 为奇数} \end{cases}$$

对于 sinBOC 调制信号来说,其功率谱函数图的特征与 BOC 特征是相同的,而对于 cosBOC 信号来说它的功率谱副瓣则分布在两主瓣的两侧,副瓣宽度和间隔均为 f_c,因此 cosBOC 信号对中心频率信号具有更好的频谱隔离度。另外,cosBOC 信号主瓣的峰值发生在副载波频率 f_s 稍大的地方,而 sinBOC 信号的主瓣峰值则发生在比副载波频率 f_s 稍小的地方,这更加损失了 sinBOC 对中心频率处信号的频谱隔离度[22]。

在自相关函数的描述中只给出当 n 为偶数时正弦相位 BOC 信号基带信号自相关函数:

$$R_{\text{sinBOC}}(\tau) = \begin{cases} (-1)^{k+1} \left[(2k+1)\left(1 - \dfrac{|\tau|}{nT_s}\right) - \dfrac{2k(k+1)}{n} \right], & |\tau| \leqslant nT_s, k = \left[n - |\tau| / T_s \right] \\ 0, & \text{其他} \end{cases}$$

其他形式的自相关函数亦可以通过傅里叶变换求出。

6.2.2.3 AltBOC 调制

AltBOC 调制是 Galileo 系统设计的一种调制方式,同前面所述的一般 BOC 不同,它的副载波是一个复合的副载波,可以提供在一个相同复合信号里的上下两部

分频谱的分离。AltBOC 调制方式已经应用于 Galileo 系统 E5 频段的调制中。

对于有导频通道的 4 码调制方式为[2]

$$s_{\text{AltBOC}}(t) = (c_{\text{u}} + jc'_{\text{u}}) \times \text{er}(t) + (c_{\text{L}} + jc'_{\text{L}}) \times \text{er}^*(t)$$

式中：$\text{er}(t) = \text{sgn}(\cos(2\pi f_s t)) + j\text{sgn}(\sin(2\pi f_s t)) = \text{er}(t) + jsr(t)$；$c_{\text{u}}$ 和 c_{L} 为上、下边带数据码；c'_{u}、c'_{L} 为导频码；$\text{er}^*(t)$ 为 $\text{er}(t)$ 的共轭复数。

对于 Galileo 系统的 E5 频段而言，E5 频段有 E5a 和 E5b 上、下两个部分组成，对于每一部分都有数据通道和导频通道，E5 信号的 4 个分量通过 AltBOC(15,10) 调制，这些分量按照如下的表达式实现复用：[2]

$$S_{\text{E5}}^{\text{tx}}(t) = \text{Re}[s_{\text{E5}}^{\text{tx}}(t)]\cos(2\pi f_{\text{E5}}t) - \text{Im}[s_{\text{E5}}^{\text{tx}}(t)]\sin(2\pi f_{\text{E5}}t)$$

式中

$$
\begin{aligned}
s_{\text{E5}}^{\text{tx}}(t) = &\frac{1}{2\sqrt{2}}(s_{\text{E5a}-\text{d}}^{\text{tx}}(t) + js_{\text{E5a}-\text{p}}^{\text{tx}}(t))\left[\text{sc}_{\text{E5}-\text{d}}(t) - j\cdot\text{sc}_{\text{E5}-\text{d}}\left(t - \frac{T_{\text{sc}_{\text{E5}}}}{4}\right)\right] \\
&+ \frac{1}{2\sqrt{2}}(s_{\text{E5b}-\text{d}}^{\text{tx}}(t) + js_{\text{E5b}-\text{p}}^{\text{tx}}(t))\left[\text{sc}_{\text{E5}-\text{d}}(t) - j\cdot\text{sc}_{\text{E5}-\text{d}}\left(t - \frac{T_{\text{sc}_{\text{E5}}}}{4}\right)\right] \\
&+ \frac{1}{2\sqrt{2}}(\bar{s}_{\text{E5a}-\text{d}}^{\text{tx}}(t) + j\bar{s}_{\text{E5a}-\text{p}}^{\text{tx}}(t))\left[\text{sc}_{\text{E5}-\text{p}}(t) - j\cdot\text{sc}_{\text{E5}-\text{p}}\left(t - \frac{T_{\text{sc}_{\text{E5}}}}{4}\right)\right] \\
&+ \frac{1}{2\sqrt{2}}(\bar{s}_{\text{E5b}-\text{d}}^{\text{tx}}(t) + j\bar{s}_{\text{E5b}-\text{p}}^{\text{tx}}(t))\left[\text{sc}_{\text{E5}-\text{p}}(t) - j\text{sc}_{\text{E5}-\text{p}}\left(t - \frac{T_{\text{sc}_{\text{E5}}}}{4}\right)\right]
\end{aligned}
$$

其中的互调分量为

$$
\begin{cases}
\bar{s}_{\text{E5a}-\text{d}}^{\text{tx}}(t) = s_{\text{E5a}-\text{p}}^{\text{tx}}(t)s_{\text{E5b}-\text{d}}^{\text{tx}}(t)s_{\text{E5b}-\text{p}}^{\text{tx}}(t) \\
\bar{s}_{\text{E5a}-\text{p}}^{\text{tx}}(t) = s_{\text{E5a}-\text{d}}^{\text{tx}}(t)s_{\text{E5b}-\text{d}}^{\text{tx}}(t)s_{\text{E5b}-\text{p}}^{\text{tx}}(t) \\
\bar{s}_{\text{E5b}-\text{d}}^{\text{tx}}(t) = s_{\text{E5a}-\text{p}}^{\text{tx}}(t)s_{\text{E5a}-\text{d}}^{\text{tx}}(t)s_{\text{E5b}-\text{p}}^{\text{tx}}(t) \\
\bar{s}_{\text{E5b}-\text{p}}^{\text{tx}}(t) = s_{\text{E5a}-\text{p}}^{\text{tx}}(t)s_{\text{E5a}-\text{d}}^{\text{tx}}(t)s_{\text{E5b}-\text{d}}^{\text{tx}}(t)
\end{cases}
\tag{6-27}
$$

互调分量的作用是为了保证信号发射的时候包络是一个恒定包络，方便后续的射频放大。

而 $\text{sc}_{\text{E5}-\text{d}}(t)$ 和 $\text{sc}_{\text{E5}-\text{p}}(t)$ 则是 BOC 调制的子载波信号，在一个周期内有 8 个取值。$\text{sc}_{\text{E5}-\text{d}}(t)$ 取值为 $(\sqrt{2}+1)/2$、$1/2$、$-1/2$、$-(\sqrt{2}+1)/2$、$-(\sqrt{2}+1)/2$、$-1/2$、$1/2$、$(\sqrt{2}+1)/2$。$\text{sc}_{\text{E5}-\text{p}}(t)$ 取值为 $-(\sqrt{2}-1)/2$、$1/2$、$-1/2$、$(\sqrt{2}-1)/2$、$(\sqrt{2}-1)/2$、$-1/2$、$1/2$、$-(\sqrt{2}-1)/2$。$T_{\text{sc}_{\text{E5}}}$ 为 E5 副载波的周期。为了对 $\text{sc}_{\text{E5}-\text{d}}(t)$ 进行简化，它在一个周期内的取值实际上可以写为 $\sqrt{\frac{2+\sqrt{2}}{2}}\cos\left(\frac{\pi k}{8}\right)$，$k \in \{1,3,5,7,9,11,13,15\}$，可知是对一个余弦信号在一个周期内采样 8 个点。同理，$\text{sc}_{\text{E5}-\text{d}}(t - T_{\text{sc}_{\text{E5}}}/4)$ 一个周期内的取值为对一个正弦信号一个周期内采样的 8 个点。

对于 AltBOC 信号来说它对信号频谱没有实现分裂，而是实现了信号频谱的

搬移，具体的原理图如图 6 – 9
所示。

对于基本的 BOC 调制而言，调
制信号为

$$s(t) = c(t) \times \mathrm{sgn}(\cos(2\pi f_s t))$$

其频谱为

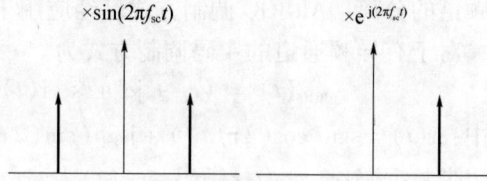

图 6 – 9　BOC 调制和 AltBOC 调制原理

$$S(f) \approx aC(f) \otimes [\delta(f - f_s) - \delta(f + f_s)]$$

式中：a 为测距码参数。

而对于 AltBOC 而言，它的副载波为

$$\mathrm{er}(t) = \mathrm{sgn}(\cos(2\pi f_s t)) + j \times \mathrm{sgn}(\sin(2\pi f_s t))$$

副载波相当于指数函数。由于指数函数的傅里叶变换是一个冲激函数，也就
实现了频谱的单向搬移。

AltBOC 调制信号的频谱与上面的求解步骤相同，但由于上、下边带数据的符
号速率不同，所以两边的频谱不对称。自相关函数的求解也与上面步骤类似，由于
是上、下边带数据，利用接收机进行接收时候可以单边带接收也可以全部接收，所
以不同的接收方式得到的自相关函数是不同的。对于 E5 频段的信号来说，E5Q
支路的自相关函数可以通过 E5a 和 E5b 相加得到[2]，即

$$\mathrm{ACF}_{E5Q}(\tau) = \mathrm{ACF}_{E5aQ}(\tau) + \mathrm{ACF}_{E5bQ}(\tau) = \mathrm{Tri}(\tau) \cdot \cos(\omega_w \tau)$$

式中

$$\mathrm{Tri}(\tau) = \begin{cases} 1 - |\tau|, & |\tau| < T_c \\ 0, & \text{其他} \end{cases}$$

其中：τ 为输入信号与本地信号的码相位差；T_c 为单位码片的宽度。

图 6 – 10 为 E5Q 支路的相关函数曲线。

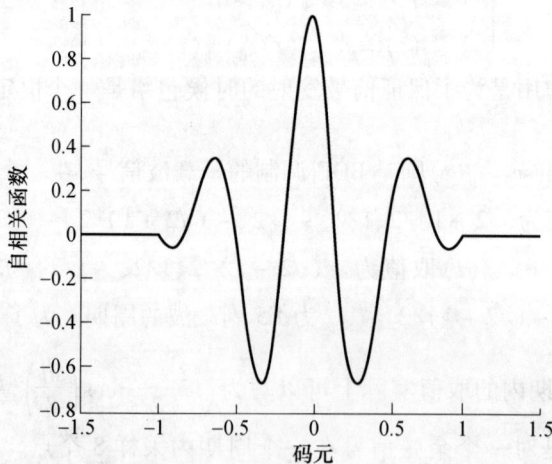

图 6 – 10　E5Q 支路的自相关函数曲线

6.2.2.4　MBOC 调制

MBOC 是一种混合二进制偏移载波调制方式,主要用于 GPS 和 Galileo 系统的公共频段 L1,其实现方式有 CBOC 和 TMBOC 两种。其中:CBOC 用于 Galileo 系统 E1 频段的 OS 服务;TMBOC 用于 GPS 的 L1C。它的一般表达形式为 MBOC(k,m,γ)[2],其归一化的频谱密度为

$$G_{\mathrm{MBOC}(k,m,\gamma)}(f) = (1-\gamma)G_{\mathrm{BOC}(m,1)}(f) + \gamma G_{\mathrm{BOC}(k,1)}(f) \tag{6-28}$$

从式(6-28)可以看出,MBOC 调制是由 BOC($k,1$)信号和 BOC($m,1$)信号以 $\gamma:(1-\gamma)$ 功率比合成的。由于它对时域没有特别限制,BOC($k,1$)信号和 BOC($m,1$)信号可以采取任何复用的方式进行组合,只要保证最后的 PSD 满足式(6-28)即可。

1. CBOC 调制

CBOC 调制的形成是由两个权值的 BOC 信号形成的,一般表达式是 CBOC(k,m,γ),其由功率比率 γ 的 BOC($k,1$)和功率比率 $1-\gamma$ 的 BOC($m,1$)组成。具体的数学公式如式为

$$s(t) = c(t)d(t)\left\{\sqrt{1-\gamma}\,c_{\mathrm{sc}}^m(t) + \sqrt{\gamma}\,c_{\mathrm{sc}}^k(t)\right\}$$

式中:$c(t)$ 为 PRN 码;$d(t)$ 为导航数据;$c_{\mathrm{sc}}^k(t)$ 为频率 $k\times1.023\mathrm{MHz}$ 的方波副载波;$c_{\mathrm{sc}}^m(t)$ 为频率 $m\times1.023\mathrm{MHz}$ 的方波副载波。

CBOC 信号实现方式如图6-11所示,实际应用中还有几种不同的实现方式,如 CBOC(k,m,γ,' + ')、CBOC(k,m,γ,' - ')和 CBOC(k,m,γ,' +/- ')。[2]具体的表达式如下:

$$s(t) = c(t)d(t)\left\{\sqrt{1-\gamma}\,c_{\mathrm{sc}}^m(t) + \sqrt{\gamma}\,c_{\mathrm{sc}}^k(t)\right\}$$

$$\mathrm{CBOC}(k,m,\gamma,'-') = \sqrt{1-\gamma}\,c_{\mathrm{sc}}^m(t) - \sqrt{\gamma}\,c_{\mathrm{sc}}^k(t)$$

$$\mathrm{CBOC}(k,m,\gamma,'+/-') = \sqrt{1-\gamma}\,c_{\mathrm{sc}}^m(t) + (-1)^n\sqrt{\gamma}\,c_{\mathrm{sc}}^k(t)$$

$$= \begin{cases} \sqrt{1-\gamma}\,c_{\mathrm{sc}}^m(t) + \gamma c_{\mathrm{sc}}^k(t), & \text{偶码片} \\ \sqrt{1-\gamma}\,c_{\mathrm{sc}}^m(t) - \gamma c_{\mathrm{sc}}^k(t), & \text{奇码片} \end{cases}$$

由于 Galileo 系统的 E1 频段 OS 使用 CBOC(6,1,1/11)调制,E1 频段有导航通道和数据通道,于是有两种实现的方式(图6-11):

(1)导航通道和数据通道都为 CBOC(6,1,1/11)调制,两通道功率比为 $1:1$[2]。导航通道每个 PN 码片赋形为

$$\mathrm{CBOC}(6,1,1/11,'-') = \sqrt{\frac{10}{11}}\mathrm{BOC}(1,1)(t)$$

$$-\sqrt{\frac{1}{11}}\mathrm{BOC}(6,1)(t)$$

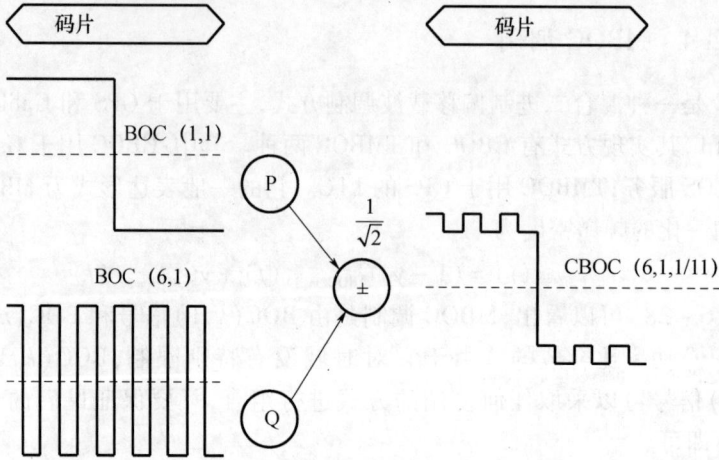

图 6 - 11　CBOC 信号的实现方式

数据通道每个 PN 码片赋形为

$$CBOC(6,1,1/11,'+') = \sqrt{\frac{10}{11}}BOC(1,1)(t)$$
$$+ \sqrt{\frac{1}{11}}BOC(6,1)(t)$$

（2）导航通道为 CBOC(6,1,2/11)，数据通道为 BOC(1,1) 调制，两通道功率比为 1：1。导航通道每个 PN 码片赋形为

$$CBOC(6,1,2/11,'+/-') = \sqrt{\frac{9}{11}}BOC(1,1)(t)$$
$$+ (-1)^n \sqrt{\frac{2}{11}}BOC(6,1)(t)$$

数据通道每个 PN 码片赋形为 $\sqrt{\frac{10}{11}}BOC(1,1)(t)$。

2. TMBOC 调制

TMBOC 是一种时分复用的 BOC 调制方式，主要应用于 GPS 的 L1C 信号上，与 CBOC 相似 TMBOC 的一般形式也是 TMBOC(k,m,γ)，表达式为

$$TMBOC(k,m,\gamma) = \begin{cases} c(t)c_{sc}^k(t), & t \in S_1 \\ c(t)c_{sc}^m(t), & t \in S_2 \end{cases} \quad (6-29)$$

式中：S_1 为用于 BOC$(k,1)$ 的时间段 S_1 的长度是扩频码长度的 γ 倍；S_2 为用于 BOC$(m,1)$ 的时间段。

对于 GPS 的 L1C 信号来说，导频通道占总能量的 75%，数据信道占 25%。而且仅导频通道包含 BOC(6,1) 信号，数据通道只包含 BOC(1,1)，导频通道使用

TMBOC(6,1,4/33)。[2] 图 6 - 12 给出了 TMBOC16,1,4/33 的实现方式。

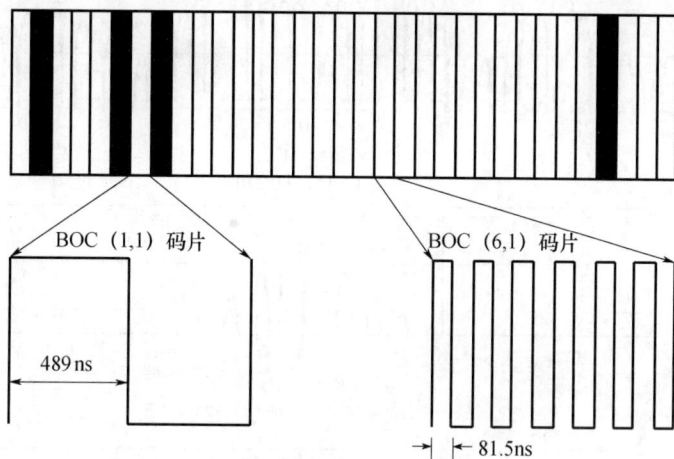

图 6 - 12　TMBOC 信号的实现方式

3. MBOC 功率谱密度和自相关函数

MBOC(k,m,γ)信号的功率谱密度为

$$G_{\mathrm{MBOC}(k,m,\gamma)}(f) = (1-\gamma)G_{\mathrm{BOC}(m,1)}(f) + \gamma G_{\mathrm{BOC}(k,1)}(f)$$
$$+ \{s\} \times 2 \times \sqrt{(1-\gamma)\gamma} \cdot G_{\mathrm{BOC}(m,1)\mathrm{BOC}(k,1)}(f) \qquad (6-30)$$

$G_{\mathrm{BOC}(m,1)\mathrm{BOC}(k,1)}(f)$ 是 BOC(m,1)和 BOC(k,1)信号的互功率谱密度:当信号为 CBOC(k,m,γ,' + ')时,$\{s\}=1$;当信号为 CBOC(k,m,γ,' - ')时,$\{s\} = -1$;当信号为 CBOC(k,m,γ,' +／- ')时,$\{s\}=0$;当信号为 TMBOC(k,m,γ)时,$\{s\}=0$。

图 6 - 13 给出了 CBOC 调制功率谱密度。从图 6 - 13 可以看出,CBOC(6,1,1/11)的功率谱与 BOC(1,1)的功率谱基本相同,只是在高频端增加了部分分量。

MBOC(k,m,γ)信号的自相关函数为

$$R_{\mathrm{MBOC}(k,m,\gamma)}(f) = (1-\gamma)R_{\mathrm{BOC}(m,1)}(f) + \gamma R_{\mathrm{BOC}(k,1)}(f)$$
$$+ \{s\} \times 2\sqrt{(1-\gamma)\gamma} \cdot R_{\mathrm{BOC}(m,1)\mathrm{BOC}(k,1)}(f) \qquad (6-31)$$

$R_{\mathrm{BOC}(m,1)\mathrm{BOC}(k,1)}(f)$ 是 BOC(m,1)和 BOC(k,1)信号的互相关函数:当信号为 CBOC(k,m,γ,' + ')时,$\{s\}=1$;当信号为 CBOC(k,m,γ,' - ')时,$\{s\} = -1$;当信号为 CBOC(k,m,γ,' +／- ')时,$\{s\}=0$;当信号为 TMBOC(k,m,γ)时,$\{s\}=0$。

不论是 CBOC 调制方式还是 TMBOC 调制方式都有多个相关峰,这对信号的捕获和跟踪带来了一定的麻烦。

(a) BOC(6, 1)的功率谱

(b) BOC(1, 1)的功率谱

(c) CBOC(6,1, 1/11)的功率谱

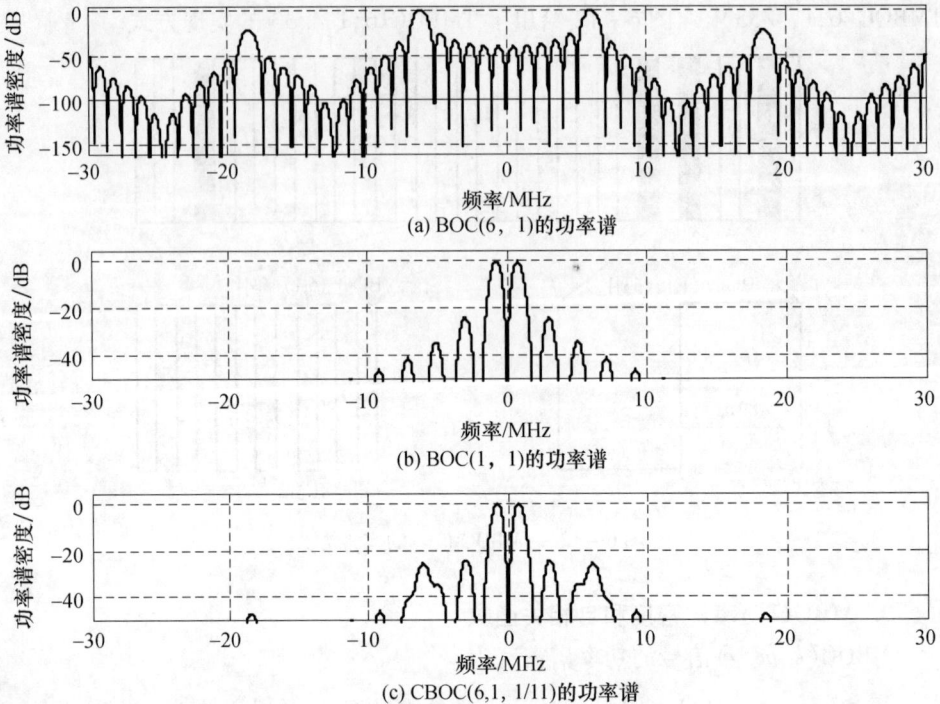

图 6 - 13　MBOC 调制功率谱密度

6.2.2.5　正交复用 BOC(QMBOC)调制

正交复用 BOC(QMBOC)调制将 BOC(m,1)和 BOC(k,1)两个分量分别调制在载波的两个正交相位上,基带信号可以表示为

$$s_{\mathrm{QMBOC}(k,m,\gamma)}(t) = \sqrt{1-\gamma}\, s_{\mathrm{BOC}(m,1)}(t) \pm \mathrm{j}\sqrt{\gamma}\, s_{\mathrm{BOC}(k,1)}(t) \qquad (6-32)$$

上式对应取正、负号分别称为正相 QMBOC 和反相 QMBOC,记作 QMBOC + 和 QMBOC - 。QMBOC 信号的自相关函数为

$$R_{\mathrm{QMBOC}}(\tau) = E\{s_{\mathrm{QMBOC}}(t)s_{\mathrm{QMBOC}}^{*}(t)\}$$
$$= (1-\gamma)R_{\mathrm{BOC}(m,1)}(\tau) + \gamma R_{\mathrm{BOC}(k,1)}(\tau) \qquad (6-33)$$

容易验证,QMBOC + 、QMBOC - 自相关函数满足式(6-33),因此 QMBOC 的 PSD 不仅可以满足 MBOC 的定义,而且消除了 CBOC 调制的正相和反相信号必须同时等功率出现的限制。当系统同时存在数据和导频两个信道时,两个信道可以根据需要分配不同的功率,而且各信道的 QMBOC 调制中的 BOC(m,1)分量和 BOC(k,1)分量功率比也可以不同[3]。

以数据信道为例,假设使用的是正相 QMBOC,那么它的基带信号可以写作

$$s_{\mathrm{d}}(t) = c_{\mathrm{d}}(t)d(t)s_{\mathrm{QMBOC}}(t)$$
$$= \sqrt{1-\gamma}\, c_{\mathrm{d}}(t)d(t)s_{\mathrm{BOC}(m,1)}(t) + \mathrm{j}\sqrt{\gamma}\, c_{\mathrm{d}}(t)d(t)s_{\mathrm{BOC}(k,1)}(t)$$

式中：$c_d(t)$ 为数据信道的扩频码；$d(t)$ 为调制的电文。

由于宽带和窄带信号分量正交，QMBOC 调制可以在 BOC$(m,1)$ 分量和 BOC$(k,1)$ 分量上分别调制不同的电文。此时数据信道的基带信号可以表示为

$$s_d'(t) = \sqrt{1-\gamma}\,c_d(t)d_1(t)s_{BOC(m,1)}(t) + j\sqrt{\gamma}\,c_d(t)d_2(t)s_{BOC(k,1)}(t)$$

式中：$d_1(t)$ 为调制 BOC$(m,1)$ 分量上的电文数据；$d_2(t)$ 为调制在 BOC$(k,1)$ 分量上的电文数据。

由于 QMBOC 信号的功率谱密度和自相关函数与 TMBOC 信号相同，因此 QM-BOC 信号在匹配接收条件下具有与 TMBOC 相同的性能。与 TMBOC 信号的匹配接收相比，QMBOC 的接收机在本地省去了时分复用的切换电路；而与 CBOC 信号匹配接收相比，当 CBOC 接收机在本地直接用多比特产生的多值幅度 CBOC 信号时，虽然其所需的积分清除(I&D)滤波器数量是 QMBOC 接收机的 1/2，但多比特相乘和累加的硬件资源耗费显然比 QMBOC 接收机高得多[4]。

◢ 6.3　GPS 导航信号模型

传统的 GPS 导航信号包括 L1 上的 C/A 码、P(Y)码和 L2 上的 P(Y)码，GPS 现代化计划中预计增加 L1C、L1M、L2C、L2M、L5 五种信号。

(1) 设计全新的军用导航信号。传统的 GPS 军用信号是 L1 和 L2 上的 P(Y)码，P 码与保密的 W 码模二和形成 P(Y)码，最初它设计成必须通过 C/A 码引导捕获，而且因 L1 P(Y)与 C/A 码的频谱重叠不适合导航战的需要。为了满足导航战的需要，GPS JPO 于 1998 年专门成立了 GPS 军用信号设计团队(GMSDT)，研究结果认为军民用信号之间的频谱分离是实现导航战目标的重要保障。

L1M 和 L2M 将是现代化的军用信号，采用 BOC(10,5)调制实现了军民用信号频谱分离，其中 M 码与 1.023MHz 的 BPSK 信号频谱隔离系数达到了 −87.1dB/Hz，而 P(Y)码与 1.023MHz 的 BPSK 信号只有 −69.9dB/Hz 频谱隔离度，相比之下 L1 M 码有 17dB 的优势，可以使 M 码发射大得多的功率而不干扰 C/A 码和 L2C 信号。

M 码提供的主要好处是提高了安全性，允许支持高功率 M 码模式，还包括增强的跟踪和数据解调性能、稳健的直接捕获能力以及与 C/A 码和 P(Y)码的兼容。M 码信号将由 Block IIR−M 及其后续卫星上覆盖地球的 L 波段天线所广播，并最终取代 P(Y)码信号。

(2) 设计与其他卫星导航系统互操作的 L1C 信号。L1C 是在 GPS Ⅲ 计划中设计的民用信号，其目标是设计与 C/A 码兼容但性能更优良的信号。因 L1 频点信号较多，用户对 L1C 信号的需求不一致，L1C 信号的设计过程经历了长时间的调研对比，2006 年 7 月 GPS JPO 公布了最后确定的 L1C。

L1C 信号最终采用 MBOC(6,1,1/11)调制实现 L1 频点的兼容，与第二阶段计划的 BOC(1,1)相比，MBOC 调制中的高频分量进一步提高了信号的跟踪性能和

抗干扰能力;L1C 使用导频/数据双通道增强信号的稳健性;时钟和星历数据(CED)设计成在可变期限内是不改变的,使已经获得 CED 的接收机可去除 CED 数据电文提高跟踪能力;与此同时 L1C 选用了 LDPC 码作数据校验,该码比成熟的卷积码增益高出许多。

L1C 信号是各系统互操作的主要信号,经过长时间的协商,Galileo 的 E1 信号与 L1C 已可实现兼容互操作,日本的 QZSS 系统则直接选择 IS – GPS – 800 作为 L1C 信号的基本定义。

(3) L2C 信号。美国一直把 L1 作为 GPS 的主要导航信号,设置 L2P(Y)码的目的是为了使军用能够利用双频消除电离层传播延迟带来的导航误差,而民用信号无法做到这一点。加发 L2C 信号可以使民用用户不必依靠无码 GPS 技术消除电离层延迟误差。此外,由于 L2C 信号采用了新的信号格式,在许多方面性能超过了 L1C/A 码,这使得单独使用 L2C 信号成为可能。

出于导航战的考虑,L2C 的伪码速率最大为 1.023Mb/s,以使其频谱与军用信号 M 码分开。由于接收机技术的进步,L2C 信号采用了长达 767250 码片的 PRN 码获得高达 40dB 的互相关性能,结合导频信道和前向纠错编码技术,加上 L2C 的低电文速率 25b/s,可以使 L2C 接收机具有低的捕获跟踪门限。

由于同时发射军用和民用信号,L2 上发射两个正交的载频分量,而 L2C 信号只能利用其中一个作二相调制。为了产生数据和导频两个通道,L2C 调制信号中设有 CM 码和 CL 码两个 PRN 码。CM 码上调制有电文数据,CL 码上未调制任何数据,两种码通过时分复用合并成 L2C 信号。

(4) L5 信号。L5 信号主要是应航空用户的要求设立的,工作频段选择在航空无线电导航服务(ARNS)频段,该频段存在较多脉冲工作体制系统,L5 的信号功率设计比 L1 提高 4 倍以增强抗干扰能力,还要求 L5 接收机有很强的抗脉冲干扰能力。L5 频段没有军用信号,带宽达到了 24MHz,不需要考虑与军用信号频谱隔离,因而可以采用 10.23MHz 的码率;与 L1 和 L2 不同,L5 没有其他信号需要复用,可以采用 QPSK 复用 L5 信号的导频和数据通道。L5 的其他新特性包括增加 NH 二次编码,导航电文采用卷积编码和 CRC 增强稳健性等。L5 信号将成为 L1 信号的完整冗余信号,并能与 L1 相配合,获得优良的电离层延迟校正。经总结 GPS 信号体制共 8 类 11 种信号分量(公开 7 种,授权 4 种,见表 6 – 1)。

表 6 – 1 GPS 信号体制参数

信号分量	载波频率 /MHz	码速率 /(Mc/s)	信息速率/(b/s),符号速率/(S/s)	调制方式	服务类型
L1 C/A	1575.42	1.023	50,50	BPSK	OS
L1 C_D		1.023	50,100	MBOC(6,1)	OS
L1 C_P		1.023	—		
L1 P(Y)		1.023	50,50	BPSK	AS

（续）

信号分量	载波频率/MHz	码速率/(Mc/s)	信息速率/(b/s)，符号速率/(S/s)	调制方式	服务类型
L1 M	1575.42	5.115	未公开	BOC(10,5)	AS
L5 C_D	1176.45	1.023	50,100	QPSK	OS
L5 C_P		1.023	—		
L2 C_D	1227.6	1.023	25,50	BPSK	OS
L2 C_P		1.023	—		
L2 P(Y)		1.023(CM/CL)	50,50	BPSK	AS
L2 M		5.115	未公开	BOC(10,5)	AS

6.3.1　L1 C/A 信号

传统的 GPS 信号中 L1 信号是指位于 L1 波段上的民用 C/A 码信号(简称 L1 C/A信号)和军用 P(Y)码信号(简称 L1 P(Y)信号)，而在 Block ⅡR－M 及其随后的各款卫星又增发了军用 L1M 码信号，在 GPS Ⅲ卫星计划中增发民用 L1C 信号。

L1 波段内所发射导航信号的载波标称中心频率值：

$$f_{L1} = 154f_{GPS,0} = 154 \times 10.23 (MHz)$$

6.3.2　P(Y)码

P(Y)码是军用的保密码，P 码经过加密技术处理而变成了 Y 密码，是由正常的 P 码和机密的 W 码之模二和形成的。P 码速率为 10.23Mc/s，P 码周期为 266.4 天，266.4 天分为许多段，每段长度为 1 个星期，每段分配给 1 颗特定的卫星。W 码是专门作为保密用的，码速率大约为 0.5115Mc/s，周期很长，可能是无限长的。P 码是由 LFSR 方式产生的，产生和信号调制原理如图 6－14 所示。

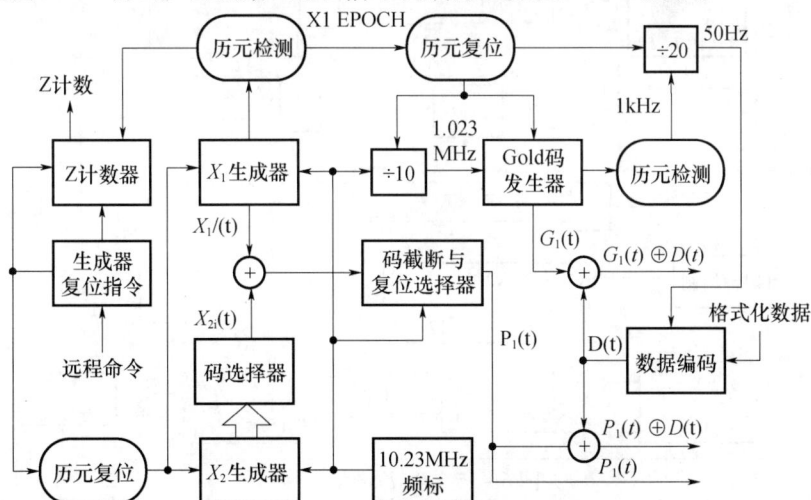

图 6－14　P 码、C/A 码产生和信号调制原理

215

第 i 个卫星使用的 P 码记为 $P_i(t)$，它是由 X_1 和 X_2 模二相加得到的，其中 X_1 又是由两个长度为 12 的寄存器产生的 X_{1A}、X_{1B} 模二相加得到的，X_{1A} 的长度为 4092，X_{1B} 的长度为 4093，得到的 X_1 是截短的周期为 1.5s、长度为 15345000 的序列。也就是说 X_1 的长度是 X_{1A} 的 3750 倍。同理，X_2 也是由两个长度为 12 的移位寄存器产生的 X_{2A} 和 X_{2B} 模二相加得到的，X_{2A} 的长度为 4092，X_{2B} 的长度为 4093，得到的 X_2 的长度比 X_1 多了 37bit。X_2 在经过移位 i 就得到 X_{2_i}，其中 i 是 1～37 的整数，X_1 和 X_{2_i} 模二相加并经过截短得到周期为 1 周的 $P_i(t)$。$P_i(t)$ 的产生原理如图 6－15 所示。

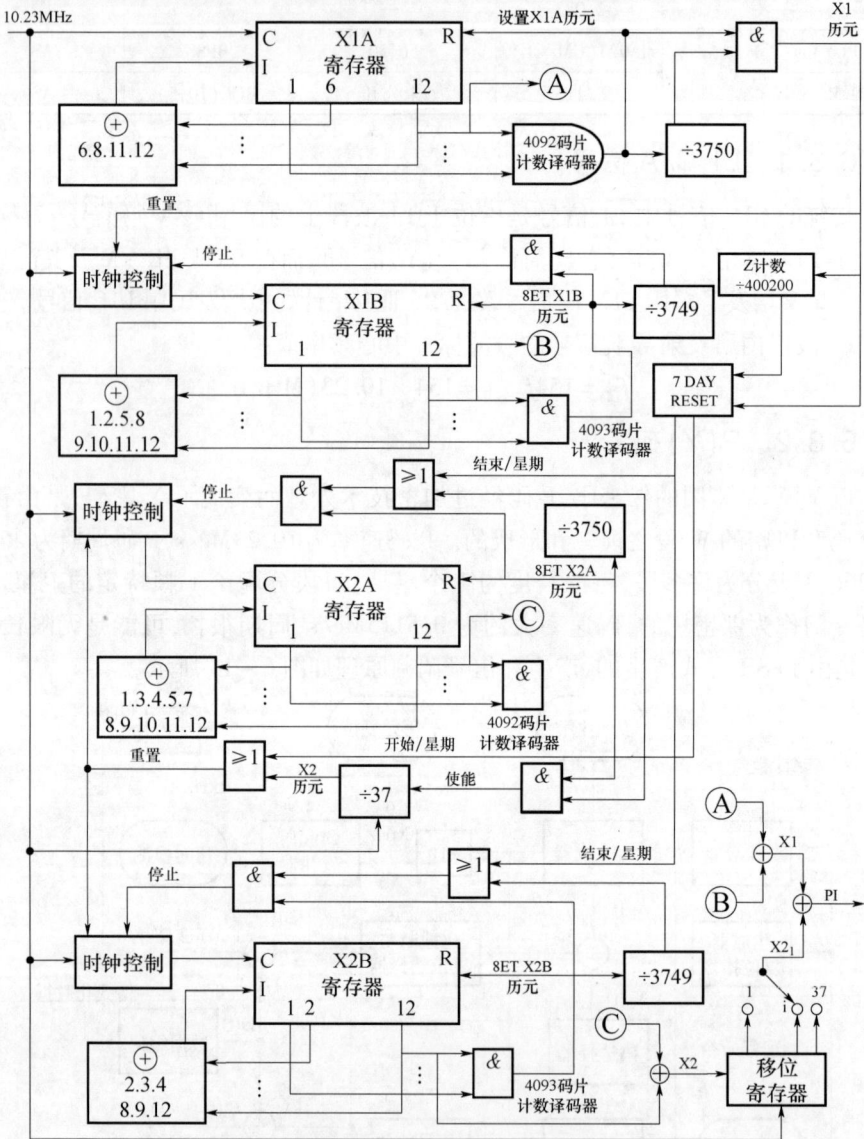

图 6－15　$P_i(t)$ 产生原理

C—时钟；I—输入；R—下一个时钟恢复初始状态

6.3.3 L1C 信号

L1C 信号采用 MBOC(6,1,1/11)调制实现 L1 频点的兼容,L1C 信号的第 i 个 PRN 信号的测距码 $L1C_{Pi}(t)$ 和 $L1C_{Di}(t)$ 是独立、时间同步的,它们的码长为 10230,持续时间为 10ms,因此码片速率是 1.023MHz。此外,对于第 i 个 PRN 信号来说还有掩码 $L1C_{Oi}(t)$,该掩码也是独立、时间同步的,掩码的符号速率是100S/s,总长度为 18s,因此共有 1800bit。

1. 测距码结构

$L1C_{Pi}(t)$ 和 $L1C_{Di}(t)$ 产生的方法是相同的,每个测距码由一个独特的长度为 10223 序列和一个 7bit 的扩展序列组成,该扩展序列的插入位置与 PRN 码的序号相关。这些独特的、长度为 10223 的序列是由一个固定长度为 10223 的勒让德序列 $L(t)(t=0,\cdots,10222)$ 产生的,勒让德序列 $L(t)$ 的定义如下:

(1) $L(0)=0$。

(2) $L(t)=1$,假如存在整数 x 使得 t 是 x^2 以 10223 为模的余数。

(3) $L(t)=0$,假如不存在整数 x 使得 t 是 x^2 以 10223 为模的余数。

根据上面的勒让德序列对每一个测距码构造一个独特的长度为 10223 的序列。首先将勒让德序列和其移位序列进行异或得到威尔(Weil)码,威尔码 $W_i(t, w)$ 定义如下:

$$W_t(t,w) = L(t) \oplus L((t+w) \text{以 } 102223 \text{ 为模}), t=0,\cdots,10222$$

式中:w 为威尔码索引值,取值范围为 1~5111。

最后在威尔码中插入固定的扩展序列,扩展序列为 7bit,值为 0110100。插入点的位置用参数 p 表示,p 的取值范围为 1~10223。扩展序列插入到威尔码第 p 位的前面。测距码 $L1C_{Pi}(t)/L1C_{Di}(t)$ 的定义如下:

$$
\begin{aligned}
&L1C_{Pi}(t)/L1C_{Di}(t) = W_i(t;w), t=0,1,\cdots,p-2\\
&L1C_{Pi}(t)/L1C_{Di}(t) = 0, t=p-1\\
&L1C_{Pi}(t)/L1C_{Di}(t) = 1, t=p\\
&L1C_{Pi}(t)/L1C_{Di}(t) = 1, t=p+1\\
&L1C_{Pi}(t)/L1C_{Di}(t) = 0, t=p+2\\
&L1C_{Pi}(t)/L1C_{Di}(t) = 1, t=p+3\\
&L1C_{Pi}(t)/L1C_{Di}(t) = 0, t=p+4\\
&L1C_{Pi}(t)/L1C_{Di}(t) = 0, t=p+5\\
&L1C_{Pi}(t)/L1C_{Di}(t) = W_i(t-7;w), t=p+6,p+7,\cdots,10229
\end{aligned}
$$

$$(6-34)$$

关于威尔码索引值 w、插入参数 p 和 PRN 信号的分配关系见表 6-2。

测距码 $L1C_P$ 和 $L1C_D$ 的产生原理如图 6-16 所示。

表 6 - 2 L1C 测距码参数分配情况

GPS PRN 序号	L1C$_P$				L1C$_D$			
	Weil 码索引（w）	插入序号（p）	24bits 码片起始（八进制）	24bits 码片终止（八进制）	Weil 码索引（w）	插入序号（p）	24bits 码片起始（八进制）	24bits 码片终止（八进制）
1	5111	412	05752067	20173742	5097	181	77001425	52231646
2	5109	161	70146401	35437154	5110	359	23342754	46703351
3	5108	1	32066222	00161056	5079	72	30523404	00145161
4	5106	303	72125121	71435437	4403	1110	03777635	11261273
5	5103	207	42323273	15035661	4121	1480	10505640	71364603
6	5101	4971	01650642	32606570	5043	5034	42134174	55012662
7	5100	4496	21303446	03475644	5042	4622	00471711	30373701
8	5098	5	35504263	11316575	5104	1	32237045	07706523
9	5095	4557	66434311	23047575	4940	4547	16004766	71741157
10	5094	485	52631623	07355246	5035	826	66234727	42347523
11	5093	253	04733076	15210113	4372	6284	03755314	12746122
12	5091	4676	50352603	72643606	5064	4195	20604227	34634113
13	5090	1	32026612	63457333	5084	368	25477233	47555063
14	5081	66	07476042	46623624	5048	1	32025443	01221116
15	5080	4485	22210746	35467322	4950	4796	35503400	37125437
16	5069	282	30706376	70116567	5019	523	70504407	32203664
17	5068	193	75764610	62731643	5076	151	26163421	62162634
18	5054	5211	73202225	14040613	3736	713	52176727	35012616
19	5044	729	47227426	07750525	4993	9850	72557314	00437232
20	5027	4848	16064126	37171211	5060	5734	62043206	32130365
21	5026	982	66415734	01302134	5061	34	07151343	51515733
22	5014	5955	27600270	37672235	5096	6142	16027175	73662313
23	5004	9805	66101627	32201230	4983	190	26267340	55416712
24	4980	670	17717055	37437553	4783	644	36272365	22550142
25	4915	464	47500232	23310544	4991	467	67707677	31506062
26	4909	29	52057615	07152415	4815	5384	07760374	44603344
27	4893	429	76153566	02571041	4443	801	73633310	05252052
28	4885	394	22444670	52270664	4769	594	30401257	70603616
29	4832	616	62330044	61317104	4879	4450	72606251	51643216
30	4824	9457	13674337	43137330	4894	9437	37370402	30417163
31	4591	4429	60635146	20336467	4985	4307	74255661	20074570

（续）

GPS PRN 序号	L1C_P				L1C_D			
	Weil 码 索引 (w)	插入 序号 (p)	24bits 码片 起始 （八进制）	24bits 码片 终止 （八进制）	Weil 码 索引 (w)	插入 序号 (p)	24bits 码片 起始 （八进制）	24bits 码片 终止 （八进制）
32	3706	4771	73527653	40745656	5056	5906	10171147	26204176
33 *	5092	365	63772350	50272475	4921	378	12242515	07105451
34 *	4986	9705	33564215	75604301	5036	9448	17426100	31062227
35 *	4965	9489	52236055	52550266	4812	9432	75647756	36516016
36 *	4920	4193	64506521	15334214	4838	5849	71265340	07641474
37 *	4917	9947	73561133	53445703	4855	5547	74355073	35065520
38	4858	824	12647121	71136024	4904	9546	45253014	03155010
39	4847	864	16640265	01607455	4753	9132	12452274	34041736
40	4790	347	11161337	73467421	4483	403	07011213	20162561
41	4770	677	22055260	54372454	4942	3766	35143750	01603755
42	4318	6544	11546064	11526534	4813	3	26442600	40541055

注：* PRN 序号 33 – 37 保留用于其他用途（如地面发射机）

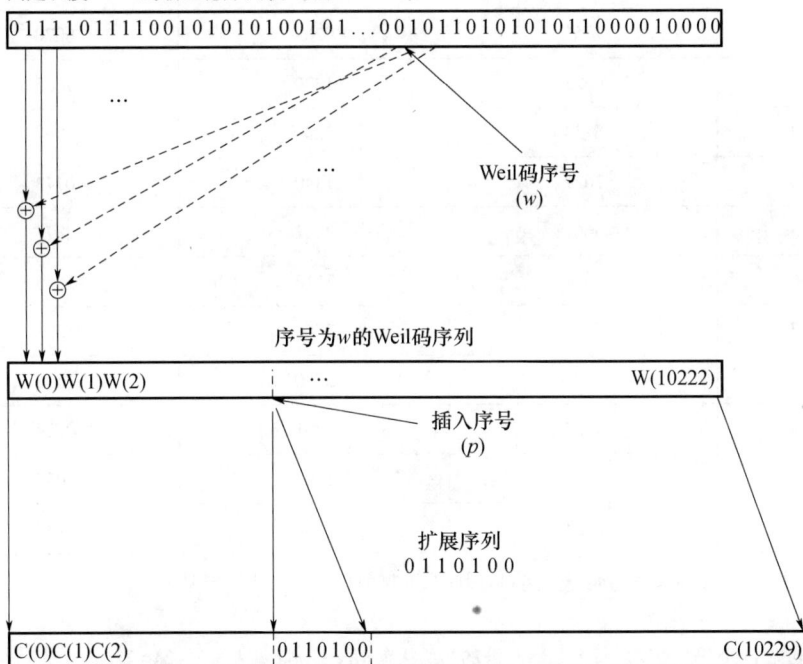

图 6 – 16 L1C 测距码产生原理

2. 掩码结构

掩码 $L1C_{Oi}(t)$ 是由 LFSR 产生的,首先产生长度为 2047bit 的长码然后截短到 1800bit,所以寄存器的长度是 11。表 6-3 列出了 $L1C_0$ 掩码参数分配情况。

表 6-3　$L1C_0$ 掩码参数分配情况

GPS PRN 序号	多项式系数 (八进制)*(m_{ij})	起始码片 (八进制)**	终止码片 (八进制*)
1	5111	3266	0410
2	5421	2040	3153
3	5501	1527	1767
4	5403	3307	2134
5	6417	3756	3510
6	6141	3026	2260
7	6351	0562	2433
8	6501	0420	3520
9	6205	3415	2652
10	6235	0337	2050
11	7751	0265	0070
12	6623	1230	1605
13	6733	2204	1247
14	7627	1440	0773
15	5667	2412	2377
16	5051	3516	1525
17	7665	2761	1531
18	6325	3750	3540
19	4365	2701	0524
20	4745	1206	1035
21	7633	1544	3337

注:* 多项式参数定义为 $1,m_0,\cdots,m_1,1$,因此八进制 5111 对应的生成多项式为 $P_1(x) = 1 + x^3 + x^6 + x^9 + x^{11}$。

** 初始 11bit 码片也对应每个 PRN 序号的初始状态 $n_{11},\cdots,n_1$(见表 3.2-2)

↑ 丢弃起始位的 0 后得到初始码片和终止码片的值。例如八进制 3266 对应的二进制序列为 1 1 0 1 0 1 1 0 1 1 0

6.3.4　L2C 信号

为了同时发送军用和民用信号,L2 上发射两个相互正交的载频分量,军用的超前民用90°,这样在 L2 上只能为民用的 L2C 提供一个载频分量作二相制调制。为了在这种条件下产生有数据和无数据两个分量,L2C 的调制信号中设有两个 PRN 码,一个是中等长度的 CM 码,另一个是长的 CL 码。其中 CM 码上调制有电文数据,CL 码上则未调制任何数据。CM 和 CL 码的速率均为 511.5kHz[4],CM 码的长度为 10230bit,周期为 20ms,CL 码长为 767250bit,周期为 1.5s,即是 CM 码周期的 75 倍。511.5kHz 由 L1 C\A 码的 1.023MHz 时钟二分频给出,CL 码与电文中 1.5s 的 Z 计数同步。

L2C 上的电文记为 CNAV,CNAV 的原始速率是 25b/s,然后以限定长度 7 进行比率 1/2 的卷积编码,形成速率为 50b/s 数据流以调制 CM 码,此时的 50b/s 速率与 L1 C/A 码上的电文速率一样。卷积编码原理如图 6 - 17 所示。

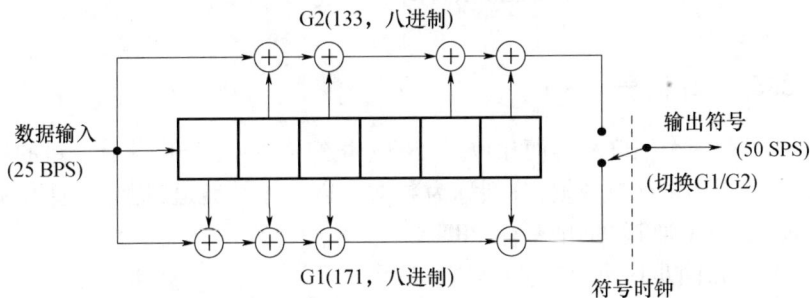

图 6 - 17　卷积编码原理

有电文调制的 CM 码和无电文调制的 CL 码在基码—基码多工器中,以码—码的形式交叉合并在一起,CM 的基码先发送,CL 的基码后发送,结果产生的总的 PRN 码其基码速率为 1.023MHz,如图 6 - 18 所示[4]。

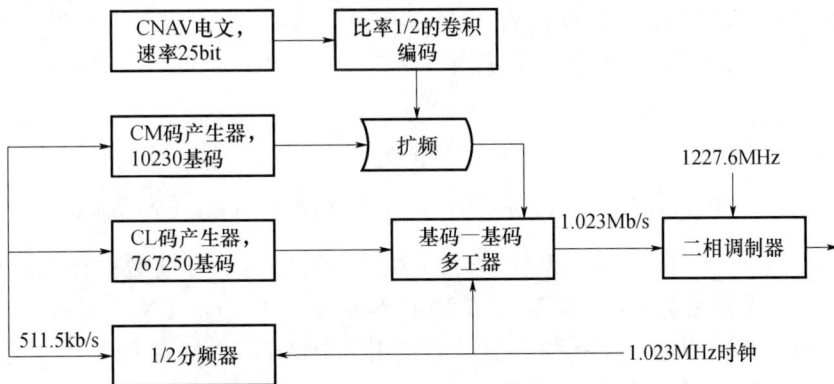

图 6 - 18　L2C 发生器概略框图

221

CM 与 CL 是由长度为 27 的相同线性移位寄存器产生的,共有 12 个抽头,产生的序列经过截断得到 CM 和 CL(图 6 – 19)。其生成原理与前面介绍的 P 码的 LFSR 相同,只不过它的生成多项式为

$$1 + x^3 + x^6 + x^8 + x^{11} + x^{14} + x^{16} + x^{18} + x^{21} + x^{22} + x^{23} + x^{24} + x^{27}$$

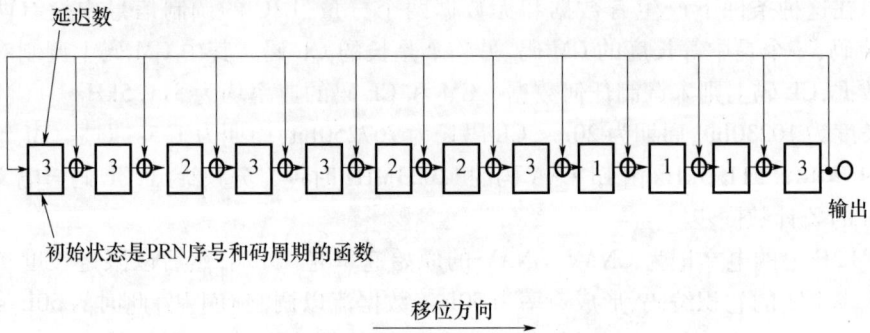

图 6 – 19　CM 与 CL 生成多项式

6.3.5　L5 信号

L5 信号由两个幅度相等而相位正交的分量组成,一个分量载有卫星的导航电文 CNAV,另一个未载有数据,分别称为数据通道和导航通道,记为 I 通道和 Q 通道。也就是说,I 通道的组成有 PRN 码、导航电文和同步序列,Q 通道只有 PRN 码和同步序列。无数据通道和数据通道又分别称为 Q 通道和 I 通道,其相位彼此正交,如图6 – 20所示。在数据通道的调制信号中,除导航数据与 PRN 码外,还有 NH 码。NH 码也称为同步码,在无数据通道中也设有 NH 码,只是其码长为 20 位,而不是数据通道的 10 位。

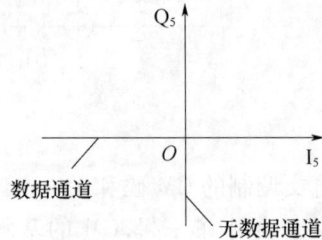

图 6 – 20　L5 信号 I_5 和 Q_5 通道的相位图

$$(Q_5 = n(20,t)g(k,t),$$
$$L_5 = D_j(t)n(10,t)g(i,t))$$

对于第 j 号卫星来说,其发射的信号记为

$$S_j = n(20,t)g(k,t)\sin(w_5 t + \phi) + D_j(t)n(10,t)g(i,t)\cos(\omega_5 t + \phi)$$

式中:$\omega_5 = 2\pi \times 1176.45\text{MHz}$;$D_j(t)$ 为第 j 号卫星编码后的导航数据流;$n(10,t)$ 和 $n(20,t)$ 是长度为 10 个和 20 个基码的 Neuman – Hoffman(NH)码;$g(k,t)$ 和 $g(i,t)$ 均为 PRN 码流,由于 GPS 卫星之间用 CDMA 区分,因此每颗卫星均有一对独特的 $g(k,t)$ 和 $g(i,t)$,而且 $g(k,t)$ 和 $g(i,t)$ 之间彼此不相关或几乎不相关。

1. PRN 码

L5 信号有两个 PRN 码与其对应,分别记为 $I_{5_i}(t)$ 和 $Q_{5_i}(t)$。它们的码速率为 10.23MHz、周期为 1ms,因此码为 10230 码片,虽然它们互不相关,但彼此同步。它们的产生是由两个 PRN 序列经过模二相加得到的,$I_{5_i}(t)$ 的产生是由 $X_A(t)$ 和 X_BI_i (n_{Ii},t) 模二相加得到的,$Q_{5_i}(t)$ 是由 $X_A(t)$ 和 $X_BQ_i(n_{Qi},t)$ 模二相加得到的。$X_A(t)$ 的长度为 8190,$X_BI_i(n_{Ii},t)$ 和 $X_BQ_i(n_{Qi},t)$ 的长度为 8191。L5 码产生原理如图 6-21 所示。

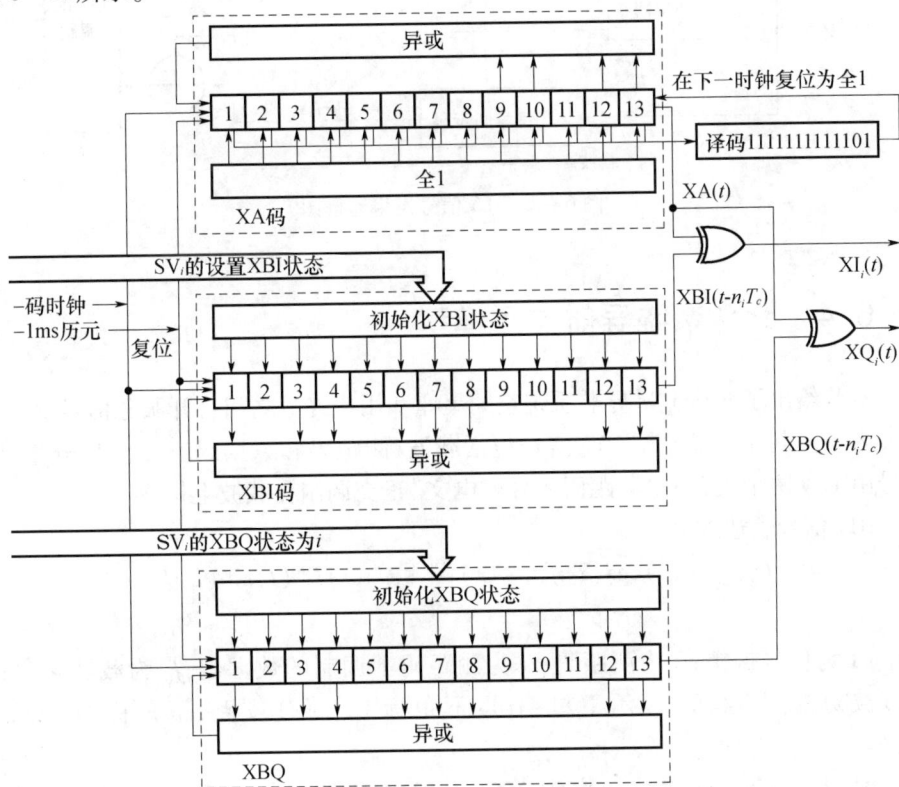

图 6-21　L5 码产生原理

2. 导航电文

L5 中的导航电文不同于 L1 中的导航电文,因此又称为 CNAV,其长度为 300bit,持续时间为 6s,因此符号速率为 50S/s。导航电文的长度本身为 276bit,加上 24bit 的循环冗余校验(CRC),然后再进行 1/2 的卷积编码并进行前向纠错(FEC),卷积编码为固定长度为 7,编码后符号速率变为 100S/s。

编码后的导航电文再次与同步序列 Neuman - Hoffman 进行编码,I 通道的导航电文使用的是 10 符号的同步序列,它的码速率为 1kHz,而 Q 通道的同步序列定义为 20 符号的,它的码速率也为 1kHz,10bit 的同步序列定义为 0000110101,因此经过同步后的符号 1 被 1111001010 替换, 符号 0 被 0000110101 替换。20 符号同步序列定义为 00000100110101001110。L5 信号发生器框图如图 6 – 22 所示。

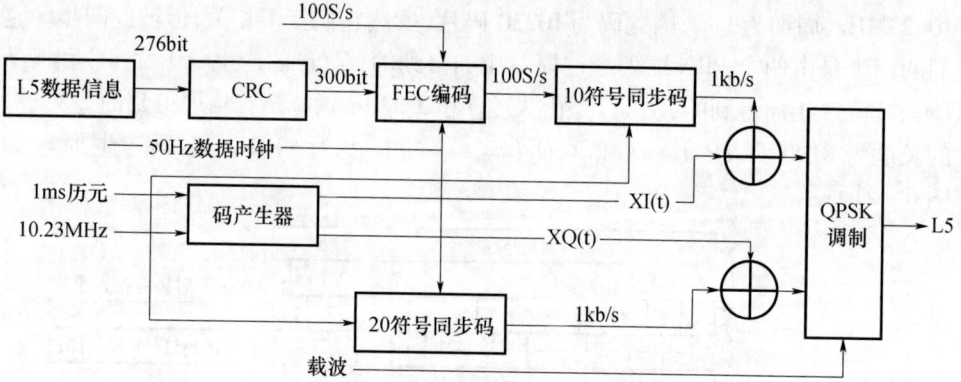

图 6 – 22　L5 信号发生器框图

6.4　北斗系统导航信号模型

本节给出了北斗卫星导航系统空间星座和用户终端之间公开服务信号 B1I 的相关内容。北斗卫星导航 B1I 信号包括载波、测距码和数据码三种信号分量, B1 信号由 I、Q 两个支路的"测距码 + 导航电文"正交调制在载波上构成。

B1I 信号表达式为

$$S^j(t) = A_1 C_1^j(t) D_1^j(t) \cos(2\pi f_0 t + \varphi^j) + A_Q C_Q^j(t) D_Q^j(t) \sin(2\pi f_0 t + \varphi^j)$$

$$(6-35)$$

式中: A 为信号振幅; C 为测距码; D 为测距码上调制的数据码; f_0 为载波频率; φ 为载波初相; 上角标 j 表示卫星编号; 下角标 I 表示 I 支路; 下角标 Q 表示 Q 支路。

B1I 信号的标称载波频率为 1561.098MHz。发射信号采用正交相移键控 (QPSK) 调制, 信号复用方式为码分多址 (CDMA)[25]。

B1I 信号测距码 (以下简称 C_{B1I} 码) 码速率为 2.046Mc/s , 码长为 2046。C_{B1I} 码由两个线性序列 G_1 和 G_2 模二和产生平衡 Gold 码后截短 1 码片生成。G_1 和 G_2 序列分别由两个 11 级线性移位寄存器生成[26], 其生成多项式为

$$G_1(X) = 1 + X + X^7 + X^8 + X^9 + X^{10} + X^{11}$$

$$G_2(X) = 1 + X + X^2 + X^3 + X^4 + X^5 + X^8 + X^9 + X^{11}$$

G_1 序列初始相位为 01010101010, G_2 序列初始相位为 01010101010。

C_{B1I} 码发生器示意图如图 6 – 23 所示。

通过对产生 G_2 序列的移位寄存器不同抽头的模二和可以实现 G_2 序列相位的

不同偏移,与 G_1 序列模二和后可生成不同卫星的 C_{B11} 码[6]。

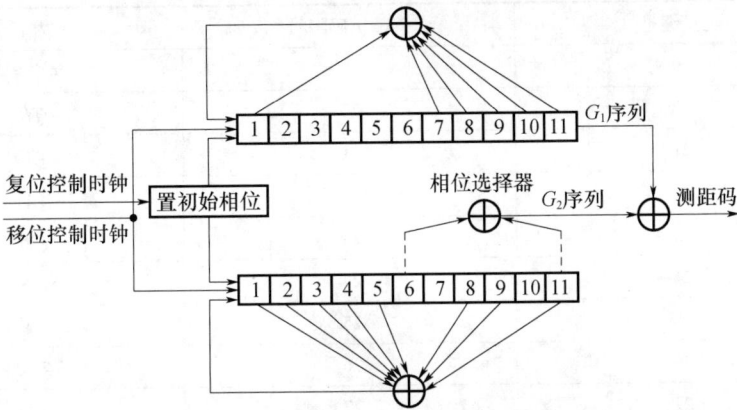

图 6-23　C_{B11} 码发生器示意图

利用两个 11 级小 m 序列模二和得到周期为 2047bit 的 GOLD 码序列,去掉 1bit 即为长为 2046bit 的 C 码。通过对 G_2 码的不同抽头模二和实现不同卫星的不同编码。C 码的生成方式为 $C_i = G_1 \oplus G_2(t + n_i T)$。C 码相位产生见表 6-4。

表 6-4　C 码相位产生

卫星编号	伪随机码编号	码相位
1	1	1⊕3
2	2	1⊕4
3	3	1⊕5
4	4	1⊕6
5	5	1⊕8
6	6	1⊕9
7	7	1⊕10
8	8	1⊕11
9	9	2⊕7
10	10	3⊕4
11	11	3⊕5
12	12	3⊕6
13	13	3⊕8
14	14	3⊕9
15	15	3⊕10
16	16	3⊕11
17	17	4⊕5
18	18	4⊕6

（续）

卫星编号	伪随机码编号	码相位
19	19	$4\oplus8$
20	20	$4\oplus9$
21	21	$4\oplus10$
22	22	$4\oplus11$
23	23	$5\oplus6$
24	24	$5\oplus8$
25	25	$5\oplus9$
26	26	$5\oplus10$
27	27	$5\oplus11$
28	28	$6\oplus8$
29	29	$6\oplus9$
30	30	$6\oplus10$
31	31	$6\oplus11$
32	32	$8\oplus9$
33	33	$8\oplus10$
34	34	$8\oplus11$
35	35	$9\oplus10$
36	36	$9\oplus11$
37	37	$10\oplus11$

6.5 GLONASS 系统导航信号模型

GLONASS 从设计开始就采取了迥异于 GPS 的技术路线, GLONASS 采用的 FDMA 的体制使得各卫星之间拥有优异的互相关特性和抗单频干扰能力,同时造成了接收机难以做到小型化与低成本,直接制约了 GLONASS 在民用市场的普及。 GLONASS 的军码设计相比于 GPS 更倾向于快速捕获能力,其重复周期仅为 1s,远小于 GPS 的 P 码。

由于 GLONASS 的星座长期不完整,系统故障率较高,且难以做到全球布站, 因而其精度相比于 GPS 低了近 1 个数量级。随着俄罗斯经济的恢复, GLONASS 也 开始了其现代化进程,其在信号体制方面最大的改进是增加能够与 Galileo、GPS 实 现兼容与互操作的民用信号,以便能更好地参与国际 GNSS 市场的合作和竞争。 2008 年 2 月 15 日,政府法令规定要求增设 CDMA 体制的 1575.42MHz BOC(2,2) 信号和 1176.45MHz BOC(4,4)信号,相应于 GPS 信号 L1 和 L5 频率的中心点,另

外一个 GLONASS FDMA 信号将设在 L3 频率(1197.648 ~ 1212.255MHz),略低于
GPS 系统 L2 载波的 M 码。GLONASS 信号参数见表 6 - 5。

表 6 - 5　GLONASS 信号体制参数

信号分量	载波频率 /MHz	码速率 /(Mc/s)	信息速率 /(b/s)	调制方式	服务类型
L1	1602 ~ 1616	0.511	50	FDMA	OS
L2	1246 ~ 1256	0.511	50	FDMA	AS
L3	1208	—	—	CDMA	OS

GLONASS 卫星同样向地面发射两种载波信号:L1 载波信号的频率为 1602 ~
1616MHz。L2 载波信号的频率为 1246 ~ 1256MHz。L1 载波信号为民用,L2 载波
信号为军用。GLONASS 卫星之间的识别方法采用频分复用制(FDMA),L1 载波信
号的频道间隔为 0.5625MHz,L2 载波信号的频道间隔为 0.4375MHz[7]。

L1、L2 载波信号频率的标称值由如下的表达式确定:

$$\begin{cases} f_{k1} = 1602\text{MHz} + k \times 562.5\text{kHz} \\ f_{k2} = 1246\text{MHz} + k \times 437.5\text{kHz} \end{cases}$$

对于任何特定的 GLONASS 卫星,频道号 k 是在历书(非即时数据)中提供的。
对于每一颗卫星,L1 和 L2 的载波频率是相干的,是来自于一个公共的频率标准,
为补偿相对论效应影响,该频标偏差 -2.18×10^{-3} Hz,卫星载波频率相对于标称值
的误差在 $\pm 2 \times 10^{-11}$。GLONASS 的频率规划在各个阶段的变更:

(1) 1998—2005 年:GLONASS 卫星所用的频道号 $k = 0, \cdots, 12$,不受任何限
制,频道号 $k = 0, 13$ 用于技术目的。

(2) 2005 年以后:GLONASS 卫星所用的频道号 $k = -7, \cdots, +6$。

GLONASS 卫星测距粗码(C/A 码)的码频 0.511MHz,码长为 511bit,重复周期
为 1ms。GLONASS 卫星的测距码是 9 级移位寄存器序列,如图 6 - 24 所示。

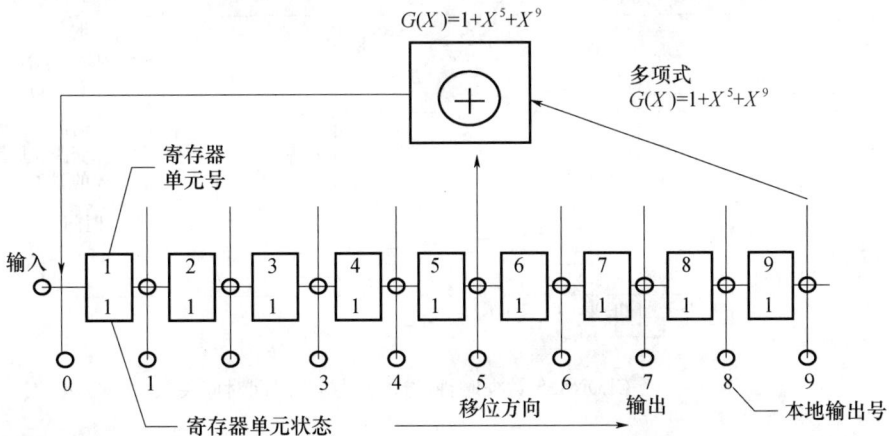

图 6 - 24　GLONASS 卫星的测距码移位寄存器

GLONASS 的导航信息包括即时数据和非即时数据。即时数据与该卫星直接相关,它发送该卫星的导航信号。非即时数据(GLONASS 历书)与 GLONASS 星座中所有的卫星相关。导航数据的速率为 50b/s,此外还要附加 100Hz 的明德码序列。GLONASS 的导航信息由在 2s 期间生成的连续重复字符串构成。其间(2s)的头 1.7s(每个字符串的开头)发送 85bit 的导航数据,在最后 0.3s 发送时间标记。时间标记(帧头)是一个截短的 30bit 伪随机序列,1bit 的持续时间等于 10ms,该序列的生成多项式为

$$g(x) = 1 + x^3 + x^5 \qquad (6-36)$$

也可以写为 111110001101110101000010010110。每个字符串的数据第一比特总为 0;用来补充前面时间标记字符串截短的伪随机序列,形成一个完整的字符串。GLONASS 导航数据生成框图如图 6-25 所示。

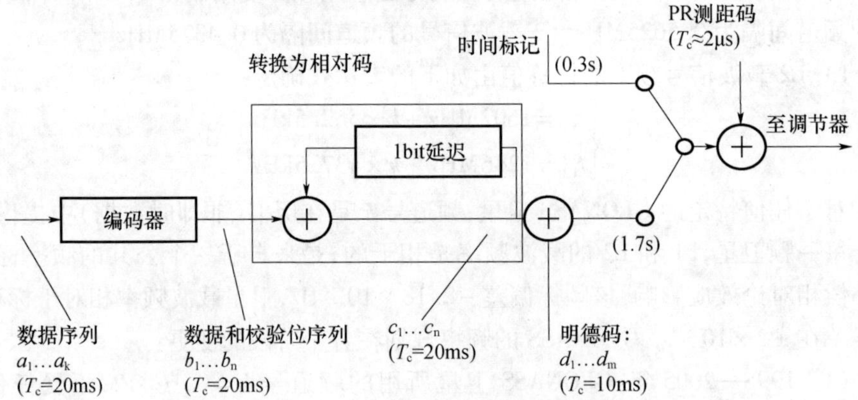

图 6-25 GLONASS 导航数据生成框图

GLONASS 数据时钟脉冲与测距码的时间对应关系如图 6-26 所示。

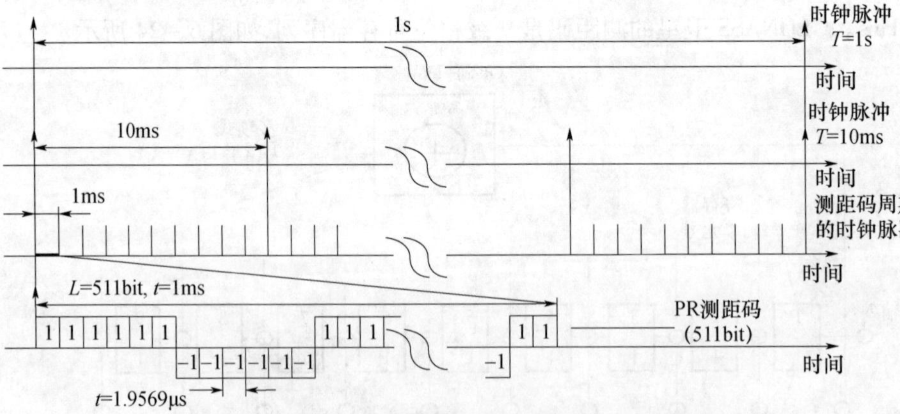

图 6-26 GLONASS 数据时钟脉冲与测距码时间对应关系

导航数据时间对应关系如图 6 - 27 所示。

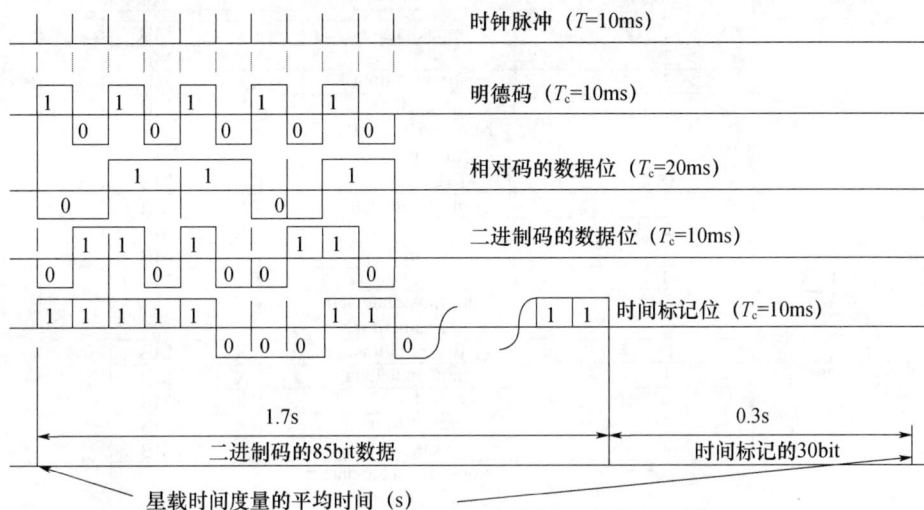

图 6 - 27　导航数据时间对应关系

GLONASS 的导航信息包括即时数据和非即时数据。即时数据以广播方式给出 RF 导航信号,包括:

(1) 卫星的时间标记;

(2) 卫星星载时间与 GLONASS 时间之差;

(3) 卫星载波频率与其标称值之间的相对差;

(4) 星历参数与其他参数。

含有系统历书参数的非即时数据包括:

(1) 空间段内所有卫星的状态数据(状态历书);

(2) 相对于 GLONASS 时间对每颗卫星的星载时间进行粗略的修正(相位历书);

(3) 空间段所有卫星的轨道参数(轨道历书);

(4) 相对于 UTC 修正的 GLONASS 时间和其他参量。

导航信息采用汉明码方式进行编码,并转换为相对码。从结构而言数据是以连续重复的超帧形式生成,每个超帧由多个帧构成(图 6 - 28)。超帧持续时间为 2.5min,由 5 个帧构成,每个帧持续时间为 30s,由 15 个字符串构成,每个字符串持续时间为 2s。在每帧中发送非即时数据的全部内容(24 颗卫星的历书)。超帧结构以每帧在超帧中的编号及每个字符串在帧中的编号表示。

帧编号	字符串编号	85	84...9	8...1	
			2s		
			1.7s	0.3s	
I	1	0	Immediate date	KX	MB
	2	0	for	KX	MB
	3	0	transmitting	KX	MB
	4	0	satellite	KX	MB
	⋮	Non-immediate data (almanac)for			
	15	0	five satellites	KX	MB
II	1	0	Immediate data	KX	MB
	2	0	for	KX	MB
	3	0	transmitting	KX	MB
	4	0	satellite	KX	MB
	⋮	Non-immediate data (almanac)for			
	15	0	five satellites	KX	MB
III	1	0	Immediate data	KX	MB
	2	0	for	KX	MB
	3	0	transmitting	KX	MB
	4	0	satellite	KX	MB
	⋮	Non-immediate data (almanac)for			
	15	0	five satellites	KX	MB
IV	1	0	Immediate data	KX	MB
	2	0	for	KX	MB
	3	0	transmitting	KX	MB
	4	0	satellite	KX	MB
	⋮	Non-immediate data (almanac)for			
	15	0	five satellites	KX	MB
	1	0	Immediate data	KX	MB
	2	0	for	KX	MB
	15	0	five satellites	KX	MB
V	1	0	Immediate data	KX	MB
	2	0	for	KX	MB
	3	0	transmitting	KX	MB
	4	0	satellite	KX	MB
	⋮	Non-immediate data (almanac)for four satellites			
	14	0	Reserved bits	KX	MB
	15	0	Reserved bits	KX	MB

30s

30s×5=2.5minutes

字符串中的比特数   二进制相对码的数据位   二进制相对码的汉明码位

图 6 - 28   GLONASS 超帧结构

6.6   Galileo 系统导航信号模型

6.6.1   概述

Galileo 是一个全新设计的 GNSS 系统,不存在 GPS 必须考虑的向后兼容的问题。Galileo 系统共提供开放式服务、商业服务、生命安全服务、公共特许服务四种服务。Galileo 系统计划发射三个民用信号 E1、E6、E5 和两个军用信号 E1PRS、E6PRS,信号设计大量采用了导频/数据双通道、BOC 调制、信道编码等技术。各信号的基本情况如下:

（1）公共特许服务信号,即 Galileo 的"军码",只有政府授权用户才可使用。公共特许服务信号包括 E1PRS 信号、E6PRS 信号,军方用户利用双频来消除电离层误差。E1PRS 信号使用 BOCc(15,2.5)调制。之所以选用 BOCc(15,2.5)调制,是因为受可用频率资源的制约和为了与 GPS 的军码有更好的频谱分离度。E6PRS 信号使用 BOCc(10,5)调制。BOCc(10,5)与 BOCs(10,5)相比,可以使其频谱与 E6 频点上的商用信号具有更高的分离度。

（2）民用信号 E1 是与 GPS E1C 实现兼容与互操作的信号,经过长时间的谈判协商,Galileo 与 GPS 分别采用 CBOC 和 TMBOC 实现了 MBOC(6,1,1/11)调制。

（3）E6 是商业应用信号,伪码速率 5.115MHz 是在高性能和与 E6PRS 频谱隔离度之间的折中。E6 采用 500b/s 高速电文广播商业数据,并且在载波相位差分应用时具有高的解模糊能力。

（4）E5 是采用 AltBOC(15,10)调制的宽带信号,可视为由 E5a、E5b 频点上的 QPSK(10)组成,E5a/E5b 可分别接收,也可当作带宽达 51MHz 的单一信号使用,以获得更高的测距精度和抗多路径性能。E5a 与 GPS L5 同频、同调制方式,计划用于航空安全导航,其设计也面临 L5 遇到干扰信号严重的问题。E5b 还将提供商业和生命安全服务,电文速率 125b/s。

Galileo 将在频率范围 1164～1215MHz(E5 频段)、1260～1300MHz(E6 频段)和 1559～1592MHz(E2 – L1 – E1 频段)上提供 6 种 RHCP(右旋圆极化)导航信号,而这些频段在国际上被分配给了无线电导航信号卫星服务(RNSS)[8]。Galileo 的频率规划如图 6 – 29 所示。

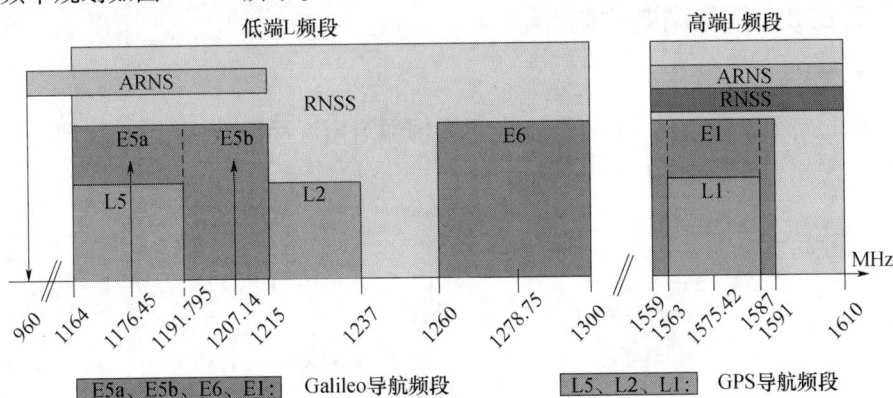

图 6 – 29　Galileo 的频率规划

每颗 Galileo 卫星将发射 E1、E5a、E5b、E6、E1P、E6P 6 种导航信号。E1P、E6P 为加密信号。E1、E5a、E5b、E6 还将发送不带导航数据的导频信号。经总结整理,

Galileo 信号体制共6类10种信号分量(公开+付费8种,授权2种)。Galileo 信号特性见表6-6。

对应表6-6所列的每一种服务,都可以组合利用 Galileo 的一些信号,使用全部功能则会受到加密数据的控制。

表6-6 Galileo 信号特性

信号	频点/MHz	码速率/(Mc/s)	符号速率/(S/s)	调制方式	服务类别
E1 导频信号	1575.42	1.023	无	CBOC(6,1,1/11)	OS/CS/SOL
E1 数据信号			200		
E1P	1575.42	$m \times 1.023$	250	BOCc(15,2.5)	PRS
E6 导频信号	1278.75	5.115	无	BPSK-R(5)	CS
E6 数据信号			1000		
E6P	1278.75	5.115	250	BOCc(10,5)	PRS
E5a 导频信号	1176.45	10.23	无	AltBOC(15,10)	OS/CS/SOL
E5a 数据信号			50		
E5b 导频信号	1207.14	10.23	无	AltBOC(15,10)	OS/CS/SOL
E5b 数据信号			250		

注:OS——开放服务,向全球用户免费提供定位、测速和授时业务等信息。

CS——商业服务,付费服务,能获得有保证的、包括服务可用性在内的系统性能。

SOL——生命安全服务,针对交通领域具有完好性的付费服务,如信号验证、服务保证和认证,符合国际民航组织(ICAO)和国际海事组织(IMO)的要求。

PRS——公共特许服务,针对政府机构(法律执行、国家安全和紧急事务)和军事应用的付费业务。访问可控、具有高完好性、可用性和抗干扰性。

SAR——搜索和救援服务,为支持搜索营救任务,10min 内检测求救信号的概率达到98%,定位精度为100m,在专用的 UHF 频道上把相应求救信号的数据下传到地面站,并告知求救方

6.6.2 信号调制体制

1. E1 信号

Galileo 系统发射的 E1 信号 s_{E1} 包含数据通道 e_{E1-B} 和导频通道 e_{E1-C} 两个信号分量的复用,如图6-30所示。

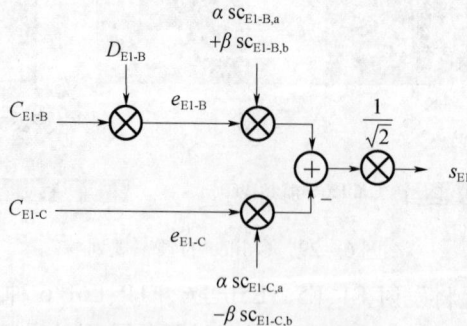

图6-30 E1 信号调制框图

（1）Galileo 系统 E1 信号导频通道 e_{E1-C}：Galileo 系统 E1 信号导频通道 e_{E1-C} 不调制数据，采用 CBOC 调制体制，其测距码 C_{E1-C} 由副码码序列 $e_{E1-C}(t)$ 和子载波 $sc_{E1-C,a}(t)$ 和 $sc_{E1-C,b}(t)$ 调制而成。其中副码码序列 $e_{E1-C}(t)$ 的码速率为 1.023Mc/s，子载波 $sc_{E1-C,a}(t)$ 的频率为 1.023MHz，子载波 $sc_{E1-C,b}(t)$ 的频率为 6.138MHz。

（2）Galileo 系统 E1 信号数据通道 e_{E1-B}：Galileo 系统 E1 信号数据通道 e_{E1-B} 调制导航数据，采用 CBOC 调制体制，其中导航数据序列 $D_{E1-B}(t)$ 的符号速率为 250S/s，测距码 C_{E1-B} 由副码码序列 $e_{E1-B}(t)$ 和子载波 $sc_{E1-B,a}(t)$ 和 $sc_{E1-B,b}(t)$ 调制而成。其中副码码序列 $e_{E1-B}(t)$ 的码速率为 1.023Mc/s，子载波 $sc_{E1-B,a}(t)$ 的频率为 1.023MHz，子载波 $sc_{E1-B,b}(t)$ 的频率为 6.138MHz。

因此 Galileo 系统 E1 基带信号可以表示为

$$s_{E1}(t) = \frac{1}{\sqrt{2}}\left\{ \begin{array}{l} e_{E1-B}(t)\left[\alpha \cdot sc_{E1-B,a}(t) + \beta \cdot sc_{E1-B,b}(t)\right] - \\ e_{E1-C}(t)\left[\alpha \cdot sc_{E1-C,a}(t) + \beta \cdot sc_{E1-C,b}(t)\right] \end{array} \right\}$$

式中：α、β 用来调整两个子载波 $sc_{E1-C,a}(t)$ 和 $sc_{E1-C,b}(t)$ 的相对功率，定义成

$$\alpha = \sqrt{\frac{10}{11}}, \beta = \sqrt{\frac{1}{11}}$$

需注意的是，Galileo 系统 E1 射频信号的导频和数据通道均是调制在同一个载波上，即

$$s_{E1,RF}(t) = s_{E1}(t)\cos(2\pi f_{E1}t)$$

2. E5 信号

Galileo 发射的 E5 信号 $s_{E5}(t)$ 采用 AltBOC 调制，包含四个信号分量的复用，如图 6-31 所示。

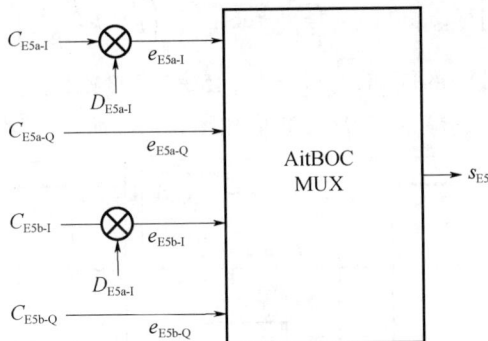

图 6-31　E5 信号的调制方案

（1）Galileo 系统 E5a 信号数据通道 e_{E5a-I}：E5a 导航数据流 $D_{E5a-I}(t)$ 和未加密的测距码 $C_{E5a-I}(t)$ 的模二和，导航数据序列的符号速率为 50S/s。

（2）Galileo 系统 E5a 信号导频通道 e_{E5a-Q}：未加密的测距码 $C_{E5a-Q}(t)$。

（3）Galileo 系统 E5b 信号数据通道 e_{E5b-I}：E5b 导航数据流 $D_{E5b-I}(t)$ 和未加密

的测距码 $C_{E5b-I}(t)$ 的模二和,导航数据序列的符号速率为 50S/s。

（4）Galileo 系统 E5b 信号导频通道 e_{E5b-Q}：未加密的测距码 $C_{E5b-Q}(t)$。

E5a 信号和 E5b 信号所有的扩频码速率均为 10.23Mc/s，Galileo 系统 E5 基带信号可以表示为

$$
s_{E5}(t) = \frac{1}{2\sqrt{2}}(e_{E5a-I}(t) + j \cdot e_{E5a-Q}(t))\left[sc_{E5-S}(t) - j \cdot sc_{E5-S}\left(t - \frac{T_{sc,E5}}{4}\right)\right]
$$

$$
+ \frac{1}{2\sqrt{2}}(e_{E5b-I}(t) + j \cdot e_{E5b-Q}(t))\left[sc_{E5-S}(t) + j \cdot sc_{E5-S}\left(t - \frac{T_{sc,E5}}{4}\right)\right]
$$

$$
+ \frac{1}{2\sqrt{2}}(\bar{e}_{E5a-I}(t) + j \cdot \bar{e}_{E5a-Q}(t))\left[sc_{E5-P}(t) - j \cdot sc_{E5-P}\left(t - \frac{T_{sc,E5}}{4}\right)\right]
$$

$$
+ \frac{1}{2\sqrt{2}}(\bar{e}_{E5b-I}(t) + j \cdot \bar{e}_{E5b-Q}(t))\left[sc_{E5-P}(t) + j \cdot sc_{E5-P}\left(t - \frac{T_{sc,E5}}{4}\right)\right]
$$

Galileo 系统 E5 基带信号表达式中的 $\bar{e}_{E5a-I}(t)$、$\bar{e}_{E5a-Q}(t)$、$\bar{e}_{E5b-I}(t)$、$\bar{e}_{E5b-Q}(t)$ 为互调信号补偿分量,表示为

$$
\begin{cases}
\bar{e}_{E5a-I}(t) = e_{E5a-Q}(t) \cdot e_{E5b-I}(t) \cdot e_{E5b-Q}(t) \\
\bar{e}_{E5a-Q}(t) = e_{E5a-I}(t) \cdot e_{E5b-I}(t) \cdot e_{E5b-Q}(t) \\
\bar{e}_{E5b-I}(t) = e_{E5a-Q}(t) \cdot e_{E5a-I}(t) \cdot e_{E5b-Q}(t) \\
\bar{e}_{E5b-Q}(t) = e_{E5a-Q}(t) \cdot e_{E5a-I}(t) \cdot e_{E5b-I}(t)
\end{cases}
$$

用于 AltBOC 调制的四级副载波 $sc_{E5-S}(t)$、$sc_{E5-P}(t)$ 分别为

$$
\begin{cases}
sc_{E5-S}(t) = \sum_{k=1}^{8} a_k \text{rect}_{T_{sc,E5}/8}\left(t - k\frac{T_{sc,E5}}{8}\right) \\
sc_{E5-P}(t) = \sum_{k=1}^{8} b_k \text{rect}_{T_{sc,E5}/8}\left(t - k\frac{T_{sc,E5}}{8}\right)
\end{cases}
$$

式中：$T_{sc,E5}$ 为 E5 副载波的周期,$T_{sc,E5} = 1/(15 \times 1.023\text{MHz})$。

四级副载波 $sc_{E5-S}(t)$、$sc_{E5-P}(t)$ 波形如图 6 - 32 所示。

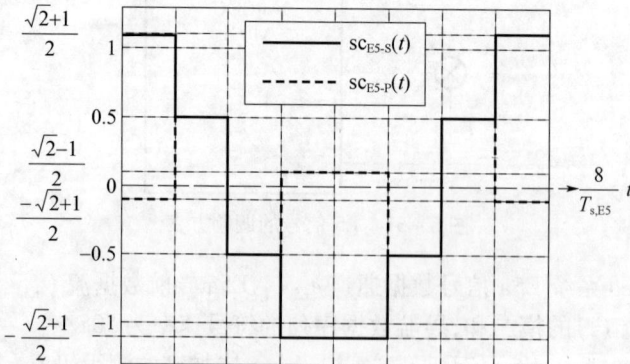

图 6 - 32　AltBOC 四级副载波波形

a_k、b_k 的取值见表 6-7。

表 6-7　系数 a_k、b_k 的取值

k	1	2	3	4	5	6	7	8
$2a_k$	$\sqrt{2}+1$	1	-1	$-\sqrt{2}-1$	$-\sqrt{2}-1$	-1	1	$\sqrt{2}+1$
$2b_k$	$-\sqrt{2}+1$	1	-1	$\sqrt{2}-1$	$\sqrt{2}-1$	-1	1	$-\sqrt{2}+1$

E5 信号的 AltBOC 调制可以表述为一个查表确定的 8-PSK 信号,即

$$s_{E5}(t) = \exp\left(j\,\frac{\pi}{4}k(t)\right),\; k(t)\in\{1,2,3,4,5,6,7,8\}$$

通过表 6-8 所列的查表方法可以实现 AltBOC 调制的 E5 信号的产生。

表 6-8　E5 信号 AltBOC 调制产生查找表

		Input Quadruples															
eE5a-1		-1	-1	-1	-1	-1	-1	-1	-1	1	1	1	1	1	1	1	1
eE5b-1		-1	-1	-1	-1	1	1	1	1	-1	-1	-1	-1	1	1	1	1
eE5a-Q		-1	-1	1	1	-1	-1	1	1	-1	-1	1	1	-1	-1	1	1
eE5b-Q		-1	1	-1	1	-1	1	-1	1	-1	1	-1	1	-1	1	-1	1
$t'=t\,\mathrm{modulo}\;T_{S,E5}$		k according to $s_{E5}(t)=\exp(jk\pi/4)$															
i_{T_s}	t'																
0	$[0,T_{S,E5}/8]$	5	4	4	3	6	3	1	2	6	5	7	2	7	8	8	1
1	$[T_{s,E5}/8,2\,T_{s,E5}/8]$	5	4	3	3	6	3	1	2	6	5	7	6	7	4	8	1
2	$[2\,T_{s,E5}/8,3\,T_{s,E5}/8]$	1	4	8	7	2	3	1	2	6	5	7	6	3	4	8	5
3	$[3\,T_{s,E5}/8,4\,T_{s,E5}/8]$	1	4	8	7	2	3	1	6	2	5	7	4	3	4	4	5
4	$[4\,T_{s,E5}/8,5\,T_{s,E5}/8]$	1	8	8	7	2	7	5	6	2	1	3	6	3	4	4	5
5	$[5\,T_{s,E5}/8,6\,T_{s,E5}/8]$	1	8	8	7	2	7	5	6	2	1	3	2	3	7	4	1
6	$[6\,T_{s,E5}/8,7\,T_{s,E5}/8]$	5	8	4	3	6	7	5	6	2	1	3	2	7	8	4	1
7	$[7\,T_{s,E5}/8,T_{s,E5}]$	5	4	4	3	6	3	5	2	6	5	2	6	8	8	8	1

Galileo 系统 E5 频段的中心频率为 f_{E5},则 E5 射频发射信号可以表示为

$$s_{E5,RF}(t) = \mathrm{Re}[s_{E5}(t)]\cos(2\pi f_{E5}t) - \mathrm{Im}[s_{E5}(t)]\sin(2\pi f_{E5}t)$$

3. E6 信号

Galileo 系统发射的 E6 信号 s_{E6} 包含数据通道 e_{E6-B} 和导频通道 e_{E6-C} 两个信号分量的复用,如图 6-33 所示。

（1）Galileo 系统 E6 信号导频通道 e_{E6-C}：Galileo 系统 61 信号导频通道 e_{E6-C} 不调制数据,采用 PSK 调制体制,其加密的测距码 $e_{E6-C}(t)$ 码速率为 5.115Mc/s。

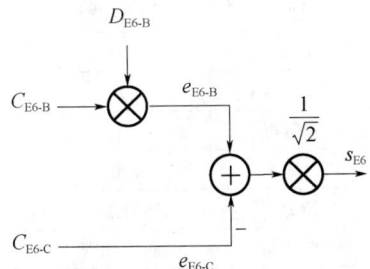

图 6-33　E6 信号调制框图

（2）Galileo 系统 E6 信号数据通道 e_{E6-B}：Galileo 系统 E6 信号数据通道 e_{E6-B} 调制导航数据，采用 PSK 调制体制，其中导航数据序列 $D_{E6-B}(t)$ 的符号速率为 1000S/s，加密的测距码 C_{E6-B} 码速率为 5.115Mc/s。

因此 Galileo 系统 E6 基带信号可以表示为

$$s_{E1}(t) = \frac{1}{\sqrt{2}}\left[e_{E6-B}(t) - e_{E6-C}(t)\right]$$

特别要注意的是，Galileo 系统 E6 射频信号的导频和数据通道均是调制在同一个载波上，即

$$s_{E6,RF}(t) = s_{E6}(t)\cos(2\pi f_{E6} t) \tag{6-37}$$

6.6.3　测距码结构

Galileo 信号采用的扩频码是分层结构码，由长周期副码调制短周期主码构成，合成码的等效长度等于长周期副码的周期。主码基于传统的 Gold 码，寄存器长度最长为 25 级，副码最长为 100bit，分层结构码如图 6-34 所示。

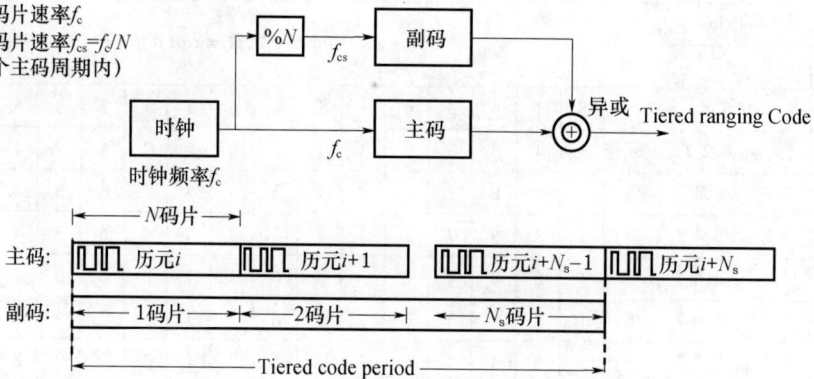

图 6-34　分层结构码结构

Galileo 信号采用的扩频码的主要特征见表 6-9。

表 6-9　Galileo 信号采用的扩频码的主要特征

通道	伪码加密	码周期/ms	主码长度/码片	副码长度/码片
E5a 数据	无	20	10230	20
E5a 导频	无	100	10230	100
E5b 数据	无	4	10230	4
E5b 导频	无	100	10230	100
E6P	政府加密	未公开	未公开	未公开
E6C 数据	商业加密	1	5115	无
E6C 导频	商业加密	100	5115	100

（续）

通道	伪码加密	码周期/ms	主码长度/码片	副码长度/码片
E1P	政府加密	未公开	未公开	未公开
E1 数据	无	4	4092	无
E1 导频	无	100	4092	25

1. 主码

Galileo 信号的主码产生采用截断 LFSR 方法产生,如图 6 – 35 所示。

$\overline{c}_j = [c_j^1, c_j^2, \cdots, c_j^{R-1}, c_j^R]$ with $c_j^i \in (0,1)$
$\overline{a}_j = [a_{j,1}, a_{j,2}, \cdots, a_{j,R-1}, a_{j,R}]$ with $a_{j,i} \in (0,1)$

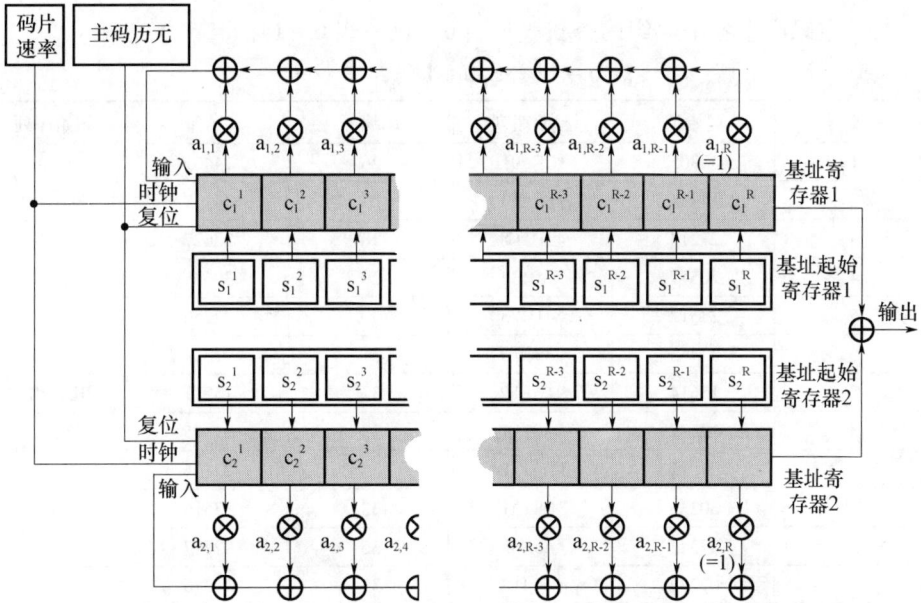

图 6 – 35　Galileo 信号主码产生方法

图 6 – 35 显示了采用 LFSR 方法产生截断、复合 M 序列的过程,它由两个基本的寄存器组组成,每一个寄存器组的长度为 R,这两个寄存器组是平行的,它们产生的序列经过异或就得到输出序列。每一个寄存器都有反馈序列 $\{a_{i,j}\}_{j=1,\cdots,R} = [a_{i,1}, a_{i,2}, \cdots, a_{i,R}]$ 和状态向量 $\{c_{i,j}\}_{j=1,\cdots,R} = [c_{i,1}, c_{i,2}, \cdots, c_{i,R}]$,由于主码的长度为 N,所以经过 N 个循环后这两个寄存器的状态需要复位,因此它们的初始值 $\{s_{i,j}\}_{j=1,\cdots,R} = [s_{i,1}, s_{i,2}, \cdots, s_{i,R}]$。

1） E1 主码

E1 信号的 $e_{E1-B}(t)$ 和 $e_{E1-C}(t)$ 主码为存储在存储器内的伪随机序列决定,具体码序列见"The European GNSS（Galileo）Open Service Signal In Space Interface Control Document Issue 1（2010. 11）"附录 C,其中包含 50 组卫星码序列。

2) E5 主码

E5 主码的生成多项式特性见表 6 – 10。

表 6 – 10　E5 主码生成多项式特性

信号分量	移位寄存器长度（多项式阶数）	寄存器多项式（八进制）	
		1	2
E5a – I	14	40503	50661
E5a – Q	14	40503	50661
E5b – I	14	64021	51445
E5b – Q	14	64021	43143

E5 主码产生各个码组的查找表见表 6 – 11 ~ 表 6 – 14。

表 6 – 11　E5a – I 码组查找表

码编号	起始值	起始序列	码编号	起始值	超始序列
1	30305	3CEA9D	26	14401	9BFAC7
2	14234	9D8CF1	27	34727	18A25B
3	27213	45D1C8	28	22627	69A39F
4	20577	7A0133	29	30623	39B27D
5	23312	64D423	30	27256	454598
6	33463	23300D	31	01520	F2BC62
7	15614	91CEF2	32	14211	9DDBC6
8	12537	AA82DC	33	31465	332827
9	01527	F2A17D	34	22164	6E2FCA
10	30236	3D84AE	35	33516	22C6D5
11	27344	446D38	36	02737	E881D9
12	07272	C514F2	37	21316	74C4D8
13	36377	0C0184	38	35425	13AB03
14	17046	8767E0	39	35633	119323
15	06434	CB8EFF	40	24655	594886
16	15405	93EBCD	41	14054	9F4D89
17	24252	5D55CE	42	27027	47A3C0
18	11631	B19B7C	43	06604	C9ED53
19	24776	5805FC	44	31455	334994
20	00630	F99EA1	45	34465	1B2A30
21	11560	B23CE5	46	25273	5513F3
22	17272	8515E8	47	20763	7831C1
23	27445	436822	48	31721	30B93A
24	31702	30F77B	49	17312	84D5B4
25	13012	A7D629	50	13277	A5029C

表 6 - 12　E5a - Q 码组查找表

码编号	起始值	起始序列	码编号	起始值	超始序列
1	25652	515537	26	20606	79E450
2	05142	D67539	27	11162	B63460
3	24723	58B2E5	28	22252	6D562B
4	31751	305914	29	30533	3A9010
5	27366	442710	30	24614	59CD72
6	24660	593CF8	31	07767	C0211A
7	33655	214AD7	32	32705	28EB96
8	27450	435EA6	33	05052	D7554B
9	07626	C1A7D5	34	27553	425126
10	01705	F0E94A	35	03711	E0DAFB
11	12717	A8C239	36	02041	EF79F2
12	32122	2EB63B	37	34775	18085D
13	16075	8F0A46	38	05274	D50CD8
14	16644	896DD4	39	37356	0447B9
15	37556	0245F1	40	16205	8DE877
16	02477	EB0160	41	36270	0D1FA0
17	02265	ED28B3	42	06600	C9FCF7
18	06430	CB9F5B	43	26773	48116D
19	25046	576592	44	17375	840BCC
20	12735	A88811	45	35267	152004
21	04262	DD3649	46	36255	0D4897
22	11230	B59F42	47	12044	AF6D25
23	00037	FF81F6	48	26442	4B7593
24	06137	CE8128	49	21621	71BB1B
25	04312	DCD55C	50	25411	53DA0E

表 6 - 13　E5b - I 码组查找表

码编号	起始值	起始序列	码编号	起始值	超始序列
1	07220	C5BEA1	26	25664	512FA9
2	26047	4F6248	27	21403	73F36B
3	00252	FD5488	28	32253	2D5317
4	17166	86277B	29	02337	EC8390
5	14161	9E39D5	30	30777	380374
6	02540	EA7EDE	31	27122	46B4DE

（续）

码编号	起始值	起始序列	码编号	起始值	超始序列
7	01537	F28321	32	22377	6C01D9
8	26023	4FB0C9	33	36175	0E0BB6
9	01725	F0AB64	34	33075	2708C7
10	20637	79833B	35	33151	265B55
11	02364	EC2D91	36	13134	A68E1C
12	27731	409B11	37	07433	C3916E
13	30640	397E16	38	10216	BDC595
14	34174	1E0FCD	39	35466	1327D0
15	06464	CB2F5A	40	02533	EA921F
16	07676	C1079A	41	05351	D45869
17	32231	2D9BC6	42	30121	3EB98A
18	10353	BC5146	43	14010	9FDE16
19	00755	F848B0	44	32576	2A04CA
20	26077	4F01E8	45	30326	3CA56F
21	11644	B16C9B	46	37433	03928A
22	11537	B2827D	47	26022	4FB5B9
23	35115	16C809	48	35770	101EC7
24	20452	7B570F	49	06670	C91D4F
25	34645	1969C0	50	12017	AFC22B

表 6-14 E5b-Q 码组查找表

码编号	起始值	起始序列	码编号	起始值	超始序列
1	03331	E49AF0	26	20134	7E8CFB
2	06143	CE701F	27	11262	B536C3
3	25322	54B709	28	10706	B8E68C
4	23371	641AB1	29	34143	1E7272
5	00413	FBD0AE	30	11051	B75B69
6	36235	0D8BC9	31	25460	533F65
7	17750	805FA5	32	17665	812B41
8	04745	D86BA0	33	32354	2C4DE1
9	13005	A7E921	34	21230	759E2C
10	37140	067E55	35	20146	7E6434
11	30155	3E4B58	36	11362	B43640
12	20237	7D82FB	37	37246	05671B

（续）

码编号	起始值	起始序列	码编号	起始值	超始序列
13	034611	E33BC2	38	16344	8C6FE0
14	31662	31372C	39	15034	978D4E
15	27146	46676F	40	25471	5319BF
16	05547	D2613E	41	25646	56499
17	02456	EB443C	42	22157	6E4292
18	30013	3FD0B1	43	04336	DC86A3
19	00322	FCB7CF	44	16356	8C46BE
20	10761	B83815	45	04075	DF0B03
21	26767	48224A	46	02626	E9A5B2
22	36004	0FEE25	47	11706	B0E553
23	30713	38D33B	48	37011	07DBAC
24	07662	C135B9	49	27041	4778E4
25	21610	71DE13	50	31024	37AF4F

2. 副码

Galileo 系统的副码为固定长度的序列,按照十六进制表示的码序列具体定义列于表 6 - 15。

表 6 - 15 Galileo 副码定义

码标识符	码长	十六进制符号表示的序号	补 0 序列数量	码序列(十六进制)
$CS4_1$	4	1	0	E
$CS20_1$	20	5	0	842E9
$CS25_1$	25	7	3	380AD90
$CS100_1$	100	25	0	83F6F69D8F6E15411FB8C9B1C
$CS100_2$	100	25	0	66558BD3CE0C7792E83350525
$CS100_3$	100	25	0	59A025A9C1AF0651B779A8381
$CS100_4$	100	25	0	D3A32640782F7B18E4DF754B7
$CS100_5$	100	25	0	B91FCAD7760C218FA59348A93
$CS100_6$	100	25	0	BAC77E933A779140F094FBF98
$CS100_7$	100	25	0	537785DE280927C6B58BA6776
$CS100_8$	100	25	0	EFCAB4B65F38531ECA22257E2
$CS100_9$	100	25	0	79F8CAE838475EA5584BEFC9B
$CS100_{10}$	100	25	0	CA5170FEA3A810EC606B66494
$CS100_{11}$	100	25	0	1FC32410652A2C49BD845E567

（续）

码标识符	码长	十六进制符号表示的序号	补0序列数量	码序列(十六进制)
CS100$_{12}$	100	25	0	FE0A9A7AFDAC44E42CB95D261
CS100$_{13}$	100	25	0	B03062DC2B71995D5AD8B7DBE
CS100$_{14}$	100	25	0	F6C398993F598E2DF4235D3D5
CS100$_{15}$	100	25	0	1BB2FB8B5BF24395C2EF3C5A1
CS100$_{16}$	100	25	0	2F920687D238CC7046EF6AFC9
CS100$_{17}$	100	25	0	34163886FC4ED7F2A92EFDBB8
CS100$_{18}$	100	25	0	66A8272CE47833FB2DFD5625AD
CS100$_{19}$	100	25	0	99D5A70162C920A4BB9DE1CA8
CS100$_{20}$	100	25	0	81D71BD6E069A7ACCBEDC66CA
CS100$_{21}$	100	25	0	A654524074A9E6780DB9D3EC6
CS100$_{22}$	100	25	0	C3396A101BEDAF623CFC5BB37
CS100$_{23}$	100	25	0	C3D4AB211DF36F2111F2141CD
CS100$_{24}$	100	25	0	3DFF25EAE761739265AF145C1
CS100$_{25}$	100	25	0	994909E0757D70CDE389102B5
CS100$_{26}$	100	25	0	B938535522D119F40C25FDAEC
CS100$_{27}$	100	25	0	C71AB549C0491537026B390B7
CS100$_{28}$	100	25	0	0CDB8C9E7B53F55F5B0A0597B
CS100$_{29}$	100	25	0	61C5FA252F1AF81144766494F
CS100$_{30}$	100	25	0	626027778FD3C6BB4BAA7A59D
CS100$_{31}$	100	25	0	E745412FF53DEBD03F1C9A633
CS100$_{32}$	100	25	0	3592AC083F3175FA724639098
CS100$_{33}$	100	25	0	52284D941C3DCAF2721DDB1FD
CS100$_{34}$	100	25	0	73B3D8F0AD55DF4FE814ED890
CS100$_{35}$	100	25	0	94BF16C83BD7462F6498E0282
CS100$_{36}$	100	25	0	A8C3DE1AC668089B0B45B3579
CS100$_{37}$	100	25	0	E23FFC2DD2C14388AD8D6BEC8
CS100$_{38}$	100	25	0	F2AC871CDF89DDC06B5960D2B
CS100$_{39}$	100	25	0	06191EC1F622A77A526868BA1
CS100$_{40}$	100	25	0	22D6E2A768E5F35FFC8E01796
CS100$_{41}$	100	25	0	25310A06675EB271F2A09EA1D
CS100$_{42}$	100	25	0	9F7993C621D4BEC81A0535703
CS100$_{43}$	100	25	0	D62999EACF1C99083C0B4A417

（续）

码标识符	码长	十六进制符号表示的序号	补 0 序列数量	码序列（十六进制）
CS100$_{44}$	100	25	0	F665A7EA441BAA4EA0D01078C
CS100$_{45}$	100	25	0	46F3D3043F24CDEABD6F79543
CS100$_{46}$	100	25	0	E2E3E8254616BD96CEFCA651A
CS100$_{47}$	100	25	0	E548231A82F9A01A19DB5E1B2
CS100$_{48}$	100	25	0	265C7F90A16F49EDE2AA706C8
CS100$_{49}$	100	25	0	364A3A9EB0F0481DA0199D7EA
CS100$_{50}$	100	25	0	9810A7A898961263A0F749F56
CS100$_{51}$	100	25	0	CEF914EE3C6126A49FD5E5C94
CS100$_{52}$	100	25	0	FC317C9A9BF8C6038B5CADAB3
CS100$_{53}$	100	25	0	A2EAD74B6F9866E414393F239
CS100$_{54}$	100	25	0	72F2B1180FA6B802CB84DF997
CS100$_{55}$	100	25	0	13E3AE93BC52391D09E84A982
CS100$_{56}$	100	25	0	77C04202B91B22C6D3469768E
CS100$_{57}$	100	25	0	FEBC592DD7C69AB103D0BB29C
CS100$_{58}$	100	25	0	0B494077E7C66FB6C51942A77
CS100$_{59}$	100	25	0	DD0E321837A3D52169B7B577C
CS100$_{60}$	100	25	0	43DEA90EA6C483E7990C3223F
CS100$_{61}$	100	25	0	0366AB33F0167B6FA979DAE18
CS100$_{62}$	100	25	0	99CCBBFAB1242CBE31E1BD52D
CS100$_{63}$	100	25	0	A3466923CEFDF451EC0FCED22
CS100$_{64}$	100	25	0	1A5271F22A6F9A8D76E79B7F0
CS100$_{65}$	100	25	0	3204A6BB91B49D1A2D3857960
CS100$_{66}$	100	25	0	32F83ADD43B599CBFB8628E5B
CS100$_{67}$	100	25	0	3871FB0D89DB77553EB613CC1
CS100$_{68}$	100	25	0	6A3CBDFF2D64D17E02773C645
CS100$_{69}$	100	25	0	2BCD09889A1D7FC219F2EDE3B
CS100$_{70}$	100	25	0	3E49467F4D4280B9942CD6F8C
CS100$_{71}$	100	25	0	658E336DCFD9809F86D54A501
CS100$_{72}$	100	25	0	ED4284F345170CF77268C8584
CS100$_{73}$	100	25	0	29ECCE910D832CAF15E3DF5D1
CS100$_{74}$	100	25	0	456CCF7FE9353D50E87A708FA
CS100$_{75}$	100	25	0	FB757CC9E18CBC02BF1B84B9A

（续）

码标识符	码长	十六进制符号表示的序号	补0序列数量	码序列（十六进制）
CS100$_{76}$	100	25	0	5686229A8D98224BC426BC7FC
CS100$_{77}$	100	25	0	700A2D325EA14C4B7B7AA8338
CS100$_{78}$	100	25	0	1210A330B4D3B507D854CBA3F
CS100$_{79}$	100	25	0	438EE410BD2F7DBCDD85565BA
CS100$_{80}$	100	25	0	4B9764CC455AE1F61F7DA432B
CS100$_{81}$	100	25	0	BF1F45FDDA3594ACF3C4CC806
CS100$_{82}$	100	25	0	DA425440FE8F6E2C11B8EC1A4
CS100$_{83}$	100	25	0	EE2C8057A7C16999AFA33FED1
CS100$_{84}$	100	25	0	2C8BD7D8395C61DFA96243491
CS100$_{85}$	100	25	0	391E4BB6BC43E98150CDDCADA
CS100$_{86}$	100	25	0	399F72A9EADB42C90C3ECF7F0
CS100$_{87}$	100	25	0	93031FDEA588F88E83951270C
CS100$_{88}$	100	25	0	BA8061462D873705E95D5CB37
CS100$_{89}$	100	25	0	D24188F88544EB121E963FD34
CS100$_{90}$	100	25	0	D5F6A8BB081D8F383825A4DCA
CS100$_{91}$	100	25	0	0FA4A205F0D76088D08EAF267
CS100$_{92}$	100	25	0	272E909FAEBC65215E263E258
CS100$_{93}$	100	25	0	3370F35A674922828465FC816
CS100$_{94}$	100	25	0	54EF96116D4A0C8DB0E07101F
CS100$_{95}$	100	25	0	DE347C7B27FADC48EF1826A2B
CS100$_{96}$	100	25	0	01B16ECA6FC343AE08C5B8944
CS100$_{97}$	100	25	0	1854DB743500EE94D8FC768ED
CS100$_{98}$	100	25	0	28E40C684C87370CD0597FAB4
CS100$_{99}$	100	25	0	5E42C19717093353BCAAF403
CS100$_{100}$	100	25	0	64310BAD8EB5B36E38646AF01

副码在 Galileo 信号各个信号分量的分配应用关系见表 6－16。

表 6－16　副码在 Galileo 信号各个通道中的应用关系

信号分量	副码分配
E5a－I	CS20$_1$
E5a－Q	CS100$_{1-50}$
E5b－I	CS4$_1$
E5b－Q	CS100$_{51-100}$

（续）

信号分量	副码分配
E6 – B	—
E6 – C	$CS100_{1-50}$
E1 – B	—
E1 – C	$CS25_1$

E5 信号副码与卫星序号的对应关系见表 6–17。

表 6–17　E5 信号副码与卫星序号的对应关系

SVID	E5a – I	E5a – Q	E5b – I	E5b – Q
1	$CS20_1$	$CS100_1$	$CS4_1$	$CS100_{51}$
2	$CS20_1$	$CS100_2$	$CS4_1$	$CS100_{52}$
3	$CS20_1$	$CS100_3$	$CS4_1$	$CS100_{53}$
4	$CS20_1$	$CS100_4$	$CS4_1$	$CS100_{54}$
5	$CS20_1$	$CS100_5$	$CS4_1$	$CS100_{55}$
6	$CS20_1$	$CS100_6$	$CS4_1$	$CS100_{56}$
7	$CS20_1$	$CS100_7$	$CS4_1$	$CS100_{57}$
8	$CS20_1$	$CS100_8$	$CS4_1$	$CS100_{58}$
9	$CS20_1$	$CS100_9$	$CS4_1$	$CS100_{59}$
10	$CS20_1$	$CS100_{10}$	$CS4_1$	$CS100_{60}$
11	$CS20_1$	$CS100_{11}$	$CS4_1$	$CS100_{61}$
12	$CS20_1$	$CS100_{12}$	$CS4_1$	$CS100_{62}$
13	$CS20_1$	$CS100_{13}$	$CS4_1$	$CS100_{63}$
14	$CS20_1$	$CS100_{14}$	$CS4_1$	$CS100_{64}$
15	$CS20_1$	$CS100_{15}$	$CS4_1$	$CS100_{65}$
16	$CS20_1$	$CS100_{16}$	$CS4_1$	$CS100_{66}$
17	$CS20_1$	$CS100_{17}$	$CS4_1$	$CS100_{67}$
18	$CS20_1$	$CS100_{18}$	$CS4_1$	$CS100_{68}$
19	$CS20_1$	$CS100_{19}$	$CS4_1$	$CS100_{69}$
20	$CS20_1$	$CS100_{20}$	$CS4_1$	$CS100_{70}$
21	$CS20_1$	$CS100_{21}$	$CS4_1$	$CS100_{71}$
22	$CS20_1$	$CS100_{22}$	$CS4_1$	$CS100_{72}$
23	$CS20_1$	$CS100_{23}$	$CS4_1$	$CS100_{73}$
24	$CS20_1$	$CS100_{24}$	$CS4_1$	$CS100_{74}$
25	$CS20_1$	$CS100_{25}$	$CS4_1$	$CS100_{75}$
26	$CS20_1$	$CS100_{26}$	$CS4_1$	$CS100_{76}$

（续）

SVID	E5a – I	E5a – Q	E5b – I	E5b – Q
27	$CS20_1$	$CS100_{27}$	$CS4_1$	$CS100_{77}$
28	$CS20_1$	$CS100_{28}$	$CS4_1$	$CS100_{78}$
29	$CS20_1$	$CS100_{29}$	$CS4_1$	$CS100_{79}$
30	$CS20_1$	$CS100_{30}$	$CS4_1$	$CS100_{80}$
31	$CS20_1$	$CS100_{31}$	$CS4_1$	$CS100_{81}$
32	$CS20_1$	$CS100_{32}$	$CS4_1$	$CS100_{82}$
33	$CS20_1$	$CS100_{33}$	$CS4_1$	$CS100_{83}$
34	$CS20_1$	$CS100_{34}$	$CS4_1$	$CS100_{84}$
35	$CS20_1$	$CS100_{35}$	$CS4_1$	$CS100_{85}$
36	$CS20_1$	$CS100_{36}$	$CS4_1$	$CS100_{86}$

6.6.4 导航电文结构

Galileo 完整的导航电文以超帧序列的形式在每个数据通道中传输，一个超帧由若干个帧构成，一个帧由若干个子帧构成。子帧是导航电文的基本结构包含同步字、(UW)、循环冗余校验位(CRC)和用于 FEC 编码的尾比特。所有子帧信息通过 FEC 卷积编码和块交织来获得 2 倍信息速率的符号，之后再进行扩频处理。

Galileo 的导航电文分为 F/NAV 和 I/NAV 两类，F/NAV 为可公开访问类电文，I/NAV 为受限访问类电文，两类电文服务对象见表 6 – 18。

表 6 – 18 Galileo 电文服务对象

信息类别	服务	通道
F/NAV	OS	E5A – I
I/NAV	OS/CS/SOL	E5B – I
		E1 – B

Galileo 信号采用的 FEC 卷积编码特性见表 6 – 19。编码结构如图 6 – 36 所示。

表 6 – 19 Galileo 信号采用的 FEC 卷积编码特性

编码参数	值
编码	1/2
编码类别	卷积
生成多项式	$G_1 = 171$（八进制） $G_2 = 133$（八进制）
编码顺序	先 G_1，后 G_2

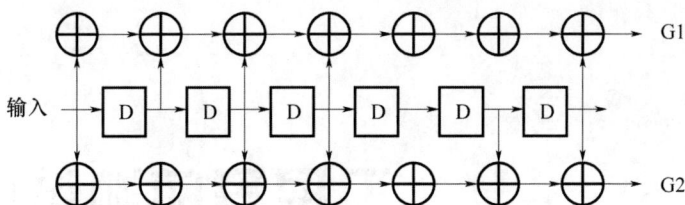

图 6 – 36　Galileo 信号 FEC 卷积编码结构

对于每一类电文,经过 FEC 卷积编码的符号帧进行块交织处理。块交织参数见表 6 – 20。

表 6 – 20　Galileo 块交织参数

参数	Message Type	
	F/NAV	I/NAV
块交织大小(符号)	488	240
块交织深度($n \times k$)	61×8	30×8

参考文献

[1]　徐玮. 基于 FPGA 的 BOC 调制技术研究[D]. 西安:西安电子科技大学,2007.

[2]　陈振宇. 基于 BOC 调制的导航信号精密模拟方法研究[D]. 长沙:国防科学技术大学,2011.

[3]　姚铮,陆明泉,冯振明. 正交复用 BOC 调制及其多路复合技术[J]. 中国科学: 物理学,力学,天文学,2010 (5): 575 – 580.

[4]　龚伟锋,张继宏. GPS L2C 码的窄相关研究及 FPGA 实现[J]. 数字通信,2012 (1): 37 – 40.

[5]　冯小鹏. 高动态环境北斗卫星信号捕获算法研究[D]. 长沙:中南大学,2013.

[6]　王海涵. M – GNSS 定位接收装置的研究与实现[D]. 镇江:江苏科技大学,2013.

[7]　杜海兵. CDMA 手机终端上定位功能的实现[D]. 郑州:解放军信息工程大学,2005.

[8]　杨学锋. 全球导航卫星系统 GNSS 观测数据仿真[D]. 阜新:辽宁工程技术大学,2008.

[9]　Global Positioning System Wing(GPSW) Systems Engineering & Integration Interface Specification IS – GPS – 200 Revision E. Global Positioning Systems Wing Distribution,2010.

[10]　Global Positioning System Wing(GPSW) Systems Engineering&Integration Interface Specification IS – GPS – 705 Revision A. Global Positioning Systems Wing DISTRIBUTION,2010.

[11]　Global Positioning System Wing(GPSW) Systems Engineering&Integration Interface Specification IS – GPS – 800 Revision A. Global Positioning Systems Wing Distribution,2010.

[12]　Galileo Open Service Signal In Space Interface Control Document (OS SIS ICD).

[13]　Global Navigation Sattelite System Glonass Interface Control Document. Navigational radiosignal In bands L1, L2 (Edition 5. 1),Moscow 2008.

第7章

卫星导航测试信号精密生成技术

▲ 7.1 高动态信号模拟理论

7.1.1 直接数字频率合成基本原理

直接数字频率合成(Direct Digital Synthesiter,DDS)是随着数字集成电路和计算机技术的进步而迅速发展起来的一种新的频率合成技术,主要由相位累加器、波形存储器、数/模(D/A)转换器和低通滤波器组成,核心是通过相位累加将一个高频信号分频生成一个低频信号[45]。

DDS 的基本原理:在参考时钟的驱动下,相位累加器对频率控制字进行相位累加,用得到的码相位对波形存储器寻址从中读出波形数据,输出预先存储的幅度参数,经数/模转换和低通滤波后输出所需波形。图 7 - 1 为 DDS 结构框图。

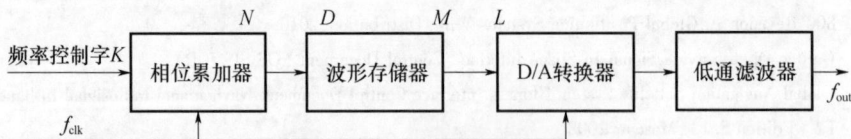

图 7 - 1   DDS 结构框图

相位累加器由 N 位加法器与 N 位累加寄存器级联构成,结构如图 7 - 2 所示。每一个时钟脉冲到来时加法器就将频率控制字与累加寄存器输出的累加相位数据相加,相加结果送至累加寄存器的数据输入端。累加寄存器将加法器上一时钟沿作用后产生的新相位数据反馈到加法器的输入端,以使加法器在下一个时钟脉冲的作用下继续与频率控制字相加。相位累加器输出的数据是合成信号的相位,累加器的溢出频率是 DDS 输出的信号频率。

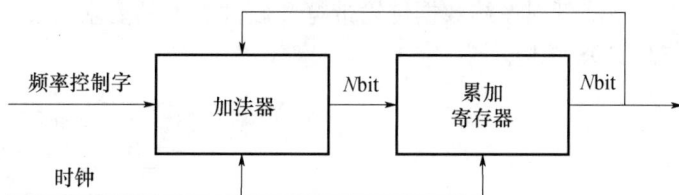

图 7 - 2　DDS 相位累加器结构示意图

DDS 具有频率分辨率高、频率切换速度快、频率切换相位连续、相位噪声低以及杂散抑制能力强等优点。卫星导航信号模拟源中载波多普勒和链路传播损耗模拟的应用中需要输出多种波形,输出频率处于实时变化中,频率切换速度和精度要求高,比较适合用 DSS 技术实现。

假设 DDS 工作时钟频率为 f_{clk},相位累加器位宽为 N,频率控制字为 K,则 DDS 输出频率为

$$f_{out} = \frac{k f_{clk}}{2^N} \qquad (7-1)$$

频率分辨率为

$$\Delta f = \frac{f_{clk}}{2^N} \qquad (7-2)$$

使用过程中,为了获得较高的频率分辨率,通常将相位累加器的位数 N 设置较高,但是由于波形存储器的容量有限,常用相位累加器的高 D 位去寻址波形存储器,而将低 $N-D$ 位舍弃,由此产生了相位舍弃误差 $\varepsilon_p(n)$。波形存储器中波形表的位数是有限的,因此 DDS 会产生幅度量化误差 $\varepsilon_q(n)$。由于 D/A 转换的非线性,也会为系统引入转换误差 $\varepsilon_{DAC}(n)$,如图 7 - 3 所示。工作时钟 f_{clk} 的抖动也会给输出引入误差。

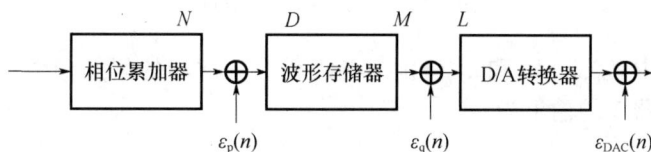

图 7 - 3　DDS 误差模型

在载波多普勒模拟中,有二阶 DDS 和三阶 DDS 两种结构,为了评估两种结构的性能,分别对卫星导航信号载波多普勒变化规律进行模拟。图 7 - 4 给出了二阶 DDS 和三阶 DDS 结构对上述场景中多普勒频偏模拟的误差。从图 7 - 4 中可以看

出:二阶 DDS 结构输出的载波多普勒误差在 20ms 后就已经达到 10mHz,超出了测试设备频率误差的上限;三阶 DDS 的误差在 mHz 量级以下。根据以上结论,采用二阶 DDS 结构模拟导航卫星载波多普勒频率的变化时需要频繁调整相位累加器的控制参数。为了降低对系统数据传输带宽和硬件性能的要求,在载波多普勒模拟中选择了三阶 DDS 结构。

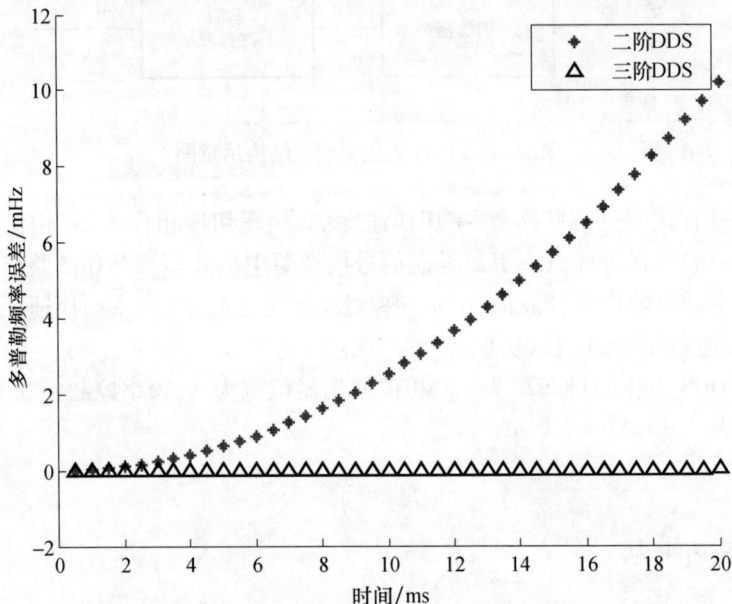

图 7-4 三阶 DDS 和二阶 DDS 误差比较

三阶 DDS 结构框图如图 7-5 所示。

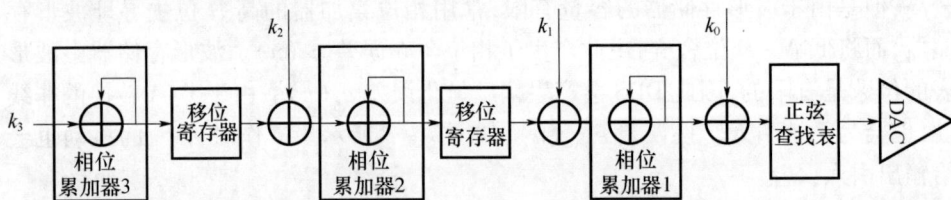

图 7-5 三阶 DDS 结构框图

图 7-5 中:k_0、k_1、k_2 和 k_3 分别为各级相位累加器的累加参数。根据以上结构,相位累加器 3 的输出为

$$\theta_3(n) = \frac{nk_3}{2^{N_3}} \tag{7-3}$$

相位累加器 2 的输出为

$$\theta_2(n) = \frac{nk_2}{2^{N_2}} + \frac{\sum_{i=1}^{n} \theta_3(n-1)}{2^{N_2}} = \frac{nk_2}{2^{N_2}} + \frac{k_3(n^2-n)}{2^{N_2+N_3+1}} \tag{7-4}$$

正弦查找表的输入为

$$\theta(n) = \frac{k_0}{2^D} + \frac{nk_1}{2^{N_1}} + \frac{\sum\limits_{i=1}^{n}\theta_2(n-1)}{2^{N_1}}$$

$$= \frac{k_0}{2^D} + \frac{nk_1}{2^{N_1}} + \frac{k_2(n^2-n)}{2^{N_1+N_2+1}} + \frac{k_3(n^3-3n^2+2n)}{3\times 2^{N_1+N_2+N_3+1}} \tag{7-5}$$

式中：N_1、N_2、N_3 分别为相位累加器 1、2、3 的输入位数；D 为正弦查找表的输入位数。三阶 DDS 的输出信号为

$$f_{\text{out}}(n) = \sin(2\pi\theta(n))$$

$$= \sin\left(2\pi\left(\frac{k_0}{2^D} + \frac{nk_1}{2^{N_1}} + \frac{k_2(n^2-n)}{2^{N_1+N_2+1}} + \frac{k_3(n^3-3n^2+2n)}{3\times 2^{N_1+N_2+N_3+1}}\right)\right) \tag{7-6}$$

假设拟合的二阶多普勒频率变化函数为

$$f(t) = f_0 + f_0't + f_0''t^2/2 \tag{7-7}$$

式中：f_0'、f_0'' 分别为载波频率一阶导数和二阶导数，对应星地距离的加速度和加加速度。

载波相位为

$$\varphi(t) = \int_0^t f(\tau)\,\mathrm{d}\tau + \varphi_0 = f_0 t + f_0't^2/2 + f_0''t^3/6 + \varphi_0 \tag{7-8}$$

式中：φ_0 为载波的初始相位。

假设系统输出的采样频率为 f_c，则

$$\varphi_{\text{out}}(n) = \varphi\left(\frac{n}{f_c}\right) = \varphi_0 + f\frac{n}{f_c} + f'\frac{n^2}{2f_c^2} + f''\frac{n^3}{6f_c^3} = \theta(n) \tag{7-9}$$

综合式(7-5)和式(7-9)，可以得出各级相位累加器的累加参数与载波多普勒频率各阶导数的关系为

$$\begin{cases} k_0 = 2^D \times \varphi_0 \\[2mm] k_1 = \left(\dfrac{f_0}{f_c} + \dfrac{f_0'}{2f_c^2} + \dfrac{f_0''}{6f_c^3}\right) \times 2^{N_1} \\[2mm] k_2 = \left(\dfrac{f_0'}{f_c^2} + \dfrac{f_0''}{f_c^3}\right) \times 2^{N_1+N_2} \\[2mm] k_3 = \dfrac{f_0''}{f_c^3} \times 2^{N_1+N_2+N_3} \end{cases} \tag{7-10}$$

根据以上结果，图 7-5 中的三阶 DDS 模型可以等效为图 7-6。

图 7-5 和图 7-6 中 DDS 具有相同的效果，但图 7-5 中的结构可以节约 50% 的相位累加器资源。假设相位累加器 1 的位数为 N_1，DDS 工作时钟频率 f_{clk} 为 80MHz，在此条件下，表 7-1 列出了累加器 1 不同位数条件下频率分辨率大小。

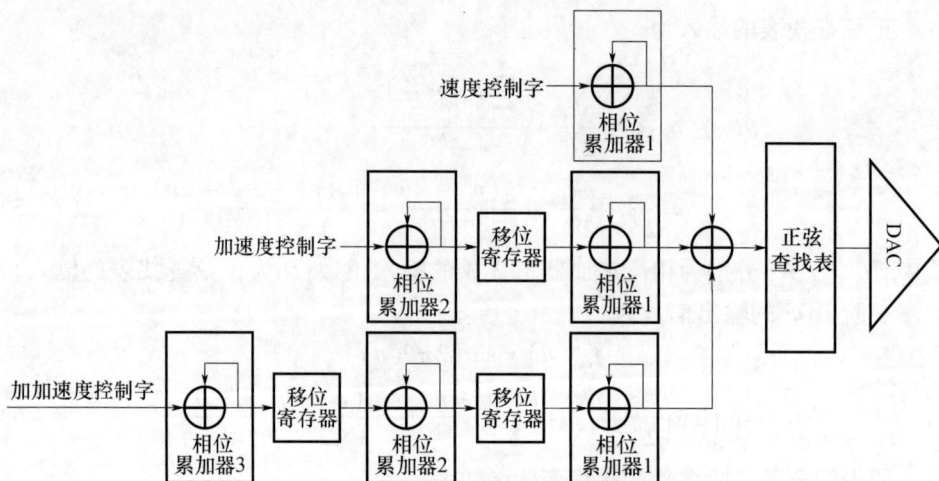

图 7 – 6　等效三阶 DDS 结构

表 7 – 1　频率分辨率随相位累加器 1 位数的变化

相位累加器 1 位数	8	16	24	32	40
频率分辨率/Hz	312500	1220.7	4.7684	0.0186	7.276×10^{-5}

载波多普勒频率的分辨率应达到 mHz 量级,因此相位累加器 1 的位数选择为 40 位。根据式(7 – 5)和式(7 – 9),三阶 DDS 载波多普勒模拟中频率一阶导数分辨率为

$$\Delta f' = \frac{(f_{\text{clk}})^2}{2^{N_1 + N_2}} \tag{7 – 11}$$

在相位累加器 1 的位数选择为 40 位的条件下,表 7 – 2 列出了累加器 2 不同位数条件下频率一阶导数分辨率。

表 7 – 2　频率一阶导数分辨率随相位累加器 2 位数的变化

相位累加器 1 位数	8	16	24	32
频率一阶导数分辨率/(Hz/s)	22.74	0.089	3.47×10^{-4}	1.36×10^{-6}

接收信号载波多普勒频率特性其一阶导数量值范围为几十赫每秒到几百赫每秒,根据表 7 – 2 分析数据,相位累加器 2 位数选择为 24bit,可满足载波多普勒模拟需求。三阶 DDS 载波多普勒模拟中频率二阶导数分辨率为

$$\Delta f'' = \frac{f_{\text{clk}}^3}{2^{N_1 + N_2 + N_3}} \tag{7 – 12}$$

在 N_1 选择为 40 位 N_2 为 24 位的条件下,表 7 – 3 列出了累加器 3 不同位数条件下频率二阶导数分辨率。

表 7 – 3　频率二阶导数分辨率随相位累加器 3 位数的变化

相位累加器 1 位数	8	16	24	32
频率二阶导数分辨率/(Hz/s²)	0.0079	3.08×10^{-5}	1.2×10^{-7}	4.7×10^{-10}

接收信号载波多普勒频率特性其二阶导数量值范围为几赫每平方秒到几十赫每平方秒,根据表 7 - 3 分析数据,相位累加器 3 位数选择为 24 位,可满足载波多普勒模拟需求。

7.1.2　DDS 杂散噪声分析和抑制方法

DDS 载波频率模拟中,为了节约存储资源,正弦查找表相位累加器输入和幅度量化输出进行了截断,在输出信号中引入杂散噪声,影响信号质量。本节主要对不同量化位数导致的杂散噪声幅度进行分析,并提出抑制杂散噪声的方法。为了简化分析过程,杂散噪声计算在单载波输出条件下进行。

1. 相位截断噪声

根据上节分析,相位累加器 1 的输入位数选择为 40bit,假设正弦查找表输出位数为 8bit,则存储空间需要 1TB,对底层硬件来说难以实现,因此相位累加器的输入位数 N 需要进行截断,用高 D 位寻址正弦查找表。下面对截断位数的选择及其引入的杂散噪声进行分析,计算过程中以恒定频率输出作为分析基础,暂不考虑存储器量化引入的杂散噪声。正弦查找表单次相位累加值设为 F_w,相位截断位数 $B = N - D$。

无相位截断条件下,正弦查找表输出为

$$s(n) = \sin\left(2\pi\frac{nF_w}{2^N}\right) \tag{7-13}$$

相位截断条件下,正弦查找表的输出为

$$s_t(n) = \sin\left(2\pi\frac{2^B}{2^N}\left[\frac{nF_w}{2^B}\right]\right) \tag{7-14}$$

式中:[·]为取整操作。

式(7 - 14)也可以表示为

$$s_t(n) = \sin\left(\frac{2\pi}{2^N}(nF_w - \xi_p(n))\right) \tag{7-15}$$

式中:$\xi_p(n)$ 为相位截断误差,可以看成是对连续时间三角波函数 $\xi_p(t)$ 的采样,三角波函数的幅度为 2^B,$\xi_p(t)$ 随时间的变化如图 7 - 7 所示。

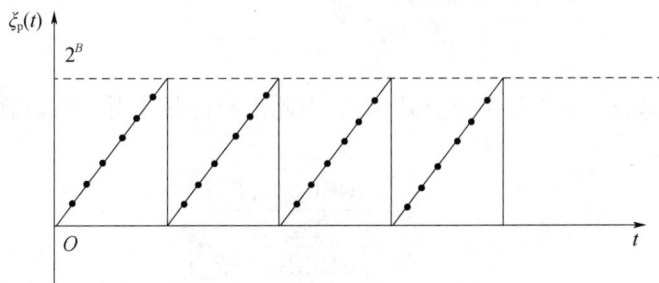

图 7 - 7　舍入误差序列 $\xi_p(t)$ 随时间变化曲线

忽略直流分量,误差序列 $\xi_p(n)$ 的周期 G 为

$$G = \frac{2^B}{2\text{GCD}(2^B, F_w)} \tag{7-16}$$

式中:$\text{GCD}(2^B, F_w)$ 为 2^B 和 $(F_w \bmod 2^B)$ 的最大公约数;$(F_w \bmod_2{}^B)$ 为 F_w 整除 2^B 后的余数。

由于是周期函数,可以将 $\xi_p(n)$ 用离散傅里叶级数的形式展开,结果如下:

$$\xi_p(n) = \sum_{k=1}^{G} \zeta_k e^{j\left(2\pi k \frac{F_w}{2^B}n\right)} e^{j\psi(k,G)} \tag{7-17}$$

式中

$$\zeta_k = \frac{2^B}{2G}\text{cosec}\left(\frac{k\pi}{2G}\right) \tag{7-18}$$

$$\psi(k,G) = -\cot\left(\frac{k\pi}{2G}\right)$$

式(7-15)中 $s_t(n)$ 可以分解成

$$s_t(n) = \sin\left(2\pi\frac{nF_w}{2^N}\right)\cos\left(2\pi 2^{B-N}\frac{\xi_p(n)}{2^B}\right) - \cos\left(2\pi\frac{nF_w}{2^N}\right)\sin\left(2\pi 2^{B-N}\frac{\xi_p(n)}{2^B}\right) \tag{7-19}$$

式中:$\left|\dfrac{\xi_p(n)}{2^B}\right| \leqslant 1, 2^{B-N} \ll 1$。

因此,式(7-19)可以近似表示为

$$s_t(n) = \sin\left(2\pi\frac{nF_w}{2^N}\right) - 2\pi\frac{\xi_p(n)}{2^N}\cos\left(2\pi\frac{nF_w}{2^N}\right) \tag{7-20}$$

将式(7-17)代入式(7-20),则 $s_t(n)$ 可以表示成

$$\begin{aligned}
s_t(n) &= \sin\left(2\pi\frac{nF_w}{2^N}\right) - \frac{2\pi}{2^N}\left(\sum_{k=1}^{G}\zeta_k e^{j\left(2\pi k\frac{F_w}{2^B}n\right)}e^{j\psi(k,G)}\right)\cos\left(2\pi\frac{nF_w}{2^N}\right) \\
&= \sin\left(2\pi\frac{nF_w}{2^N}\right) - \frac{\pi}{2^N}\left(\sum_{k=1}^{G}\zeta_k\left(e^{j\left(2\pi\left(\frac{F_w}{2^N}+k\frac{F_w}{2^B}\right)n\right)} + e^{-j\left(2\pi\left(\frac{F_w}{2^N}-k\frac{F_w}{2^B}\right)n\right)}\right)\right)e^{j\psi(k,G)}
\end{aligned} \tag{7-21}$$

由上式可知,相位截断误差 $\xi_p(n)$ 引入的杂散噪声在频域上有 $e^{j\left(2\pi\left(\frac{F_w}{2^N}+k\frac{F_w}{2^B}\right)n\right)}$ 和 $e^{-j\left(2\pi\left(\frac{F_w}{2^N}-k\frac{F_w}{2^B}\right)n\right)}$ 两个分量,幅值均为

$$F_k = \frac{\pi 2^{B-N}}{2G}\text{cosec}\left(\frac{k\pi}{2G}\right) \tag{7-22}$$

由于 F_k 是自变量 k 的单调衰减函数,因此由相位截断引入的杂散噪声最大值在 $k=1$ 处,为

$$F_1 = 2^{-D}\frac{\dfrac{\pi\text{GCD}(2^B, F_w)}{2^B}}{\sin\left(\dfrac{\pi\text{GCD}(2^B, F_w)}{2^B}\right)} \tag{7-23}$$

从式(7-23)可知,相位截断引入的杂散噪声不仅与相位截断的位数有关,还与 2^B 和 F_w 的最大公约数有关。图7-8给出了相位截断位数相同条件下,相位噪声幅值与 $\dfrac{2^B}{\mathrm{GCD}(2^B,F_w)}$ 的关系。

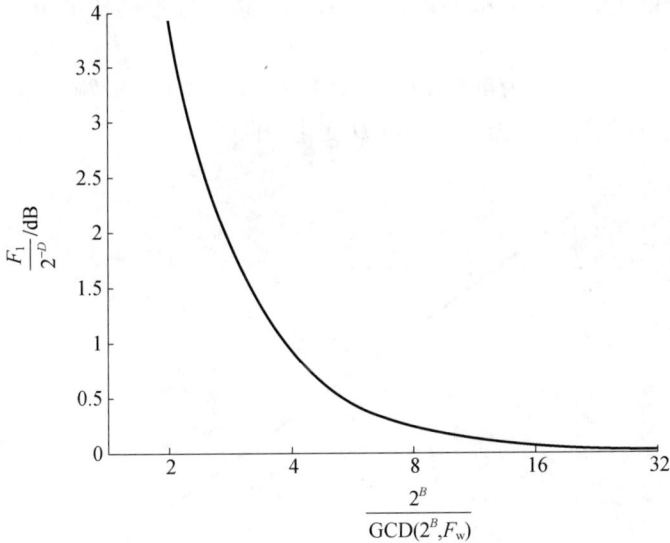

图 7-8　杂散噪声最大值与 $\dfrac{2^B}{\mathrm{GCD}(2^B,F_w)}$ 的关系

从图7-8中可以看出,当步进参数 F_w 为奇数时,$\mathrm{GCD}(2^B,F_w)$ 为1,输出噪声幅值最小,相比于最差情况,输出噪声可以降低3.922dB。

为验证上述分析,分别计算了相位累加器位数 $N=12$,正弦表输入位数 $D=6$,F_w 为 $2^{N-3}+2^{B-1}$ 和 $2^{N-3}+2^{B-1}+1$ 两种情况下输出频谱,计算点数选择为32768个,结果如图7-9所示。

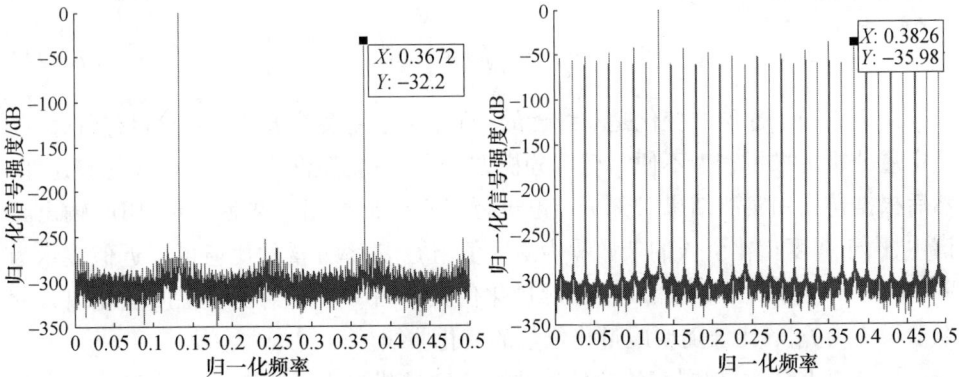

(a) $2^B/GCD(2^B,F_w)$ 等于2时的输出频谱　　(b) F_w 等于奇数条件下的输出频谱

图 7-9　相位累加器步进参数对杂散噪声的影响

从图7-9中可以看出,步进参数F_w为奇数的条件下,输出频谱中最大噪声分量可以降低3.76dB,与理论分析一致,但整个输出频谱的底噪声相应升高。

根据以上分析,可以在生成扫频参数时,将相位累加器F_w的最低位固定设置为奇数,由此引入的输出误差最大为一个扫频步进,即7.276×10^{-2}mHz。在此条件下,由相位量化引入的杂散噪声最大值与f_{out}频率分量的比值可以近似表示为$-6.02D$(dBc)。

图7-10给出了F_w为奇数条件下,DDS输出频谱中,杂散噪声最大值与f_{out}频率分量的比值随正弦查找表输入位数D变化的曲线。

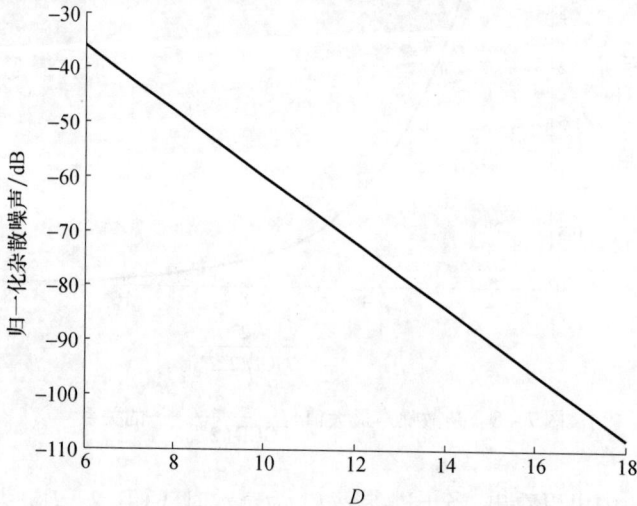

图7-10 杂散噪声随正弦查找表输入位数变化曲线

2. 幅度截断噪声

DDS杂散噪声来源中,除相位截断噪声外还有幅度量化引入的噪声,幅度量化引入的噪声为

$$\xi_q(n) = \sin\left(2\pi \frac{nF_w}{2^N}\right) - \left[\sin\left(2\pi \frac{nF_w}{2^N}\right)\right] \tag{7-24}$$

由于$\xi_q(n)$随N的变化是非线性的,而且变化关系随F_w和N不同有所区别,给定量分析带来了较大不便。现有分析方法中,一般都将式(7-24)做近似处理,然后根据仿真和实测结果对分析结论进行修正。根据相关文献分析,DDS输出频谱中,由于幅度量化引入的杂散噪声最大值与f_{out}频率分量的比值可以近似表示为$-6.02M-6$(dBc)。其中:M为幅度量化位数。图7-11给出了幅度量化引入的杂散噪声与f_{out}的比值随幅度量化位数的变化曲线。

根据以上结论,相同有效位数条件下幅度量化引入的噪声比相位量化引入的噪声低6dB。正弦查找表总长度为$2^D \times M$(bit),增加幅度量化位数导致的存储空间增长小于相位量化位数引入的增长,因此一般应用中幅度的量化位数高于相位量化位数,输出杂散噪声主要由相位量化引入。

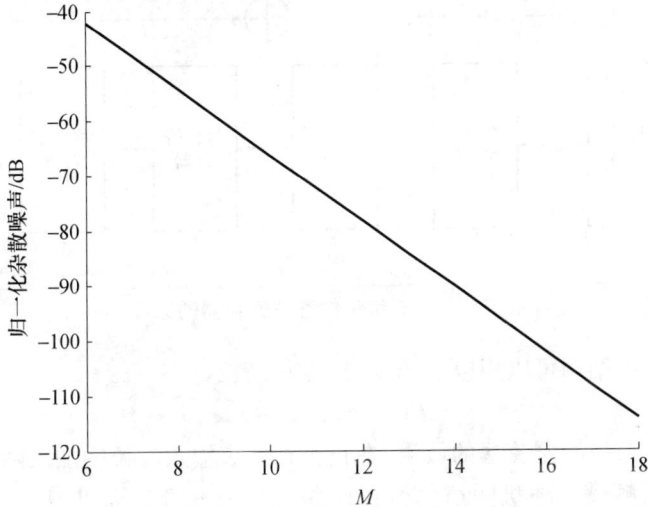

图 7 - 11　杂散噪声随幅度量化位数变化曲线

3. 杂散抑制

根据上节分析结论,DDS 杂散噪声主要是由于相位量化引入的,因此本节主要关注相位量化杂散噪声的抑制方法。

根据对相位量化噪声的分析,杂散噪声主要是 $\xi_p(n)$ 引入的,而 $\xi_p(n)$ 是一个周期性的三角波,导致输出频谱中含有较强的周期性噪声分量,因此可以采用引入随机噪声的方法去除 $\xi_p(n)$ 的周期性,从而降低噪声分量的峰值。杂散噪声抑制的原理如图 7 - 12 所示。

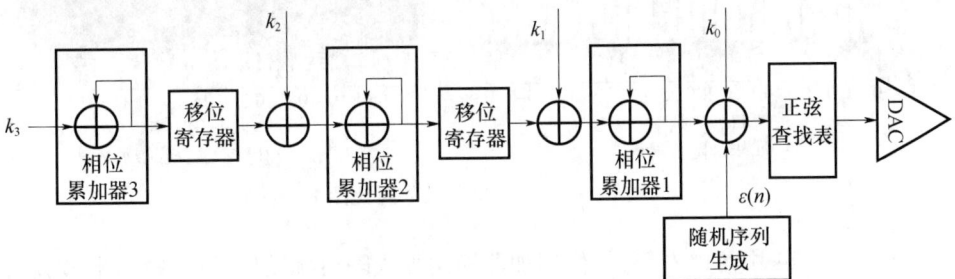

图 7 - 12　杂散噪声抑制原理

$\xi_p(n)$ 的取值范围为 $(0, 2^B)$,为了最大程度破坏 $\xi_p(n)$ 的随机性,随机序列 $\varepsilon(n)$ 的取值范围设为 $(-2^{B-1}, 2^{B-1})$,在取值范围内 $\varepsilon(n)$ 等概率分布。则正弦查找表的输出由式(7 - 14)变为

$$s_t(n) = \sin\left(\frac{2\pi}{2^N}(nF_w - \xi_p(n) + \varepsilon(n))\right) \qquad (7 - 25)$$

$\varepsilon(n)$ 由 K 级反馈移位寄存器生成,选取其中的 B 位输出构成 $\varepsilon(n)$。图 7 – 13 给出了五级反馈移位寄存器的原理。

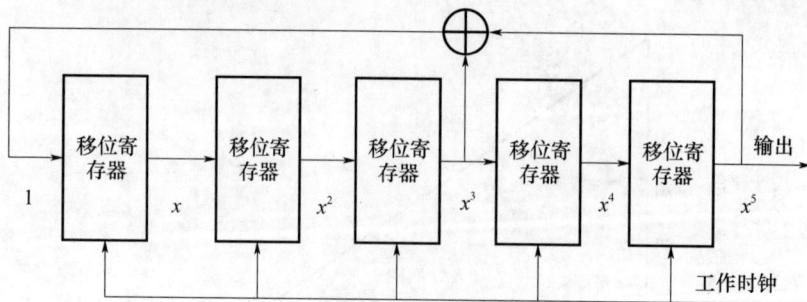

图 7 – 13 五级反馈移位寄存器的原理

图 7 – 13 中结构可以用以下的生成多项式表示:

$$F(x) = 1 + x^3 + x^5 \tag{7-26}$$

为了验证杂散抑制算法的效果,在正弦查找表输入相位中加入随机噪声信号,分析系统输出频谱。随机噪声信号由十级反馈移位寄存器生成,生成多项式为 $1 + x^3 + x^{10}$,选择移位寄存器的高 6 位构成 $\varepsilon(n)$。图 7 – 14 给出了 F_w 为奇数条件杂散抑制前后的输出频谱。

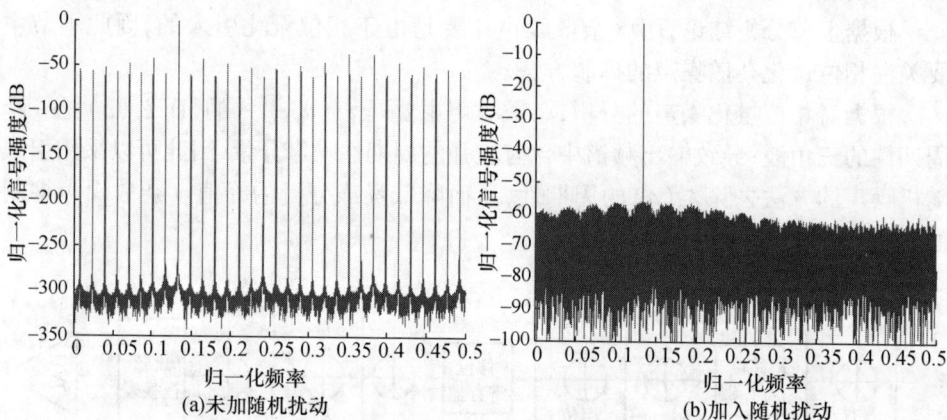

(a)未加随机扰动

(b)加入随机扰动

图 7 – 14 杂散抑制效果对比图 1

从图 7 – 14 中可以看出,相位累加器输出加入随机扰动信号后,频谱中最大噪声分量的幅值由 – 36dB 降到 – 56dB,信号输出质量得到很大提升。加入随机扰动带来的影响是增加了输出信号的底噪声。图 7 – 15 给出了 $2^B/\text{GCD}(2^B, F_w)$ 等于 2 时的输出频谱改善的效果。从图 7 – 15 中可以看出,在此条件下信号输出改善的效果更加明显,最大噪声分量只有 – 61dB。

图 7 – 16 给出了相位累加器 1 位数为 40 位,正弦查找表不同寻址位数条件下,采用杂散抑制措施后 DDS 输出频谱。

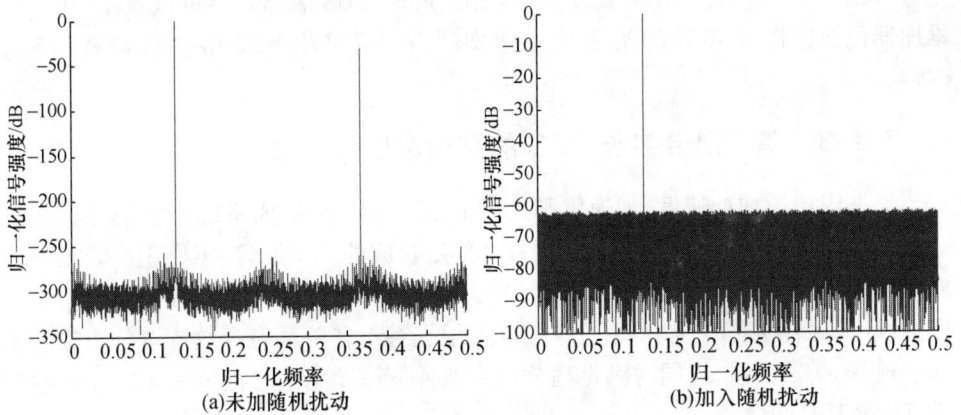

图 7 - 15　杂散抑制效果对比 2

（a）未加随机扰动
（b）加入随机扰动

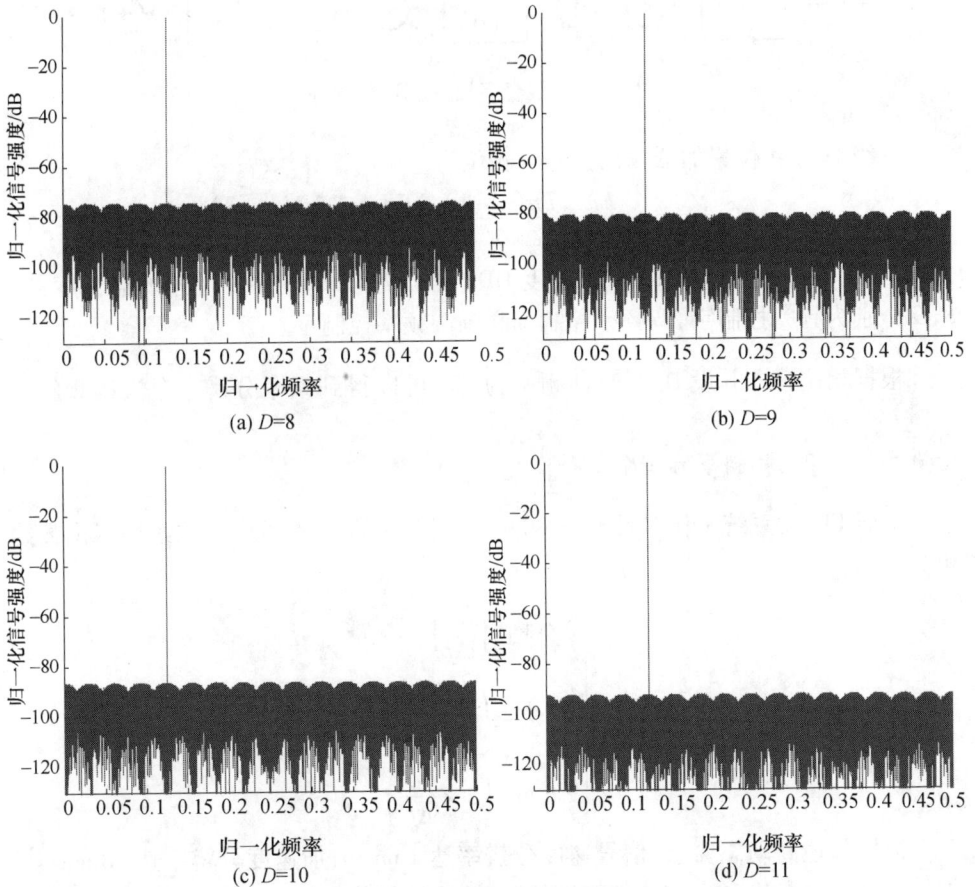

(a) $D=8$

(b) $D=9$

(c) $D=10$

(d) $D=11$

图 7 - 16　不同寻址位数条件下输出频谱对比

对比图 7-15 中给出的未加噪声抑制措施时 DDS 输出效果可以看出,在相位累加器位数选择为 40 位的条件下,杂散抑制措施可以获得 30dB 的信号输出质量改善。

7.1.3 基于混合字长 DDS 的高动态模拟技术

动态用户的加加速度、加速度和速度分别对应信号生成系统输出信号相位的三次项、二次项和一次项。根据直接数字信号合成的基本原理,需要用三级相位累加器实现这种相位关系。为了满足小至毫米量级大至数十万米量级的动态信号模拟,设计了混合字长三级 DDS(图 7-17),根据系统各阶动态参数特点分别设计不同字长 NCO 累加器,以同时满足高分辨率条件下高动态信号模拟累加器长位数与低资源消耗代价需求。

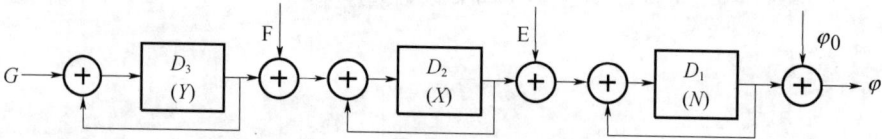

图 7-17　混合字长三级 DDS 原理

三级 DDS 相位累加器输出信号的相位为

$$\varphi(n) = \varphi_0 + \frac{En}{2^N} + \frac{Fn(n-1)}{2 \times 2^{N+X}} + \frac{Gn(n-1)(n-2)}{6 \times 2^{N+X+Y}} \qquad (7-27)$$

式中:N、X、Y 分别为速度 DDS、加速度 DDS、加加速度 DDS 中相位累加器长度;E、F、G 分别为频率控制字、调频率控制字和调调频率控制字。

根据相位公式并设 DAC 时钟频率为 f_{clk},可以得到频率分辨率 $\frac{f_{clk}}{2^N}$、调频斜率分辨率 $\frac{f_{clk}^2}{2^X}$ 和调频斜率分辨率 $2 \times \frac{f_{clk}^3}{2^Y}$。

按照 FPGA 系统工作时钟 $f_{clk} = 80\text{MHz}$,则对应的三级 DDS 相位累加器位数约束为

$$\begin{cases} N > \log_2\left(\dfrac{f_{clk}}{\Delta f}\right) \\[3mm] X > \log_2\left(\dfrac{f_{clk}^2}{\Delta f'}\right) \\[3mm] Y > \log_2\left(2 \times \dfrac{f_{clk}^3}{\Delta f''}\right) \end{cases}$$

根据前述高动态要求,信号速度分辨率达 1mm/s、加速度分辨率达 10mm/s²、加加速度分辨率达 10mm/s³ 的精细控制,北斗导航信号模拟多普勒各阶频率分辨率见表 7-4。

表 7 − 4　北斗导航信号模拟多普勒各阶频率分辨率

频点	频率分辨率 Δf /(Hz/s)	调频斜率分辨率 $\Delta f'$ /(Hz/s²)	调调频斜率分辨率 $\Delta f''$ /(Hz/s³)
B1	0.0052	0.052	0.052
B2	0.00402	0.0402	0.0402
B3	0.0042	0.042	0.042

由此可以计算得到北斗导航信号频段三级 DDS 相位累加器位数见表 7 − 5。

表 7 − 5　北斗导航信号模拟三级 DDS 相位累加器位数

频点	N	X	Y
B1	>33.8408	>60.0943	>87.3478
B2	>34.2121	>60.4656	>87.7191
B3	>34.1489	>60.4024	>87.6559

第一级 DDS 相位累加器位数不低于 35 位,第二级 DDS 相位累加器位数不低于 61 位,第三级 DDS 相位累加器位数不低于 88 位。为了在 FPGA 内实现 2 的整数次幂的 DDS NCO 设计,最终系统设计的第一级 DDS 相位累加器位数为 48 位,第二级 DDS 相位累加器位数为 64 位,第三级 DDS 相位累加器位数为 96 位。上述设计既满足了高动态信号模拟要求,又能有效降低对硬件资源的使用。

7.1.4　高动态信号模拟下 DDS 截断误差的高精度修正

为实现高动态应用场景下 10^8 量级的多普勒动态高精度模拟,必须考虑 DDS 截断误差带来的问题。DDS 主要由相位累加器与相位幅度转换器(正弦查找表)组成,如图 7 − 18 所示。

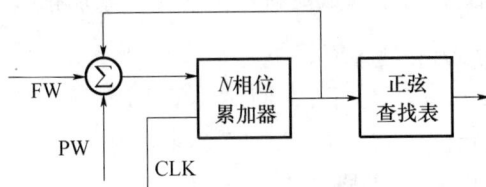

图 7 − 18　DDS 基本构成

FW—频率控制字;PW—相位控制字;CLK—系统时钟, $f_s = 80\text{MHz}$ 。

相位累加器($N = 48$)以步进值 FW 进行累加,当相位累加器的值达 $2N$ 时,相位累加器做一次模 $2N$ 运算,并由其输出作为地址,寻址正弦查找表,读取事先存储在正弦查找表 ROM 中和该地址相对应的正弦幅度值,输出数字正弦信号,载波多普勒频率偏移可表示为

$$f_d = \text{FM} \cdot \frac{f_s}{2^N}, 0 \leqslant \text{FM} < 2^N$$

或者,当载体径向运动速度 v 产生多普勒偏移量 f_d 时,其对应的频率控制字 $\text{FM} = \dfrac{f_d \cdot 2^N}{f_s}$,但实际选取的频率控制字必须为整数,即与其真实值存在截断误差,这将导致相位累加器输出的多普勒频率偏移量存在累积截断误差。

由于上述累积截断误差的存在,在满足高动态(加速度 360000m/s、加速度 800000m/s^2、加加速度 800000m/s^3)要求下,难于达到高精度信号模拟(伪距控制精度为 0.001m、伪距变化率精度为 0.001m/s)要求。例如,当载体径向运动速度为 360000m/s,载波频率取 1.5GHz 时,其产生多普勒频移 $f_d = 1.8$MHz,对应频率控制字的截断误差 $\delta_N = 0.7598$,设计高动态参数更新节拍 $T = 20$ms,则频率控制字的最大累积截断误差 $\Delta = K \cdot \delta_N = 1215625$($K$ 为参数更新节拍内的相位累加次数),对应的多普勒累积截断误差为 0.3455Hz,造成伪距变化率误差为 0.0691m/s,不能达到伪距变化率精度优于 0.001m/s 要求。同理,各级 DDS 频率控制字截断误差将对模拟信号精度产生影响。为此,必须采取一定措施对截断误差给予补偿。在确定各级截断误差基础上,提出采用动态误差修正方法,将各级截断总误差在加加速度频率控制数项予以补偿,具体补偿方法分析如下。

在考虑到加加速度项时,$(NT + kT_s)$ 时刻混合字长三级 DDS 输出信号对应的多普勒偏移为

$$\begin{cases} f_d = f_c \cdot \dfrac{v}{c} \\ v = v_N + a_N \cdot kT_s + \dfrac{k(k-1)}{2} d_N \cdot T_s^{\,2} \end{cases} \qquad (7-28)$$

式中:v_N、a_N、d_N 分别为第 N 个参数更新节拍时的载体径向速度、加速度、加加速度值;T_s 为相位累加节拍,则每个参数更新节拍内相位累加拍数 $k = \dfrac{\tau}{\tau_s}$(其中 τ 为高动态参数更新节拍);f_c 为载波频率。

在已知更新参数 v_N、a_N、d_N 下,它们对应的 DDS 频率控制字参数截断误差 $\delta_N^{(1)}$、$\delta_N^{(2)}$、$\delta_N^{(3)}$ 便可确定。则对应 $(NT + kT_s)$ 时刻的速度 DDS 累积误差 $\Delta_k^{(1)} = (k+1)\delta_N^{(1)}$,加速度 DDS 累积误差 $\Delta_k^{(2)} = (k+1)\delta_N^{(2)}$,加加速度 DDS 累积误差 $\Delta_k^{(3)} = (k+1)\delta_N^{(3)}$。

由此确定,在 $(NT + kT_s)$ 时刻的三级 DDS 累积误差对载波多普勒的影响为

$$\begin{cases} f'_d = f_c \cdot \dfrac{v'}{c} \\ v' = (v_N - \Delta_k^{(1)}) + \displaystyle\sum_{m=0}^{k-1}(a_N - \Delta_m^{(2)})T_s + \sum_{m=0}^{k-1}\left(\sum_{n=0}^{m-1}(d_N - \Delta_n^{(3)})T_s\right)T_s \end{cases}$$

将 $\Delta_k^{(1)}$、$\Delta_k^{(2)}$、$\Delta_k^{(3)}$ 代入上式,并与其期望值比对,得

$$v' = v - \left[(k+1)\delta_N^{(1)} + \frac{k(k+1)}{2}\delta_N^{(2)} \cdot T_s + \frac{k(k-1)(k+1)}{6}\delta_N^{(3)} \cdot T_s^2 \right]$$

由此,确定$(NT + kT_s)$时刻各级截断误差造成的总误差为

$$\Delta v = (k+1)\delta_N^{(1)} + \frac{k(k+1)}{2}\delta_N^{(2)} \cdot T_s + \frac{k(k-1)(k+1)}{6}\delta_N^{(3)} \cdot T_s^2$$

将其在加加速度项进行补偿,则$(NT + kT_s)$时刻补偿加加速度为

$$\Delta d_{NT+kT_s} = \frac{2\Delta v}{k(k-1)T_s^2} = \frac{2(k+1)}{k(k-1)T_s^2}\delta_N^{(1)} + \frac{(k+1)}{(k-1)T_s}\delta_N^{(2)} + \frac{(k+1)}{3}\delta_N^{(3)} \quad (k \geq 2)$$

高动态信号 DDS 修正算法实现流程如图 7 – 19 所示。

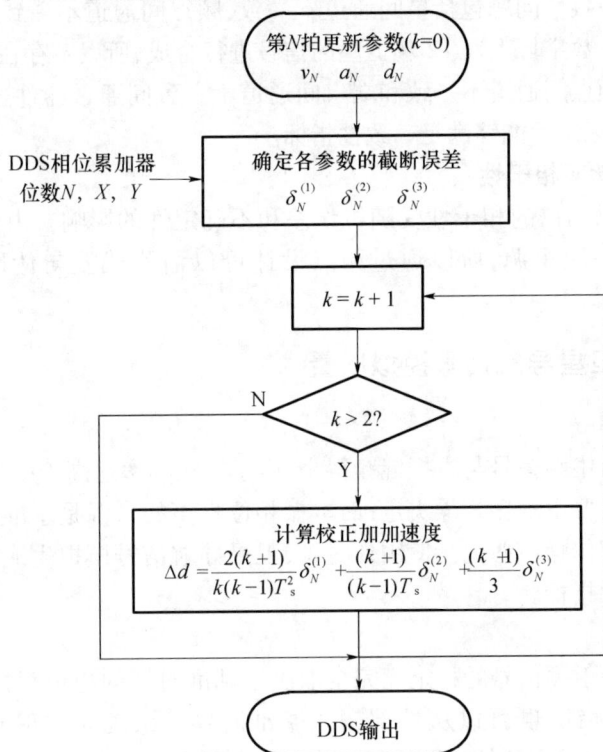

图 7 – 19　高动态信号 DDS 修正算法实现流程

经该方法修正后的高动态信号模拟精度至少能够提高 1 个量级。

7.2　卫星导航信号模拟的关键技术指标

7.2.1　卫星导航信号模拟精度

1. 延迟精度

导航信号模拟源由于是通过数字信号处理的方法实现延迟,理论上可以达到

任何延迟精度。在实际系统中,由于计算能力和字长等限制因素,延迟精度实际上是有限的。典型导航信号模拟源系统,若模拟源伪距控制精度要求 1cm,则延迟精度需达到 33ps。

2. 伪距变化率精度

由于本系统的 RNSS 信号采用直接数字合成方式产生,且用双恒温槽晶振作时标,时钟误差造成的精度损失可忽略,所以伪距变化率的精度与速度分辨率相同,即 0.8mm/s。

3. 通道间一致性

通道间不一致性问题包括星间通道不一致、频点间通道不一致和端口间通道不一致。由于在数字域上对 12 颗卫星的信号进行合成,所以不存在星间通道间不一致性问题。频点间通道不一致和端口间通道不一致间通过器件选型、电路设计和标定来解决,标定后能够满足一致性指标。

4. 载波与伪码相干性

载波域伪码相位的相干性受随机误差和不确定性的影响。由于码时钟和载波时钟来自同一频率源,所以通过频点设计可以消除载波与伪码相干性随机误差。

7.2.2 卫星导航信号模拟质量

1. 相位噪声

射频信号由中频信号与本振混频得来,由于本振频率远高于中频频率,所以输出信号的相噪主要由本振相噪决定;而本振相位噪声的来源是基准时钟相位噪声和倍频造成的相位噪声恶化。使用外时钟,卫星导航信号模拟生成系统可以达到指标要求的相噪指标。

2. 稳定度

系统输出的射频信号的稳定度完全取决于基准时钟的稳定度指标,本系统可以采用内基准时钟,也可以从外部输入基准时钟。系统要求射频稳定度优于 $10^{-13}/\mathrm{s}$,因此要求采用的外时钟的频率稳定度也要优于 $10^{-13}/\mathrm{s}$。

3. 谐波功率

发射信号的谐波功率来源于混频器和放大器的失真,系统输出功率较小,输出级采用低失真的线性功率放大器,具有很好的谐波特性。同时,在输出级采用滤波器的方法抑制带外谐波和杂波。通过滤波器后,可以达到小于 40dB 谐波抑制,满足指标要求。

4. 杂波功率

杂波的来源包括混频过程的交调失真和直接数字信号生成过程中引入的杂散。带外的杂波可以通过滤波器进行有效抑制;为保证带内信号的杂波抑制性能,通过合理的频点设计,避免混频过程的交调失真信号落入信号频带内;为达到系统需要的 60dB 杂散抑制,需要 DDS 截断后相位 10bit。系统设计上考虑截断后的相位 11bit,理论上可达 66dB 的相位抑制性能,满足指标要求。

7.2.3 卫星导航信号动态特性

对高动态的仿真效果取决于建模和数据仿真的精度以及物理实现精度两个方面。前者由数据产生和处理系统保证;后者由 RNSS 射频仿真分系统保证。在物理实现方面,关键是直接数字信号合成器中累加器字长的设计。

1. 速度

假设要求最大速度为 10000m/s,对应多普勒频偏为 50kHz。影响多普勒仿真范围的因素包括中频滤波器带宽和直接数字信号合成时相位累加器的长度。根据目前的设计,这两方面都不存在问题。

2. 加速度

加速度仿真的范围由频率累加器的字长和加速度分辨率决定:$a_{max} = \rho_a 2^K$(式中:$\rho_a = 5$mm/s^2 为加速度分辨率;K 为字长)。经计算,18 位字长就可以满足要求,系统设计字长是 30 位(主要是出于保证分辨率的考虑),所以加速度范围不存在问题。

3. 加加速度

加加速度仿真的范围由调频率累加器的字长和加加速度分辨率决定:$a_{max} = \rho_b 2^K$(式中:$\rho_b = 7$mm/s^3 为加速度分辨率;K 为字长)。经计算,18 位字长就可以满足要求,系统设计字长是 30 位(主要是出于保证分辨率的考虑),所以加加速度范围不存在问题。

4. 分辨率

动态用户的加加速度、加速度和速度分别对应 RNSS 信号生成系统输出信号相位的三次项、二次项和一次项。根据直接数字信号合成的基本原理,需要用三级相位累加器来实现这种相位关系。

7.3 高精度数字波形延迟理论

7.3.1 基本原理

延迟的精密控制是卫星导航射频信号模拟技术的关键[15],要得到伪距相位(延迟)控制精度小于 0.001m(即 3ps)的要求,对于码速率 10.23Mc/s 的基带扩频信号,相当于要实现 1/32584 码元宽度的相位控制精度。获得如此高的码延迟分辨率,通常可以利用基于码数控振荡器(Numerical Controlled Oscillator, NCO)的 DDS 技术(简称 NCO 方法)来实现。但是,其初始相位的控制精度取决于相位累加器的长度和采样信号的周期,而且是一个统计精度,信号杂散大,随机不确定度大,这将直接影响卫星导航信号模拟的零值稳定性和通道一致性,因此需要找到逐点精确的精密延迟控制方法。

当信号通过滤波器时,必将产生一定的群延迟。对模拟滤波器,这种延迟受到温度等外界因素的影响;但对数字滤波器来说,其群延迟是恒定值。改变滤波器的群延迟,就可以改变信号的延迟[14,49],这是数字延迟滤波器技术的依据。数字延迟滤波器基于多抽样率数字信号处理理论,其算法的本质是通过插值得到高密度采样波形信号,最后抽取至 DAC 转换频率。具体描述如图 7 - 20 和图 7 - 21 所示。

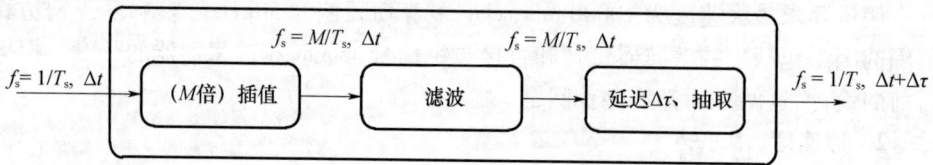

图 7 - 20　延迟滤波信号处理过程

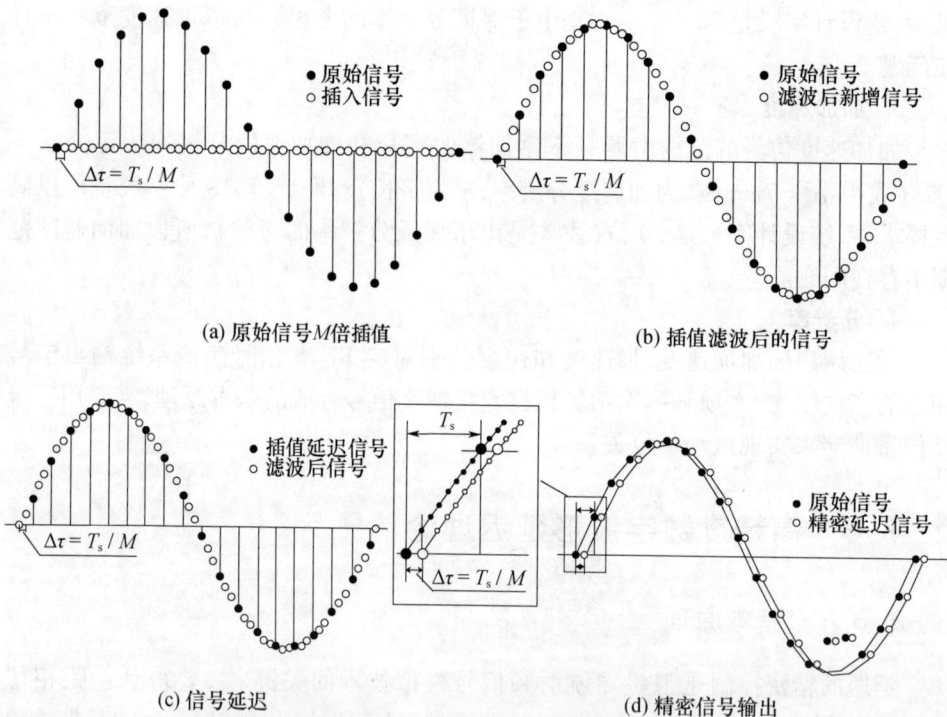

(a) 原始信号 M 倍插值

(b) 插值滤波后的信号

(c) 信号延迟

(d) 精密信号输出

图 7 - 21　提高信号延迟精度的方法

以 0.001m 伪距相位控制精度为例,对于 80MHz 的采样率,每个采样点间隔为12.5ns,为达到 3ps 精度的采样间隔要求,原则上首先需要在原来每两采样点间插入 4167 个点,插入的点的值为 0;然后对插值后的信号进行滤波处理,得到更精密的插值信号;最后根据延迟需要,选择合理的相位为输出起点,并抽取采样点至原来的信号频率,实现 0.001m 的伪距相位控制精度。要实现信号精密延迟,需要插值、滤波、延迟抽取等步骤。而对于一定的延迟 $\Delta\tau$,插值、滤波过程中存在许多冗余点,这些点的作用只用于辅助延迟点的生成,并不用于实际输出,因此对上述延迟滤波方法需进一步进行优化设计。

对于原始采样率为 $1/T_s$ 的信号,为实现高精度延迟控制,需要将原始信号采样速率提高 M_0 倍(M_0 为整数),即采样间隔变为 T_s/M_0,那么需在 $nT_s \sim (n+1)T_s$ 之间增加等分点上的 $x_a(t)$ 的取值。将原始采样信号 $x_a(nT_s)$ 任意两点之间插入 $M_0 - 1$ 个 0 值,信号速率变成 M_0 倍,即

$$x_0(n) = \begin{cases} x_a(n/M_0), & n = kM_0, k = 0,1,2,3,\cdots \\ 0, & \text{其他} \end{cases}$$

对应的频谱扩展为原频谱的 M_0 倍,需要采用带限滤波以保持信号频谱的一致性,则插值后的信号的时域信号表达式为[48]

$$x_{M0}(n) = x_0(n) * h(n)$$

由于 $x_0(n)$ 除了的整倍 M_0 数点之外均为零值,则可将 $x_{M0}(n)$ 重写为

$$x_{M0}(nM_0 + m) = \sum_{k=-\infty}^{\infty} h(kM_0 + m)x(n-k)$$

插值后信号 $x_{M0}(n)$ 的时刻点也按 M_0 为模分成 M_0 个相位,余数 m 不同的采样点具有不同的滤波器。如果对应到原始的连续时间信号,令 $\tau = mT_s/M_0$ 则有

$$x_a(t-\tau)\big|_{t=nT_s} = x_{M0}(nM_0 + m)$$

以上论述表明:只要延迟 τ 可以表达为 $\tau = mT_s/M_0$,则延迟信号 $x_a(t-\tau)$ 可以用非延迟取样 $x(n)$ 和一个特定的滤波器的卷积来实现[14]。因此,信号延迟方法可以简化为如图 7 – 22 所示的结构。其中,$h_{M0}(n) = h(nM_0 + m)$ 称为 $\tau = mT_s/M_0$ 时的延迟滤波器,延迟是特指 τ 从 0 到 T_s 之间的小数点延迟[14]。

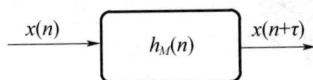

图 7 – 22　数字延迟滤波器结构($\tau = mT_s/M_0$)

图 7 – 23 是宽带信号精密延迟产生的方案,即将精密延迟量拆分为整数延迟和小数延迟两个部分。其中,滤波器组存储着多个 FIR 滤波器的系数,每个 FIR 滤波器对应着一个小数值的延迟量。小数延迟首先经过整数延迟单元,然后通过 FIR 滤波器完成分数延迟。

显然,各种延迟滤波器是 $h(n)$ 在不同时间位置上等间隔 M_0 点的抽样。$h(n)$ 的理想特性要求滤波器在 $[-\pi/M_0, \pi/M_0]$ 之间为 1,而其余频带为 0,这样的 $h(n)$ 称为 M_0 倍插值滤波器,或 $1/M_0$ 滤波器[14]。插值要求保持原始采样不变,即

$x(n) = x_{M_0}(nM_0)$,这就对滤波器提出了一个新的要求,即滤波器 $h(n)$ 应为线性相位。由于 M_0 倍插值滤波器是生成各延迟滤波器的母本,$h(n)$ 称为"母滤波器",而各延迟滤波器称为"子滤波器"[14]。对于 M_0 阶插值,对应的延迟分辨率 $\tau_\Delta = T_s/M_0$。

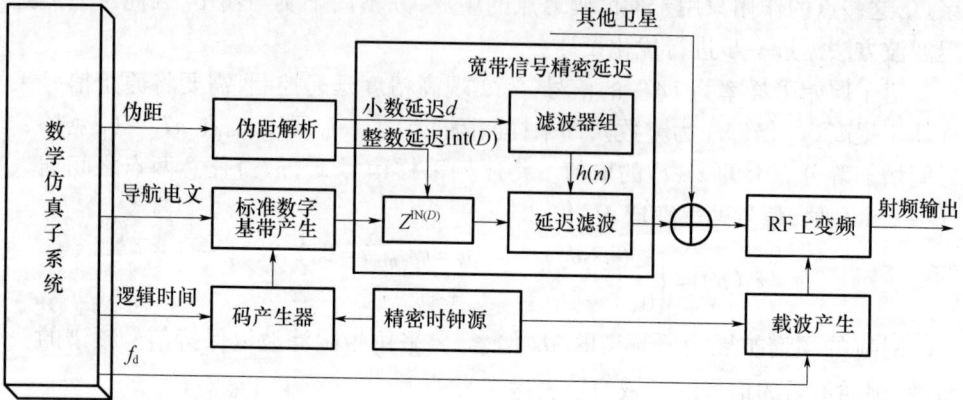

图 7 – 23 精密延迟信号产生框图

7.3.2 FIR 滤波器的近似逼近

传统的任意波形发生器将信号存放在存储器内,由采样时钟周期性地将信号取出送到 DAC 输出,只能将信号延迟整数个采样点。如果需要延迟小数个采样周期,可采用数字信号处理的方法,利用延迟滤波器的方法对带限信号进行小数采样周期的延迟[14]。假设需要对信号 $x(t)$ 所作的延迟为 DAC 采样周期 T_s 的小数倍:

$$y(t) = x(t - DT_s) \tag{7-29}$$

式中:$D = \text{Int}(D) + d$;d 为采样周期的小数倍。

以上过程可以看成一个对带限连续信号的重采样过程,使用多速率滤波器理论或者采样变换理论。对于多速率信号处理,需要将信号进行一次线性滤波运算[14]。由式(7 – 29)得线性时不变系统的传递函数为

$$H_{id}(z) = \frac{y(z)}{x(z)} = z^{-D} \tag{7-30}$$

由于 $z = e^{jw}$,频域上的传递函数为

$$H_{id}(e^{jw}) = e^{-jwD}$$

因此,其幅度、相位响应为

$$|H_{id}(e^{jw})| = 1$$

$$\arg[H_{id}(e^{jw})] = \Theta_{id}(w) = -wD$$

信号的群延迟为

$$\tau_g(w) = -\frac{\partial \Theta_{id}(w)}{\partial w} = D$$

相位延迟为

$$\tau_\mathrm{P}(\varpi) = -\frac{\Theta_{id}(w)}{w} = D$$

具有以上特性的理想滤波器可以实现对输入信号精确延迟 D 个采样周期。对以上传递函数进行反变换,可得到理想响应为

$$h_{id}(n) = \frac{1}{2\pi}\int_{-\infty}^{\infty} H(\mathrm{e}^{\mathrm{j}\omega})\,\mathrm{e}^{\mathrm{j}\omega n}\mathrm{d}\omega \tag{7-31}$$

$$= \frac{\sin\pi(n-D)}{\pi(n-D)} \tag{7-32}$$

图 7 - 24 给出了理想延迟滤波器的冲激响应。

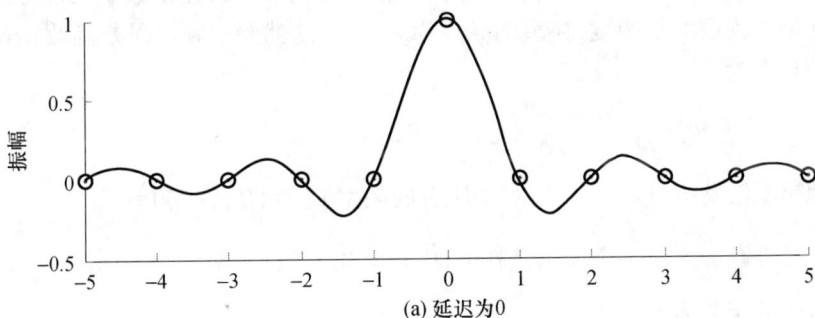

(a) 延迟为0

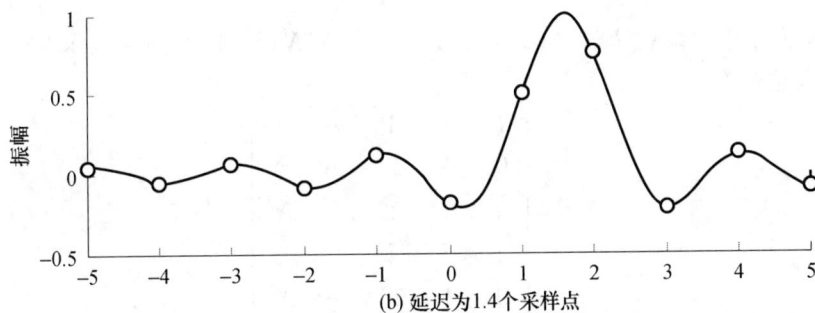

(b) 延迟为1.4个采样点

图 7 - 24　理想延迟滤波器的冲激响应

由于 $h_{id}(n)$ 在时间域上是无限扩展的,因此该滤波器是非因果的,是物理不可实现的。在实际应用中信号 $x(t)$ 实际带宽比 Nyquist 带宽更窄,因此可以采用各种方法逼近这种理想滤波器[14]。

FIR 滤波器能够保持线性相位,因此群延迟是常数,从而保证信号延迟是恒定的。假设使用 FIR 滤波器 $H(z)$ 逼近以上理想滤波器:

$$H(z) = \sum_{n=0}^{N} h(n)z^{-n} \tag{7-33}$$

主要近似方法如下:

（1）直接截断法。简单地对 $h(n)$ 进行截断：

$$h(n) = \begin{cases} \mathrm{sinc}(n-D), & M < n < M+N \\ 0 \end{cases} \tag{7-34}$$

这种方法存在截断效应，需要较高的阶数，实现代价比较大。

（2）窗函数方法：

$$h(n) = \begin{cases} W(n)\mathrm{sinc}(n-D), & M < n < M+N \\ 0 \end{cases} \tag{7-35}$$

式中：$W(n)$ 为窗函数，根据实际需要可选择汉明窗、BlackMan 窗等，减小截断效应。

（3）最大平坦 FIR FD 滤波器设计：拉格朗日内插。误差函数要在设定的频点上得到最大程度的平坦度，典型的频点为 $w=0$。这就要求频域误差函数在这个频率上的导数为 0：

$$\left. \frac{\mathrm{d}^n E(\mathrm{e}^{\mathrm{j}\omega})}{\mathrm{d}\omega^n} \right|_{\omega=\omega_0} = 0, n = 0,1,2,\cdots,N \tag{7-36}$$

理想滤波器 $H_{id}(\mathrm{e}^{\mathrm{j}w})$ 满足：对于所有的频率 w，有 $|H_{id}(\mathrm{e}^{\mathrm{j}w})| \equiv 1$。

$$\sum_{k=0}^{N} k^n h(k) = D^n, n = 0,1,2,\cdots,N \tag{7-37}$$

对应的矩阵表达式为

$$Vh = V \tag{7-38}$$

式中：h 为互相关系数；$h = [h(0) \quad h(1) \quad \cdots \quad h(N)]^{\mathrm{T}}$；$V$ 为 $(N+1) \times (N+1)$ 的矩阵，表达式为

$$V = \begin{bmatrix} 1 & 1 & 1 & \cdots & 1 \\ 0 & 1 & 2 & \cdots & N \\ 0 & 1 & 2^2 & \cdots & N^2 \\ \vdots & \vdots & \vdots & & \vdots \\ 0 & 1 & 2^N & \cdots & N^N \end{bmatrix} \tag{7-39}$$

$$H(Z) = Z^{-D} \tag{7-40}$$

$$h(n) = \prod_{\substack{k=0 \\ k \neq 0}}^{N} \frac{D-k}{n-k}, \quad n = 0,1,2,\cdots,N \tag{7-41}$$

对于 $N=1$ 的情况，对应着两点间的线性插值。这种情况下两个系数分别为 $h(0) = 1-D, h(0) = D, 0 < D < 1$。

（4）抽样/插值 FIR 滤波器。

$$d = \frac{Q-k}{Q}, \quad k = 0,1,2,\cdots,Q-1 \tag{7-42}$$

$$H_{\mathrm{P}}(\mathrm{e}^{\mathrm{j}w}) = \sum_{K=0}^{N} h_{\mathrm{p}}(k)\mathrm{e}^{-\mathrm{j}kw} \tag{7-43}$$

滤波器是线性相位,具有固定的群延迟 $N/2$。当设计小数时延迟,等价于在频域中乘上因子 $e^{-j\Delta d\omega}$。

$$H(e^{jw}) = e^{-j\Delta dw} \sum_{K=0}^{N} h_p(k) e^{-jkw} = \sum_{K=0}^{N} h_p(k) e^{-j(k+\Delta d)w} \qquad (7-44)$$

相应地作离散傅里叶变换,得到实系数的 FIR 滤波器:

$$h(n) = \frac{1}{2\pi} \int_{-\pi}^{\pi} H(e^{jw}) e^{jnw} dw$$

$$= \sum_{K=0}^{N} h_p(k) \frac{1}{2\pi} \int_{-\pi}^{\pi} e^{-j(k+\Delta d)w} dw$$

$$= \sum_{K=0}^{N} h_p(k) \operatorname{sinc}(n-k-\Delta d) \qquad (7-45)$$

当 $h(n)$ 和 $h_p(n)$ 选择同样的长度时,式(7-45)可以写成

$$h = W_{\Delta d} S_{\Delta d} h_p \qquad (7-46)$$

式中:矩阵 $S_{\Delta d}$ 中的元素为

$$S_{\Delta d,k,l} = \operatorname{sinc}(k-l-\Delta d), \quad k,l=1,2,\cdots,L \qquad (7-47)$$

$W_{\Delta d}$ 为对角阵,矩阵中的元素为

$$W_{\Delta d,k,k} = w_{\Delta d}(k), \quad k=1,2,\cdots,L \qquad (7-48)$$

$$S_{\Delta d,k,l}^A = \frac{\sin[\pi(k-l-\Delta d)]}{L\sin[\pi(k-l-\Delta d)/L]}, \quad K,L=1,2,\cdots,L \qquad (7-49)$$

(5) Farrow 滤波器。Farrow 提出了一种连续变化延迟线实现方法:假定滤波器的设计是离线的,但可以实时控制延迟量的变换,简单有效。基本的思想是:在一定的变化范围内,设计一组近似的分数延迟系数为 d 的 P 阶多项式:

$$h_d(n) = \sum_{m=0}^{P} c_m(n) d^m, \quad n=1,2,\cdots,N \qquad (7-50)$$

式中:$c_m(n)$ 为实值的近似系数。

对应的滤波器变换函数可以表示为

$$H_d(z) = \sum_{n=0}^{N} h_d(n) z^{-n} = \sum_{n=0}^{N} \left[\sum_{m=0}^{P} c_m(n) d^m \right] z^{-n}$$

$$= \sum_{n=0}^{N} \left[\sum_{m=0}^{P} c_m(n) \right] z^{-n} d^m = \sum_{m=0}^{P} C_m(Z) d^m \qquad (7-51)$$

式中:$C_m(Z)$ 定义为

$$C_m(Z) = \sum_{n=0}^{N} c_m(n) z^{-n} \qquad (7-52)$$

以上 FIR 滤波器可以实现分数点延迟滤波器的设计,实现对信号准确的延迟。但滤波器的阶数比较大,必须寻找新的设计方法。下面介绍适合产生高动态、高精度延迟卫星导航信号的理论方法。

7.3.3　分数插值延迟滤波器的设计

假设 $x_a(t)$ 是带宽有限信号,频谱可表示为

$$X_a(j\omega) = \int_{-\infty}^{+\infty} x_a(t) e^{-j\omega t} d\omega \qquad (7-53)$$

$$X_a(j\omega) = \begin{cases} X_a(j\omega), & |\omega| < \pi f_s \\ 0, & |\omega| \geqslant \pi f_s \end{cases} \qquad (7-54)$$

根据 Nyquist 采样定理,可用 f_s 作为采样频率对其进行采样:

$$x(n) = x_a(nT_s), T_s = 1/f_s \qquad (7-55)$$

$$x_a(t) = \sum_{n=-\infty}^{+\infty} x_a(nT_s) \mathrm{sinc}(t/T_s) \qquad (7-56)$$

理论上,根据式(7-56),可以求得任意 t 时刻的采样值,假如 $t = nT_s - \tau$ 时刻,可得

$$x_a(nT_s - \tau) = \sum_{k=-\infty}^{+\infty} x_a(kT_s) \mathrm{sinc}[nT_s - \tau - kT_s] \qquad (7-57)$$

由于式(7-57)中求和范围无限,故虽理论上可行,但实际计算中不可操作,需要寻求有限求和的计算公式。

暂时不考虑延迟 τ 为任意的情况,仅考虑将采样速率提高 M_0 倍的情况(M_0 为整数),即采样间隔为 T_s/M_0,从 $nT_s \sim (n+1)T_s$ 之间 M_0 个等分时间点上的 $x_a(t)$ 的取值[16]。

$$t = \left(n + \frac{m}{M_0}\right) T_s, \quad (n = \cdots 0,1,2,\cdots; m = 0,1,\cdots,M_0-1) \qquad (7-58)$$

$$x_{M_0}(n) = x_a(nT_s/M_0) \qquad (7-59)$$

将原始采样信号 $x_a(nT_s)$ 任意两点之间插入 M_0-1 个 0 值,信号速率变成 M_0 倍,即

$$x_0(n) = \begin{cases} x_a(n/M_0), & n = kM_0(k \text{ 为整数}, k = 0,1,2,3,\cdots) \\ 0, & \text{其他} \end{cases} \qquad (7-60)$$

对应的频谱扩展为原频谱的 M_0 倍,其信号频谱为

$$X_0(e^{j\omega}) = \sum_{n=-\infty}^{+\infty} x_0(n) e^{-j\omega n} = \sum_{k=-\infty}^{+\infty} x_a(k) e^{-j\omega k M_0} = X(e^{j\omega M_0}) \qquad (7-61)$$

需要采用带限滤波以保持信号频谱的一致性,其滤波器表达式为[14]

$$H(e^{j\omega}) = \begin{cases} 1, & |\omega| \leqslant \dfrac{\pi}{M_0} \\ 0, & \text{其他} \end{cases} \qquad (7-62)$$

$$h(n) = \frac{1}{2\pi} \int_{-\pi}^{\pi} H(e^{j\omega}) e^{j\omega n} d\omega \qquad (7-63)$$

则插值后信号的频域表达式为

$$X_{M_0}(\mathrm{e}^{\mathrm{j}\omega}) = X_0(\mathrm{e}^{\mathrm{j}\omega})H(\mathrm{e}^{\mathrm{j}\omega}) \tag{7-64}$$

$$X_{M_0}(\mathrm{e}^{\mathrm{j}\omega}) = \sum_{n=-\infty}^{\infty} x_{M_0}(n)\mathrm{e}^{-\mathrm{j}\omega n} \tag{7-65}$$

时域信号表达式为

$$x_{M_0}(n) = x_0(n) * h(n) \tag{7-66}$$

由于 $x_0(n)$ 除了 M_0 的整倍数点之外均为零值,则 $x_{M_0}(n)$ 可重写为

$$x_{M_0}(nM_0 + m) = \sum_{k=-\infty}^{\infty} h(kM_0 + m)x(n-k) \tag{7-67}$$

上面的表达式中,不再使用中间信号 $x_0(n)$,而直接用原来的采样信号 $x(n)$。插值后信号 $x_{M_0}(n)$ 的时刻点也按 M_0 为模分成 M_0 个相位,余数为 m 的采样点具有统一的表达式:

$$x_{M_0}(nM_0 + m) = x(n) * h_{M_0}(n) \tag{7-68}$$

$$h_{M_0}(n) = h(nM_0 + m) \tag{7-69}$$

余数 m 不同的采样点具有不同的滤波器。如果对应到原始的连续时间信号,令 $\tau = mT_\mathrm{s}/M_0$,则有

$$x_\mathrm{a}(t-\tau)\,|_{\,t=nT_\mathrm{s}} = x_{M_0}(nM_0 + m) \tag{7-70}$$

$$x_\mathrm{a}(t-\tau) = \sum_{n=-\infty}^{\infty} x_{M_0}(nM_0 + m)\phi(t) \tag{7-71}$$

$$\phi(t) = \frac{\sin(\pi t/T_\mathrm{s})}{\pi t/T_\mathrm{s}} \tag{7-72}$$

以上论述表明:只要延迟 τ 可以表达为 $\tau = mT_\mathrm{s}/M_0$,则延迟信号 $x_\mathrm{a}(t-\tau)$ 可以用非延迟取样 $x(n)$ 和特定的滤波器的卷积来实现。

基于上述讨论,把 $h_{M_0}(n) = h(nM_0 + m)$ 称为 $\tau = mT_\mathrm{s}/M_0$ 的延迟滤波器,其中延迟是特指 τ 从 $0 \sim T_\mathrm{s}$ 之间的小数延迟[14]。

根据式(7-62)中对滤波器的定义,$h(n)$ 是一个带宽为 $2\pi/M_0$ 的理想低通滤波器。理论上时间宽度无限,相应地,延迟滤波器 $h_m(n)$ 只是 $h(n)$ 的等间隔抽样,时间宽度也是无限的。这样,实际计算中仍然不可操作。为了解决这个问题,本章用有限长滤波器(FIR 滤波器)来近似理想滤波器,并将近似带来的误差控制在可以忽略的范围内[16]。

很显然,各种延迟滤波器是 $h(n)$ 在不同时间位置上等间隔 M_0 点的抽样。$h(n)$ 的理想特性要求滤波器在 $[-\pi/M_0, \pi/M_0]$ 之间为 1,而其余频带为 0,$h(n)$ 称为 M_0 倍插值滤波器,或者 $1/M_0$ 滤波器。理想特性要求通带无间隔地邻接阻带,这用有限阶的 FIR 滤波器难以实现,除非通带与阻带之间有可见的过渡带宽。这就要求原信号频谱的最高频率小于 $f_\mathrm{s}/2$。通常情况下,采样率的设置能满足要求。以射频信号产生中的数字基带为例,码片速率 10MHz,规定带外抑制后,信号带

宽 $\pm 10\text{MHz}$；而采样频率 f_s 取码片速率的 4 倍，为 40MHz，允许 10MHz 的过渡带宽。

插值要求保持原始采样不变，即 $x(n) = x_{M_0}(nM_0)$，这就对滤波器提出了新的要求，即滤波器 $h(n)$ 应为线性相位。此外，希望延迟滤波器是 FIR 滤波器，因此 $h(n)$ 也只能是线性相位滤波器，而对应的延迟滤波器也是线性相位滤波器。

若 $h(n)$ 是线性相位 FIR 滤波器，加上低通特性，$h(n)$ 必然是偶对称序列，即

$$h(n) = h(-n) \tag{7-73}$$

对应的零延迟滤波器为

$$h_0(n) = h(M_0 n) \tag{7-74}$$

$$h_0(n) = h(-n) \tag{7-75}$$

因为零延迟滤波器偶对称，幅频特性为实函数，即

$$H_0(e^{j\omega}) = \sum_0^n h_0(n) e^{-j\omega n} = A(\omega) e^{j\omega \cdot 0} = A(\omega) \tag{7-76}$$

式中：$A(\omega)$ 为实函数，通带内为正值，阻带内极性可以变化，但要求幅度值充分接近于 0。

对应地，其他延迟滤波器不再具备偶对称性，但仍然是线性相位滤波器：

$$h_k(n) = h(nM_0 + k) \tag{7-77}$$

$$H_k(e^{j\omega}) = A(\omega) e^{-j\omega \tau_k}, \tau_k = k/M_0 \tag{7-78}$$

$$\phi_k(\omega) = -j\omega \tau_k \tag{7-79}$$

$$\tau_k(\omega) = \tau_k \quad (常数) \tag{7-80}$$

由于 M_0 倍插值滤波器是生成各延迟滤波器的母本，所以 $h(n)$ 称为"母滤波器"，而各延迟滤波器称为"子滤波器"。

根据上面对 M_0 倍插值滤波器的讨论，滤波器的设计应用最佳线性相位 FIR 滤波器设计，可用的设计方法采用 Parks – McClellan 设计算法。

下面描述滤波器设计实例。仍以 GPSP 码卫星导航数字基带信号模拟为例，码片速率为 10.23MHz，采样频率取码速的 4 倍，为 $f_s = 40\text{MS/s}$。讨论 $M_0 = 16$ 倍插值滤波器设计，假设要求阻带衰减为 -80dB，通带偏差为 -80dB，归一化数字频率换算如下：

通带边缘频率为

$$f_{\text{PASS}} = \frac{10\text{MHz}}{M_0 f_s} = \frac{1}{4M_0} = \frac{1}{64} \tag{7-81}$$

阻带边缘频率为

$$f_{\text{STOP}} = \frac{20\text{MHz}}{M_0 f_s} = \frac{1}{2M_0} = \frac{1}{32} \tag{7-82}$$

设计结果为滤波器长度 $N_{\text{filter}} = 303$，滤波器及其频率特性如图 7 – 25 所示。第二个设计实例中 $M_0 = 32$，其他要求不变，则滤波器长度 $N_{\text{filter2}} = 607$，设计结果如图 7 – 26 所示。

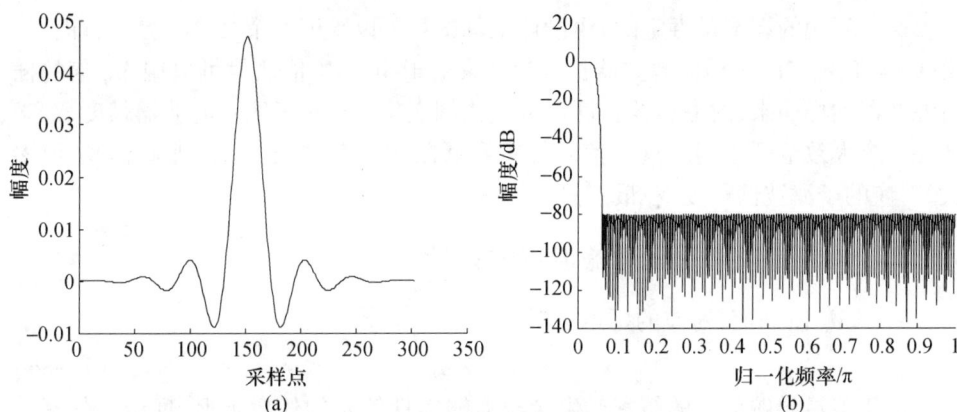

图 7 - 25　$M_0 = 16$ 时滤波器的时域波形及幅频特性

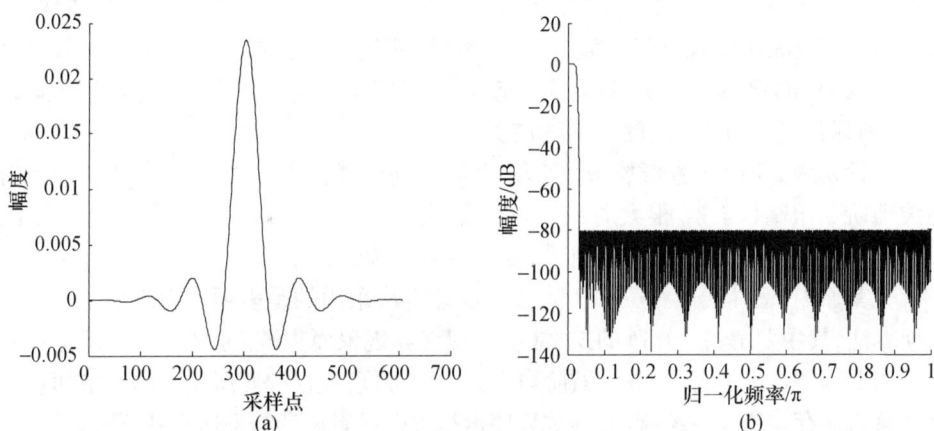

图 7 - 26　$M_0 = 32$ 时滤波器的时域波形及幅频特性

在设计滤波器时,延迟滤波器的阶数是非常重要的参数。由于延迟滤波器是母滤波器每隔 M_0 点抽样得来,子滤波器的阶数大致是母滤波器的 $1/M_0$。DSP 程序设计中,一般将所有子滤波器编制成二维数组(滤波器组)。每行对应一个子滤波器,共 M_0 行。为此,各子滤波器要求长度一致,假设为 N_s,则

$$N_s = \left[\frac{N_{\text{filter}} + M_0 - 1}{M_0} \right] \qquad (7-83)$$

式中:[·]为取整运算。除非 $N_{\text{filter}} = N_s M_0$,否则,必有子滤波器实际长度小于 N_s,为 $N_s - 1$。处理办法是将母滤波器头尾各补 $[M_0/2]$ 个 0,可保证各子滤波器的长度一致且群延迟相同。

观察两个设计实例可以发现,两例中按式(7 - 83)计算出的 N_s 大致相同。这意味着,用 DSP 实现延迟滤波计算的代价有一个大致的范围。

这里感兴趣的问题是,若设计更高倍数 M_0 的插值滤波器,所得的延迟滤波器长度 N_s 是否大致相同?

这个问题的答案是肯定的,用设计工具试算可以验证这个结论。另一方面,假设 $M_0 = M_1 M_2$,M_0 倍插值滤波器长度为 N_M;由于 M_1、M_2 倍插值可以用 M_0 倍的插值滤波器抽样而来,故滤波器长度大致成比例变化。这也说明子滤波器长度 N_s 必然在一个大致范围之内。只要信号带宽和通阻带误差要求不变,则无论 M_0 值多大,对应的子滤波器长度 N_s 最多只会加减1。

7.3.4 高分辨率延迟滤波器的设计

对于 M_0 阶插值,对应的延迟分辨率为

$$\tau_\Delta = T_s / M_0 \tag{7-84}$$

对于卫星导航信号的精密产生希望能够实现信号的任意延迟,理论上任意延迟是不可实现的,如 $\tau = \dfrac{2\pi}{32} T_s$。由于 π 是无尽小数,根本不存在分数表示,找不出分母 M_0,也就无法实现延迟滤波[14]。在实际应用中,延迟滤波总是允许一定的误差(依照某种准则);直觉上,只要 M_0 充分大,误差就一定充分小(其依据在下面讨论)。所以设计充分大 M_0 的插值滤波器。

通常认为,无论插值倍数 M_0 多大,都可以利用滤波器设计工具给出结果。当滤波器阶数很高(与 M_0 很大对应),滤波器设计工具会出现"难以收敛"或"溢出错误"这样的告警,得不出设计结果,或者结果经验证达不到设计要求。

究其原因,最佳线性相位 FIR 滤波器设计方法采用的是多项式逼近中的 Remez 交换算法,其中要解高阶矩阵的逆,常会出现奇异现象而失败。此外,其逼近是在一系列离散频率点上进行,当滤波器阶数大到一定程度,设计程序所需的内存空间会受到计算机内存与操作系统制约,导致程序运行失败或者设计结果达不到要求。

为此提出一种构造性的插值滤波器设计方法,以适应 M_0 很大的情况。该设计方法由如下几点构成[14]:

(1)假设 $M_0 = M_1 M_2$;

(2)设计 M_1 倍插值滤波器 $h_{M1}(n)$;

(3)设计 M_2 倍插值滤波器 $h_{M2}(n)$;

(4)将 $h_{M1}(n)$ 看作信号,用 $h_{M2}(n)$ 对其进行 M_2 倍插值,假设插值的结果为 $h_{M_0}(n)$。

由于 $h_{M1}(n)$ 和 $h_{M2}(n)$ 均为有限时长序列,$h_{M_0}(n)$ 也必是有限时长序列,其长度为

$$N_{M_0} = M_2(N_{M1} - 1) + N_{M2} \tag{7-85}$$

式中:N_{M1}、N_{M2} 分别为两个滤波器的长度。

上述设计结果就是 M_0 倍插值滤波器。由于该设计方法是用两个滤波器简单作用构成的,阶数 M_0 只能是组合数,故称为构造性设计方法。下面通过设计实例说明设计效果[14][16]。

假设数字基带信号对应的采样频率为 40MHz，信号带宽为 10MHz，延迟分辨率 $\tau_\Delta \leqslant 25\mathrm{ps}$。要构造延迟滤波器组，要求 $M_0 \geqslant 1000$。取 $M_0 = 1024, M_1 = 32, M_2 = 32$。假设信号带外衰减设计要求大于 110dB。则 M_1 倍插值滤波器设计参数为

$$f_{\mathrm{PASS1}} = \frac{10\mathrm{MHz}}{M_1 f_s} = \frac{1}{128} \tag{7-86}$$

$$f_{\mathrm{STOP1}} = \frac{f_s - 10\mathrm{MHz}}{M_1 f_s} = \frac{3}{128} \tag{7-87}$$

过渡带宽为

$$\mathrm{BW}_1 = f_{\mathrm{STOP1}} - f_{\mathrm{PASS1}} = \frac{1}{64} \tag{7-88}$$

M_2 倍插值滤波器设计参数为

$$f_{\mathrm{PASS2}} = \frac{10\mathrm{MHz}}{M_2 M_1 f_s} = \frac{1}{4096} \tag{7-89}$$

$$f_{\mathrm{STOP2}} = \frac{M_1 f_s - 10\mathrm{MHz}}{M_2 M_1 f_s} = \frac{127}{4096} \tag{7-90}$$

$$\mathrm{BW}_2 = f_{\mathrm{STOP2}} - f_{\mathrm{PASS2}} = \frac{127}{4096} - \frac{1}{496} = \frac{63}{2048} \tag{7-91}$$

设计结果为

$$N_{M1} = 479 \tag{7-92}$$

$$N_{M2} = 447 \tag{7-93}$$

$$N_{M_0} = M_2(N_{M1} - 1) + N_{M2} = 32(479 - 1) + 447 = 15743 \tag{7-94}$$

三个滤波器的时域波形及频域特性如图 7-27 ~ 图 7-29 所示。满足要求的各延迟滤波器长度为

$$N_s = \left[\frac{N_{M_0} + M_0 - 1}{M_0}\right] = \left[\frac{15743 + 1024 - 1}{1024}\right] = 16 \tag{7-95}$$

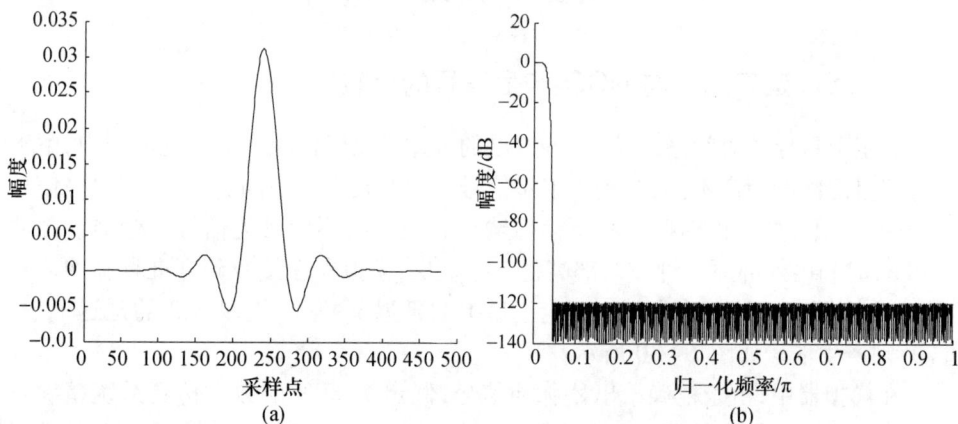

图 7-27　滤波器 1 的时域波形及频域特性

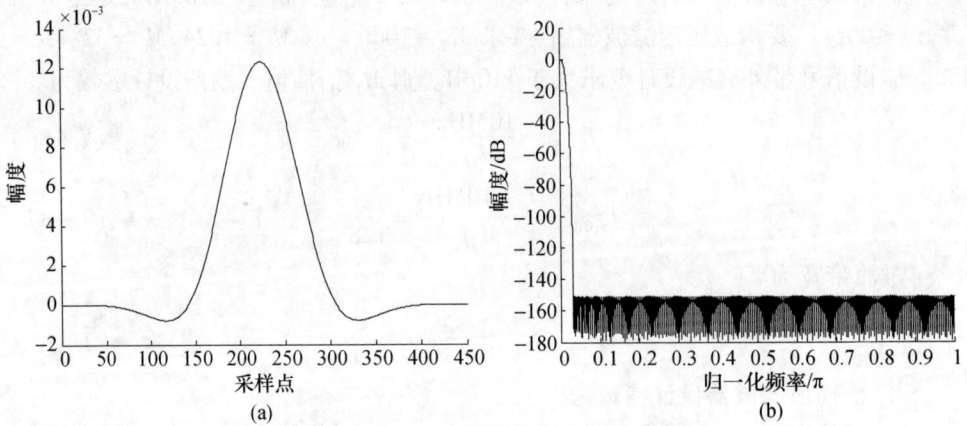

图 7 - 28　滤波器 2 的时域波形及频域特性

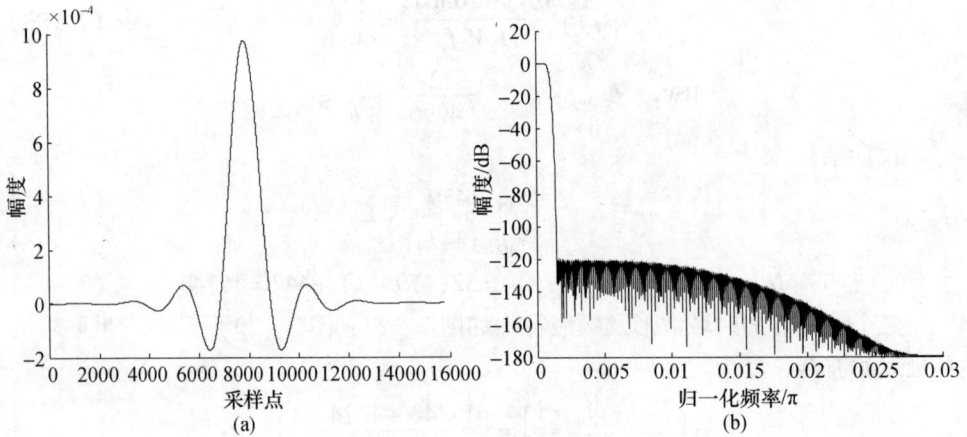

图 7 - 29　滤波器 3 的时域波形及频域特性

7.3.5　延迟滤波与 NCO 产生信号的比较

假定卫星导航时间系统统一,各卫星的钟差也已经消除。对于地面用户,由于与各卫星之间的距离不同,收到各卫星信号之间的延迟也不同。因此,在卫星信号模拟中,需要在统一的时间体系下模拟输出各卫星的不同延迟信号。标准秒脉冲(1PPS)时间由外部原子钟或内部高稳晶振提供,模拟器在接收到标准秒脉冲信号后,产生不同延迟的伪码序列。假定卫星 1 的延迟 τ_1 为 0,卫星 2、3 的延迟 τ_2、τ_3 非 0,则产生信号如图 7 - 30 所示。

在模拟器中,由于精确给出秒脉冲信号,假定 τ_i 已经由数学仿真系统精确给出。当产生本地伪码信号时,由于时钟抖动以及信号产生方法不同,所输出的伪码信号相对标准秒脉冲的延迟必然存在偏差,即伪码控制精度。设需要输出的延迟

为 τ_i,实际输出的延迟为 τ_{i0},伪码控制精度为 $\delta\tau_i$,如图 7 − 31 所示,则有

$$\delta\tau_i = \tau_{i0} - \tau_i \tag{7−96}$$

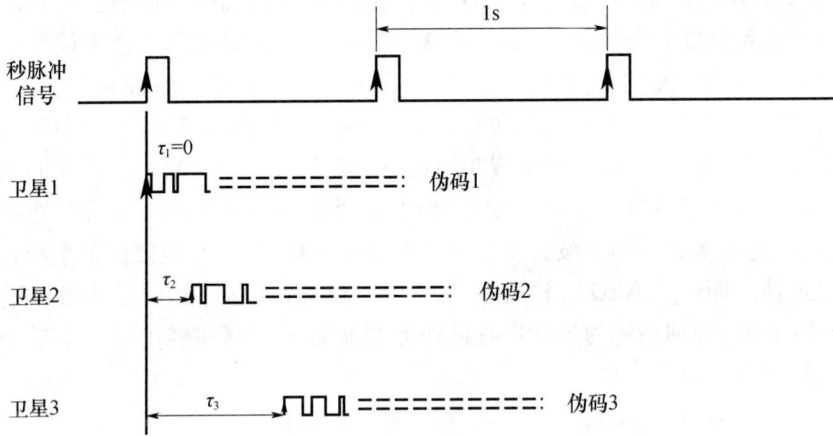

图 7 − 30　模拟器中各卫星信号不同延迟关系

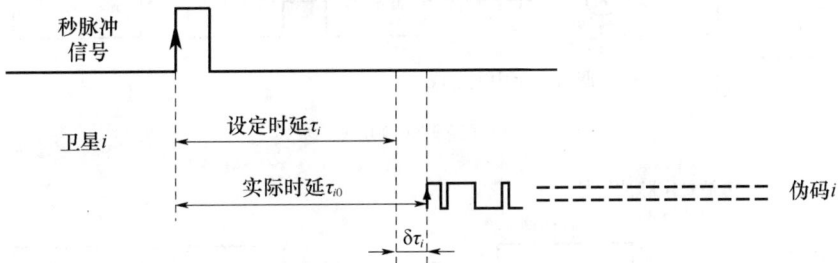

图 7 − 31　伪码控制精度

对于任何数字合成的信号,总是离散信号输出,这将取决于采样的分辨率。假定一个码片时长为 T_c,一个码片内采样点数为 N_s,对于经典 NCO 驱动码发生器的伪距控制方法(简称 NCO 方法),输出的伪码信号形式为 0、1 方波序列,其时间延迟控制取决于码发生器 NCO 的相位累加器和 NCO 的工作时钟,而 NCO 的工作时钟周期决定了其初始伪距控制的不确定度。当信号延迟的分辨率要求小于采样间隔(T_c/N_s)时,从宽带高频示波器上可明显观测到抖动,即系统的零值稳定性变差。这将影响模拟源系统通道一致性和零值稳定性的要求。事实上,从精密导航信号源的角度分析,NCO 方法存在三个问题:①初始相位控制精度受 NCO 工作时钟频率限制,致使伪距控制精度降低,零值不确定度增大;②NCO 方法实现的延迟是一个时间平均的结果,其不能实现单个伪码或小时间片断的精确延迟,即不能够精确实时反映信号延迟的变化;③由于码 NCO 的相位截断效应引起杂散效应,导致伪码相位抖动恶化,信号质量下降[15]。

采用延迟滤波器法本质在于将伪码序列信号输出到 DAC 之前先通过一个滤

波器组进行处理,这个滤波器组一方面对码序列进行延迟,另一方面对码序列进行脉冲成形,既实现了精密的实时延迟处理又解决了带外抑制,如图7-32所示。当信号延迟发生微小变化时,经典NCO方法不能够立即反映这种变化,而采用延迟滤波器方案可以即刻反映,很容易实现逐个采样点的精确延迟。这不仅可以实现伪码初始相位的精确控制,准确控制零值,保证系统的通道一致性和零值稳定性,而且可以抑制信号杂散提高信号质量,真实反映信号的瞬时变化[15]。利用数字延迟滤波器方案,没有NCO的相位截断问题,克服了NCO方法的相位抖动问题。而且由于信号在数字域进行了滚降滤波处理,带外抑制优于60dB,不需要外部滤波器,甚至在射频部分不加滤波器就能满足谐杂波指标要求,有效保证了系统长期零值的稳定性。而经典NCO方法往往在中频实现,需要靠外部带通滤波器进行处理,典型的带外抑制指标为30dB,而且外部滤波器的带宽和群延迟直接影响了信号延迟精度和零值稳定性。

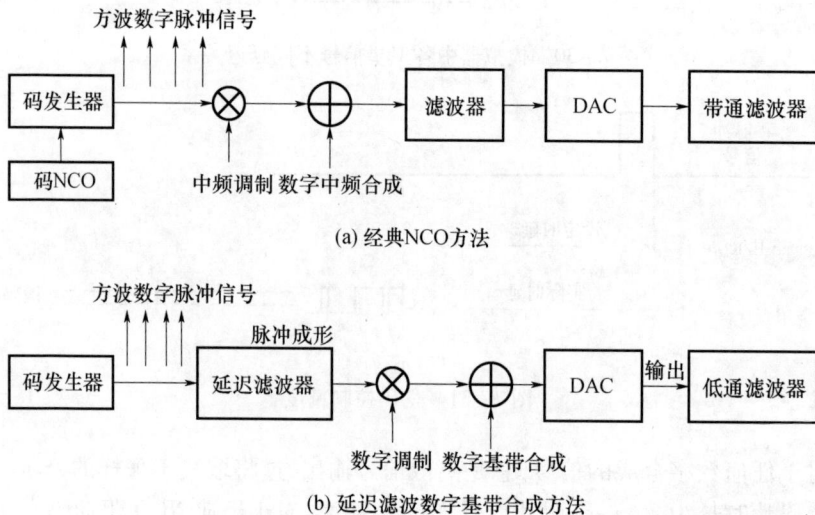

(a) 经典NCO方法

(b) 延迟滤波数字基带合成方法

图7-32　NCO方法与延迟滤波器实现方法比较

7.4　导航卫星信号精密信号生成技术

7.4.1　导航卫星基带信号生成技术

卫星导航信号的物理仿真是在信号幅度、多路径、多卫星等多种信息协同控制下完成的。信号产生单元需要同时仿真12颗卫星的导航信号并合成。在合成过程中,如何严格保证各通道间信号的一致性是本系统的关键技术问题。卫星间信号的合成既可以在模拟信号域进行,也可以在数字信号域进行。如果将信号在模拟信号域合成,由于各个射频通道之间的延迟不一致,而且随温度的变化比较大,因此,各个通道间的 $\tau_k - \tau_l$ 将受射频通道的影响很大,需要复杂的措施来校准。而在数字信号域合成,可以将所有 12 颗星的延迟 τ_k 统一到共同的时间基准,相互的延迟 $\tau_k - \tau_l$ 也就能够准确控制。然后让合成后的数字信号再通过 TxDAC 转换成模拟信号,输出到中频、射频进行调制。由于各个卫星的同一频点的射频信号由同一个射频通道输出,其延迟完全一样,可以从根本上解决各个卫星延迟不确定性。为了降低系统成本并保证通道间一致性,导航信号生成采用数值计算的方法将 12 路导航信号在数字域相叠加,得到 12 颗卫星的合成数字信号,然后用一路DAC 将其转换为基带模拟信号。卫星导航信号模拟源基带信号生成由基带发生模块和秒脉冲及时差测量模块组成。卫星导航信号合成中信息的传递和相互作用流程图如图 7 – 33 所示。

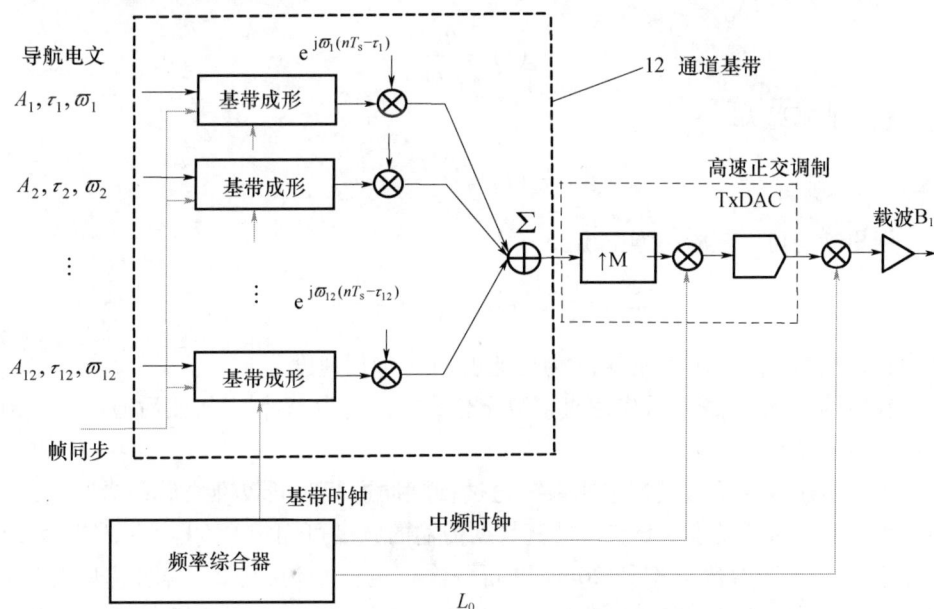

图 7 – 33　卫星导航信号合成中信息的传递和相互作用流程图

卫星导航信号包括载波、测距码和数据码三种信息分量,表达式为

$$S_{Bm}(t) = A_{cm}C(t)D_c(t)\cos(2\pi f_m t + \varphi_{cm}) + A_{pm}P(t)D_p(t)\sin(2\pi f_m t + \varphi_{pm})$$

式中:m 为频点号;A 为振幅,RNSS 采用 UQPSK 方式调制,故 A_{cm} 为 0 或 1,A_{pm} 为 1或 2;C、P 分别为测距码和精密测距码;

为方便推导,把上式变为

$$S_{Bm}(t) = A_{cm}B_c(t)\cos(2\pi f_m t + \varphi_{cm}) + A_{pm}B_p(t)\sin(2\pi f_m t + \varphi_{pm})$$

式中

$$B_c(t) = C(t)D_c(t), B_p(t) = P(t)D_p(t)$$

用户终端接收到信号是经过延迟 τ 后的 $S(t)$,如果用户终端和卫星之间存在

相对运动,则延迟 τ 也将随时间变化,用 $\tau(t)$ 表示:

$$S_{rm}(t) = A(t)A_{cm}B_c(t - \tau_1(t))\cos(2\pi f_m(t - \tau_2(t)) + \varphi_{cm})$$
$$+ A(t)A_{pm}B_p(t - \tau_1(t))\sin(2\pi f_m(t - \tau_2(t)) + \varphi_{pm})$$

式中:$A(t)$ 为信号传输功率衰减量。

当考虑时钟钟差影响时,需要对上述结果进行修正。钟差的模型也由三阶运动模型给出,当存在钟差时,卫星星钟显示的时间为

$$t' = t - e(t)$$

由于 $e(t)$ 在信号表达式中作用与 $\tau(t)$ 相同,所以考虑钟差后的系统实现与原系统相同,不同的只是对相关的相位值做初始值修正。

伪距的延迟为

$$\tau_1(t) = \frac{R(t)}{c_1}$$

载波的延迟为

$$\tau_2(t) = \frac{R(t)}{c_2}$$

用户动态可由三阶模型给出:

$$R(t) = R_0 + vt + \frac{1}{2}at^2 + \frac{1}{6}bt^3$$

式中:R_0 为距离初值;v 为速度;a 为加速度;b 为加加速度。

在电路实现时,需要首先用直接数字合成方式产生基带信号,然后通过正交调制器直接上变频到导航频段。

整个卫星导航信号模拟生成系统通过秒脉冲进行时间校准之后,本地系统的 BDT/GPST 时间已经建立起来。仿真数据传输的频度可固定为 50 次/s,所以系统工作过程中仿真参数应按照 20ms 更新一次。也就是说,传送的帧信息中包含 BDT/GPST 时间的最小单位应为 20ms,并且固定每 20ms 来一帧仿真数据。当接收到第一帧仿真数据后将数据进行解包,解包后获得当前仿真数据的 BDT/GPST 时间。这将决定该帧的参数信息在哪个时刻起作用。将 BDT/GPST 时间信息送给 BDT/GPST 时基和时钟管理模块,同时将参数信息写入到参数缓存 FIFO。当 BDT/GPST 时基和时钟管理模块接收到一个 BDT/GPST 时间,则与本地时刻进行比较。当本地时间与接收到的 BDT/GPST 时间相同时,从参数缓存 FIFO 中读取参数数据,送到载波发生等单元,生成此时刻的对应参数的基带信号。仿真参数初始化过程如图 7 – 34 所示。

根据定时器产生的启动脉冲,将载波参数和码参数置入波形生成单元,产生正交的基带信号并调制 C 码、P 码及导航电文,并在复位、启动、停止等控制信号的作用下产生相应的输出。FPGA 仿真单元结构框图如图 7 – 35 所示。

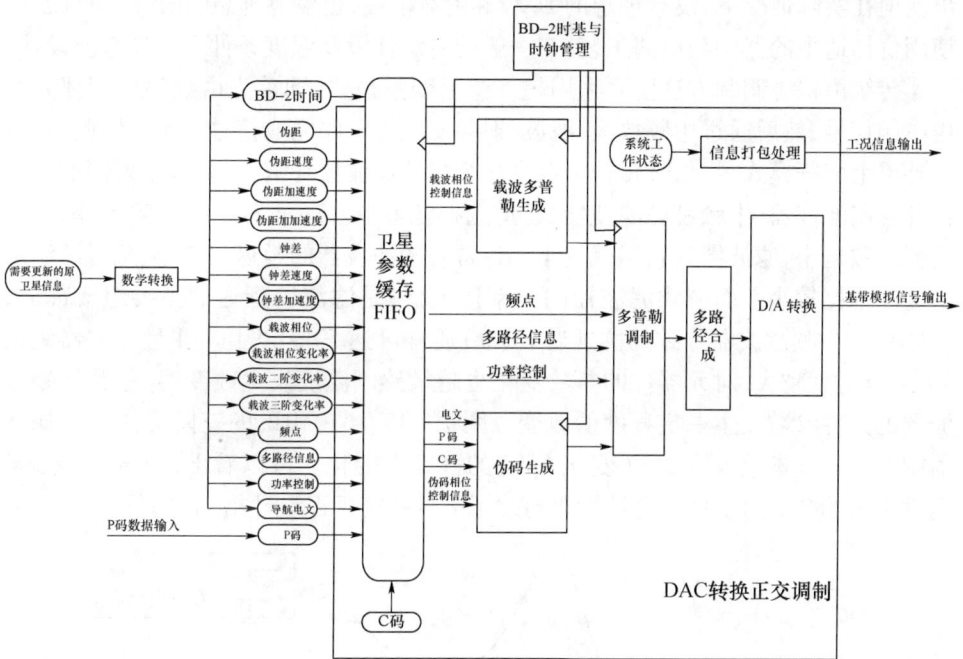

图 7-34　仿真参数初始化过程

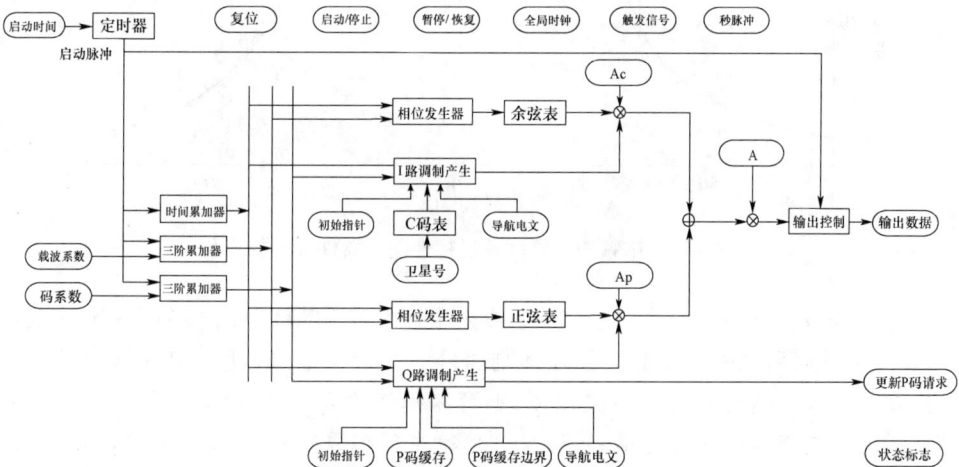

图 7-35　FPGA 仿真单元结构框图

7.4.2　导航卫星射频信号调制技术

　　精确控制导航信号模拟源基带到射频输出过程中的延迟,对于保证延迟稳定性和多载波通道间一致性具有重大意义。信号延迟可在数字域精密产生,这可以保证在理想 DAC、理想时钟和理想射频前端的条件下得到精确的射频模拟信号输出。但在实际情况下,没有理想的 DAC 和射频前端,也没有理想的时钟;而且希望使用价格适中的器件与电路工艺,在一般的电源环境及温度条件下实现系统设计。

传统模拟源调制方法主要采用超外差上变频模式,即首先由数字处理部分产生中频信号,然后通过中频放大、滤波、射频变频等电路完成信号调制。因此,对于超外差上变频模式,在信号传输上存在多个模拟滤波器环节,主要包括射频前端的带外抑制滤波器、中频镜频滤波器、通道选择滤波器。滤波器的中心频率越高、滤波器级数越小,滤波器的延迟就越小。通常射频滤波器的延迟比较小,延迟随温度的波动也较小。而中频滤波器的频率比较低,是滤波器延迟的主要组成部分,70MHz 的中频滤波器导致的群延迟 $\tau_g(\varpi)$ 通常可达 50ns 以上。并且滤波器级数越多,延迟就越大,对元器件的参数变化也越敏感。温度发生改变时,通常导致滤波器的元件参数发生一定程度的改变。图 7 – 36 为 70MHz 的三阶无源中频滤波器中一个电容参数改变 2%(变化 6pF)的群延迟变化。可以看出,滤波器的群延迟发生了约 2ns 的变化。这种变化超过了信号精密延迟设计指标要求。

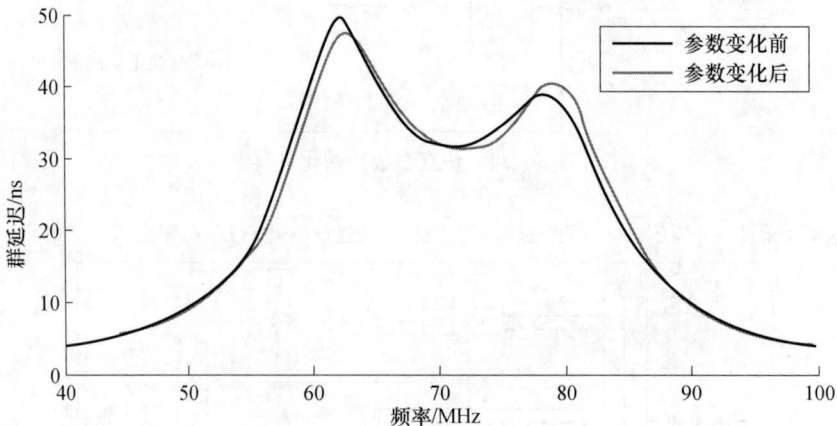

图 7 – 36　中频滤波器群延迟特性随元器件参数的变化

此外超外差式调制方式在每次变频会出现两个边带信号,如图 7 – 37 所示。需要在混频器后插入一个滤波器以抑制另外一个边带信号,此时中频信号需要滤波、放大。这种结构电路环节比较多,不容易精确确定每个环节的延迟和频率特性,增加了电路系统的延迟不确定性,这是精密延迟系统不希望出现的。另外,超外差式至少需要两个本振频率,系统比较复杂,因此卫星导航信号模拟源发射机设计必须寻找新的技术途径。

随着半导体工艺技术的进步,出现了基于大规模集成电路的实用化直接正交上变频技术,可以简化调制电路的设计。它能够直接将基带信号搬移到射频并消除无用的边带信号,以实现单边带调制。在多模多体制卫星导航信号模拟源系统设计中,采用基带直接正交射频调制(Direct Quadrature Modulation,DQM)技术的卫星导航信号模拟源发射机体系结构,该技术直接将基带信号正交调制到射频频段,裁减了中频放大、滤波、射频变频等电路,同时放宽了对射频变频器后滤波器的性能要求,从而保证了模拟源零值稳定性和载波一致性,极大地减小了模拟源发射机的体积、重量、功耗和成本,为多通道大规模导航信号模拟创造了前提条件[20]。多模多体制卫星导航信号模拟源的发射机体系结构如图 7 – 38 所示。

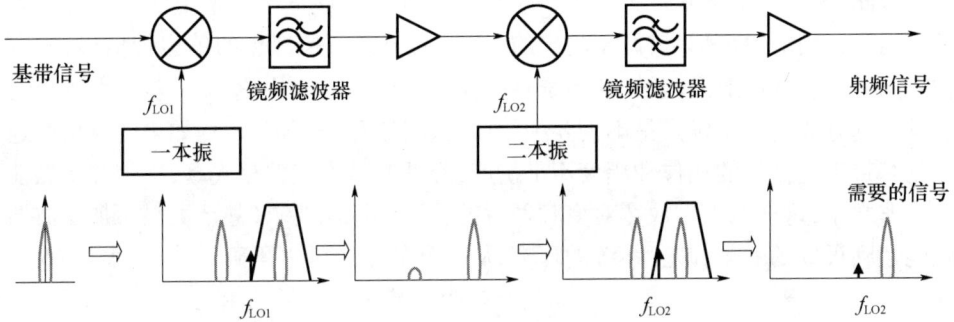

图 7 – 37　超外差上变频原理

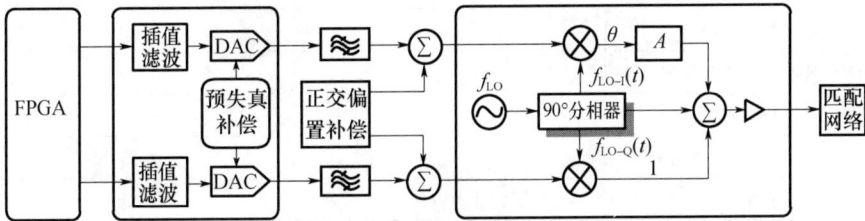

图 7 – 38　直接正交上变频实现结构

　　正交基带数字信号经过插值滤波后送入到 DAC 变成模拟基带信号 $I(t)$ 和 $Q(t)$,模拟基带信号 $I(t)$ 和 $Q(t)$ 经过隔离驱动进入正交混频器进行混频。正交混频器主要由输入信号隔离驱动器、本振信号隔离驱动器、两路混频器、加法运算、RF 放大器组成。电路工作时,外部的本振信号先经过 90°移相产生正交本振信号,然后分别与正交基带信号 $I(t)$ 和 $Q(t)$ 相乘后做代数运算,抵消无用边带信号,从而实现单边带信号被直接调制到射频载波上,送入后级射频功率放大器放大,经过匹配网络输出射频信号[20,22]。$I(t)$ 和 $Q(t)$ 为正交基带调制信号,$f_{LO}(t)$ 为射频本振信号,$f_{RF}(t)$ 为已调射频信号。电路工作时,$f_{LO}(t)$ 先经过移相器产生正交本振信号 $f_{LO-I}(t)$ 和 $f_{LO-Q}(t)$,然后分别与正交基带信号 $I(t)$ 和 $Q(t)$ 相乘并做代数运算,得到射频输出信号 $f_{RF}(t)$。理想情况下,$I(t)$ 与 $Q(t)$ 和 $f_{LO-I}(t)$ 与 $f_{LO-Q}(t)$ 的幅度和相位分别完全平衡。假设 $I(t)$、$Q(t)$、$f_{LO-I}(t)$、$f_{LO-Q}(t)$ 信号分别为

$$\begin{cases} I(t) = \cos\omega t \\ Q(t) = \sin\omega t \end{cases}$$

$$\begin{cases} f_{LO-I}(t) = \cos\omega_c t \\ f_{LO-Q}(t) = \sin\omega_c t \end{cases}$$

那么射频输出信号可表示为

$$f_{RF}(t) = I(t) \times f_{LO-I}(t) - Q(t) \times f_{LO-Q}(t)$$
$$= \cos\omega t \times \cos\omega_c t - \sin\omega t \times \sin\omega_c t$$
$$= \cos(\omega_c + \omega)t$$

因此,理想情况下基带直接正交射频调制方式能够直接将基带信号搬移到射频并消除无用的边带信号,调制输出的 RF 信号 $f_{RF}(t)$ 是理想的单边带信号,不存在无用边带和本振泄漏问题,使系统整体性能获得最大的优化[35]。基带直接正交射频调制方式的突出优点是不需要中频放大、滤波和变频部分,且如果能够良好地控制基带正交信号的相位和幅度不平衡度,降低基带直流偏移失真,边带和本振泄漏将非常小,这样就大大放宽对变频器后滤波器的性能要求,甚至可以不加滤波器就能达到很好的效果,减少系统的环节,从而降低系统延迟不确定性,见表7-6。

表7-6 超外差式调制与基带直接正交射频调制比较

方式 项目	超外差式调制	基带直接正交射频调制
使用元器件数	多	少
能否有效滤除边带信号	能	能
能否有效滤除本振信号	能	能
是否需要采用滤波器	是	否
成本	高	低

基带直接正交射频调制技术对基带信号和本振信号的幅相平衡性要求很高,幅相的不平衡将会导致变频器的镜频干扰抑制能力、发射极的邻道功率抑制比(ACPR)下降。同时,因为电路中不可避免地存在串扰、辐射、直流偏移调制等问题引起的本振泄漏,且有用信号和泄漏的本振信号在频谱上靠得很近无法用滤波器滤除,因此如不采取专门措施,基带直接正交射频调制的应用存在较大难度[36]。

下面针对非理想情况具体分析基带直接正交射频调制面临的主要问题。在实际情况下,$I(t)$ 与 $Q(t)$ 和 $f_{LO-I}(t)$ 与 $f_{LO-Q}(t)$ 信号的相位不平衡及直流偏移总是存在的。为了便于分析问题,假设 $I(t)$、$Q(t)$、$f_{LO-I}(t)$、$f_{LO-Q}(t)$ 信号分别为

$$\begin{cases} I(t) = G\cos(\omega t + \varphi) + D \\ Q(t) = \sin\omega t \end{cases}$$

$$\begin{cases} f_{LO-I}(t) = A\cos(\omega_c t + \theta) + E \\ f_{LO-Q}(t) = \sin\omega_c t \end{cases}$$

式中:G、φ、ω、D 分别为 $f_{IF}(t)$ 信号的归一化幅度比、相位误差、中频频率和直流偏移误差;A、θ、E 分别为 $f_{LO-I}(t)$、$f_{LO-Q}(t)$ 信号之间的归一化幅度比、正交相位误差和直流偏移误差(理想情况下,$A = G = 1$,$\varphi = \theta = 0$,$D = E = 0$)。

则射频输出信号可表示为

$$f_{RF}(t) = I(t) \times f_{LO-I}(t) - Q(t) \times f_{LO-Q}(t) = f_{HSB}(t) + f_{LSB}(t) + f'_{LO}(t) + f_{DC}(t)$$

式中：$f_{HSB}(t)$ 为需要的上边带已调信号；$f_{LSB}(t)$ 为未完全对消掉的下边带无用信号；$f'_{LO}(t)$ 为本振泄漏信号；$f_{DC}(t)$ 为调制产生的低频分量。$f_{HSB}(t)$ 和 $f_{LSB}(t)$ 表示为

$$\begin{cases} f_{HSB}(t) = \left[\dfrac{AG}{2}\cos(\theta+\varphi) + \dfrac{1}{2}\right]\cos(\omega_c+\omega)t - \dfrac{AG}{2}\sin(\theta+\varphi)\sin(\omega_c+\omega)t \\ f_{LSB}(t) = \left[\dfrac{AG}{2}\cos(\theta-\varphi) - \dfrac{1}{2}\right]\cos(\omega_c-\omega)t - \dfrac{AG}{2}\sin(\theta-\varphi)\sin(\omega_c-\omega)t \end{cases}$$

由于 $f_{DC}(t)$ 属于低频信号，通过交流耦合等方法很容易滤除。所以，影响基带直接正交射频调制性能的主要是 $f_{LSB}(t)$ 和 $f'_{LO}(t)$，能否有效地抑制这两种信号成为基带直接正交射频调制的关键技术。基带直接正交射频调制需要的是上边带信号 $f_{HSB}(t)$，因此，$f_{HSB}(t)$ 的幅度和附加相移分别为

$$R_{HSB} = \sqrt{\left[\dfrac{AG}{2}\cos(\theta+\varphi) + \dfrac{1}{2}\right]^2 + \left[\dfrac{AG}{2}\sin(\theta+\varphi)\right]^2}$$

$$\varphi_{HSB} = -\arctan\dfrac{\sin(\theta+\varphi)}{\cos(\theta+\varphi) + (AG)^{-1}}$$

显然，R_{HSB} 和 φ_{HSB} 除了与 $I(t)$、$Q(t)$ 和 $f_{LO-I}(t)$、$f_{LO-Q}(t)$ 的正交相位误差 φ 及 θ 有关外，还与其归一化幅度比的乘积 AG 有关。如果 G 和 A、φ 和 θ 具有时不变性，则只可能引起 $f_{HSB}(t)$ 的幅度和相位失真，但如果 G 和 A、φ 和 θ 是时变的，则将引起寄生调幅和寄生调相问题[34,36]。

由相移计算公式可得出无用边带信号 $f_{LSB}(t)$ 的幅度和附加相移分别为

$$R_{LSB} = \sqrt{\left[\dfrac{AG}{2}\cos(\theta-\varphi) - \dfrac{1}{2}\right]^2 + \left[\dfrac{AG}{2}\sin(\theta-\varphi)\right]^2}$$

$$\varphi_{LSB} = -\arctan\left[\dfrac{\sin(\theta-\varphi)}{\cos(\theta+\varphi) - (AG)^{-1}}\right]$$

基带直接正交射频调制的边带抑制能力常用边带功率抑制比 R_P 来定量表示。R_P 等于需要的边带信号功率与无用边带信号功率的比值[35]，即

$$R_P = 20\lg\left[\dfrac{R_{HSB}}{R_{LSB}}\right]\text{dB}$$

进一步，考虑到正交本振信号是由正交调制器内部的分相网络产生的，其正交相位差很小且固定不可变，一般来说 $|\theta| \leqslant 0.5°$，上式可以化为

$$R_P = 10\lg\left[\dfrac{1 + A^2 G^2 + 2AG\cos(\theta+\varphi)}{1 + A^2 G^2 - 2AG\cos(\theta-\varphi)}\right]\text{dB}$$

对上式进行分析计算，固定 θ，令 AG 分别等于 1、0.9、0.8，得出 R_P、AG 和 φ 三者之间的关系，如图 7 - 39 所示。其中，R_P 的最高点对应的横坐标 $\varphi' =$

$\arcsin\left[\dfrac{2AG}{1+A^2G^2}\sin\theta\right]$。

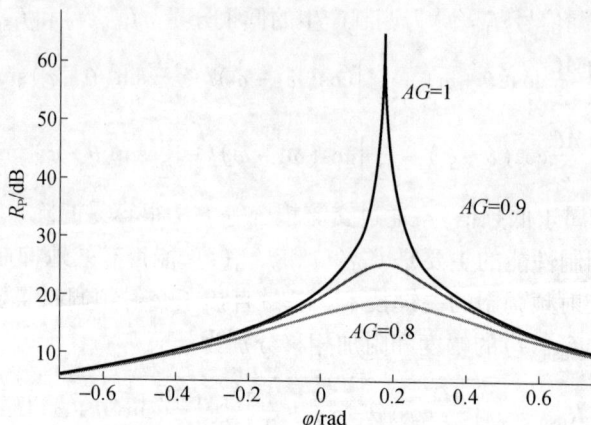

图 7-39 R_P、AG 和 φ 三者之间的关系

由上面的仿真可以看出，为了达到最好的边带抑制性能，应该尽量使 $AG \to 1$，$\varphi \to \varphi' \to \theta$。这种情况下，$R_P$ 可以取最大值，达到最理想的边带抑制效果。但是此时有用边带信号幅度 $R_{HSB} \approx \sqrt{|1+\cos(\theta+\varphi)|/2} = |\cos\theta|$，$\theta$ 越大，幅度越小。为了保证有用边带信号的幅度不衰减，θ 和 φ 应尽量小。

为了解决上述难题，在卫星导航信号模拟源系统设计中采取如下措施：

（1）正交基带信号平衡补偿技术。在实际的直接正交调制中，由于加工精度和电路设计原因，往往 I/Q 信号的幅度会出现偏差，相位不是完好的 90° 正交（图 7-40）。这样会带来已调制信号的偏差，体现在星座图上是星座偏移，并造成 EVM 性能降低[43]。

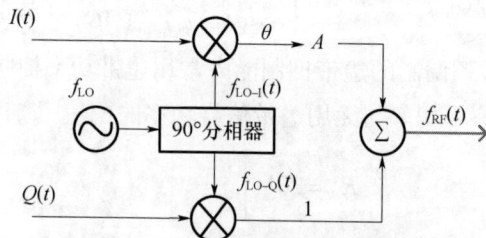

图 7-40 不平衡调制示意图

为了分析这种情形下的不平衡调制机理，在输入正交信号理想的情况下，设 $I(t)$、$Q(t)$、$f_{LO-I}(t)$、$f_{LO-Q}(t)$ 信号分别为

$$\begin{cases} I(t) = \cos\omega t \\ Q(t) = \sin\omega t \end{cases}$$

$$\begin{cases} f_{\mathrm{LO-I}}(t) = A\cos(\omega_c t + \theta) \\ f_{\mathrm{LO-Q}}(t) = \sin\omega_c t \end{cases}$$

式中:A、θ 分别为不平衡调制时的归一化幅度和正交相位误差。

此时的射频输出为

$$\begin{aligned} f_{\mathrm{RF}}(t) &= I(t) \times f_{\mathrm{LO-I}}(t) - Q(t) \times f_{\mathrm{LO-Q}}(t) \\ &= I(t) \times A\cos(\omega_c t + \theta) - Q(t) \times \sin\omega_c t \end{aligned}$$

为达到理想的射频输出,可以对输入正交信号进行预处理。定义 $I'(t)$ 和 $Q'(t)$ 为

$$I'(t) = \frac{1}{A\cos\theta} I(t)$$

$$Q'(t) = -\frac{\sin\theta}{\cos\theta} I(t) + Q(t)$$

式中:$I(t)$、$Q(t)$ 为两个原始调制信号;θ、A 分别为正交相位误差和归一化不平衡增益。

将 $I'(t)$、$Q'(t)$ 代替 $I(t)$、$Q(t)$ 作为 I/Q 调制器的输入,则调制器输出为

$$\begin{aligned} f_{\mathrm{RF}}(t) &= I'(t) \times A\cos(\omega_c t + \theta) - Q'(t) \times \sin\omega_c t \\ &= \frac{1}{A\cos\theta} I(t) \times A\cos(\omega_c t + \theta) - \frac{\sin\theta}{\cos\theta} \times \sin\omega_c t \end{aligned}$$

由三角恒等式,可化简为

$$f_{\mathrm{RF}}(t) = I(t)\cos\omega_c t + Q(t)\sin\omega_c t = \cos(\omega + \omega_c)$$

其结果与理想 I/Q 调制器的输出完全一致。这表明,相位误差与增益不平衡度可以完全补偿,不需要的镜像信号由新的调制信号完全抑制。注意,此二调制信号是由原信号通过预失真获得的,因此,为了抑制镜像信号,基本方法是通过对输入 I/Q 调制器的两路信号进行预失真实现信号的补偿。图 7-41 为平衡补偿的实现框图。

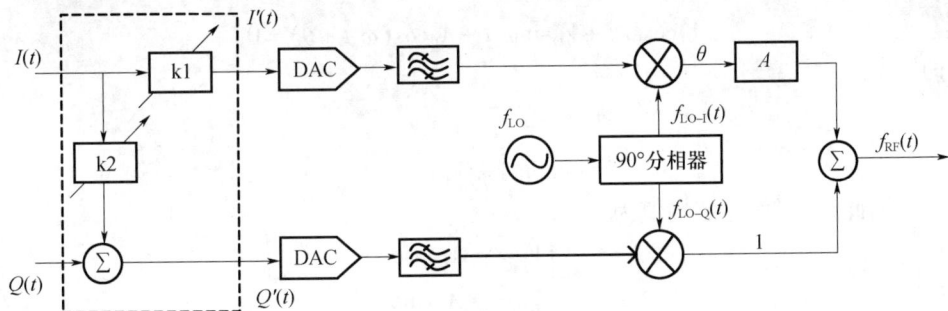

图 7-41　平衡补偿的实现框图

当满足以下条件时,镜像信号可以完全被抑制:

$$\begin{cases} k_1 = \dfrac{1}{A\cos\theta} \\ k_2 = -\dfrac{\sin\theta}{\cos\theta} \end{cases}$$

（2）本振泄漏信号对消技术。直接正交变频器的本振信号很容易通过电路串扰、辐射或基带信号的直流偏置误差等因素引起泄漏,且很难滤除。泄漏的本振信号一方面降低发射极的发射效率,另一方面在接收端可能会引起下变频器输出较大直流偏置,导致接收机出现饱和阻塞现象。为了消除本振泄漏信号,把正交基带调制信号 $I'(t)$ 和 $Q'(t)$ 经过 D/A、滤波器处理后分别与直流偏置信号 $V_I(t)$ 和 $V_Q(t)$ 进行叠加,输出校正后的 $I''(t)$ 和 $Q''(t)$ 信号,然后利用该信号分别调制正交本振信号[36],如图 7 - 42 所示。因此,射频已调信号 $f_{RF}(t)$ 中除有用的单边带信号外,还有原来的本振泄漏信号,以及由于 $V_I(t)$ 和 $V_Q(t)$ 调制本振信号而引起的本振泄漏对消信号。

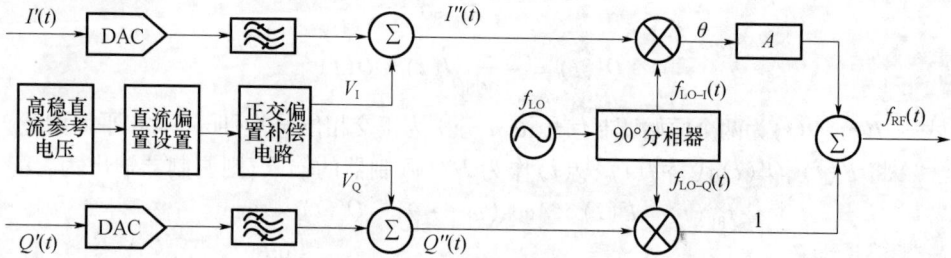

图 7 - 42　本振对消原理框图

为提高电路工作性能指标, $V_I(t)$ 和 $V_Q(t)$ 信号的产生由高稳直流参考电源提供一个纹波非常小的直流电压。该电压经过直流偏置设置电路输出基带直流偏置电压信号,然后经过正交偏置电压补偿调制电路实现 $V_I(t)$ 和 $V_Q(t)$ 的细调。要对消 $f_{RF}(t)$ 中本振泄漏信号

$$f'_{LO}(t) = DA\cos(\omega_c t + \theta) = A_L\cos(\omega_c t + \theta)$$

则需要满足

$$V_I\cos\omega_c t + V_Q\sin\omega_c t + A_L\cos(\omega_c t + \theta) = 0$$

即

$$\begin{cases} \sqrt{V_I^2 + V_Q^2} = A_L \\ \arctan(V_Q/V_I) = \pi + \theta \end{cases}$$

因此,对消信号的幅值为

$$\begin{cases} V_I = -A_L\cos\theta \\ V_Q = -A_L\sin\theta \end{cases}$$

7.5　可重构卫星导航信号模拟源体系结构

可灵活重构与配置模拟源要求系统具有开放式架构,能够适应新的信号体制,灵活性较强。当对模拟源的体系结构进行设计时,必须考虑对于未来信号体制的开发与运用。对于传统的软、硬件系统,当有新的任务需求与技术的革新时,必须

重新对其进行完整的硬件和软件的系统设计。为了缩短开发时间,减少资源浪费,适应新的信号体制的发展方向,必须创造一种新的软、硬件体系。这个体系应该具有可重编程和可重构、体制灵活、可扩充,能支持多种通信体制和标准的特点。其目的是:在每项新信号体制中不需要按照传统惯例重新进行完整的硬件和软件的系统设计,而希望代之以自适应和灵活的系统,能满足项目的发展过程中各类不同导航测试任务的需求。因而,从软硬件体系架构出发结合开放可扩充以及可重构等特性,研究能够满足新一代导航信号体制模拟的软硬件体系架构。该体系架构应该具有扩展性强、处理性能高、适应多种信号体制模拟等技术特征。

7.5.1　SNWA 体系架构

多导航系统兼容与互操作技术的发展对高性能卫星导航信号模拟源提出了新的需求,基于软件无线电设计原理与技术,本节提出并实现了可重构软件导航信号模拟体系结构(Software Navigation Waveform Architecture,SNWA),解决了统一平台下多系统兼容与互操作导航信号动态波形部署难题。设计并研制的高性能灵活可重构导航模拟源统一平台支持系统级可重构与配置,能够适应未来多模多系统导航信号体制,完成四大导航系统所有频点信号同时模拟及灵活配置。统一平台通过软件重构可满足多体制兼容测试、阵列多波束测试、抗干扰测试、姿态测量、RTK测试等几乎所有卫星导航应用领域测试需求,实现了卫星导航信号模拟源技术从单一频点硬件密集型向多频段多功能软件密集型的转变。

SNWA 架构对通用硬件平台采用统一接口进行软件封装和管理,并提供了公共的、与具体应用无关的方法将上层应用软件装载到平台上运行,通过装载不同的应用软件重构平台功能,使基于 SNWA 架构开发的平台设备具有极强的灵活性及很好的功能可扩展性。SNWA 体系架构如图 7 - 43 所示。

设备管理配置总线作为整个系统的逻辑软总线,构建了一个分布式的运行环境。核心框架由域管理器、设备管理器、设备和分布式文件系统组成,核心框架是平台功能重构的实施者。系统按"平台→节点→设备"的树状结构对硬件平台进行抽象、组织和管理,设备是物理平台的功能逻辑抽象,是 FPGA 等可加载、可执行的器件。一组设备组成一个管理节点,由设备管理器负责进行启动和管理。域管理器是整个平台的根节点,综合集成了平台的所有信息,并完成应用软件安装、系统功能重构等功能。上层应用软件包含多个应用软件包,应用软件包是由各个组件通过端口互相连接组装起来的。应用软件包通过域管理器安装到系统中,并存储到分布式文件系统。在进行功能重构时,域管理器将各个组件加载到设备中运行,并按应用软件包描述的组装关系将端口通过设备管理配置总线连接起来,形成一个完整的应用功能。按 SNWA 架构实现的卫星导航信号模拟源具有以下优势。

(1)平台通用,简化设备型谱。基于 SNWA 的卫星导航信号模拟源采用统一的硬件架构,平台具有通用性,相关功能由上层应用软件实现,具备通过安装不同应用软件,增减硬件模块,来改变设备功能的能力。一个处理平台就可以派生出多种功能的设备(图7-44),可以极大地减少设备种类,简化设备型谱。

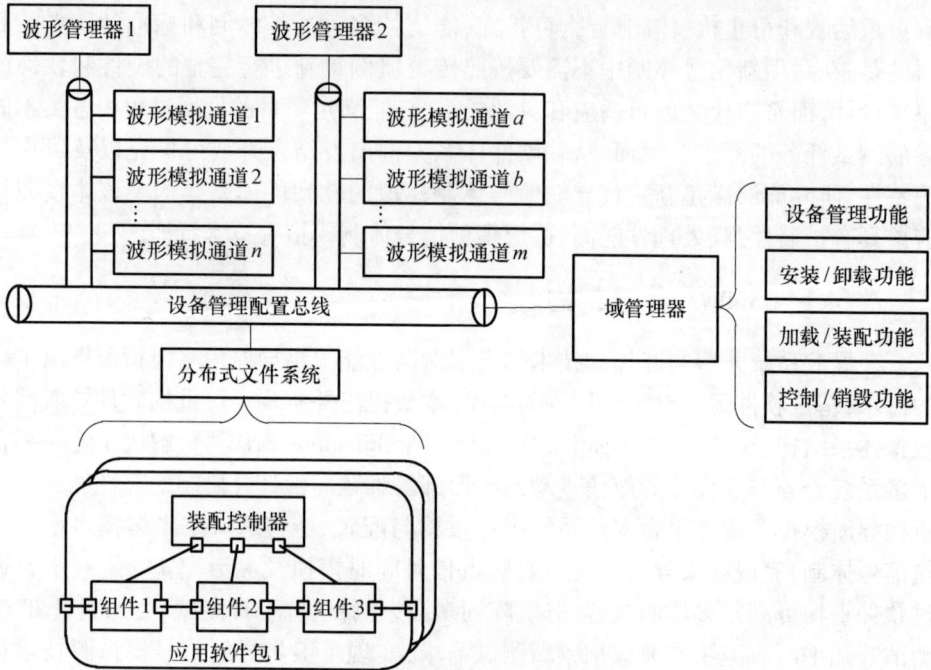

图 7 - 43 SNWA 体系架构

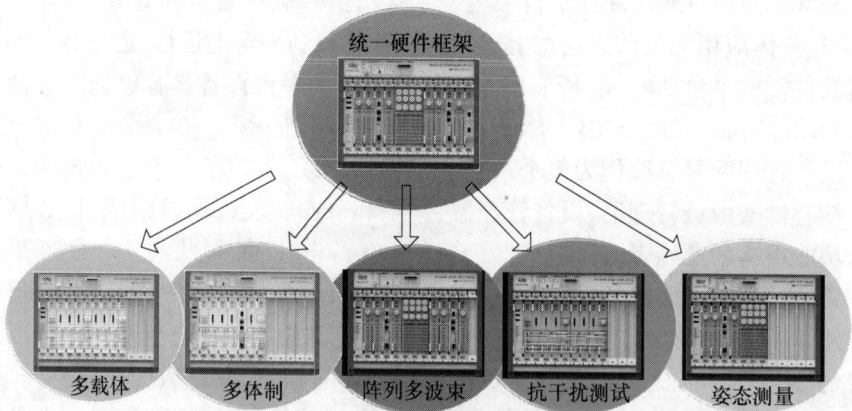

图 7 - 44 平台派生关系示意图

(2)重构复用,提高设备利用率。传统的模拟源设备是为了完成特定信号的处理,模拟源的功能单一,如果信号发生变化,设备无法适应只能闲置。基于SNWA平台的多模多体制卫星导航信号模拟源具有在线重构能力(图7-45),信号发生变化时,设备可以通过加载其他应用软件来适应这些变化,在不改变硬件的条件下完成新信号的处理,加载新的测试场景,提高了设备的利用率。

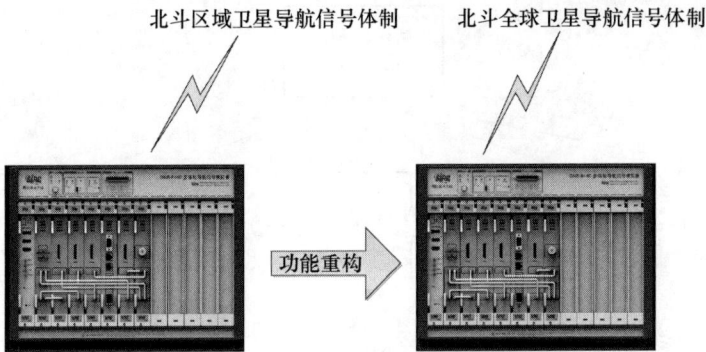

北斗区域卫星导航信号体制　　　　北斗全球卫星导航信号体制

功能重构

图 7 – 45　平台重构复用示意图

（3）部署快速,加速成果转换。当前,世界大国均不遗余力地推进本国卫星导航系统的全面发展。现役卫星导航系统不断推陈出新,保持系统服务性能优势,推动新的导航信号体制设计和应用。采用 SNWA 技术有利于对导航信号新体制测试的快速响应,平台实体与应用软件实体是分离的,并且平台提供了简单的接口用于软件包的安装和功能重构,这使得应用软件可以独立传输、管理和部署（图 7 – 46）。在导航信号的 ICD 测试版发布时,可以启动对应于新信号体制的 ICD 的导航波形软件研发,并将研发成果快速应用到现有的测试系统中,伴随 ICD 版本的更新,也能够及时地进行更改。

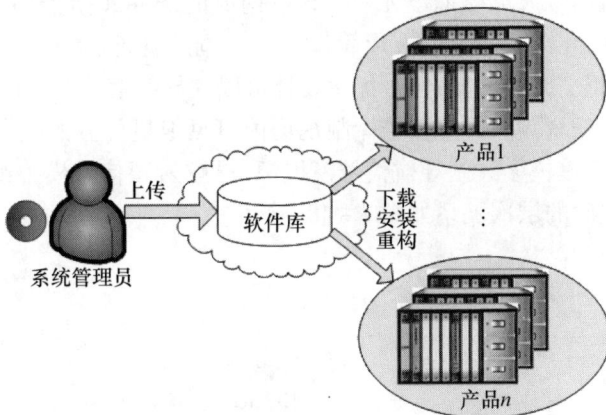

上传　　　软件库　　　下载安装重构　　　产品1

系统管理员　　　　　　　　　　产品n

图 7 – 46　应用快速部署示意图

（4）成果复用,提高设备研发效率。通过设备复用来减少设备研发的时间和费用是 SNWA 设计的主要目标之一。首先,由于硬件平台和核心框架的通用性,不同的应用可以共用整个平台,节省了平台共性技术的设计时间,使设备研发人员可以集中精力于核心算法的开发;其次,SNWA 采用了面向组件工程的设计方法,应用是由组件装配起来的（图 7 – 47）,组件是易于直接复用的基本功能单元,不同的应用可以复用以前设计的公共组件。

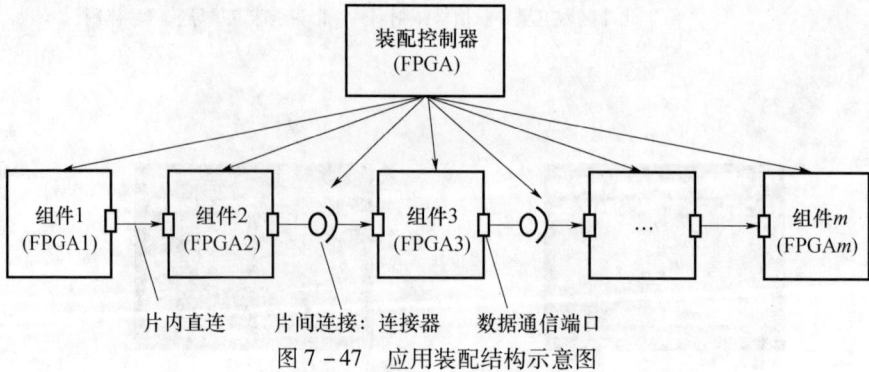

图 7 - 47　应用装配结构示意图

7.5.2　模块化可重构的 SNWA 硬件结构

　　整个多模多体制导航信号模拟源的硬件以 SNWA 架构按照层次化、模块化思路构建。导航射频信号模拟组件是多模多体制导航信号模拟源的核心组件,主要任务是把仿真的导航数据精确地生成射频模拟信号。射频模拟信号应真实仿真卫星信号,考虑多普勒效应时载波相位与伪码相位始终保持相关[18]。导航信号模拟需要支持多星座、多频点、多通道同时进行仿真,而且各个通道的信号功率以及相位等能够可控。

　　导航射频信号模拟组件在设计上映射为一个 VME 板卡,导航射频信号模拟组件是由多个导航信号波形模拟单元(NWSU)构成的,NWSU 是导航射频信号模拟组件的核心部件,并由组件上的波形管理器统一调度管理。NWSU 采用全数字基带合成,零中频正交调制方案,经过优化设计可以在导航信号波形模拟单元完成任意一个导航系统任意频点某类信号体制视场内可见卫星信号的数字基带合成(典型 12/24 通道)。多模多体制导航信号模拟源、导航射频信号模拟组件、导航信号波形模拟单元之间的层次关系如图 7 - 48 所示。

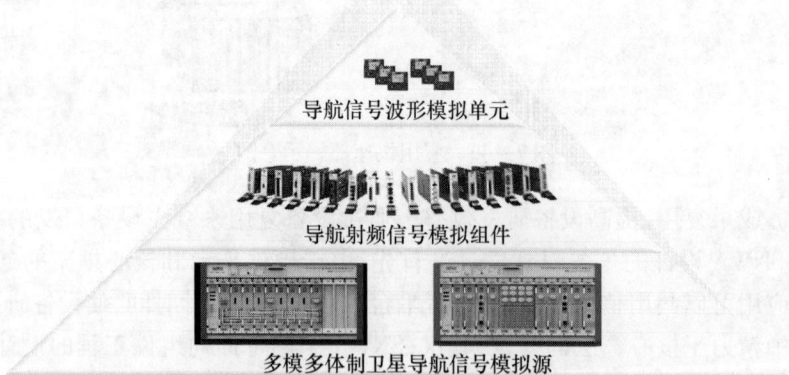

图 7 - 48　多模多体制导航信号模拟源、导航射频信号模拟组件与
导航信号波形模拟单元关系

导航射频信号模拟组件由 1 个波形管理器、8 个导航信号波形模拟单元、射频调制单元、若干 PRM 模块组成,如图 7 - 49 所示。其实物图如图 7 - 50 所示。

波形管理器用于对导航射频信号模拟组件上的所有 NWSU 进行管理和调度,通过底板上的设备管理配置总线与主控板卡(域管理器)和数仿板卡交换数据和指令,包括导航电文、观测数据、状态控制和参数设置等;同时接入外部时频基准信号,并分路向基带单元提供同源时钟信号。

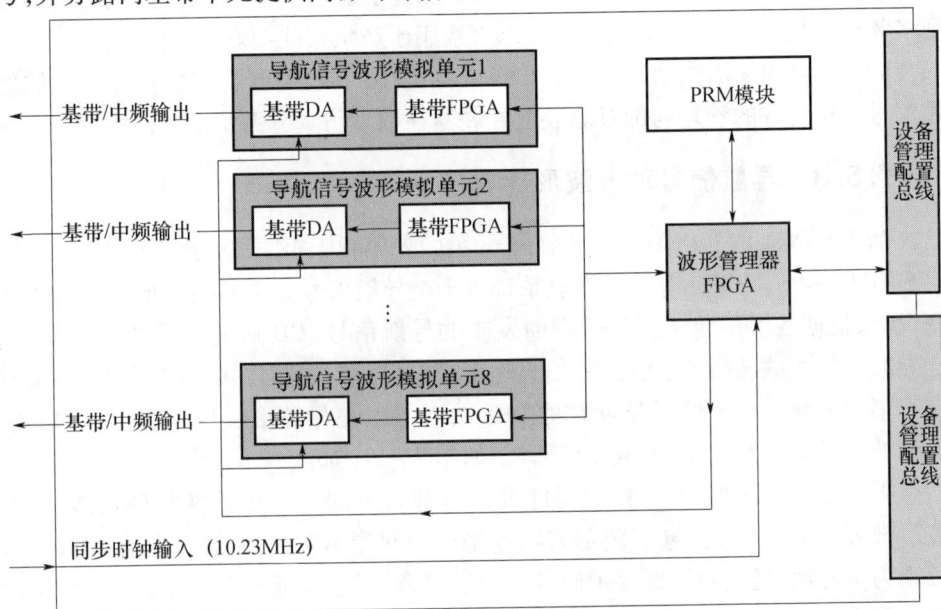

图 7 - 49　导航射频信号模拟组件结构组成

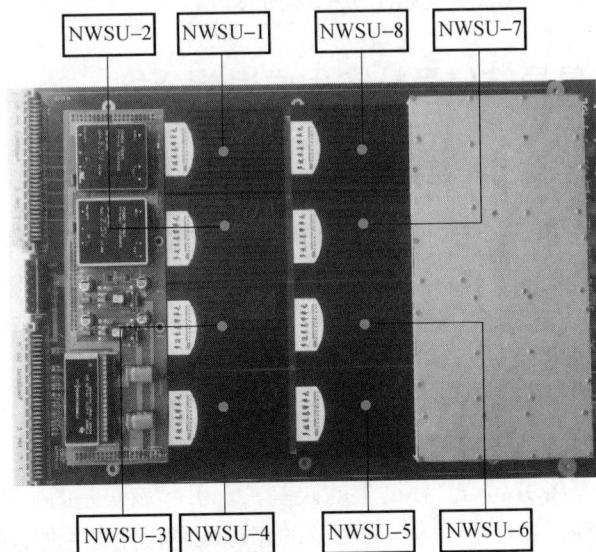

图 7 - 50　导航射频信号模拟组件实物

NWSU 的时钟均由外部时频基准提供,溯源到统一的时间基准。由于系统采用数字信号处理技术实现了数字信号的码相位精密延迟控制和多普勒补偿,因此系统设计上无需改变时钟频率即可实现高动态信号的模拟。NWSU 时钟采用数字信号处理技术完成,结构上由 1 片 FPGA 和 1 片 DAC 组成,共同完成数字基带信号的精密延迟控制和码、载波相位控制。由于采用零中频数字基带直接合成技术实现射频信号仿真,其优点是不仅从根本上保证了通道间相位一致性,而且能够实现多频点的复用(在同一频点模块可以直接用于产生其他频点射频信号)。

VXI 机箱的零槽控制卡构成了 SNWA 架构中的域管理器,完成对每个导航射频信号模拟组件的管理与配置。装配控制器在数学仿真分系统由软件实现。

7.5.3 导航信号动态波形部署技术

基于 SNWA 的多模多体制导航信号模拟源设计中详细研究了 BD‑1、BD‑2、GPS、GLONASS、Galileo 等卫星导航系统数十个导航信号分量的频率规划和信号体制设计,根据各卫星导航服务供应商发布的导航信号 ICD 研究信号产生方案,综合导航信号的载波频率、码速率、信息速率、符号速率、调制方式、服务类型、星座特点等诸多参数进行波形部署的调度管理,为各导航信号波形实现分配相应的导航信号波形模拟单元资源,完成波形部署,如图 7‑51 所示。

采用了 SNMA 架构,同样的硬件可通过部署不同的波形软件实现功能重构。波形部署技术的主要思想是将部署粒度细化至每个 NWSU,系统中所有 NWSU 资源视为资源池,通过对资源池中硬件资源的综合优化,以满足多模导航信号波形的产生需求,实现功能重构。

波形部署后的模拟源配置如图 7‑52 所示。

7.6 卫星导航信号精密生成误差分析

7.6.1 基带信号相位误差分析

从基带模拟输出端口看,由于存在各种误差,实际产生的信号 $s(t)$ 和理想信号 $s_0(t)$ 相比误差 $e_a(t) = s(t) - s_0(t)$,其主要由时钟相位抖动引起的幅度误差 e_τ、量化幅度误差 e_s、热噪声 e_{th},如图 7‑53(a)所示。物理输出信号可以表示成理论信号和误差项的合成,即

$$s(t) = s_0(t) + e_\tau(t) + e_s(t) + e_{th}(t) \qquad (7-97)$$

e_τ 是信号送出的时刻并不是理论时刻 $\tau_k(t)$,而是在时刻 $\tau_k(t) + \delta\tau_k(t)$,$\delta\tau_k(t)$ 的时间误差将引起信号幅度上的误差 e_τ。引起该误差的主要原因是数字系统的时钟存在抖动。这种抖动除与时钟源的相位噪声特性有关外,还与时钟驱动电路、变换电路、门电路的延迟特性密切相关。相位误差是系统主要的误差来源,其

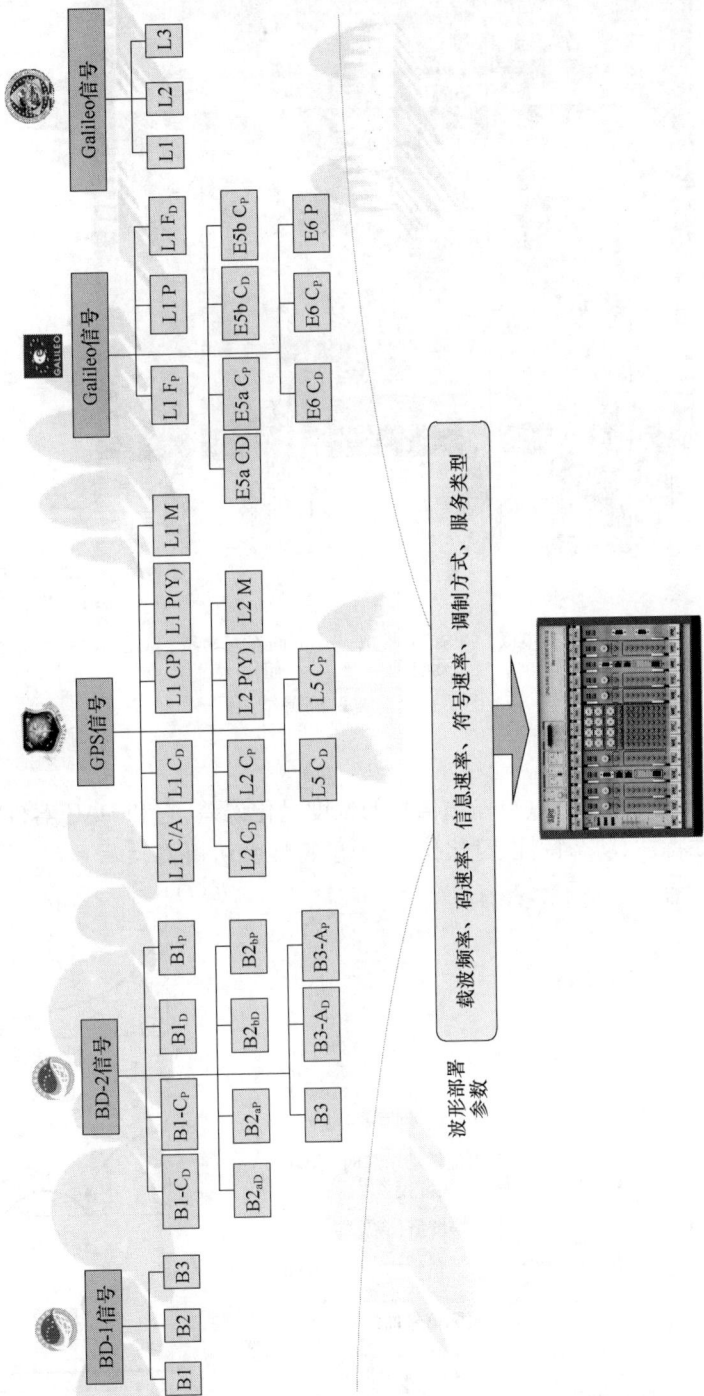

图7-51　导航信号模拟源的波形部署

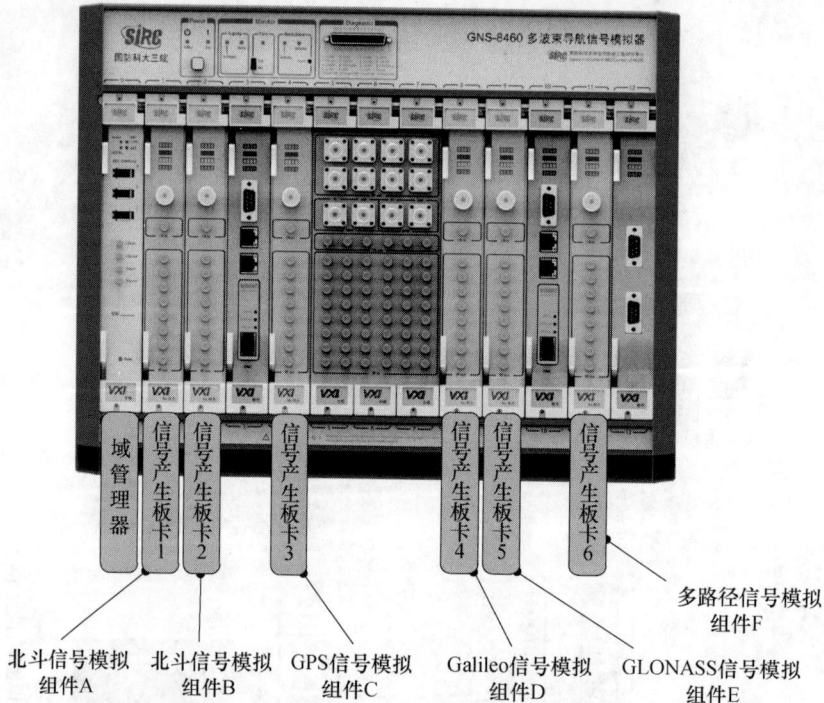

图 7 – 52　波形部署结果

分析比较复杂。

e_s 是指在理论时刻 $\tau_k(t)$ 输出信号的幅度量化误差，它和 DAC 器件[40]的时钟频率、非线性特性、动态特性、量化位数、温度特性密切相关。

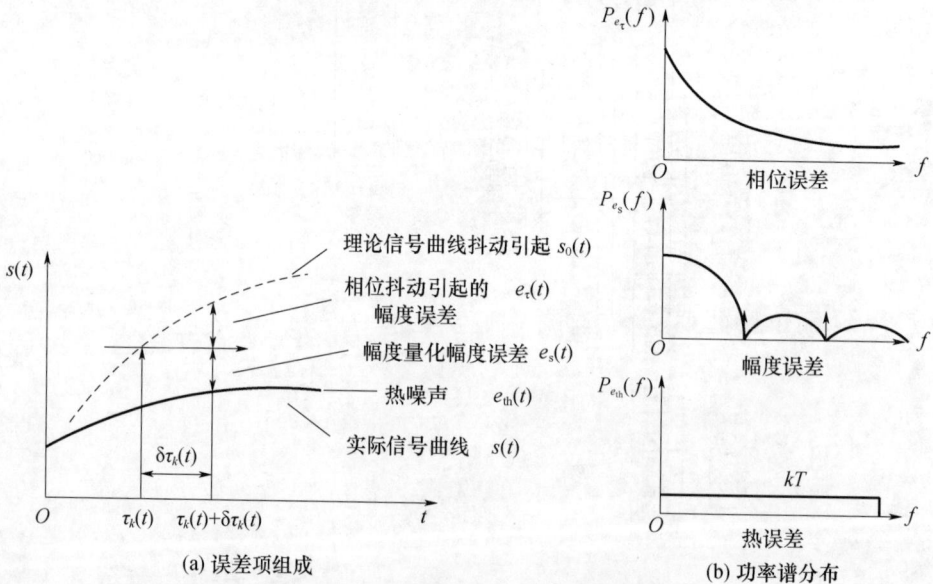

(a) 误差项组成　　　　　　　　(b) 功率谱分布

图 7 – 53　信号产生的误差项的组成和功率谱分布

e_{th} 由电路系统的热噪声引起的误差,在任何电路均存在,与电路的温度环境、放大器的噪声特性关系密切。

当存在波形误差 $e_a(t)$ 时,如果采用宽带示波器(20GHz 以上的采样频率)测量 RF 上的合成信号时,将观测到输出信号的 0 相位和秒脉冲信号上升沿存在一定随机性的定时偏差。如图 7 - 54 所示,此时秒脉冲的上升沿与伪码的 0 相位不是精确对齐,总存在一定的抖动,实际上是信号的过 0 点漂移。控制好该误差,能够有效提高高精度导航信号源的伪距控制精度、通道间一致性和零值稳定性。

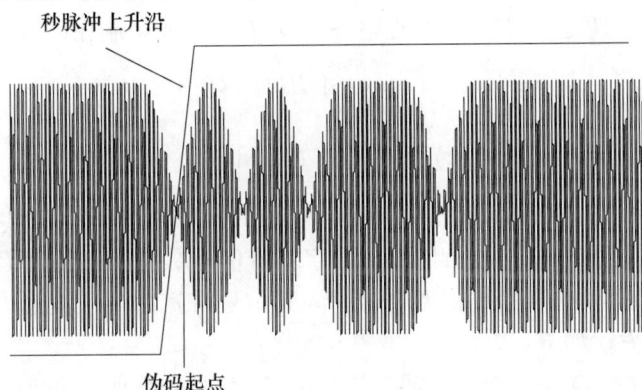

秒脉冲上升沿

伪码起点

图 7 - 54　秒脉冲的上升沿和伪码起始时刻要求准确对齐

降低波形误差主要从降低误差项的影响参数着手。因此需要定量分析以上误差的大小,寻求降低误差的技术途径。其中,e_τ、e_s、e_{th} 不是确定性值,而是服从某种分布的宽带平稳随机过程。比较实用的方法是用统计的方法求出 e_τ、e_s、e_{th} 的功率谱 $P(f)$,再根据功率谱来估计误差 $var(e_a)$。

如果已知其功率谱分别为 $P_{e_\tau}(f)$、$P_{e_s}(f)$、$P_{e_{th}}(f)$,则可计算出各个误差信号的方差分别为

$$var\{e_\tau(t)\} = \int_{-\infty}^{\infty} P_{e_\tau}(f)\,df \qquad (7-98)$$

$$var\{e_s(t)\} = \int_{-\infty}^{\infty} P_{e_s}(f)\,df \qquad (7-99)$$

$$var\{e_{th}(t)\} = \int_{-\infty}^{\infty} P_{e_{th}}(f)\,df \qquad (7-100)$$

如果以上三个随机过程不相关,则可以计算出总误差信号的方差为

$$var(e_a) = var\{e_\tau(t)\} + var\{e_s(t)\} + var\{e_{th}(t)\}$$

$$= \int_{-\infty}^{\infty} P_{e_\tau}(f)\,df + \int_{-\infty}^{\infty} P_{e_s}(f)\,df + \int_{-\infty}^{\infty} P_{e_{th}}(f)\,df \qquad (7-101)$$

e_τ、e_s 的功率谱分布比较复杂,分析在后续两节展开。先估计 $P_{e_{th}}(f) = kTB$。其误差电压 $V_{th} = \sqrt{kTBR}$。如果取带宽 $B = 80MHz$,T 最大取 330K,R 取 50Ω,则 $V_{th} = 4.6\mu V$,远小于信号源送出的电平(140mV)。因此,可以忽略该热噪声的影

响。后续的分析不再考虑热噪声叠加在产生的 RF 信号的影响。但热噪声有可能影响时钟的质量。

以上公式的积分区间是($-\infty$,$+\infty$),实际上,由于信号本身存在一定的带宽,加上测量系统本身存在一定的带宽,上述各项误差的功率谱实际上限制在一定的范围内,等价于误差信号经过了一种带通滤波器 $H(f)$ 的滤波作用。

误差信号经过窄带 $H(f)$ 滤波后,各个误差信号的功率将被滤波器衰减,如果将误差信号的功率谱分布控制合适,方差将下降。此时,从示波器等测量仪器上观测,产生的信号和秒脉冲对应关系更整齐。设 $H(f)$ 主要限制在($-B$,B)内,则有

$$\text{var}\{e_\tau(t)\} = \int_{-B}^{B} |H(f)|^2 P_{e_\tau}(f) \, df \qquad (7-102)$$

$$\text{var}\{e_s(t)\} = \int_{-B}^{B} |H(f)|^2 P_{e_s}(f) \, df \qquad (7-103)$$

另外,如果采用某些措施,使 $P_{e_\tau}(f)$、$P_{e_s}(f)$ 的分布远离信号的中心频率,则进入到检测系统的噪声越小。因此,针对数字基带信号尽可能避免使 $P_{e_\tau}(f)$、$P_{e_s}(f)$ 的分布集中在零频附近,否则误差信号进入到信号带宽内导致波形失真严重。目前技术上主要方法如下:

(1) 降低 $P_{e_\tau}(f)$、$P_{e_s}(f)$。这些措施包括:采用优质时钟源,设计更高的采样频率,输出更好的波形;提高 DAC 的分辨率,降低波形误差;设计最佳采样率等。

(2) 扰码措施,将集中功率谱分散。

(3) 非整周期采样技术,将周期谱打散。

下面分别讨论信号相位误差、幅度量化误差和 DAC 特性对信号精度的影响[15]。

1. 信号相位噪声

时钟源的相位噪声是信号源设计时容易被忽视的误差,人们关注比较多的是幅度和波形误差;而在各种高性能、宽动态范围的信号源中,时钟源的相位噪声是一个主要的限制因素。本节着重研究时钟相位噪声对高精度延迟的影响。

离散数字信号须经 DAC 才能转换成模拟连续信号。DAC 在时钟信号上升沿(或下降沿)的时刻驱动输出物理波形[15]。对于要求不太高的信号发生系统一般不需要考虑时钟,但对于高精度射频信号源系统时钟的质量从根本上影响输出信号的相位准确度。时钟相位噪声本质上是相对于标准时刻的抖动,这种抖动将带来两个影响:一是增加延迟参数的抖动;二是导致载波相位的抖动。图 7-55 示出了 DAC 工作时钟的相位随时间增加发生变化,10M 时钟的上升沿相对于标准时刻存在抖动[15]。

图 7-55　DAC 工作时钟的相位随时间增加发生变化

引起 DAC 工作时钟抖动的环节比较多(图 7 – 56):首先是高精度时钟源(如原子钟和超稳定晶振)本身的抖动;其次是时钟信号通过 FPGA 和其他门电路驱动器引起的附加时钟抖动。通常门电路的延迟抖动小于 3ps(可以忽略),此时主要考虑时钟源本身的抖动和 DAC 时钟电路的抖动。

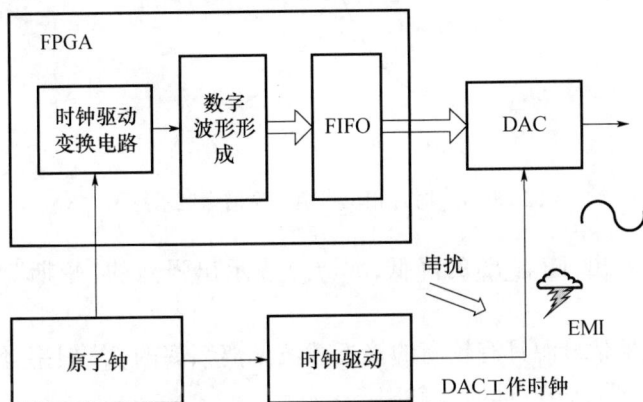

图 7 – 56　数字合成信号源时钟源驱动路径

理想的时钟源可以使用一个正弦波 $C(t) = V_0\cos(2\pi f_c t)$ 表示。实际的振荡器为幅度调制 $n(t)$ 和相位噪声 θ_p,$n(t)$ 和 θ_p 均为随机过程。但一般好的振荡器的幅度调制功率远小于相位噪声功率,可以忽略幅度调制 $n(t)$。假设相对基准频率的偏移频率为 f_m,则相位调制信号为 $C(t) = V_0\cos(2\pi f_c t + \theta_p\sin2\pi f_m t)$[15],将其展开为 Bessel 函数,得

$$C(t) = V_0 \sum_{-\infty}^{\infty} J_n(\theta_p)\cos2\pi(f_c + f_m)t \qquad (7 - 104)$$

一般 $\theta_p \ll 1$,可以近似有

$$C(t) = V_0\cos2\pi f_c t + V_0\frac{\theta_p}{2}\cos2\pi(f_c + f_m)t - V_0\frac{\theta_p}{2}\cos2\pi(f_c - f_m)t \qquad (7 - 105)$$

因此,边带信号幅度和载波信号幅度之比 $\dfrac{V_{SSB}}{V_0} = \dfrac{\theta_p}{2}$。用功率表示为

$$\frac{P_{SSB}}{P_c} = \left(\frac{V_{SSB}}{V_o}\right)^2 = \frac{1}{4}\theta_p^2 \qquad (7 - 106)$$

定义在 1Hz 带宽内的随机相位起伏的均方值[15]:

$$L(f_m) = \frac{P_{SSB}}{P_c}\bigg|_{1Hz} \qquad (7 - 107)$$

在频域中,描述相位噪声特征的最好量是功率谱密度函数 $S_\theta(f_m)$[32],则相位噪声的功率谱密度 $S_\theta(f_m) = \theta_{rms}^2 = 2L(f_m)$,分布如图 7 – 57 所示。

相位噪声的功率谱密度通常服从幂律形式:

$$S_\theta(f_m) = f_0^2(h_{-2}f_m^{-4} + h_{-1}f_m^{-3} + h_0f_m^{-2} + h_1f_m^{-1} + h_2f_m^0) \tag{7-108}$$

式中:$f_m > f_1$,f_1为某一低截止频率。

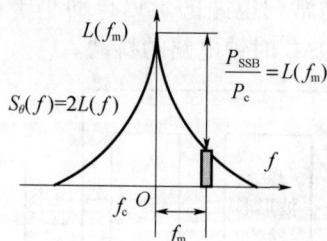

图 7-57　时钟相位噪声功率谱密度示意图

由此可以看出,随着 f_m 的降低,$S_\theta(f_m)$ 表示出强烈的"短期"噪声特性,如图 7-58 所示。

自由振荡器信号源具有较高的接近载波偏离频率的 f_m^{-3} 斜率,然后是 f_m^{-2} 斜率,最后到达宽带噪声底部的 f_m^0 斜率。

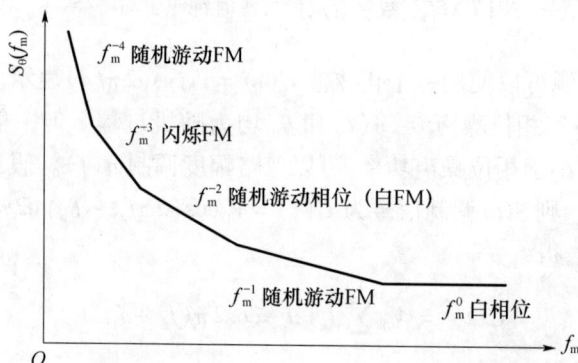

图 7-58　相位噪声功率谱密度 $S_\theta(f_m)$ 与 f_m 的关系曲线

锁相信号源具有比自由振荡信号源较低的噪声。在达到宽带噪声底部之前,其主要的噪声斜率为 f_m^{-1} 和 f_m^0 [15]。

在一定的测量带宽内,总的相位抖动方差为

$$\text{var}\{\theta(t)\} = \int_{f_L}^{f_H} S_\theta(f)\,df = 2\int_{f_L}^{f_H} L(f)\,df \tag{7-109}$$

因此,相位抖动引起的信号过零点的抖动为

$$\delta t|_{rms} = \frac{\sqrt{\text{var}\{\theta(t)\}}}{2\pi f_c} \tag{7-110}$$

延迟抖动 δt 与时钟相位噪声频谱 $L(f)$ 之间的关系为

$$\delta t|_{rms} = \frac{1}{2\pi f_C}\sqrt{2\int_{f_L}^{f_H} L(f)\,df} \tag{7-111}$$

10MHz 时钟源的相位噪声和延迟抖动的关系见表7-7。

表7-7　10MHz 时钟源的相位噪声和延迟抖动的关系(dBc/Hz)

晶振型号	偏离频率					延迟抖动/ps
	1Hz	10Hz	100Hz	1kHz	10kHz	
OC14	-70	-100	-120	-135	-145	5.1
OC20	-80	-120	-140	-145	-150	1.6
OA01	-75	-115	-130	-140	-145	2.0
普通晶振	-55	-95	-110	-120	-125	28.4

因此时钟引起的延迟抖动必须引起注意,尽可能选用比较好的时钟,且设计时尽可能减小锁相倍频电路的相噪损失。

2. 加性高斯白噪声引起的相位噪声

在 PCB 上,时钟信号会受到外部各种干扰信号的影响,也会导致信号的过零点发生抖动,从而导致信号发生变化,引起定时参数发生改变。当时钟上叠加了加性热噪声后,同样会引起相位的抖动,如图7-59所示。

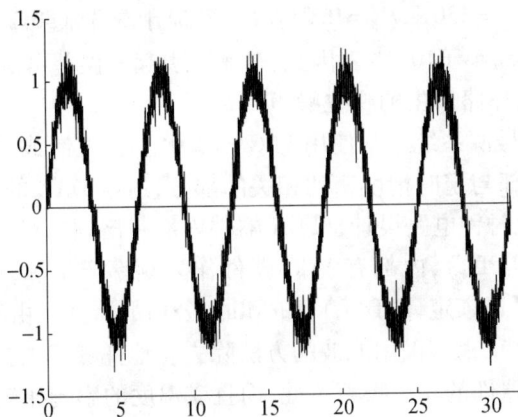

图7-59　时钟信号由热噪声引起的相位抖动

根据 Nyquist 研究得到有效噪声功率为

$$P_n = kTB \tag{7-112}$$

式中:k 为玻耳兹曼常数,$k = 1.380 \times 10^{-23}$ J/K;T 为热力学温度(K);B 为系统带宽(Hz)。

设系统的噪声指数为 F,等效输入噪声用公式表示为

$$P_{ni} = FkTB \tag{7-113}$$

则在带宽 B 内,噪声有效功率用等效的有效噪声电压 $V_{n\,rms}$ 来代替,则

$$V_{n\,rms} = \sqrt{FkTBR} \tag{7-114}$$

时钟输入的信号功率用 P_{si} 表示,同样可用信号电压表示为

$$V_{s\,rms} = \sqrt{P_{si}R} \tag{7-115}$$

对于小的 $V_{n\,rms}$，峰值比 $\Delta\theta_V$ 可用近似式表示为

$$\Delta\theta_V = \frac{V_{nrms}}{V_{srms}} = \sqrt{\frac{FkTB}{P_{si}}} \tag{7-116}$$

其均方根值为

$$\Delta\theta_{rmsi} = \frac{1}{\sqrt{2}}\sqrt{\frac{FkTB}{P_{si}}} \tag{7-117}$$

在双边带的情况下，相对于 $(f_0 + f_m)$ 的噪声信号，在 $(f_0 - f_m)$ 处还有一个相等幅度的噪声信号引起的相同的相位起伏 $\Delta\theta_{rms2}$，$\Delta\theta_{rms1}$ 与 $\Delta\theta_{rms2}$ 相加可得到总的相位起伏为[28]

$$\Delta\theta_{rms} = \sqrt{\Delta\theta_{rms1}^2 + \Delta\theta_{rms2}^2} = \sqrt{\frac{FkTB}{P_{si}}} \tag{7-118}$$

引起的对时误差为

$$\delta t = \frac{1}{2\pi f_c}\sqrt{\frac{FkTB}{P_{si}}} \tag{7-119}$$

取 $B = 20\text{MHz}$，$T = 330\text{K}$，$P_{si} = 0.2178\text{W}$（对应于 3.3V、50Ω），$f_c = 10\text{MHz}$，则 δt 在 1Hz 带宽内的抖动小于 10^{-13} s。因此，热噪声引起的误差可以忽略。

3. FPGA 内部环路产生的相位噪声

功能复杂的信号源系统通常使用 FPGA 作为定时、控制或同步处理单元，而时钟网络是 FPGA 内部与定时精度密切相关的部分，通常 DAC 的时钟是由 FPGA 产生的[19]。为了简化时钟电路设计，FPGA 器件内部有倍频电路。有两种方式：一种是基于相位锁定环（PLL），内部有 VCO 器件作为频率产生源，如 Altera 公司的器件；另一种是采用延迟锁定环（DLL），如 Xilinx 公司的器件。由于大规模数字器件存在较大的地弹噪声，很难采用滤波的方法除去。地弹噪声加在 VCO 的控制电压上，严重恶化 VCO 器件的相位噪声特性，而且受温度的影响比较大。

DLL 受温度的影响比较小，PLL 受温度的影响比较大，但两种的噪声均比较大，存在两个峰值，对定时系统构成影响[19]。

FPGA 内部逻辑单元存在运算延迟和时钟抖动。图 7-60 为 Virtex Ⅱ的 FPGA 内部采用 DLL 技术的 DCM 模块时钟信号相位噪声特性。其最大抖动为 150~400ps，均方误差小于 26ps。

利用 FPGA 内部 DCM 的优点是简单，以节省外部时钟倍频电路，但带来较大的相位噪声，表 7-8 列出了 FPGA 内部时钟模块 DCM 的时钟抖动参数。一般建议不使用内部的 DCM 作为频率基准，否则导致输出信号的相位发生比较大的抖动。因此，高精度的信号源系统不能采用 FPGA 内部 DCM 来倍频，必须采用外部专门设计的倍频电路，用倍频好的时钟作为时钟源，此时时钟抖动主要受内部逻辑驱动电路影响。

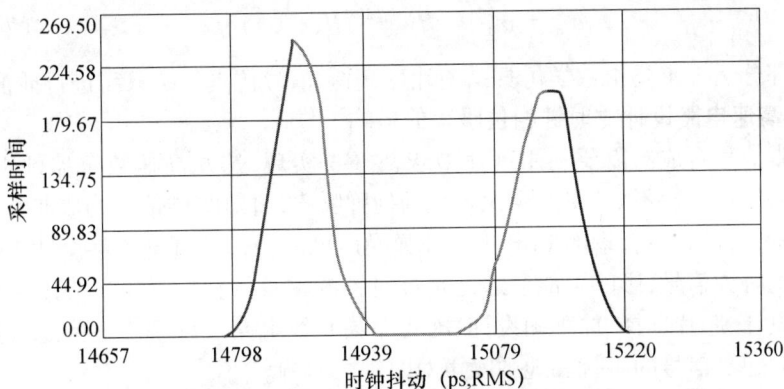

图 7 – 60　Xilinx 的 FPGA 内部的时钟模块 DCM 的时钟抖动(DLL)

表 7 – 8　Xilinx 的 FPGA 内部的时钟模块 DCM 的时钟抖动(DLL)

时钟输出	最大抖动	时钟输出	最大抖动
CLK0	$\pm 150ps$	CLK2x	± 200ps
CLK90	± 200ps	CLKDV(整数)	± 200ps
CLK180	± 200ps	CLKDV(非整数)	± 400ps

4. 相位数值计算产生的误差

这部分主要是数值计算,不涉及物理信号。因此可以从数学上分析,主要是数值计算带来的误差。主要是通过信号的相位发生动态变化而产生高动态信号。信号的相位通常需要计算得出,一般有两种方法:

(1) 直接使用高精度的浮点运算产生:

$$\tau_k(t) = \frac{\rho_k(t)}{C} + \tau_k^{\mathrm{ion}}(t) + \tau_k^{\mathrm{air}}(t) \qquad (7-120)$$

此时用双精度运算计算 $\rho_k(t)$:

$$\rho_k(t) = \rho_{k0}(t) + \frac{\mathrm{d}\rho_{k0}(t)}{\mathrm{d}t}t + \frac{\mathrm{d}^2\rho_{k0}(t)}{2!\ \mathrm{d}t^2}t^2 + \frac{\mathrm{d}^3\rho_{k0}(t)}{3!\ \mathrm{d}t^3}t^3 + o(t^3) \qquad (7-121)$$

该方法的优点是精度高,缺点是计算量非常大。

(2) 采用整数迭代算法实现:

$$\tau(n) = a_1\tau(n-1) + a_2\tau(n-2) + a_3\tau(n-3) + a_4\tau(n-4) \qquad (7-122)$$

主要误差为舍入误差,如果假设每一步的运算误差为高斯过程,其误差均方差为 σ_d,则可以认为是高斯白噪声通过 AR 过程:

$$H(z) = \frac{1}{1 - a_1 z^{-1} - a_2 z^{-2} - a_3 z^{-3} - a_4 z^{-4}}$$

其误差为

305

$$\sigma_\tau^2 = \sigma_d^2 \int_{-\infty}^{\infty} H(e^{j2\pi f}) H(e^{-j2\pi f}) df \qquad (7-123)$$

这部分运算主要由数学仿真系统计算,射频信号仿真系统只需进行插值计算。

5. 高速电路设计对时钟相位噪声的影响

基带信号合成器需要利用高速 DSP、FPGA 实现,这些高速数字器件工作时,如果电路设计处理不好,将产生比较大的地弹噪声,将对时钟信号构成非常严重的威胁。例如,设计不合理的 PCB 上的地弹噪声可能会达几百毫伏甚至达 1V,将会严重干扰时钟信号,影响可能会远远超过时钟源本身的相位噪声。必须通过合理的电路设计、芯片选择、原理图设计、PCB 布局布线电路设计解决该问题。其中最主要的问题是信号的串扰和地弹噪声对时钟的影响。

串扰发生在信号跳变的过程时对临近时钟信号的影响。信号变化得越快,产生的串扰就越大[21]。使用 EDA 软件比较容易计算串扰,影响串扰信号幅度有走线间的耦合程度、走线的间距和走线的端接[21]。一般按照布线间距大于 6 个线宽,可以将串扰降低到 0.2mV 以下。这仍不够,时钟走线控制在 24 个线宽,串扰降低到 4μV 以下。

产生地弹噪声的机理比较复杂,主要是由 FPGA 和 DSP 器件的地线回路感抗过大引起的。例如,1.5mm 的过孔存在局部电感为 1.5nH,当 50MHz 信号通过该过孔回到地平面时会存在 0.15Ω 的感抗,在该处可能产生比较大的地弹,污染附近的时钟信号。

使用 EDA 工具(如 Mentor Graphics)对 PCB 进行仿真,可以在 PCB 实现中迅速地发现、定位和解决串扰、地弹问题。高速设计中的仿真包括布线前的原理图仿真和布线后的 PCB 仿真,可以较早地预测和消除串扰问题,从而有效地约束布局和变化叠层,并在 PDB 布局之前优化时钟、关键信号拓扑和终端负载,避免反复设计[21]。尽管有了先进的仿真工具,仍然需要非常有经验的电子工程师,利用其设计经验,对 PCB 进行仔细的设计,才能将串扰、地弹噪声降低到比较低的水平。通常采取的技术措施包括:①时钟电路尽可能采用差分电平以抑制共模 EMI 干扰,时钟电路旁边留出合理的地回路以将电磁场约束在局部的空间;②时钟电路尽可能短,长度需要一致;③采用合适终端匹配,抑制时钟的反射;④时钟电路的驱动能力必须足够强,有尽可能短的上升时间和下降时间,以抑制干扰;⑤尽可能保持一个干净的地平面,采用多个电源平面和地平面对以提供一个低回路的地回路,从而减少地弹噪声。

7.6.2 基带信号幅度量化误差分析

幅度量化误差 $e_s(n)$ 可近似看成在区间 $\left[-\dfrac{2^{-D}}{2}, \dfrac{2^{-D}}{2} \right]$ 内均匀分布的随机白噪声序列,D 为量化位数,其方差为

$$\sigma_e^2 = \frac{2^{-2D}}{12} \qquad (7-124)$$

通常采用信噪比刻画这种量化效应,若正弦表采用 D 位来存储,则有

$$\mathrm{SNR} = \frac{\sigma_{\mathrm{X}}^2}{\sigma_{\mathrm{e}}^2} = \frac{(1/2) \times (1/2)^2}{2^{-2D}/12} = \frac{3}{2} \times 2^{2D} = 6.02D + 1.76(\mathrm{dB}) \quad (7-125)$$

因此,D 每增加一位,信噪比约提高 6dB。

另外,由于量化噪声功率 σ_{e}^2 在一定的量化位数下为常数,如果假定量化噪声功率谱密度在 Nyquist 采样频率内近似为常数,则有

$$\sigma_{\mathrm{e}}^2 = \frac{2^{-2D}}{12} = \int_{-f_s}^{f_s} P(f)\,\mathrm{d}f \approx 2Pf_s \quad (7-126)$$

在过采样中,采样频率必须高于 Nyquist 准则要求的频率,即信号带宽必须小于采样频率的 1/2。如果有意将信号带宽限制在 Nyquist 带宽的小比例范围内,也就是采样频率远远大于 Nyquist 要求,就称为过采样。

如图 7-61 所示,量化噪声功率取决于 DAC 器件的精度,是固定值,与阴影区域的面积成比例。在过采样情况下,量化噪声的功率与 Nyquist 采样条件下的相同。由于在这两种条件下量化噪声的功率相同(为常值),而噪声矩形的面积又与量化噪声功率成比例,为了保持相同的面积,过采样情况下噪声矩形的高必然小于 Nyquist 采样条件下的矩形的高。考虑到过采样情况下有效带宽内的噪声矩形的面积较小,因此,对于一个确定的有用信号功率,当采用过采样时可以提高输出信号的信噪比。

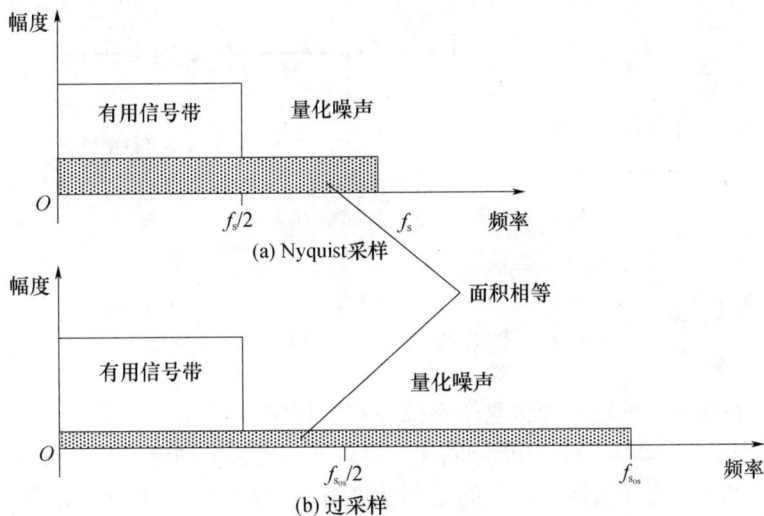

图 7-61　DAC 工作时钟与量化噪声关系

7.6.3　DAC 电路特性的影响

在数字域上形成的信号最终需要通过高速 DAC 变成物理信号,因此 DAC 的性能将对信号的延迟特性和频谱特性构成比较大的影响。这是精密信号产生不能回避的问题,必须分析其影响[15]。传统的应用(视频、模/数变换、高速调制电压参

考)通常不太关心 DAC 的这些特性,但在精密信号源系统中比较重要。

1. 参考电压的影响

参考电压的波动直接影响信号的量化误差。

2. 时钟电路的影响

DAC 内部的时钟驱动和倍频电路的抖动直接影响输出信号的质量,可等效为时钟的相位噪声恶化。尽管 DAC 内部时钟的抖动远小于外部时钟,但当需要用到 DAC 内部的锁相倍频时这种影响不容忽视。一般 DAC 手册上建议有高精度要求时不采用内部的时钟锁相倍频电路,而是外部提供高质量的高频时钟信号[15]。

3. 动态特性的影响

精密延迟信号的产生主要关心的是 DAC 的动态特性。信号源对 DAC 的要求是宽带,从而适应比较大的动态。另外,需要比较高的量化位数,才能保证信号幅度有比较大的动态范围。由于高速 DAC 制造商通常无法精确地给出器件的指标,决定一个器件是否适用的任务只有留给系统设计者[15]。DAC 的冲激响应如图 7 –62所示,从中预测任意特征的频域影响一般是非常困难的。

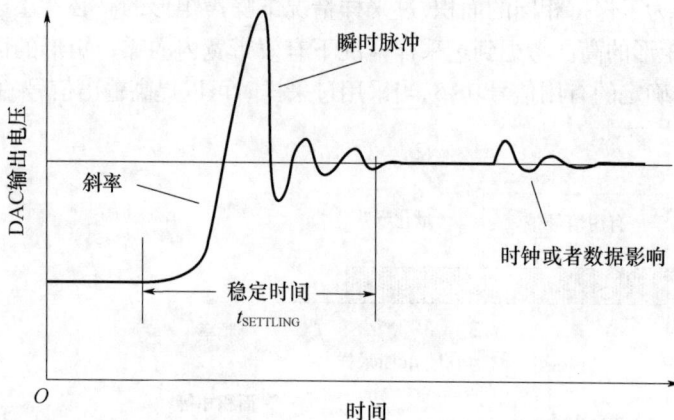

图 7 – 62　DAC 的冲激响应(DAC 的暂态过程)

DAC 在频域上的输出倾斜速率不像线性应用中直接。在毛刺与滞留效应影响下,高倾斜速率的 DAC 器件比低倾斜速率器件产生更接近理想情况的输出特性。

DAC 的结构对于过渡过程中的毛刺幅度有重要影响。单片集成电路可以减小毛刺脉冲以及 DAC 器件的非线性现象,DAC 的输出摆动速率、毛刺、稳定时间依赖于 DAC 的输出负载电路。电容负载的漂移会增大上述指标。大多数的 DAC 是电流输出器件,需要一个外部负载电阻产生参考电压。最终的系统设计需要充分注意到 DAC 的负载,使得信号的稳定时间尽量短,可以或者必须采用电阻匹配技术。

时钟的穿通与 DAC 输出的数据转换对输出频谱造成影响,这些影响与测试电路有关,可以通过好的电路设计技术减小影响[15]。许多 DAC 制造商推荐在输入连接上使用一系列电阻以减小数据穿通。这一系列电阻与 DAC 输入电容一起形成低通滤波器,可以改变器件的建立和保持时间。由于会增加抖动(相位噪声),因此这种技术在时钟连接上不推荐使用。

系统可选用高性能正交调制 ADC 芯片,该器件的延迟抖动小于输出建立时间 11ns,上升时间小于 0.8ns,下降时间小于 0.8ns。ADC 器件本身内部存在 PLL,但该环路的相位噪声比较大而不适用,应直接使用外部倍频的高质量时钟。

7.6.4　射频通道误差分析

射频通道是卫星导航信号模拟的重要组成部分,其直接关系信号的精度。DAC 形成的信号最终需要将信号调制到射频频率上。传统的超外差式调制方式在每次变频会出现两个边带信号,需要在混频器后插入一个滤波器以抑制另外一个边带信号,此时中频信号需要滤波、放大。这种结构电路环节比较多,每个环节延迟和频率特性不容易精确确定,增加了电路系统的延迟不确定性,这是精密延迟系统不希望出现的。另外,超外差式至少需要两个本振频率,系统比较复杂,因此必须寻找新的技术途径。

随着半导体工艺技术的进步,出现了基于大规模集成电路的实用化直接正交上变频技术,可以简化调制电路的设计。它能够直接将基带信号搬移到射频并消除无用的边带信号,以实现单边带调制[20,22]。如果能够良好地控制基带正交信号的相位和幅度不平衡度,降低基带直流偏移失真,边带和本振泄漏将非常小,则可以大大放宽了对变频器后滤波器的性能要求,甚至可以不需要边带滤波器,从而极大地减小了发射机的体积、重量、功耗,减少系统的环节,从而降低系统延迟不确定性。

直接正交上变频系统框图如图 7-63,其中 $I(n)$ 和 $Q(n)$ 是正交基带数字信号。首先两个正交基带数字信号经过插值滤波后,送入到 DAC 变成模拟基带信号 $I(t)$ 和 $Q(t)$;然后这两路正交基带信号分别通过低通滤波器,滤除 DAC 的量化效应带来的杂散频谱。为了抑制各种共模干扰,这两路正交信号一般采用差分驱动。

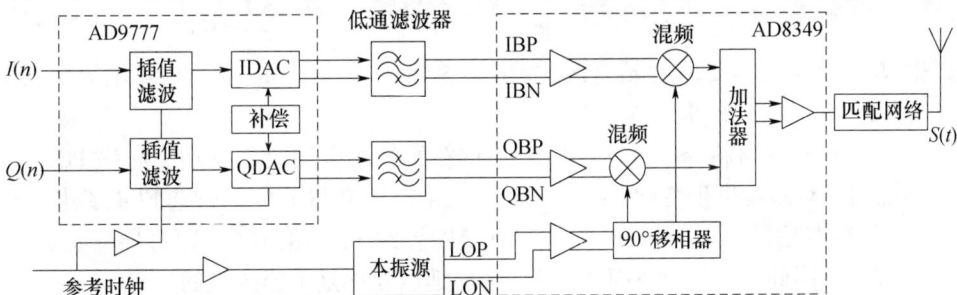

图 7-63　直接正交调制上变频系统框图

模拟基带信号 $I(t)$ 和 $Q(t)$ 经过隔离驱动后,进入正交混频器进行混频。正交混频器主要由输入信号隔离驱动器、本振信号隔离驱动器、两路混频器、加法运算、RF 放大器组成。电路工作时,外部的本振信号首先经过90°移相产生正交本振信号,然后分别与正交基带信号 $I(t)$ 和 $Q(t)$ 相乘后做代数运算,抵消无用边带信号,从而实现单边带信号直接调制到射频载波上,送入后级射频功率放大器放大,经过匹配网络,最终通过天线辐射。

这种拓扑结构的主要问题是存在一定边带和本振泄漏。边带和本振泄漏可以通过调整 $I(t)$ 和 $Q(t)$ 的相位与幅度不平衡来缓解。另外,在直接变频发射机中,由于射频输出信号的频率和本振信号的频率非常接近,射频信号可能会反串到本振信号来[20]。如果使用 VCO 作为本振源,则可能会对 VCO 输出信号的频率产生很强的牵引作用,引起本振信号频率的偏移。此时,最好的方法是采用谐波法产生本振信号,即 VCO 输出信号的频率为本振信号的 2 倍,然后对其进行 2 分频,这样就可以使 RF 信号的频率和 VCO 输出信号的频率上错开,从而解决了输出信号对 VCO 可能造成的频率牵引问题[34,35]。

1. 噪声特性分析

前面已经分析了,由于射频信号输出的功率为 $-40 \sim -10$dBm,热噪声功率约为 -100dBm,混频电路和各级放大器的噪声系数通常不会超过 10dB。在有用带宽内,信号功率将超出噪声功率达 $50 \sim 90$dB,因此可以忽略电子电路的热噪声影响。

2. 延迟特性分析

射频模块主要由传输线、低通滤波器、放大器、混频器等组成。电磁波通过这些物理器件均需要时间,延迟特性取决这些器件的物理特性,且受温度、湿度等环境因素的影响较大。

1) PCB 上的传输线

DAC 输出的模拟信号和 RF 其他信号在 PCB 上主要以 TEM_{00} 模式进行传播,这种模式的信号是无色散信号,传播速度为 $c/\sqrt{\mu_r \varepsilon_r}$。其传输延迟与频率没有关系,可以用下面的公式计算延迟:

$$\tau_{Line} = \frac{L \sqrt{\mu_r \varepsilon_r}}{c} \qquad (7-127)$$

式中:L 为导线的长度;c 为光速;μ_r 为相对磁导率,一般为 1;ε_r 为相对电导率,其和材料的特性关系密切。

对于 FR4 的材料,$\varepsilon_r = 4.7$。但 ε_r 与材料所处的湿度关系密切。如果 PCB 所在环境的相对湿度发生变化,则 ε_r 会发生变化。假定 PCB 的基材选 FR4,线长 $L < 50$cm,则标准延迟小于 3.9ns。如果相对湿度导致 ε_r 变化 10%,则将导致延迟变化 0.12ns。因此对高精度的延迟信号,这种延迟变化是不容忽视的。

2) 低通滤波器

低通滤波器的作用是滤除 DAC 一阶保持形成的阶梯波形,其带宽要选择合适。一般假设用图 7-64 的 3 阶 RLC 电路来实现低通滤波,其群延迟特性如图 7-65 所示,通常在带内的延迟为 $3 \sim 4$ns。但延迟大小与电路的参数密切相关,图中电感变化 10% 时的群延迟特性延迟变化了 1ns 左右。可以看出,RLC 电路的延迟特性与器件的参数关系非常密切。对于使用分立元器件的 RLC 电路来说,在加工和焊接的过程中,电路参数会发生变化,严重影响电路的群延迟特性。此外,滤波器带内的延迟波动也是影响信号精度和质量的关键因素。因此,提高系统的精度和长时间稳定性必须进行在线的自适应均衡和零值校正。

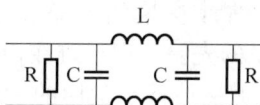

图 7 - 64　典型低通滤波器的结构

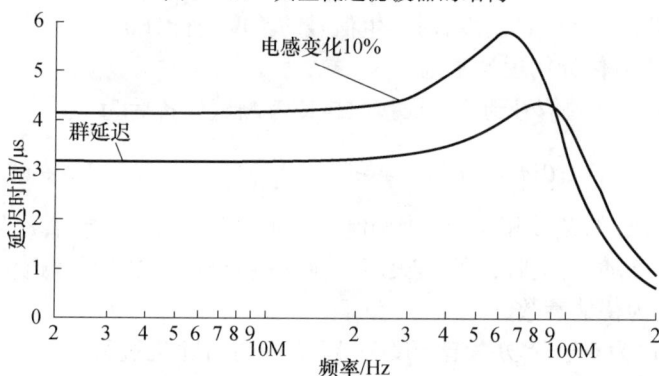

图 7 - 65　滤波器参数变化对信号群延迟影响示意图

3)混频器延迟特性

混频器均采用有源器件,利用半导体的非线性特性进行混频。在传输线中,传播速度是介质中电磁场的传播速度,而信号的延迟主要取决于载流子在半导体扩散和漂移速度。扩散和漂移速度是温度的指数函数,受温度的影响非常大。混频电路受温度影响的最大延迟变化在 5ns 以上。

4)匹配网络的误差

匹配网络内传播的信号形式是 TEMoo 的电磁波,其传播速度是电磁波在介质中的传播速度,因此和 PCB 上的传输线的分析方法类似。其影响也是不可忽略的。

综合以上分析,必须采用良好的校准措施校准 RF 系统的零值漂移,才能保证系统多频点之间的一致性和系统的长期零值稳定性。

7.6.5　延迟参数的精度分析

以上分析了影响信号精度和质量的主要误差来源与因素,本节着重讨论用于评价信号延迟精度的参数估计理论与方法。该方法应用于信号延迟精度的评价,以及对系统射频通道不一致特性的检测与校准。

1. 延迟参数的精度分析

延迟参数是一个统计量,观测到的采样点越多,即观测时间越长,对延迟参数的估计就越准确。需要从统计信号处理的角度分析评估其误差,从采集到一定数量的波形中提取延迟参数。

信号的精度除与本身参数有关外,还与参数估计算法存在密切关系。

参数估计的算法比较多,对信号模型的依赖性比较大。通常的估计算法是基于贝叶斯估计,可以简化为最大后验概率的估计问题。然而,贝叶斯估计和最大后验概率估计要求预先知道待估计参量的概率密度函数[37](Probability Density Function,PDF)。由于待估参量的先验知识很难在检测与估计之前得到,因此在实际应用中是难以做到的。最大似然估计是常用的一种估计方法,基本上代表了绝大部分的参数估计方法,并且在实际应用中的许多情况下是最佳的估计方法。本节将从最大似然估计理论出发,对产生信号的精度进行分析。

2. 延迟参数估计的理论基础

导航卫星发出的信号到达地面接收机或者测试设备后为

$$r(t) = s(t;\theta;\tau) + w(t) = e^{-j\theta(t)} \sum_{k=-\infty}^{\infty} a_k h(t - kT - \tau) + w(t) \quad (7-128)$$

式中:θ 为待估计的载波相位;a_k 为调制的数据符号;T 符号周期;τ 为待估计的延迟;$w(t)$ 为噪声,包括接收机的热噪声。通常接收机事先并不知道信号的相位信息,因此,θ 也为待估参数。

假定 $w(t)$ 为双边带功率谱密度为 $N_0/2$ 的高斯随机过程,在观测时间 T_0 内,关于 θ、τ 的似然函数可表述为

$$L_0(\hat{\theta},\hat{\tau}) = \exp\left\{ -\frac{1}{N_0} \int_0^{T_0} \left[r(t) - s(t;\theta;\tau) \right]^2 dt \right\} \quad (7-129)$$

对两边进行对数求导,表示成自然对数函数的形式,即

$$L(\hat{\theta},\hat{\tau}) = \ln[L_0(\hat{\theta},\hat{\tau})] = -\frac{1}{N_0} \int_0^{T_0} [r(t) - s(t;\theta;\tau)]^2 dt \quad (7-130)$$

由相关文献推得如下结果:

$$\begin{cases} J_{\omega\omega} = \dfrac{2E_b}{N_0}\left\{ \dfrac{(N^2-1)N}{12}T^2 + T^2N\tau^2 + \dfrac{N}{E_b}\int t^2 \mid h(t) \mid^2 dt + \dfrac{2\tau NT}{E_b}\int t \mid h(t) \mid^2 dt \right\} \\[2mm] J_{\varphi\varphi} = 2\mathrm{Re}\left\{ \sum_m a_m^* \sum_m a_n \cdot \int_{-\infty}^{\infty} \dfrac{E_b}{N_0} \cdot h(t-nT)h^*(t-mT) dt \right\} \\[2mm] J_{\tau\tau} = \dfrac{2E_b}{N_0}N \dfrac{T^2 \cdot \int_{-\infty}^{\infty} f^2 \mid G(f) \mid^2 df}{\int_{-\infty}^{\infty} \mid G(f) \mid df} \\[2mm] J_{\tau w} = J_{w\tau} = -\dfrac{2NT \cdot E_b \cdot E[a_n a_m^*]}{N_0}\mathrm{Im}\left\{ \int_{-\infty}^{\infty} (t+\tau)h^*(t)h(t) dt \right\} \\[2mm] J_{\varphi w} = J_{w\varphi} = \dfrac{2NE_b}{N_0}\left\{ \tau T + \dfrac{1}{E_b}\int_{-\infty}^{\infty} t \mid h(t) \mid^2 dt \right\} \\[2mm] J_{\tau\varphi} = J_{\varphi\tau} = -2N \cdot E[a_n a_m^*] \cdot T \cdot \mathrm{Im}[h(0)] \end{cases} \quad (7-131)$$

式中：E_h 为 $h(t)$ 的能量；N 为观测的符号总数，反映了观测时间。

则 w_d、φ 和 τ 方差的克拉美 – 劳限（Cramer – Rao Bound，CRB）取决于

$$\mathrm{var}(\theta - \hat{\theta}) \geqslant J^{ij} \tag{7-132}$$

在大信噪比或者观测时间 T_0 足够长的前提下，可以认为估计值 $\hat{\theta}$ 与 θ 足够接近，从而将似然函数线性化[38]。对于 ω_d、φ 和 τ，有

$$\begin{cases} \mathrm{var}\{\omega_d\} \geqslant \dfrac{1}{J_{\omega\omega} - J_{\omega\varphi}^2/J_{\varphi\varphi} - J_{\omega\tau}^2/J_{\tau\tau}} \\[3mm] \mathrm{var}\{\varphi\} \geqslant \dfrac{1}{J_{\varphi\varphi} - J_{\varphi\omega}^2/J_{\omega\omega} - J_{\varphi\tau}^2/J_{\tau\tau}} \\[3mm] \mathrm{var}\{\tau\} \geqslant J_{\tau\tau} \end{cases} \tag{7-133}$$

从式（7 – 133）可以得到如下结论：

（1）w_d、φ 和 τ 之间存在一定的耦合关系，不同参数估计之间的耦合作用使估计精度恶化。

（2）当满足一定条件时，矩阵中的非对角元素为 0，可以使估计精度得到改善[38]。条件：①当符号序列是随机的 ± 1 时，此时 $E(a_n a_m^*) = 0$，$J_{t\omega} = 0$；②当 $h(t)$ 为偶函数，$J_{\tau\varphi} = 0$；③当 $h(t)$ 为偶函数且延迟 τ 为 0，$J_{\varphi\omega} = 0$。

（3）对上述参数的估计与 $h(t)$ 有关，这意味着对系统频率响应的优化可以改善参数估计的质量。特别是当 $h(t)$ 为满足 Nyquist 不失真第一定理的脉冲波形时，$J_{\varphi\varphi} = \dfrac{2NE_b}{N_0}$ 达到最大值，相应的参数估计性能最佳。

（4）载波频率的估计依赖于 $J_{\omega\omega}$，但是当 N 足够大时可近似忽略；延迟的估计在符号序列随机且 $g(t)$ 为偶函数时与载波估计无关；载波相位的估计与频率估计无关[38]。

载波参数的估计与延迟估计在大信噪比下可以近似解耦，这无疑大大简化了理论分析。在本章以后的内容中，将对延迟估计和载波相位分别进行估计。考虑

$$J_{\tau\tau} = \frac{2E_b}{N_0}N \frac{T^2 \cdot \int_{-\infty}^{\infty} f^2 |G(f)|^2 \mathrm{d}f}{\int_{-\infty}^{\infty} |G(f)| \mathrm{d}f} \tag{7-134}$$

因此，有

$$\mathrm{var}(\hat{\tau}_0) > \frac{1}{\dfrac{E_b}{N_0/2}\overline{B}^2} = \frac{1}{\dfrac{P_s T_b}{N_0/2}\overline{B}^2} \tag{7-135}$$

式中：$\overline{B}$ 为信号的带宽，有

$$\overline{B}^2 = \frac{\int_0^T \left(\dfrac{\mathrm{d}s(t)}{\mathrm{d}t}\right)^2 \mathrm{d}t}{\int_0^T s^2(t)\mathrm{d}t} = \frac{\int_{-\infty}^{\infty} (2\pi f S(f))^2 \mathrm{d}f}{\int_{-\infty}^{\infty} S^2(f)\mathrm{d}f} \tag{7-136}$$

可以看出,延迟精度主要取决于信号能量 E_b 和噪声功率谱密度 N_0 比及信号的等效带宽 $\overline{B}$。等效带宽 $\overline{B}$ 与滤波器的设计 $h(n)$ 密切相关,因此与波形设计密切相关。对于伪码速度为 2Mc/s 的扩频码,$\overline{B}$ 近似等于 4MHz。对于伪码速度为 10Mc/s 的扩频码,$\overline{B}$ 近似等于 20MHz。图 7-66 为在不同的信号功率 P_s 和观测时间 T_b 情况下的延迟估计精度曲线。信号源送出的功率一般控制为 $-40 \sim -10$dBm,此时 10Mc/s 码的延迟估计均方差小于 1ps,完全可以满足设计要求。

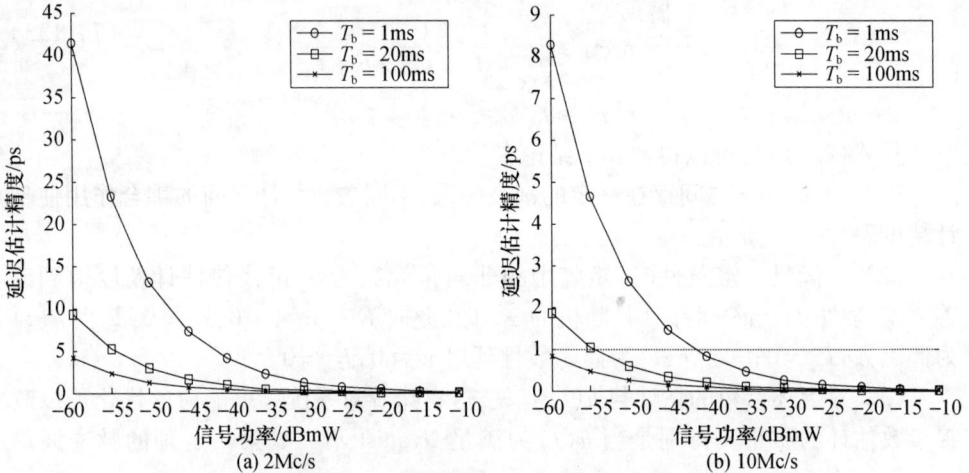

图 7-66   延迟估计精度和发射信号功率的关系

3. 实际接收机对延迟的估计

以上对延迟参数的估计精度是一种理论下限,是接收机在计算能力无穷大的情况下的结果。实际上接收机是采用一种逼近准最佳的方式实现对参数的估计。一般采用载波锁定环(FLL/PLL)和延迟锁定环的方式逼近,比理论值差一些。

接收机通常采用 PLL 实现对相位的跟踪,采用 DLL 实现对码相位的准确跟踪,如图 7-67 所示。由载噪比 P_s/N_0、环路带宽 B_n、环路预积分时间 T,可以计算出延迟锁定环路中延迟估计热误差。$\mathrm{var}(t_{\mathrm{DLL}})$ 为 1σ 的热噪声码跟踪颤动。对于采用专用超前滞后环的接收机来说,观测到的延迟抖动为

$$\mathrm{var}(t_{\mathrm{DLL}}) = \sqrt{\frac{2B_n}{P_s/N_0}\left[1 + \frac{2}{TP_s/N_0}\right]} \qquad (7-137)$$

式中:B_n 为码环的噪声带宽(Hz);P_s/N_0 为载噪比;T 为预检测积分时间(s)。

信号源送出的功率 P_s 为 $-80 \sim -10$dBm,预积分时间一般在 1ms 到一个信息符号周期 $T = 20$ms 之间,环路的带宽一般取 $20 \sim 200$Hz(高动态情况),图 7-68 给出了 2Mc/s 扩频码和 10Mc/s 扩频码两种码速率的接收机理论延迟估计精度。

图 7 – 68(a)取 2Mc/s 的扩频码周期 1ms,图 7 – 68(b)取 10Mc/s 的扩频码周期 1ms。可以看出,对 2Mc/s 的伪码地面接收机估计精度小于 0.2ns,对 10Mc/s 的扩频码估计精度小于 0.04ns,比理论估计精度 1ps 差了 1 个数量级多。而在具体实现过程中往往会因为实现的方法和途经,估计精度也有所差异。

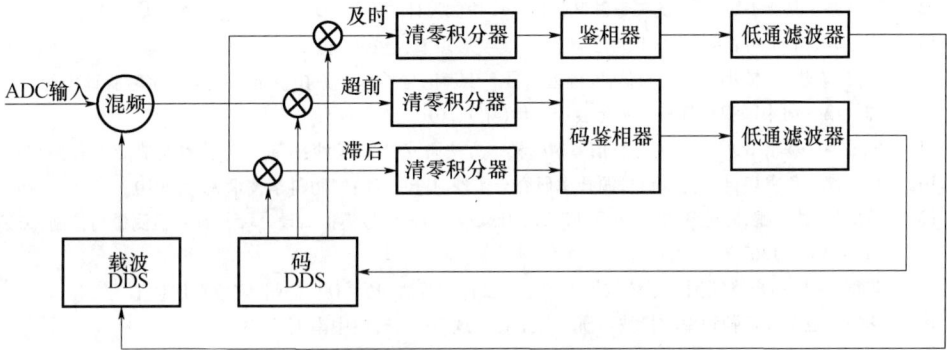

图 7 – 67　接收机延迟估计与载波相位的估计结构

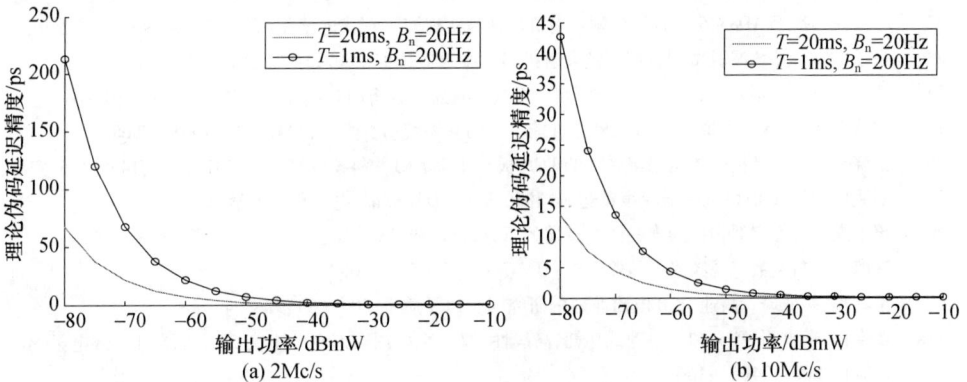

(a) 2Mc/s

(b) 10Mc/s

图 7 – 68　输出功率和接收机延迟估计精度关系

参考文献

[1] 郭小娟,曹庆宁,纪元法,等. 高动态卫星模拟器的软件实现与仿真[J].桂林电子科技大学学报,2010,30(1):36 – 39.

[2] 寇艳红,常青,张其善. 高动态 GPS 模拟器闭环测试系统结构与软件设计[J].北京航空航天大学学报,2004,30(6):534 – 538.

[3] 庞博. 高性能专用数字协处理器的设计与测试[D].成都:电子科技大学,2009.

[4] 邹伟,曲馨. 基于 DDS 的标准信号源设计[J].硅谷,2011(21):58 – 59.

[5] 殷光. 超声波流量测量技术研究[D].西安:西安石油大学,2012.

[6] 吕志成. 高动态卫星导航信号模拟器软件研究[D].长沙:国防科学技术大学,2006.

[7] 张更新. 直接数字式频率合成器(DDS)[J].电信科学,1996,4.

[8] 罗毅. 基于 FPGA 和单片机的 DDS 信号发生器设计[D]. 成都:电子科技大学,2012.

[9] 林伟,马新香. 基于 PCI 总线的多协议数据误码测量模块的设计[J]. 电子质量,2010(8):10-12.

[10] 邹少军,石雄. 基于 AD9854 的 BPSK 信号源设计[J]. 新建设:现代物业,2013(12):100-102.

[11] 罗建,丁宗杰,闫冰. 基于 DSP 的软件 DDS 及其在 FSK 调制中的应用[J]. 无线通信技术,2009,28(1):59-62.

[12] 陈鹏路. 基于 DDS 技术的矢量源基带发生模块的设计与实现[D]. 成都:电子科技大学,2011.

[13] 陈正辉. MIMO 雷达正交波形产生硬件设计与实现[D]. 成都:电子科技大学,2013.

[14] 杨俊,陈建云,钟小鹏,等. 高精度延迟信号产生理论与技术及其在卫星导航系统试验验证中的应用[J]. 第一届中国卫星导航学术年会论文集(中),2010.

[15] 陈振宇. 基于 BOC 调制的导航信号精密模拟方法研究[D]. 长沙:国防科学技术大学,2011.

[16] 高国青. 鱼雷声自导仿真信号源技术研究与实现[D]. 长沙:国防科学技术大学,2010.

[17] 单庆晓,钟小鹏,陈建云,等. 基于 FPGA 的低成本 GPS 信号模拟器设计[J]. 计算机测量与控制,2009(7):1365-1367.

[18] 陈雷. GPS 用户终端测试系统数据库的建立及评估算法研究[D]. 郑州:解放军信息工程大学,2008.

[19] 李锋. 卫星多普勒频率测量技术研究与工程实现[D]. 长沙:中南大学,2011.

[20] 张亮,李亚光. 基于 AD8349 的无线直接变频发射机设计与实现[J]. 国外电子元器件,2006(10):4-7.

[21] 曾铮,郑建宏. 高速印制电路板设计中的串扰问题和抑制[J]. 电子质量,2006(6):82-85.

[22] 叶振锋. 基于 AD8346 的直接变频发射机设计与实现[J]. 现代电子技术,2007,30(19):157-159.

[23] 张强,吴小帅. S 波段微型直接变频发射机[J]. 半导体技术,2009,34(8):814-816.

[24] 黄东,王益民,蔡万银,等. 铁路车辆定位系统电磁兼容分析[J]. 机车电传动,2013(4):80-84.

[25] 闫照文,韩轶峰. 模拟器 PCB 板整体性能分析[J]. 系统仿真学报,2009(24):7965-7968.

[26] 雷晓平. 高速高精度数据采集系统的 PCB 板制作考虑[J]. 科技致富向导,2012(23):146-146.

[27] 刘武广. X,Ku 波段宽带低噪声雷达跳频源的研制[D]. 成都:电子科技大学,2007.

[28] 蒋平虎. 高稳定低相位噪声晶体振荡器的研究,设计和 CAD[D]. 上海:上海海运学院,2003.

[29] 许海东. 高速数字视频光纤传输系统[D]. 天津:天津大学,2007.

[30] 岳春华,尹征琦. 高速 PCB 电磁兼容的研究[J]. 电子质量,2007(8):92-94.

[31] 曹奉祥,李永明,孙义和. 一种低功耗,高线性,双正交可调谐 CMOS 上变频混频器[J]. 微电子学与计算机,2007,24(5):166-170.

[32] 丁恒,卢启堂,王家礼. 低相位噪声 HBT 单片压控振荡器的设计[J]. 现代电子技术,2006,29(8):4-5.

[33] 韩德强,谢伟,刘立哲,等. FPGA 开发板设计中的信号完整性分析[J]. 电子技术应用,2011,37(6):28-30.

[34] 李彩华. 卫星信号模拟源射频电路的研究与实现[D]. 长沙:国防科学技术大学,2006.

[35] 曹鹏,费元春. 直接正交上变频的边带与本振泄漏分析及优化设计[J]. 兵工学报,2005,25(6):712-715.

[36] 曹鹏,王明飞,费元春. 直接正交上变频调制器的镜频抑制与本振泄漏对消技术研究[J]. 电子学报,2010,38(B02):6-9.

[37] 李荔. 低轨小卫星移动通信系统的载波同步设计[D]. 上海:中国科学院上海冶金研究所,2001.

[38] 叶媛. 新一代航天测控系统中载波同步和信号解调的研究[D]. 秦皇岛:燕山大学,2004.

[39] 刘兆辉. TDRSS 中多普勒频移估计和补偿方法的研究[D]. 合肥:合肥工业大学,2006.

[40] 李志. MT-DS-CDMA 编码与载波同步研究与实现[D]. 北京:北京邮电大学,2009.

[41] 王国平. 通信系统中多普勒频移估计的研究[D]. 成都:电子科技大学,2008.

[42] 郑晓冬. 卫星导航系统复杂干扰信号模拟源设计[D]. 成都:电子科技大学,2012.

［43］　吴阳春 . 60GHz 波段直接变频调制器的研制［D］. 南京：东南大学，2006.

［44］　徐志乾 . 导航星座星间链路收发信机延迟测量与标校技术研究［D］. 长沙：国防科学技术大学，2011.

［45］　汤震武 . 卫星导航信号模拟源关键指标测量校准及溯源方法研究［D］. 长沙：中南大学，2013.

［46］　李献斌 . 单星测频无源定位技术研究［D］. 长沙：国防科学技术大学，2009.

［47］　陈莉 . 统一扩频测控体制下的星地时间同步技术研究［D］. 长沙：国防科学技术大学，2007.

［48］　杨俊，张传胜，周永彬 . 射频发射模块非线性效应的消除方法［J］. 国防科技大学学报，2010，4：24.

［49］　单庆晓，钟小鹏，陈建云，等 . 种新型 GPS 冗余授时方法［J］. 计量与测试技术，2009，23（2）.

［50］　冯富元 . GPS 信号模拟源及测试技术研究和实现［D］. 北京：北京邮电大学，2009.

第8章 卫星导航模拟源校准
        与溯源技术

8.1 概述

卫星导航接收机应用于高精尖技术领域时,其输出测量数据的准确性、可靠性至关重要。然而实际应用中,导航接收机的测试和计量还是直接依赖于卫星导航信号模拟源厂商提供的技术指标,很少有人质疑其技术指标可信与否、可信度如何以及是否进行了溯源。在这种情况下,使用模拟源进行接收机性能评估不仅测试精度得不到保证,测试结果的可信度也深受怀疑。

为保证日益增长的接收机设备测试需求和正确可靠评估的需要,在卫星导航应用测试系统建设的过程中,建立标准完善的卫星导航信号模拟源指标测量、自校方法极其重要。它的建立,首先能够满足导航信号模拟源对自身性能的检验及指标的批量测试任务,解决卫星导航信号模拟源自身稳定性及可控性的难题;其次它能最大程度地规范接收机的性能和指标,形成统一的标准,推动接收机规范化、标准化发展,作为一级测试认证环节,从管理体制上保证最终用户的权益。

同时,卫星导航信号模拟源自校方法的正确与否及测试可信度是多少,也需要经过科学合理的验证,这就需要对卫星导航信号模拟源的技术指标进行科学的检测评价,将各个指标溯源至国家基准乃至于国际计量基准。

国内在对卫星导航信号模拟源的量值进行溯源研究的过程中,应用传统的计量方法和理论面临了诸多困难和挑战:这类设备比较复杂,体积庞大不便搬运,系统操作依赖软件控制,不同型号的 ATE 及测试程序往往又不兼容,并且这类设备的检定规程或校准规范,也没有系统正规的卫星导航信号模拟源设备计量校准规范;而国外有关国家由于技术垄断和禁运政策,不但人为限制我国采购的模拟源技术指标,也不对我国用户公开模拟源溯源方法和手段,导致国内军民应用中大量模拟源无法实现有效的量值溯源。随着 ISO 9000 在全球范围的广泛推行,测量设备的可靠性要求比以前更加明确,卫星导航信号模拟源作为接收机的关键测试设备,其量值溯源问题的尽快解决也越显重要。

在国外模拟源厂商的技术封锁,难以得到相关技术资料及国内缺乏相关溯源体系的情况下,要使检测结果的溯源问题得到解决,就有必要对此进行研究、论证和实验验证,建立起从导航产品到模拟源,再到上级计量标准乃至国家、国际计量标准的溯源链。这一问题如果得以解决,就能够为检测工作提供充分的技术支撑,发挥卫星导航信号模拟源检测的灵活性、可控性和不受环境条件限制等优势;否则,利用卫星导航信号模拟源开展接收机检测工作就缺乏技术支持和法律依据。

8.2　卫星导航信号模拟源指标体系

关键指标通用仪器测量方法对于卫星导航信号模拟源自身,其可测指标体系可分为功能指标和性能指标两大类。功能指标主要针对于模拟源基本功能的验证,性能指标着重于模拟源模拟的射频信号的性能[1]。模拟源主要功能指标内容如表 8 - 1 所列。

表 8 - 1　模拟源主要功能指标

功 能 指 标	内　　　容
工作模式	具备测试和仿真两种模式
每系统可模拟卫星数目	具备模拟四大系统全星座卫星能力
中频信号输出功能	具备输出中频模拟信号能力
测试模式参数可设功能	具备设置观测数据、星座参数等能力
外同步及主动、被动授时功能	具备网络到模拟源、模拟源到接收机的授时同步功能
数学仿真功能	具备卫星星座模型、传播环境模型、接收机载体运动模型的数学仿真能力

数学仿真是所有功能指标中最基础,也是最重要的功能。数学仿真功能需同时具备空间段、环境段和用户段三个方面的正确仿真能力,能够进行卫星轨道、卫星钟差、电离层延迟、对流层延迟、载体轨迹模型的正确建模,才能产生符合场景需要的模拟信号。

由于射频信号的性能指标直接影响接收机测试结果,因此在模拟源自身测试与校准工作中主要考察其射频信号的性能指标。射频信号性能指标主要包括信号精度、信号质量、信号功率等[1],如图 8 – 1 所示。

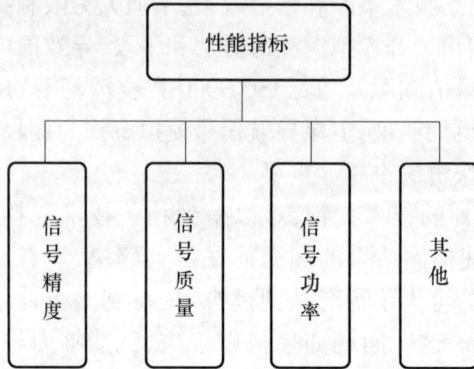

图 8 – 1   模拟源性能指标分类

　　射频信号精度主要受限于模拟源硬件设备延迟及时钟抖动,实质上是信号延迟精度与稳定性的反映。通常,射频信号精度指标有伪距零值及其稳定性、伪距精度、伪距控制分辨率、伪距率精度、载波相位变换精度、通道一致性、相干性与正交性等。噪声是影响射频信号质量的一个重要方面,模拟源性能指标中主要考虑相位噪声、带内杂散、谐波功率、频率稳定度等常见噪声的影响。射频信号功率是影响接收机灵敏度测试的主要因素,因此模拟源的射频信号功率在分辨率、绝对精度和功率偏差等方面有一定的要求。在动态性能上,由于星地相对运动以及实际接收机的动态特性,射频信号存在时变的多普勒效应,这要求模拟源模拟的射频信号在相对速度、加速度、加加速度上满足指标要求。除上述性能指标外,模拟源还需具备对多路径信号的模拟能力,能够对多路径信号数量、多路径延迟量、多路径信号的功率进行控制,以满足实际多路径干扰信号的模拟要求[1]。

8.3   基于通用仪器的测量校准技术

8.3.1   关键指标通用仪器测量方法

　　通用仪器由于发展比较成熟,具有比较完善的测量手段,因而在卫星导航信号模拟源相关指标测量中占据主导地位。通用仪器测量结构如图 8 – 2 所示。

　　通用仪器测量组主要包括示波器、频率计、功率计、频谱分析仪以及矢量网络分析仪等设备。在实际测量时,通常把模拟源特定场景待测信号与参考信号一并输入测试设备。参考信号是模拟源输出的标准信号,一般用作测试设备的时频基准。待测信号包含场景相关设置内容及模拟源设备信息,用于通用仪器相关指标内容的提取。通用仪器测量的结果反映了模拟源输出信号的状态,根据测量的结果调整模拟源参数,可实现模拟源的校准。

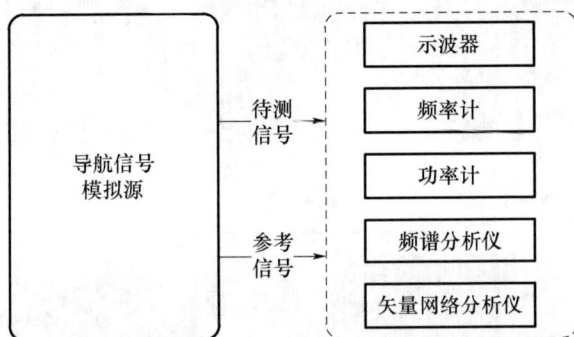

图 8 - 2　通用仪器测量结构

1. 零值延迟测量

在理想情况下,导航信号模拟源射频端口输出的信号伪码相位与秒脉冲信号上升沿严格对齐,然而由于导航信号模拟源信号生成需要经过数值计算、基带合成滤波及上变频调制等环节,实际伪码零相位与秒脉冲上升沿存在一定延迟 τ（图 8 - 3）。这个延迟通常称为零值。

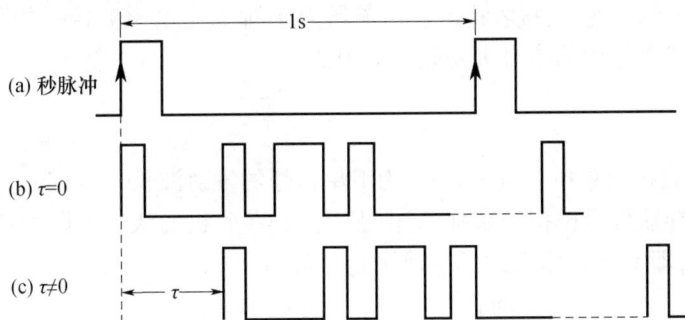

图 8 - 3　伪码零相位与秒脉冲关系

将秒脉冲输出和模拟源射频信号分别接入高速示波器的两个通道,并将秒脉冲端口设为触发,观察示波器输出波形。由于 BPSK 调制的导航信号在上变频之前采用了有限带宽的余弦滚降进行处理,实际信号在相位翻转点处会受到幅度调制影响,形成如图 8 - 4 所示的 X 形过渡带。并且由于导航电文周期性变化,当电文首尾符号相同时显示如图 8 - 4(a)所示,当电文首尾符号不同时显示如图 8 - 4(b)所示。随着秒脉冲信号的连续触发,示波器显示图 8 - 4(a)、(b)交替出现的现象,交替的张合点为翻转点,翻转点到秒脉冲上升沿中心的距离即零值。手动调节示波器时间轴测出零值的大小,即可测量出设备延迟。

秒脉冲上升沿

(a)

秒脉冲上升沿　　　翻转点

$\Delta\tau$

零值　　　(b)

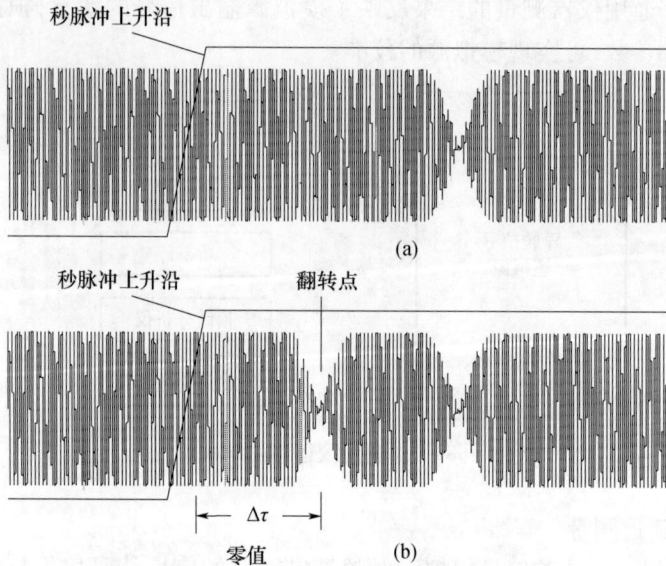

图 8 - 4　翻转点与零值示意图

2. 多普勒速度、加速度、加加速度测量[1]

实际卫星导航系统中,卫星与接收机并非静止。设卫星的速度矢量为 $\boldsymbol{v}_s$,发射的电磁波信号频率为 f_s,接收机的速度矢量为 $\boldsymbol{v}$,那么由电磁波传播的基本理论可得接收机天线接收到的信号多普勒频率为

$$f_d = \frac{(\boldsymbol{v} - \boldsymbol{v}_s) \cdot \boldsymbol{r}}{\lambda} \tag{8-1}$$

式中: $\boldsymbol{r}$ 为接收机的单位观测矢量;λ 为卫星信号的发射波长,$\lambda = c/f_s$。

在卫星导航信号模拟源系统中,由于卫星和接收机的状态可设,如果将卫星状态置为静止,即 $\boldsymbol{v}_s = 0$,那么式(8-1)可重写为

$$f_d = \frac{(\boldsymbol{v} - \boldsymbol{0}) \cdot \boldsymbol{r}}{\lambda} = \frac{\boldsymbol{v} \cdot \boldsymbol{r}}{\lambda} = \frac{v \cdot \cos\beta}{\lambda} = \frac{v}{c} \cdot f_s \cos\beta \tag{8-2}$$

$$\Delta v = v \cdot \cos\beta = f_d \cdot \frac{c}{f_s} \tag{8-3}$$

即卫星与接收机的相对速度可通过接收到信号的多普勒效应(图 8-5)计算得到。

利用上述原理,相同条件下在观察时间 ΔT 内同样可求得相对加速度和相对加加速度变化量的表达式为

$$\Delta a = \frac{f_d}{\Delta T} \cdot \frac{c}{f_s} \tag{8-4}$$

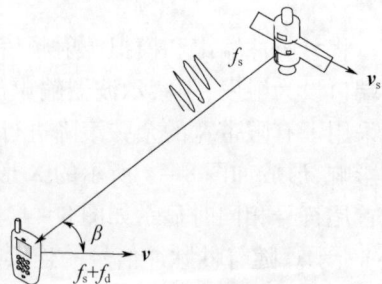

图 8 - 5　卫星信号多普勒效应示意图

$$\Delta J = \frac{2f_d}{\Delta T^2} \cdot \frac{c}{f_s} \qquad (8-5)$$

因此,利用测量信号的多普勒频偏,即可测量出相对速度、加速度及加加速度的量值。

3. 伪距控制精度

伪距误差是指卫星导航信号模拟源对所模拟生成的各颗导航卫星信号伪距的控制误差,其控制精度直接影响到了卫星导航接收机的定位精度。

如图 8 - 6 所示,控制误差可表示为

$$\delta\rho_i = \rho_i - \rho_0$$

对多次测量的误差 $\delta\rho_i$ 进行统计分析,并求得其偏差和标准差为

$$\delta\bar{\rho} = \frac{1}{N}\sum_{i=1}^{N}\delta\rho_i = \frac{1}{N}\sum_{i=1}^{N}(\rho_i - \rho_0) \qquad (8-6)$$

$$\sigma_{\delta\rho} = \sqrt{\frac{1}{N-1}\sum_{i=1}^{N}(\delta\rho_i - \delta\bar{\rho})^2} \qquad (8-7)$$

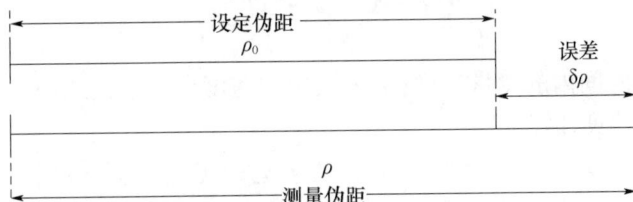

图 8 - 6 伪距控制精度示意图

式(8 - 6)和式(8 - 7)即伪距控制精度的统计反映。

依据卫星导航信号模拟器信号的生成原理,伪距控制实质上反映在对信号的延迟控制上,如图 8 - 7 所示。

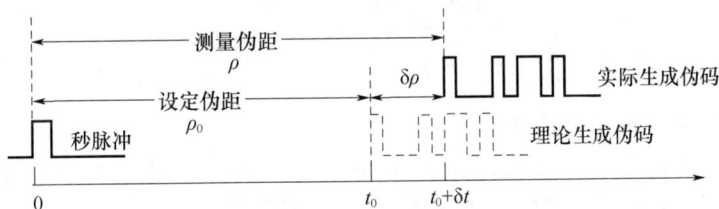

图 8 - 7 伪距延迟示意图

若令 $\rho_0 = 0$,那么伪距控制误差 $\delta\rho_i$ 即等效于图 8 - 4(b)所示的零值。因此,在设定伪距为 0 的环境下,测量翻转点到秒脉冲上升沿中心的距离即可测得伪距控制误差。

4. 伪距变化率精度

在实际情况中,由于卫星与导航接收机的相对运动,接收机接收到的测距码的

值不断变化,即解算出的伪距值也是在不断变化的。因此,伪距变化率误差同样是衡量卫星导航信号模拟源性能的关键指标,如图 8-8 所示。

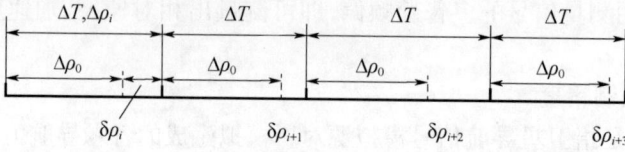

图 8-8　单位时间伪距变化示意图(匀速场景)

伪距变化率精度衡量的是单位时间内模拟源的伪距控制误差,即

$$\delta \dot{\rho_i} = \frac{\Delta \rho_i - \Delta \rho_0}{\Delta T} \qquad (8-8)$$

式中:$\Delta \rho_0$ 为理论伪距增量;$\Delta \rho_i$ 为实际测量伪距增量;ΔT 为测量时间。

由于伪距的变化量是速度的积分,在卫星静止、接收机匀速运动的场景下,式(8-8)可表示为

$$\delta \dot{\rho_i} = \frac{\bar{v_i} \cdot \Delta T - v_0 \cdot \Delta T}{\Delta T} = \bar{v_i} - v_0 \qquad (8-9)$$

式中:$\bar{v_i}$ 为 ΔT 时间内的测量速度;v_0 为设定的速度值。根据式(8-3),速度可用信号的多普勒计算,因此可得

$$\delta \dot{\rho_i} = \bar{v_i} - v_0 = f_{d,i} \cdot c/f_s - f_d \cdot c/f_s = (f_{d,i} - f_d) \cdot c/f_s$$

$$= \left[\frac{(f_{d,i} + f_s)}{f_0} - \frac{(f_d + f_s)}{f_0} \right] \cdot cf_0/f_s = (r_i - r_0) \cdot cf_0/f_s \qquad (8-10)$$

式中:f_0 为给定的基准频率;$r_i = (f_{d,i} + f_s)/f_0$ 为实际测量频率与给定频率的比率;$r_0 = (f_d + f_s)/f_0$ 为理论比率。由于 r_i 可用频率计准确测量,因此可求得伪距变化率的偏差统计量为

$$\delta \bar{\rho} = cf_0/f_s \cdot (\bar{r} - r_0) \qquad (8-11)$$

$$\sigma_{\delta \dot{\rho}} = \sqrt{\frac{1}{N-1} \sum_{i=1}^{N} (\delta \dot{\rho_i} - \delta \bar{\rho})^2} = cf_0/f_s \cdot \sqrt{\frac{1}{N-1} \sum_{i=1}^{N} (r_i - \bar{r})^2} \qquad (8-12)$$

5. 码相位通道间一致性

伪距控制精度针对一路信号进行分析,然而实际接收机在对导航信号进行处理时需要多个通道同时进行。此时,模拟源射频信号伪码相位的通道一致性的偏差将直接影响接收机定位的精确性。

码相位通道间的一致性偏差是指各个通道间信号延迟的不一致性,实质上是对各个通道延迟的测量,如图 8-9 所示。

前面已指出单个通道延迟的测量方法,那么同时对多个通道进行测量,并比较测量结果便可得到信号码相位通道一致性偏差。若任意两颗卫星在第 i 个历元的伪距偏差为 $\delta \rho_i^m$、$\delta \rho_i^n$,标准偏差为 $\sigma_{\delta \rho_i^m}$、$\sigma_{\delta \rho_i^n}$,那么这两个通道间的码相位一致性偏差为

$$\delta \rho_i^{mn} = \delta \rho_i^m - \delta \rho_i^n \tag{8-13}$$

标准偏差为

$$\sigma_{\delta \rho^{mn}} = \sqrt{\sigma_{\delta \rho_i^m}^2 + \sigma_{\delta \rho_i^n}^2} \tag{8-14}$$

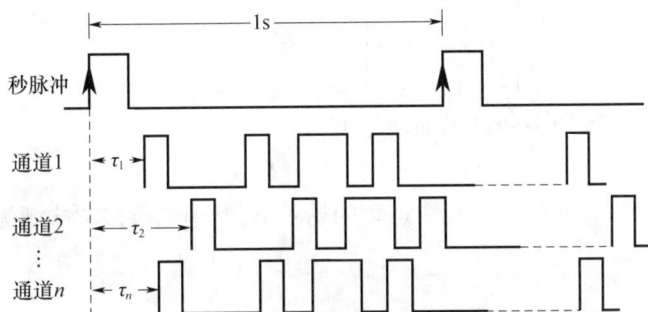

图 8-9　码相位通道间一致性示意图

那么可得通道间一致性结果为 $\max\{\delta \rho^{m,1}\} - \min\{\delta \rho^{m,1}\}$。

6. 相对加速度、加加速度

（1）动态范围。

实际接收机的动态性随着应用场合的不同呈现不同的变化状态,卫星导航信号模拟源模拟的导航信号动态范围应至少覆盖实际接收机的动态范围。

由式(8-4)和式(8-5)指出,接收机的加速度和加加速度的值可通过接收机接收信号的多普勒频率获得,多普勒频率的获得可通过频率计的测量。因此,通过设定接收机匀加速、匀加加速运动,给定观测时间 ΔT,并获得观测时间内的多普勒频率变化量,即可求得对应的最大相对加速度和加加速度的值。

（2）分辨率。

分辨率指标考察模拟源模拟最小相对加速度和最小相对加加速度的性能,即以最小加速度或加加速度设置,观测其设置下限。

在实际测量时,由于不能直接测量出加速度和加加速度,因此需要转化到速度的改变量上。速度的测量采用频率计,利用式(8-3)进行。对于匀加速直线运动,其瞬时速度表示为

$$v = v_0 + a \cdot t \tag{8-15}$$

因此,可由式(8-15)反解加速度 $a = (v - v_0)/t$。由于单点测量值包含测量、随机误差等不确定量,在实际测量时通常采用最小二乘拟合解算加速度。即对于 N 点观测序列 $\{(t_k, v_k)\}$,可得到测量序列

$$\begin{cases} a = (v_1 - v_0)/t_1 \\ a = (v_2 - v_0)/t_2 \\ \vdots \\ a = (v_N - v_0)/t_N \end{cases} \tag{8-16}$$

矩阵表达式为

$$Gx = b \qquad (8-17)$$

式中

$$G = \begin{bmatrix} 1 \\ \vdots \\ 1 \end{bmatrix}_{N \times 1}, \quad b = \begin{bmatrix} (v_1 - v_0)/t_1 \\ \vdots \\ (v_N - v_0)/t_N \end{bmatrix}_{N \times 1}, \quad x = a \qquad (8-18)$$

那么,最小二乘拟合的最小加速度为

$$a = (G^{\mathrm{T}}G)^{-1}G^{\mathrm{T}}b \qquad (8-19)$$

同理,在设定匀加加速度直线运动的场景下,利用二阶多项式观测模型

$$v = v_0 + a \cdot t + \frac{1}{2}J \cdot t^2 \qquad (8-20)$$

可得最小加加速度的拟合表达式,同式(8-19),其中

$$b = \begin{bmatrix} 2 \cdot (v_1 - v_0 - at_1)/t_1^2 \\ \vdots \\ 2 \cdot (v_N - v_0 - at_N)/t_N^2 \end{bmatrix}_{N \times 1} \qquad (8-21)$$

8.3.2 关键指标测量及结果分析

1. 测试设备连接

示波器测量结构中,示波器两个通道分别连接模拟源秒脉冲和射频信号输出口。秒脉冲用于通道触发,射频口用于输出待测特定场景信号。模拟源的参考时钟采用外部原子钟输入。为了提高处理效率、减小人工调节示波器引入的误差,实际测量时对采样序列进行存储,然后将存储数据送入后续软件分析处理。

图8-10和图8-11分别为基于示波器和频率计的测试连接示意图。频率计

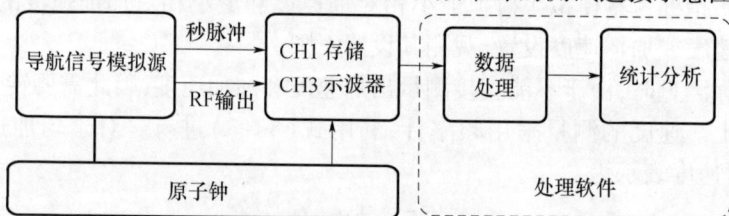

图8-10　基于高速存储示波器的测试连接

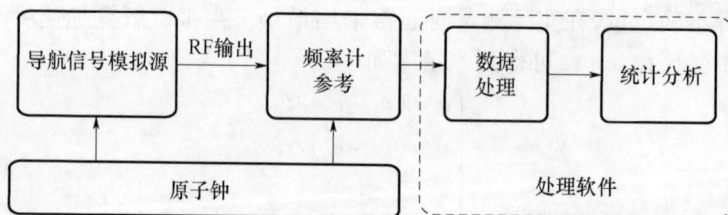

图8-11　基于频率计的测试连接

测量结构中不需要模拟源提供秒脉冲,而需另外提供 10MHz 参考时钟,该时钟信号由原子钟输入。测试设备相关信息见表 8-2。

表 8-2　测试设备相关信息

设备	型号
模拟源	SIRC GNS8460
示波器	Agilent DSO90254A
频率计	Aglient 53230A
原子钟	SRS FS725

2. 测试过程及结果分析

1）伪距控制精度、码相位通道间一致性

伪距控制精度与码相位通道间一致性本质上是对通道延迟的测量,利用图 8-10 所示的测量连接方式,单通道伪距控制误差(零值)测量如图 8-12 所示。

根据零值延迟测量的原理找到的翻转点如图 8-12(a)和(b)所示。利用示波器存储图 8-12(b)所示的采样序列,并对多段采样序列进行翻转点提取,如图 8-13 所示。

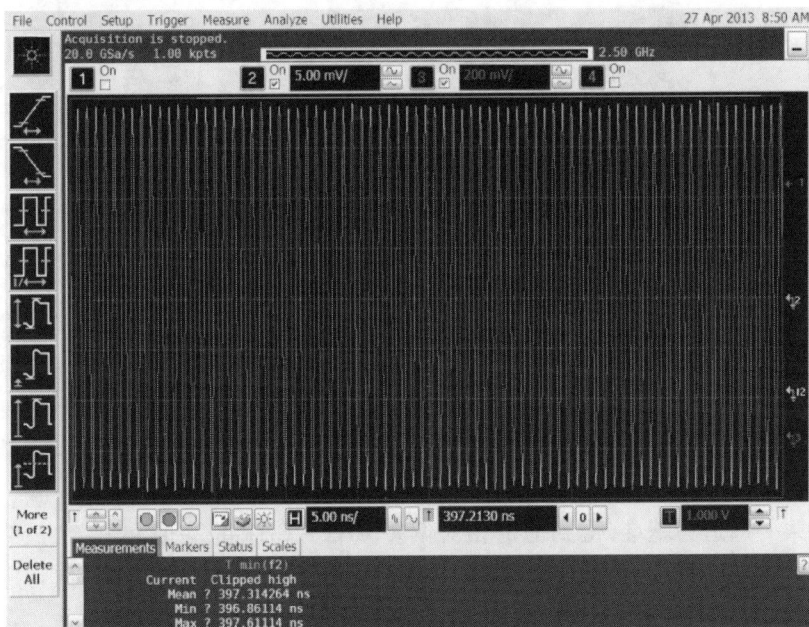

(a)

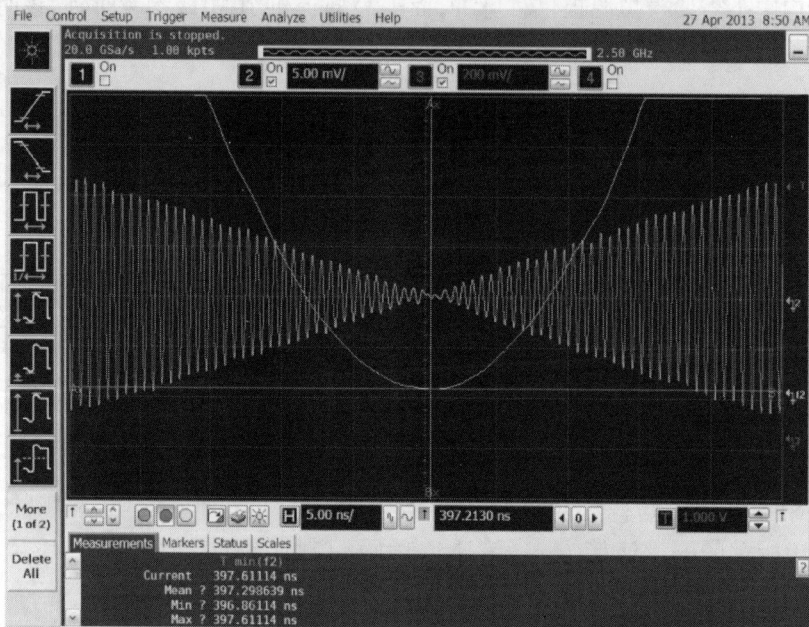

(b)

图 8 − 12　单通道伪距控制误差测量(示波器照片)

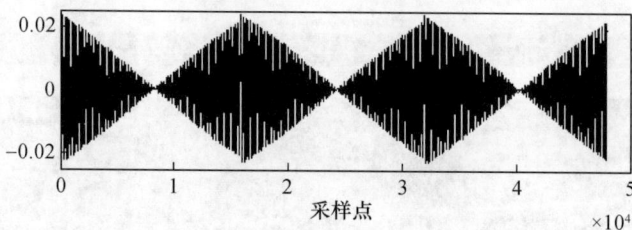

图 8 − 13　伪距控制误差存储采样序列(单通道)

此时伪距控制误差,即零值的提取转换为对采样序列包络最小值的定位。通常首先对采样序列进行插值以获取更高虚拟采样率的序列,然后进行滤波获得包络。由于提取的包络存在较多细小纹波,因此最终需要对包络进行曲线拟合,求解曲线交点,即可获得伪距控制误差。按上述采样方法获得的 12 通道测量数据见表 8 − 3。

以第一通道为基准,得到通道相对偏差 $CHx − CH1$ 的均值和方差,最终得到码相位通道间一致性为 $\max\{CHx − CH1\} − \min\{CHx − CH1\} = 0.00875(\text{m})$。

2)伪距变化率精度

伪距变化率精度需要在低动态和高动态两种类型的场景下测试,测试场景见表 8 − 4。

表 8 - 3　12 通道测量数据　　　　　　　　　　（单位: m）

通道＼次数	1	2	3	4	5	6	均值	方差
CH1	0.03981	0.03039	0.03162	0.03681	0.05319	0.03927	0.0385	0.00817
CH2	0.04524	0.05016	0.03438	0.05754	0.04662	0.05022	0.0474	0.00766
CH3	0.04278	0.03084	0.04245	0.03216	0.03672	0.05184	0.0395	0.00785
CH4	0.05322	0.05403	0.04098	0.03198	0.04245	0.03177	0.0424	0.00976
CH5	0.03141	0.03471	0.04245	0.05160	0.03702	0.05094	0.0414	0.00848
CH6	0.03636	0.04536	0.04464	0.03333	0.03963	0.05184	0.0419	0.00675
CH7	0.04326	0.03411	0.04686	0.05373	0.05220	0.04839	0.0464	0.00711
CH8	0.04650	0.04047	0.03381	0.05319	0.04968	0.03261	0.0427	0.00847
CH9	0.05424	0.05523	0.05202	0.05088	0.05532	0.03123	0.0498	0.00928
CH10	0.04638	0.03012	0.04602	0.04332	0.04884	0.05253	0.0445	0.00771
CH11	0.05691	0.05268	0.04956	0.04038	0.04287	0.03159	0.0457	0.00922
CH12	0.05598	0.04059	0.04380	0.04308	0.05901	0.04059	0.0472	0.00815

表 8 - 4　伪距变化率测试场景

场景名	设置描述
场景 1	$\rho_0 = 0, v_0 = 0, a_0 = 0, J_0 = 0$
场景 2	起始条件: $\rho_0 = 0, v_0 = 0, a_0 = 45\mathrm{m/s^2}, J_0 = 0$。 加速时长: $T < 2\mathrm{s}$。 结束状态: $a_0 = 0, J_0 = 0$
场景 3	起始条件: $\rho_0 = 0, v_0 = 0, a_0 = 0, J_0 = 50\mathrm{m/s^3}$。 加速时长: $T < 1\mathrm{s}$。 结束状态: $a_0 = 0, J_0 = 0$
场景 4	起始条件: $\rho_0 = 0, v_0 = 0, a_0 = 40\mathrm{m/s^2}, J_0 = 50\mathrm{m/s^3}$。 加速时长: $T < 0.1\mathrm{s}$。 结束状态: $a_0 = 0, J_0 = 0$
场景 5	$\rho_0 = 0, v_0 = 0, a_0 = 0, J_0 = 0$
场景 6	起始条件: $\rho_0 = 0, v_0 = 0, a_0 = 450\mathrm{m/s^2}, J_0 = 0$。 加速时长: $T < 1\mathrm{s}$。 结束状态: $a_0 = 0, J_0 = 0$

（续）

场景名	设置描述
场景7	起始条件：$\rho_0=0,v_0=0,a_0=0,J_0=500\mathrm{m/s}^3$。 加速时长：$T<1\mathrm{s}$。 结束状态：$a_0=0,J_0=0$
场景8	起始条件：$\rho_0=0,v_0=0,a_0=400\mathrm{m/s}^2,J_0=500\mathrm{m/s}^3$。 加速时长：$T<0.1\mathrm{s}$。 结束状态：$a_0=0,J_0=0$

利用式（8-12），采用频率计，对6种场景分别进行5组数据测量，得到的测量结果见表8-5。其中：前4个为低动态测试场景（$a<45\mathrm{m/s}^2,J<50\mathrm{m/s}^3$）；后4个为高动态测试场景（$a<450\mathrm{m/s}^2,J<500\mathrm{m/s}^3$）。在低动态场景下指标要求优于0.005m/s，高动态场景下优于0.01m/s，测试结果均满足要求。

表8-5　伪距变化率精度测试结果　　　　　（单位：m/s）

次数 使用场景	1	2	3	4	5
场景1+场景2	0.0036	0.0038	0.0040	0.0042	0.0038
场景1+场景3	0.0048	0.0048	0.0049	0.0049	0.0049
场景1+场景4	0.0046	0.0046	0.0048	0.0049	0.0047
场景5+场景6	0.0088	0.0089	0.0089	0.0089	0.0088
场景5+场景7	0.0085	0.0089	0.0087	0.0089	0.0088
场景5+场景8	0.0089	0.0087	0.0087	0.0089	0.0086

3）加速度、加加速度

加速度、加加速度及其分辨率的测量首先利用频率计测量采样时刻的多普勒频偏f_{d}，然后根据式（8-12）计算当前采样时刻的瞬时速度，利用式（8-19）进行最小二乘拟合，得到结果见表8-6。其中加速度和加加速度的实测结果分别大于$2000\mathrm{m/s}^2$、$10000\mathrm{m/s}^3$，其分辨率分别优于$10\mathrm{mm/s}^2$和$10\mathrm{mm/s}^3$。

表8-6　加速度、加加速度测量结果

次数 测试项	1	2	3	4	5
加速度/$(\mathrm{m/s}^2)$	±2900	±2700	±2700	±2600	±2700
加速度分辨率/$(\mathrm{mm/s}^2)$	9.98	9.92	9.94	9.85	9.93
加加速度/$(\mathrm{m/s}^3)$	±18000	±16000	±18000	±19000	±17000
加加速度分辨率/$(\mathrm{mm/s}^3)$	9.92	9.98	9.94	9.95	9.95

8.4　卫星导航信号模拟源溯源技术

基于通用仪器测量和软件无线电的自校方案能将模拟源自身指标进行校正和修订,满足接收机测试精度的需求。然而,作为一种测量设备,若导航信号模拟源的指标溯源问题不能解决,那么对接收机测试结果的可靠性将得不到保证。相对于国外导航信号模拟技术的发展,我国导航信号模拟源的研究起步晚,到目前为止尚没有建立一套完整的模拟源溯源体系。本节针对卫星导航信号模拟源溯源问题展开探讨,基于前面章节的研究成果,讨论模拟源关键指标的溯源方法。

8.4.1　卫星导航设备溯源

1. 卫星导航接收设备性能检测方式

卫星导航接收设备主要关键动态性能指标包括位置、速度、加速度、加加速度等,检测方法主要有两种:

(1) 实际卫星导航信号进行检测:包括动态检测场法和高精度卫星导航接收机比对法。前者在检测场轨道车上安装被测卫星导航接收机,轨道车按规定的速度、加速度运动,比较卫星导航接收机的测量结果与轨道车设定运动参数,验证卫星导航接收机的动态定位性能。后者在运动载体上同时安装被测卫星导航接收机和更高精度的卫星导航接收机,在载体运动过程中,同时记录两者的测量数据,以高精度卫星导航接收机为参考,比较同一时刻二者的测量数据。

(2) 卫星导航信号模拟源进行检测:由卫星导航信号模拟源仿真卫星信号和运动轨迹,以模拟源仿真的位置、速度等参数作为标准值,对卫星导航接收机进行检测。

利用实际环境实现卫星导航接收机的动态性能检测,不仅难以实现复杂的动态轨迹、动态参数变化范围的控制,而且成本也极高。利用卫星导航信号模拟源进行接收机动态性能检测,不仅能实现测量环境可控,而且具有运动场景模拟灵活、动态范围大、测量数据重复性好、操作简单方便等优点,因此国内和国际上基本上采用卫星导航信号模拟源的方式进行检测。

2. 卫星导航设备溯源链

卫星导航接收机的关键技术指标包括静态定位误差、动态定位误差、速度测量误差、接收灵敏度等,采用卫星信号模拟器检测接收机时,需要模拟单一或多星座的多颗导航卫星产生的无线电导航信号,并在此基础上叠加运动载体空间运动引起的各通道电信号传输时间差或多普勒频移,通过射频端口输出给被测接收机,由接收机解算出位置信息和速度信息。因此,接收机的关键指标性能直接受模拟源影响。接收机关键指标与模拟源关键指标对应关系如图 8 - 14 所示。

　　卫星导航接收机本质上是测量设备,其量值具有溯源性。在卫星导航接收机关键技术指标溯源时,将导航接收机关键技术参数溯源至模拟器关键技术参数(图8-14),再将模拟器技术参数溯源至时间频率参数和无线电电子学参数,即可完成到国家计量标准的溯源。溯源过程如图8-15所示。

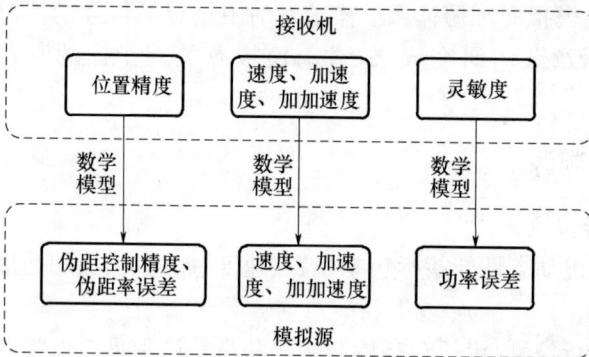

图8-14　接收机关键指标与模拟源关键指标对应关系

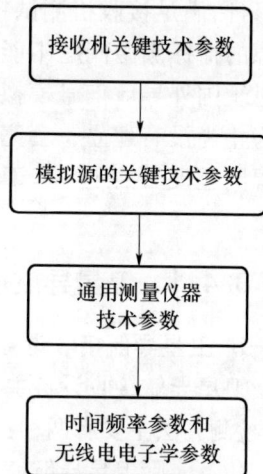

图8-15　卫星导航接收设备溯源过程

8.4.2　基于 MAP 的导航信号模拟源溯源方案[2]

　　卫星信号模拟器的溯源是检测工作中不可或缺环节。传统的溯源方法是将计量器具送至相关计量单位完成溯源。然而,在我国没有针对导航信号模拟源的溯源的完整解决方案,模拟源的计量工作难于展开。测量保证程序(Measurement Assurance Program,MAP)是一种用数理统计的方法,定量地确定总的测量不确定度(随机误差和系统误差分量),并验证总的不确定度是否小到满足用户的要求的溯源方法。下面基于 MAP 原理进行模拟源溯源方案探讨。

1. 模拟源 MAP 溯源基本过程

　　导航信号模拟源 MAP 流程如图8-16所示,主要包括传递、核查、数据处理。

　　1)传递过程[3]

　　有两次传递过程:

　　第一次传递,计量机构对选定的、由高速采样示波器或功率计等通用标准仪器构成的传递标准,用高一级的计量标准进行校准,并对传递标准的长期稳定性进行考核,当确认其稳定可靠后作为传递标准使用。将该传递标准、计量条件、计量方法、测试软件包传递给参加测量保证程序活动的被检定导航信号模拟源用户。

　　第二次传递,用户利用传递标准及其测试软件包按照指定计量条件和方法对被检定导航信号模拟源进行测量,测量后将传递标准、测量数据传递回计量机构。

计量机构收到传递标准后,对传递标准进行复校,对得出的数据进行统计分析,以进行传递标准的稳定性检验,最终获得该次传递过程的有效性判定。

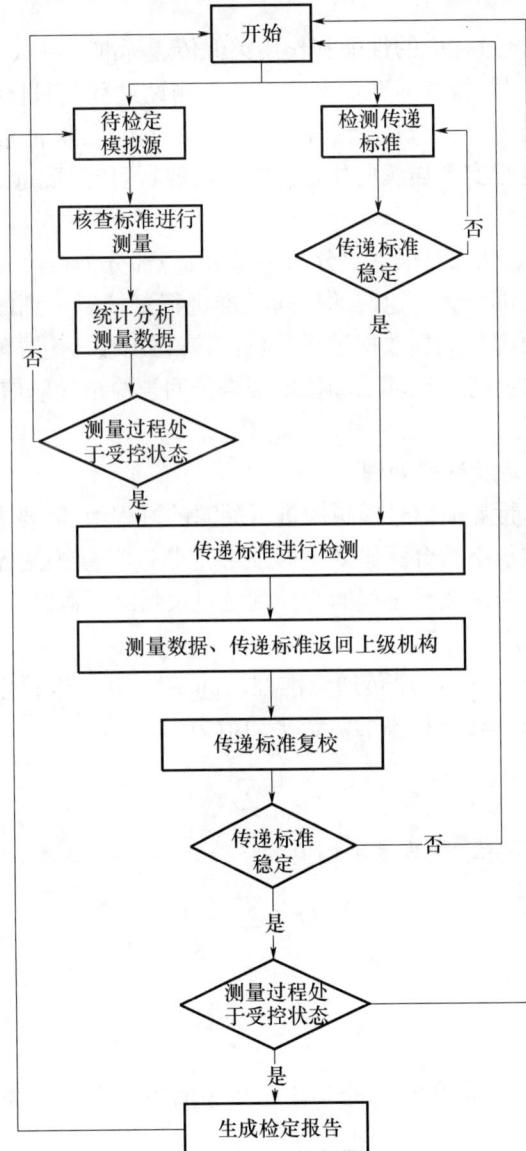

图 8 - 16　导航信号模拟源 MAP 流程

2）核查过程

在传递标准的两次传递过程中,参加测量保证程序活动的被检定导航信号模拟源需选择一个计量器具(如高速采样示波器、功率计等)作为核查标准,并且该计量器具需经过评价,稳定性在规定范围内。利用核查标准定期(周期由计量机

333

构和用户实验室共同确定)对待检定的导航信号模拟源进行测量,然后对得到的一系列测量数据进行统计分析(一般采用 t 检验和 F 检验),若无异常称测量过程受控,否则为失控。

核查标准在测试过程中的性能和作用类似传递标准在测试过程中的性能和作用,当没有传递标准时,核查标准负责监视整个测试过程,通过建立实验室连续的测量过程参数,并由此对系统的全过程进行检验与控制,保证量值传递的不确定度,从而对测量全过程实现连续的质量监控,保证量值传递质量。

3) 数据处理过程

上级计量机构处理的数据主要分为两部分:一部分为待测导航信号模拟源返回的测试数据;另一部分为对返回的传递标准进行复校后得到的数据。在传递有效的情况下,对这两部分测量数据进行分析比较,得出被检定导航信号模拟源关键技术指标的检定报告,将检定证书和检定报告传回被检定导航信号模拟源用户,为其量值校准提供依据。

2. 溯源过程判定及数据处理

在使用 MAP 进行导航信号模拟源进行溯源的过程中,需要进行溯源过程状态进行控制,在溯源过程不符合溯源要求时能够重新进行溯源流程。这主要包括两次传递标准的判定、两次测量过程的受控判定以及最终溯源结果的处理等。

1) 传递标准稳定性判定

设有 n 个传递标准,第 t 个传递标准在时间 T 内的 m 个检定结果分别为 V_{t1},V_{t2},$\cdots$,V_{tm},那么第 t 个传递标准的算数平均值为

$$V_t = \frac{1}{m} \sum_{i=1}^{m} V_{ti} \qquad (8-22)$$

而所有 n 个传递标准的算术平均值为

$$V = \frac{1}{n} \sum_{t=1}^{n} V_t \qquad (8-23)$$

此时,第 t 个传递标准的稳定性为

$$S_{bt} = \frac{V_{tmax} - V_{tmin}}{T \times V_t} \qquad (8-24)$$

式中:V_{tmax} 为第 t 个传递标准的 m 个检定结果中的最大值;V_{tmin} 为 m 个检定结果中的最小值。

则传递标准的稳定性为

$$S_b = \frac{1}{n} \sum_{i=1}^{n} S_{bi} \qquad (8-25)$$

若 S_b 小于计量机构设定的稳定性标准,则说明传递标准的稳定性符合要求。

2) 测量过程受控状态判定

为了防止测量过程中出现非受控状态,需要对两次测量过程进行检测判定,采

用假设检验方法。

（1）均值检验过程。导航信号模拟源用户每隔一定时间用核查标准测量一组数据，共有 n 组，每组测量 m 次，第 j 组的 m 次测量结果为 $A_{j1}, A_{j2}, \cdots, A_{jm}$。第 j 组的组内算数平均值为

$$A_j = \frac{1}{m} \sum_{i=1}^{m} A_{ji} \qquad (8-26)$$

组内标准偏差为

$$S_j = \left(\frac{1}{m} \sum_{i=1}^{m} (A_j - A_{ji})^2 \right)^{\frac{1}{2}} \qquad (8-27)$$

由于对同一个测量量进行测量，假设每组测量结果服从正态分布 $N(\mu, \sigma^2)$，μ 和 σ^2 均为未知常数。

对各组间的均值稳定性进行假设

$$H_0：均值稳定（\mu = \mu_0）$$

由于方差未知，采用 t 检验法进行假设检验。对于采用总体，可得到这 n 组的组间算数平均值为

$$A = \mu_0 = \frac{1}{n} \sum_{j=1}^{n} A_j \qquad (8-28)$$

组间标准偏差为

$$S = \left(\frac{1}{n} \sum_{j=1}^{n} (A - A_j)^2 \right)^{\frac{1}{2}} \qquad (8-29)$$

组间方差的平均值为

$$S_w = \left(\frac{1}{n} \sum_{j=1}^{n} (S_j)^2 \right)^{\frac{1}{2}} \qquad (8-30)$$

构造统计量 t，使得

$$t = \frac{\bar{x} - \mu_0}{s_n} = \frac{A_j - A}{S} \sqrt{n-1} \qquad (8-31)$$

根据假设检验理论，当假设 H_0 为真时，服从自由度为 $n-1$ 的 t 分布。给定置信水平 α，查 t 分布表得到 $t_{\alpha/2}(n-1)$，若满足

$$t < t_{\alpha/2}(n-1) \qquad (8-32)$$

则接受假设 H_0，即均值稳定受控，未出现异常；否则，拒绝假设 H_0，均值异常。

（2）方差检验过程。对各组测量结果进行方差稳定性检验，假设

$$H_0：方差稳定（\sigma = \sigma_0）$$

构造统计量为

$$F = \left(\frac{S_j}{S_w} \right)^2 \qquad (8-33)$$

对测量过程进行标准差检验，即

$$F = \left(\frac{S_j}{S_w}\right)^2 < F_{\alpha/2}(m-1, n-1) \tag{8-34}$$

式中:α 为显著水平;$F_{\alpha/2}(m-1, n-1)$ 为 F 分布上的分位点。

若式(8-34)成立,则接受假设 H_0,方差处于受控状态;若式(8-34)不成立,方差非控。

当测量过程同时满足均值和方差受控时,则说明测量过程属于受控状态,应继续溯源过程。

3)溯源结果的判定

溯源结果的判定需要处理两部分数据:一部分为待测模拟源返回的测试数据;另一部分为返回的传递标准进行复校后得到的数据。

对于导航信号模拟源用户,用每个传递标准测量 m 次,第 t 个传递标准的测量结果为 $T_{t1}, T_{t2}, \cdots, T_{tm}$,组内算数平均值为

$$T_t = \frac{1}{m}\sum_{i=1}^{m} T_{ti} \tag{8-35}$$

组内标准偏差为

$$S_t = \left(\frac{1}{m-1}\sum_{i=1}^{m}(T_t - T_{ti})^2\right)^{\frac{1}{2}} \tag{8-36}$$

传递标准的组间算术平均值为

$$T = \frac{1}{n}\sum_{t=1}^{n} T_t \tag{8-37}$$

组间标准偏差为

$$S = \left(\frac{1}{n-1}\sum_{i=1}^{n}(T - T_i)^2\right)^{\frac{1}{2}} \tag{8-38}$$

对上级计量机构,各传递标准的检定不确定度为 $U_1, U_2, \cdots, U_n$,则传递标准的传递不确定度为

$$U = \left(\frac{1}{n}\sum_{i=1}^{n} U_i\right)^{\frac{1}{2}} \tag{8-39}$$

根据以上测量数据可得溯源量差值为

$$\Delta = V - T \tag{8-40}$$

那么,溯源标准偏差为

$$S_U = (U^2 + S^2)^{\frac{1}{2}} \tag{8-41}$$

8.4.3 导航信号模拟源关键指标溯源实现

导航信号模拟源指标体系包含功能和性能两大指标,溯源主要针对其性能指标。根据前章节相关测量技术的讨论,基于 MAP 的导航信号模拟源溯源主要针对伪距控制精度、伪距变化率误差、加速度误差和加加速度误差以及功率误差等展开。

1. 伪距控制精度

伪距控制精度由示波器进行测量,选用高速采样示波器作为伪距控制精度溯源的传递标准,其溯源实现如图 8 – 17 所示。

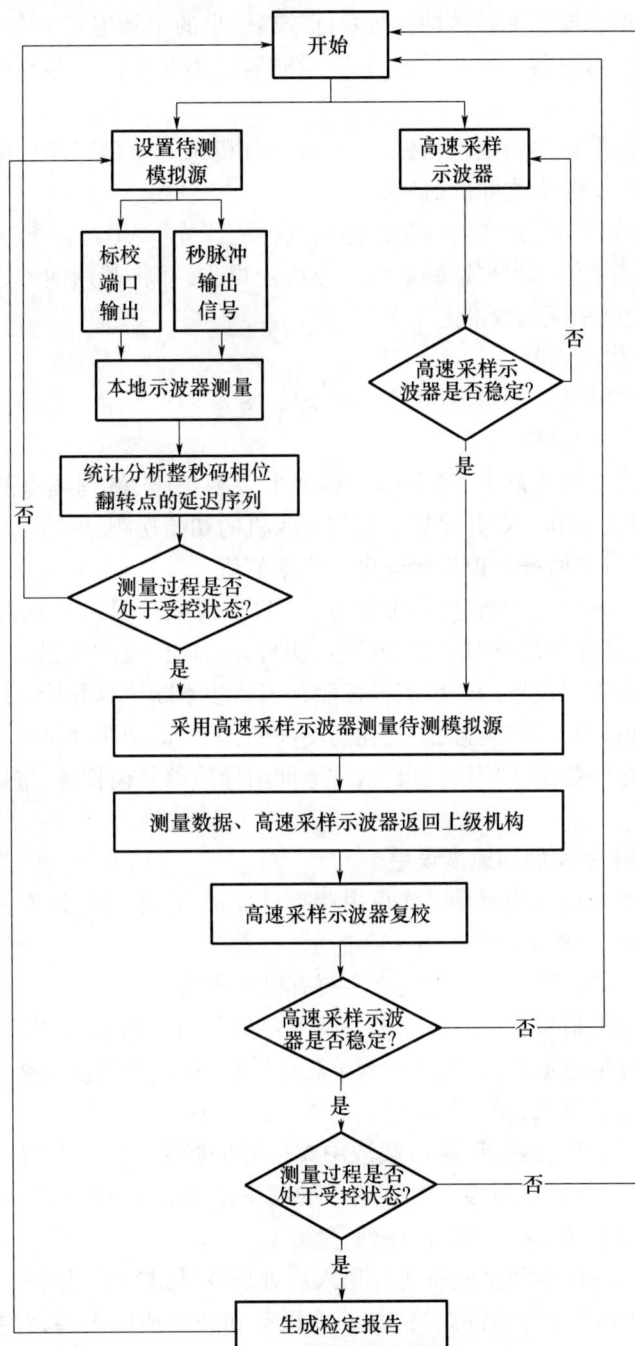

图 8 – 17　基于 MAP 的伪距控制精度溯源实现

伪距控制精度溯源实现主要有以下步骤：

（1）设置导航信号模拟源产生的卫星为静止状态，产生待测星座、待测频点的单颗卫星信号，调制方式设置为 BPSK，伪距设置为 0。

（2）将模拟源输出的秒脉冲信号及标校口输出的单颗卫星的高功率 BPSK 射频信号分别接入示波器的两个采样通道，示波器采集并存储足够时长 T 的双通道信号。

（3）将该信号通过后处理软件，在时域上分析每一整秒码相位翻转点与模拟源输出的秒脉冲上升沿之间的时间差。

（4）对整秒码相位翻转点的延迟序列进行统计分析，得到伪距控制误差偏差、抖动及稳定性测量值。根据这些数据生成检定报告，并将其返回给导航信号模拟源，进行伪距控制精度的校准。

2. 伪距变化率误差

基于 MAP 的伪距变化率误差溯源实现如图 8 - 18 所示。伪距变化率误差溯源实现主要有以下步骤：

（1）设置接收机为静态，导航模拟源产生待测星座、待测频点的单颗卫星信号，调制方式设置为 BPSK，并设置卫星与接收机的初始伪距，然后设置接收机动态场景为匀速直线运动，速度值设为速度分辨率的值。

（2）标校口输出的单颗卫星的高功率 BPSK 射频信号接入示波器的采样通道，示波器采集并存储足够时长 T 的信号，测量分析该信号的延迟。

（3）根据模拟源设置的速度值根按照预定算法不断计算并设定后续多个相位翻转点的伪距值，由此可测得伪距变化与时间的关系，即伪距变化率。

（4）根据这些数据生成检定报告，并返回给导航信号模拟源，进行伪距变化率误差的校准。

3. 加速度误差和加加速度误差

加速度和加加速度的测量工作可由频率计完成，选用频率计作为这两项动态指标的传递标准，溯源实现如图 8 - 19 所示。

加速度和加加速度误差溯源实现主要有以下步骤：

（1）设置导航信号模拟源仅输出一颗卫星信号，设置用户接收机相对于卫星运动的径向速度为指定值，调制方式为单载波调制，对应的载波标称频率和载波多普勒频率分别为 f_c 和 f_d，设置频率计的门控时间为 1s。

（2）通过频率计观测、记录单载波中频信号的频率（包括平均值、最小/最大值和标准差）及其与模拟源参考时钟信号的频率比率 $r_i(i=1,2,\cdots,I)$，并存储更新周期（门控时间）为 1s 的测量值序列。

（3）将存储的比率测量值序列 r_i 送入后处理软件进行统计分析，求得模拟源产生信号（相对于参考时钟钟漂）的加速度误差和加加速度误差，包括偏差（准确度）、标准差（精密度）及其随时间的漂移等。

```
                              ┌──────────┐
                              │   开始   │
                              └──────────┘
           ┌─────────────────┐          ┌─────────────┐
           │  设置待测        │          │  高速采样     │
           │  模拟源          │          │  示波器       │
           └─────────────────┘          └─────────────┘
           ┌──────────┐
           │  标校     │
           │  端口     │
           │  输出     │
           └──────────┘
           ┌──────────────┐              ◇ 高速采样示波  否
           │  本地示波器测量 │            器是否稳定? ◇
           └──────────────┘                   是
    ┌──────────┐  ┌──────────┐
    │ 统计分析   │  │ 计算设定翻 │
    │ 测量数据   │  │ 转点伪距   │
    └──────────┘  └──────────┘

           ◇ 测量过程是否    否
           处于受控状态? ◇
                是
    ┌───────────────────────────────┐
    │  采用高速采样示波器测量待测模拟源   │
    └───────────────────────────────┘
    ┌───────────────────────────────┐
    │  测量数据、高速采样示波器返回上级机构 │
    └───────────────────────────────┘
    ┌──────────────────┐
    │  高速采样示波器复校  │
    └──────────────────┘

           ◇ 高速采样示波      否
           器是否稳定? ◇
                是
           ◇ 测量过程是否      否
           处于受控状态? ◇
                是
    ┌──────────────┐
    │  生成检定报告   │
    └──────────────┘
```

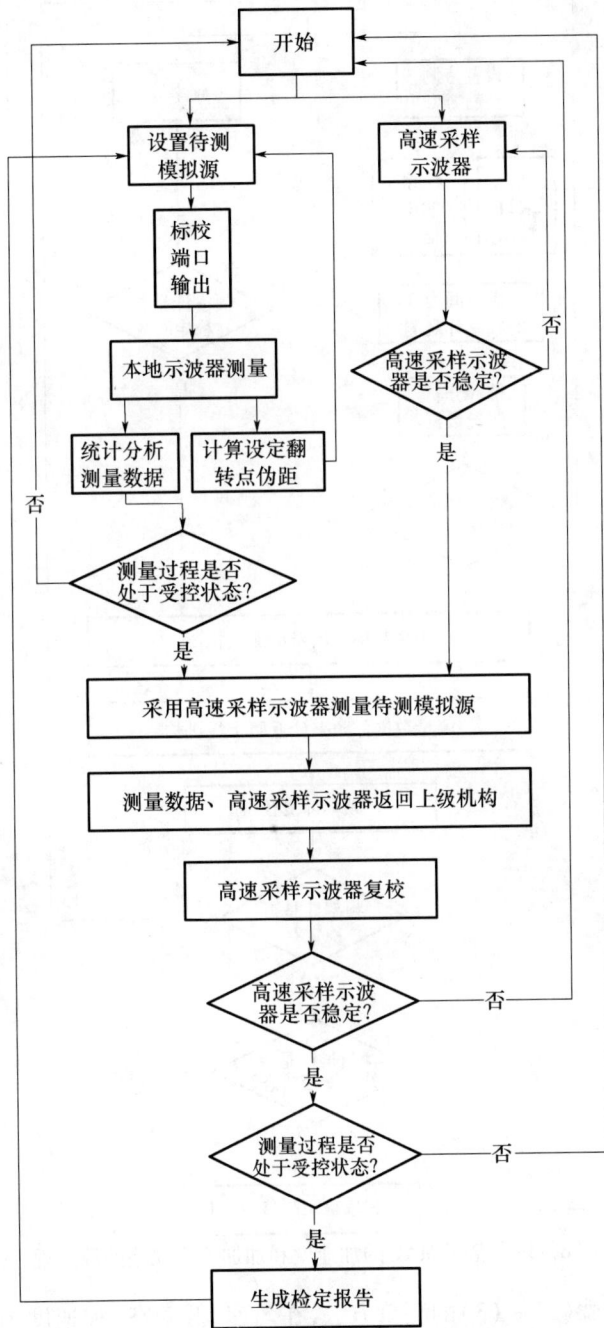

图 8 - 18　基于 MAP 的伪距变化率误差溯源实现

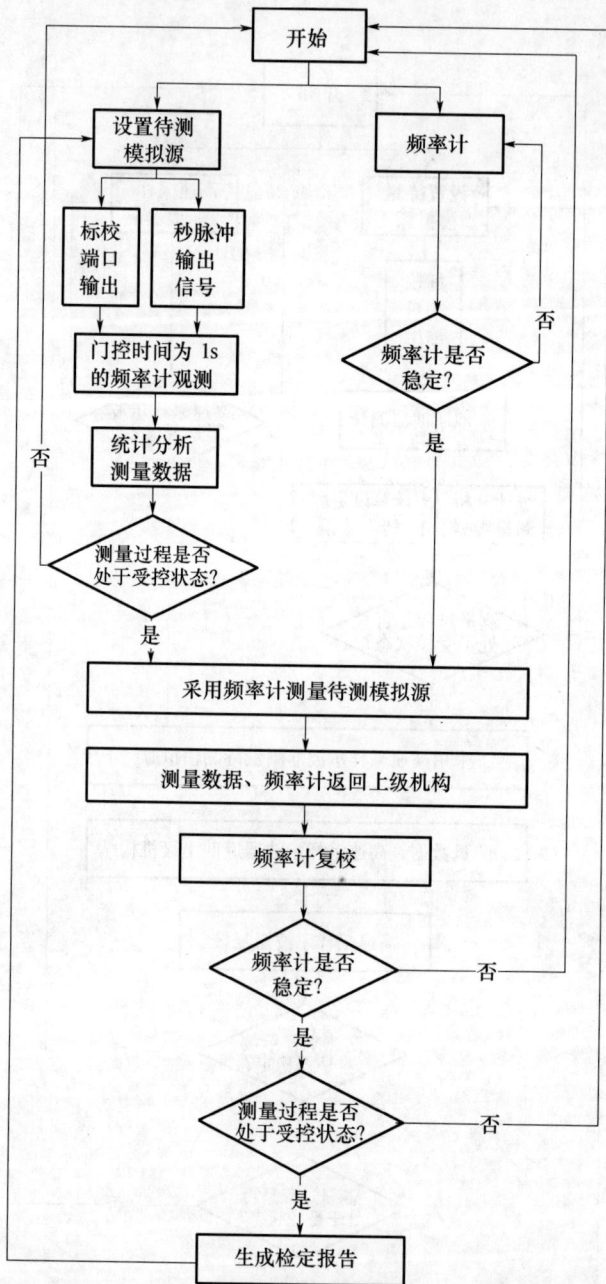

图 8 - 19　基于 MAP 的加速度和加加速度误差溯源实现

（4）按照步骤（1）~（3）的测量方法，在匀速、低动态（加速度小于 $45\mathrm{m/s^2}$，加加速度小于 $50\mathrm{m/s^3}$）和高动态（加速度小于 $450\mathrm{m/s^2}$，加加速度小于 $500\mathrm{m/s^3}$）三种条件下测量加速度误差和加加速度误差，此时并需要产生伪距特殊场景，仿真信号需要关闭星历误差、星钟误差、电离层延迟、对流层延迟、多路径等各距离误差项。

通过统计分析测量结果生成检定报告,将检定报告返回给导航信号模拟源进行加速度误差和加加速度误差的校准。

4. 功率误差

功率作为影响导航接收机灵敏度测试的关键因素,其校准测量通常使用功率计,用功率计作为功率误差的传递标准,溯源实现如图 8 - 20 所示。

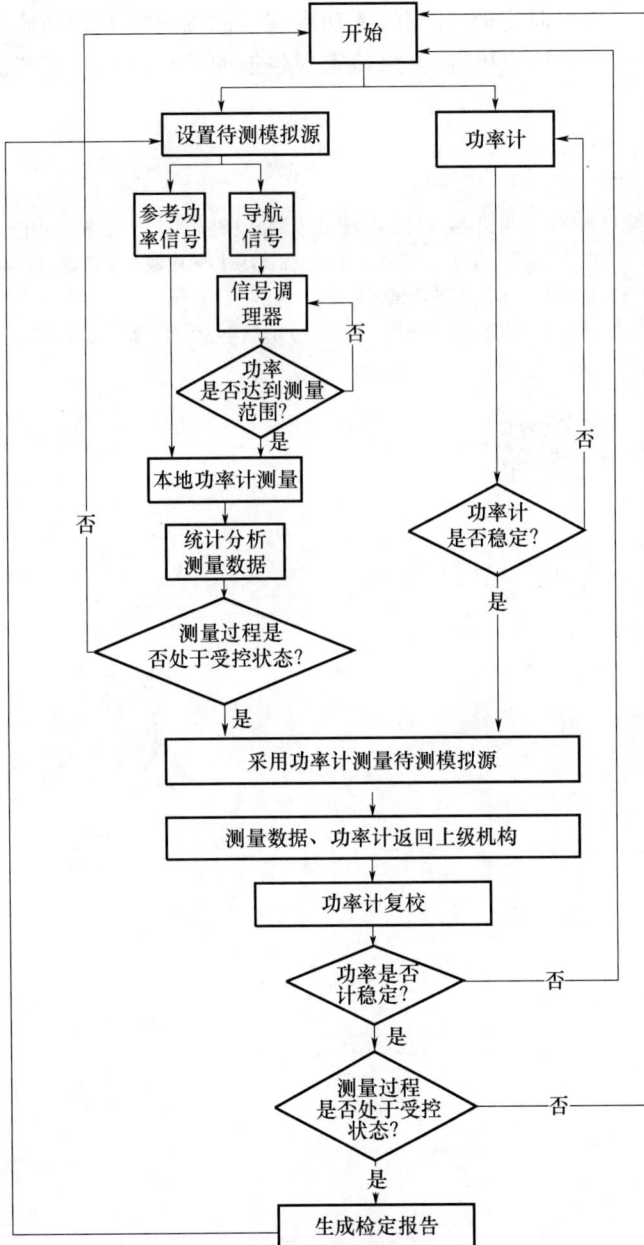

图 8 - 20　基于 MAP 的功率误差溯源实现

功率误差溯源实现主要有以下步骤：

（1）设置接收机为静态，导航信号模拟源产生待测星座、待测频点的单颗卫星信号，调制方式设置为 BPSK。

（2）通过信号调理器将导航模拟源射频端口的输出信号放大到测量仪器的测量范围内。

（3）通过通用仪器测量、存储参考功率端口的输出信号和经放大后的导航信号进行统计分析生成检定报告，并将检定报告返回给导航信号模拟源进行功率误差的校准。

参考文献

［1］ 汤震武. 卫星导航信号模拟源关键指标测量校准及溯源方法研究［D］. 长沙：中南大学,2013.

［2］ 钟小鹏,张利云,明德祥,等. 基于 MAP 的卫星导航信号模拟源溯源方法研究［J］. 第四届中国卫星导航学术年会论文集－S6 北斗/GNSS 测试评估技术,2013.

［3］ 陈振林,王进才. 计量保证方案在国防计量中的应用分析［J］. 计量与测试技术,2001,28（3）:44－45.